高等院校电子商务系列教材

总主编 陆川

Dreamweaver + Photoshop + Flash 三合一网页制作教程（CS3 版）

陆 川 主编

对外经济贸易大学出版社
中国·北京

内容提要

本书从实用的角度，综合讲述了 Dreamweaver CS3、Photoshop CS3、Flash CS3 等软件的理论知识和应用技巧。在网站开发和网页设计的运用中，采用任务驱动和案例设计教学法，难易适度，深入浅出，便于教师教学和学生学习。

本书主要内容包括 Dreamweaver CS3 中的插入网页元素并设计链接，表格的应用，CSS 样式与模板，层与框架，行为、库和资源管理，动态网页制作，Photoshop CS3 中的图像处理与编辑，图层与图层样式，路径、通道、蒙板、滤镜，Flash CS3 中的创建基本动画元素、引入素材、建立和使用元件，制作基本动画、多层动画、合并声音，ActionScript 动作脚本的基本概念和语法规则等。每章开头有学习要求，每章后附小结、(有的章在每节后有）思考题和上机练习，以帮助学生对各章（节）知识和技能的学习。

本书既可作为高校经管学院办的电子商务专业本科学生的网页设计与网站开发课程的教材，也可作为广大网页设计、网页制作爱好者的自学参考用书。

图书在版编目（CIP）数据

Dreamweaver + Photoshop + Flash 三合一网页制作教程：CS3 版 / 陆川主编. —北京：对外经济贸易大学出版社，2011

高等院校电子商务系列教材

ISBN 978-7-5663-0030-0

Ⅰ.①D… Ⅱ.①陆… Ⅲ.①网页制作工具，Dreamweaver、Photoshop、Flash－高等学校－教材 Ⅳ.①TP393.092

中国版本图书馆 CIP 数据核字（2011）第 096868 号

Dreamweaver + Photoshop + Flash
三合一网页制作教程（CS3 版）

陆 川 **主编**
责任编辑： 陈跃琴 汪 洋

对外经济贸易大学出版社
北京市朝阳区惠新东街 10 号　　邮政编码：100029
邮购电话：010－64492338　　发行部电话：010－64492342
网址：http://www.uibep.com　　E-mail：uibep@126.com

山东省沂南县汇丰印刷有限公司印装　　新华书店北京发行所发行
成品尺寸：185mm×230mm　　23 印张　　461 千字
2011 年 6 月北京第 1 版　　2011 年 6 月第 1 次印刷

ISBN 978-7-5663-0030-0
印数：0 001－5 000 册　　定价：37.00 元

出版说明

经济全球化的纵深发展以及信息技术的日新月异，引发了商务方式的变革。在我国，电子商务正以前所未有的力量冲击着人们千百年来形成的商务观念与模式，并引发了社会环境的深刻变革，而这种变革已经反映在社会的各个领域和层面。

在此背景下，我国的企业正在积极开展形式多样的电子商务活动。电子商务的迅速发展，使得社会对电子商务专业人才的需求日益迫切，尤其需要掌握电子商务技术和商务管理的复合型人才。为了顺应电子商务应用的发展和对人才的需求，高校的电子商务教学也要适应社会之需求，推陈出新。

由于高校开设电子商务专业的背景不同，所编教材内容在侧重点上也存在较大差异，且与当地企业的电子商务发展相差很大。从全国电子商务专业建设会议上获悉，电子商务专业的学生就业率低，很大一部分原因是我们的教材与社会电子商务发展脱节，而不是社会上不需要电子商务人才。

为了顺应社会需求，我社坚持参加每届全国电子商务专业建设会议，与全国各大高校的电子商务专业一线教师一起探讨电子商务教材建设，在经过广泛的调查和收集意见后，组织了全国二十多所院校的一线教师，共同编写了本套“高等院校电子商务系列教材”。

本套教材的特色是：

第一，尽量为教学提供整体解决方案。为了提高学习兴趣和便于学生理解电子商务的基本概念和内容，全套教材中每章的开头都有一个引导案例，引入该章的话题。每章之后都附有本章小结、思考题。

第二，教材在内容上能及时反映电子商务的发展状况，一方面强调理论基础，另一方面贴近我国电子商务前沿，并着重培养学生的创新思维。

第三，编者具有丰富的教学经验和实践经验，以保证教材质量。

对外经济贸易大学出版社

2010 年 8 月 27 日

Preface 前言

随着互联网技术的快速发展，网页设计者对网页制作软件的要求也越来越高。为了顺应潮流，Adobe 公司推出了 Dreamweaver CS3、Photoshop CS3 和 Flash CS3 软件，现在已经推出 CS4 版本了。CS3 版本的三款软件不仅在功能上有了提升，而且加强了软件之间的兼容性和协作性，使网页设计者工作时更加得心应手。

本教材的特色：

（1）软件组合兼容性好，更适合文科类电子商务专业使用。目前，网页制作教材大多数是 Dreamweaver、Flash 与 Fireworks 的组合，这种组合较适合工科类学生。根据我们十多年的教学探索和经验总结，对文科类或电子商务专业的学生采用 Dreamweaver、Photoshop 与 Flash 的组合会比较好，后续课程广告学也会用到 Photoshop 与 Flash，因此，我们从实用的角度出发编写了这种组合的教材。

（2）注重理论，讲究实用。纵观现在的网页设计和制作类教材，大多数教材都有轻理论重实操的现象。学生对着教材基本能自学，给教师的教学带来一定的困惑，按教材讲授吧，学生不听，不按教材讲吧，自己又很辛苦。因此，在教材组织上我们增加了理论知识，这对学生今后的提高是很有必要的；在实操方面，我们仅介绍初、中级的操作技能，高级的留给教师讲解；在综合应用方面我们给出思路和案例，教师可以参考或自行设计。

本教材的作者：

本书由陆川任主编。各章的编写教师是：第一、二章，华南师范大学增城学院陆川；第三章，惠州市高级技工学校黄玉珊；第四、五章，华南师范大学增城学院谢剑刚；第六、七章，华南师范大学增城学院熊瑛子；第八章，广州工程技术职业学院卢莉；第九章，华南师范大学增城学院张士华。

在写作过程中，我们参阅了大量国内教材与资料，以及相关网站上的数据。在此，谨向本书中提到的参考文献的作者表示衷心的感谢。

限于作者的水平，本书不足之处在所难免，敬请广大读者提出宝贵的批评和建议，以便我们今后完善本教材。（电子邮箱：Luchuanyt@gmail.com）

作　者

二〇一一年二月二十八日

目录

Contents

第一章

网页制作的基础知识

本章重点

1. 知道有关网页的基本知识。
2. 知道网页的类型。
3. 掌握网页制作的流程。
4. 知道网页制作的常用软件。

案例导入

网　　页

当我们上网时就会打开某个网站的网页，例如图 1-1 所示的凤凰网资讯首页。那么，这些网页是由哪些部分组成的？怎样制作？制作中要用到哪些工具？这就是本章要学习的内容。

图 1-1　凤凰网资讯首页

第一节　有关网页的基本知识

一、WWW 基本概念

WWW 是运行在 Internet 顶层的服务集合，是基于 Intranet/Internet 的、全球互联的、分布式的、动态的、多平台的交互式的超文本查询系统。

1. WWW 的特点

（1）WWW 服务的基础是 Web 页面，每个服务站点都包括若干个相互关联的页面。

（2）WWW 的核心是 Web 服务器，由它提供各种形式的信息。

（3）以客户机（Client）/服务器（Server）模式运行。

2. 站点（网站）

站点是指 Internet 上能够提供 Internet 服务的一个位置，该位置由 IP 地址或域名来描述。一个网站需要由一台或多台服务器来负责实现其 Internet 服务。

一般的 Web 站点由一组相关的 Web 页和其他文件组成，这些文件存储在 Web 服务器上。当用户访问一个 Web 站点时，该站点中有一个页面总是被首先打开，该页面称为首页或主页。

主页也称起始页，通常看作 Web 的入口，它包含了同一站点上其他页以及相关站点的链接。主页通常有固定的文件名，一般是 Index.htm（或.html、.asp、.aspx、.php、.jsp）或 default.htm（或.html、.asp、.aspx、.php、.jsp）等，可以在 Web 服务器上设置站点的默认主页名。

3. Web 页

Web 页就是 World Wide Web 文档，通常称为网页。Web 页一般由 HTML 文件组成，其中包含有相关的文本、图像、声音、动画、视频以及脚本命令等，位于特定计算机的特定目录中，其位置可以根据 URL 确定。按照 Web 服务器响应方式的不同，可以将 Web 页分为静态网页和动态网页。

4. Web 服务器

Web 服务器通常是指安装了服务器软件的计算机，它使用 HTTP 或 FTP 之类的 Internet 协议来响应 TCP/IP 网络上的 Web 客户请求。各种操作系统下都有提供 Web 服务器功能的软件：

（1）Windows 环境下的 Web 服务器软件有：Microsoft 的 IIS 和 PWS。

（2）UNIX 和 Linux 环境下的 Web 服务器软件有：Apache Web Server、Weblogic 和 Sun One Active Server Web 等。

5. Web 浏览器

Web 浏览器是指在网上客户端用于显示 HTML 文档的内容的软件，并能够解释执行客户端的脚本语言（VBScript 和 JavaScrip）。

网页浏览器主要通过 HTTP 协议与网页服务器交互并获取网页，这些网页由 URL 指定，文件格式通常为 HTML，并由 MIME 在 HTTP 协议中指明。一个网页中可以包括多个文档，每个文档都是分别从服务器获取的。大部分的浏览器本身支持除了 HTML 之外的广泛的格式，例如 .JPEG、.PNG、.GIF 等图像格式，并且能够扩展支持众多的插件（plug-ins）。另外，许多浏览器还支持其他的 URL 类型及其相应的协议，如 FTP、Gopher、HTTPS（HTTP 协议的加密版本）。HTTP 内容类型和 URL 协议规范允许网页设计者在网页中嵌入图像、动画、视频、声音、流媒体等。

常用的 Web 浏览器有 Microsoft Internet Explorer（IE）、火狐浏览器（Firefox）、腾讯 TT 浏览器、傲游浏览器、360 浏览器等。

6. Web 的运行模式

Web 服务以浏览器/服务器（B/S）模式运行。信息资源以页面形式存储在 Web 服务器上，用户通过客户端的 Web 浏览器向 Web 服务器发出查询请求；Web 服务器根据客户端请求的内容做出响应，并将存储在服务器上的某个页面发送给客户端；Web 浏览器对收到的页面进行解释并将页面显示给用户；在客户端接收完对象后，关闭连接。

二、HTTP 和 FTP 协议

（一）超文本传输协议（HTTP）

1. HTTP 的概念

超文本传输协议（Hyper Text Transfer Protocol，HTTP）是 WWW 客户机与 WWW 服务器之间的应用层传输协议。HTTP 协议是一种面向对象的协议，为了保证 WWW 客户机与 WWW 服务器之间通信不会产生二义性，HTTP 精确定义了请求报文和响应报文的格式。HTTP 会话过程包括以下 4 个步骤：

（1）连接（Connection）。

（2）请求（Request）。

（3）应答（Response）。

（4）关闭（Close）。

2. HTTP 协议的主要特点

HTTP 协议的主要特点可概括如下：

（1）支持客户机/服务器模式。

（2）简单快速。客户机向服务器请求服务时，只需传送请求方法和路径。请求方法常用的有 GET、HEAD、POST。每种方法规定了客户机与服务器联系的类型。由于 HTTP

协议简单，使得 HTTP 服务器的程序规模小，因而通信速度很快。

（3）灵活。HTTP 允许传输任意类型的数据对象。正在传输的数据类型由 Content-Type 加以标记。

（4）无连接。无连接的含义是限制每次连接只处理一个请求。服务器处理完客户机的请求，并收到客户机的应答后，即断开连接。采用这种方式可以节省传输时间。

（5）无状态。HTTP 协议是无状态协议。无状态是指协议对于事务处理没有记忆能力。缺少状态意味着如果后续处理需要前面的信息，则它必须重传，这样可能导致每次连接传送的数据量增大。另一方面，在服务器不需要先前信息时它的应答速度就较快。

3. HTTP 协议的几个重要概念

（1）连接（Connection）：一个传输层的实际环流，它建立在两个相互通信的应用程序之间。

（2）消息（Message）：HTTP 通信的基本单位，包括一个结构化的八元组序列并通过连接传输。

（3）请求（Request）：一个从客户机到服务器的请求信息，包括应用于资源的方法、资源的标识符和协议的版本号。

（4）响应（Response）：一个从服务器返回的信息，包括 HTTP 协议的版本号、请求的状态（例如“成功”或“没找到”）和文档的 MIME 类型。

（5）资源（Resource）：由 URI 标识的网络数据对象或服务。

（6）实体（Entity）：数据资源或来自服务资源的回映的一种特殊表示方法，它可能被包围在一个请求或响应信息中。一个实体包括实体头信息和实体的本身内容。

（7）客户机（Client）：一个为发送请求目的而建立连接的应用程序。

（8）用户代理（User Agent）：初始化一个请求的客户机。它们是浏览器、编辑器或其他用户工具。

（9）服务器（Server）：一个接受连接并对请求返回信息的应用程序。

（10）源服务器（Origin Server）：是一个给定资源可以在其上驻留或被创建的服务器。

（11）代理（Proxy）：一个中间程序，它可以充当一个服务器，也可以充当一个客户机，为其他客户机建立请求。请求是通过可能的翻译在内部或经过传递到其他的服务器中。一个代理在发送请求信息之前，必须对信息进行解释，并且如果可能还要重写它。

代理经常作为通过防火墙的客户机端的门户，代理还可以作为一个帮助应用来通过协议处理没有被用户代理完成的请求。

（12）网关（Gateway）：一个作为其他服务器中间媒介的服务器。与代理不同的是，网关接受请求就好像对被请求的资源来说它就是源服务器；发出请求的客户机并没有意识到它在同网关打交道。网关经常作为通过防火墙的服务器端的门户，网关还可以作为一个协议翻译器来存取那些存储在非 HTTP 系统中的资源。

（13）通道（Tunnel）：是作为两个连接中继的中介程序。一旦激活，通道便被认为不属于 HTTP 通信，尽管通道可能是被一个 HTTP 请求初始化的。当被中继的连接两端关闭时，通道便消失。当一个门户（Portal）必须存在或中介（Intermediary）不能解释中继的通信时，通道被经常使用。

（14）缓存（Cache）：反应信息的局域存储。

4. HTTP 协议的运作方式

下面介绍一下 HTTP 协议的内部操作过程。

首先，简单介绍基于 HTTP 协议的客户机/服务器模式的信息交换过程，它分四个过程，建立连接、发送请求信息、发送响应信息、关闭连接。

（1）建立连接

连接的建立是通过申请套接字（Socket）实现的。客户机打开一个套接字并把它约束在一个端口上，如果成功，就相当于建立了一个虚拟文件。以后就可以在该虚拟文件上写数据并通过网络向外传送。

（2）发送请求信息

打开一个连接后，客户机把请求消息送到服务器的停留端口上，完成提出请求动作。

（3）发送响应信息

服务器在处理完客户机的请求之后，要向客户机发送响应消息。

（4）关闭连接

客户机和服务器双方都可以通过关闭套接字来结束 TCP/IP 对话。

在 WWW 中，“客户机”与“服务器”是一个相对的概念，只存在于一个特定的连接期间，即在某个连接中的客户机在另一个连接中可能作为服务器。WWW 服务器运行时，一直在 TCP 80 端口（WWW 的默认端口）监听，等待连接的出现。

（二）文件传输协议（FTP）

FTP 是一个 8 位的客户机/服务器协议，能操作任何类型的文件而不需要进一步处理，就像 MIME 或 Unencode 一样。但是，FTP 有着极高的延时，这意味着，从开始请求到第一次接收需求数据之间的时间会非常长，并且不时地必需执行一些冗长的登录进程。

FTP 服务一般运行在 20 和 21 两个端口。端口 20 用于在客户机和服务器之间传输数据流，而端口 21 用于传输控制流，并且是命令通向 FTP 服务器的进口。当数据通过数据流传输时，控制流处于空闲状态。而当控制流空闲很长时间后，客户端的防火墙会将其会话置为超时，这样当大量数据通过防火墙时，会产生一些问题。此时，虽然文件可以成功地传输，但因为控制会话会被防火墙断开，传输会产生一些错误。

1. FTP 实现的目标

（1）促进文件的共享（计算机程序或数据）。

（2）鼓励间接或者隐式地使用远程计算机。

（3）向用户屏蔽不同主机中各种文件存储系统的细节。

（4）可靠和高效地传输数据。

2. FTP 的缺点

（1）密码和文件内容都使用明文传输，可能导致不希望发生的窃听。

（2）因为必须开放一个随机的端口以建立连接，当防火墙存在时，客户端很难过滤处于主动模式下的 FTP 流量。这个问题通过使用被动模式的 FTP 得到了很大解决。

运行 FTP 服务的许多站点都开放匿名服务，在这种设置下，用户不需要账号就可以登录服务器，默认情况下，匿名用户的用户名是：“anonymous”。这个账号不需要密码，虽然通常要求输入用户的邮件地址作为认证密码，但这只是一些细节，此邮件地址有可能根本就不被确定，而是依赖于 FTP 服务器的配置情况。

3. FTP 的使用模式

FTP 有两种使用模式：主动模式和被动模式。

主动模式要求客户端和服务器端同时打开并且监听一个端口以建立连接。在这种情况下，客户端由于安装了防火墙会产生一些问题。所以，创立了被动模式。

被动模式只要求服务器端产生一个监听相应端口的进程，这样就可以绕过客户端安装了防火墙的问题。

4. FTP 和网页浏览器

大多数最新的网页浏览器和文件管理器都能和 FTP 服务器建立连接。这使得在 FTP 上通过一个接口就可以操控远程文件，如同操控本地文件一样。这个功能通过给定一个 FTP 的 URL 实现，形如 ftp://<服务器地址>（例如，ftp://ftp.gimp.org ）。是否提供密码是可选择的，如果有密码，则形如 ftp://<login>:<password>@<ftpserveraddress>。大部分网页浏览器要求使用被动 FTP 模式，然而并不是所有的 FTP 服务器都支持被动模式。

三、IP 地址和域名

（一）IP 地址基本知识

在因特网（Internet）上有成千上万台主机（host），为了区分这些主机，人们给每台主机都分配了一个专门的“地址”作为标识，称为 IP 地址，它就像您在网上的身份证，要查看自己 IP 地址可在 Windows 9x 的系统中单击“开始”→“运行”→输入“winipcfg”

（Windows 2000/输入 ipconfig）→按回车键。

IP 是 Internet Protocol（网际协议）的缩写。各主机间要进行信息传递必须要知道对方的 IP 地址。每个 IP 地址的长度为 32 位（bit），分 4 段，每段 8 位（1 个字节），常用十进制数字表示，每段数字范围为 1～254，段与段之间用小数点分隔。每个字节（段）也可以用十六进制或二进制数表示。每个 IP 地址包括两个 ID（标识码），即网络 ID 和主机 ID。同一个物理网络上的所有主机都用同一个网络 ID，网络上的一个主机（工作站、服务器和路由器等）对应有一个主机 ID。这样把 IP 地址的 4 个字节划分为 2 个部分，一部分用来标明具体的网络段，即网络 ID；另一部分用来标明具体的节点，即主机 ID。

1. 32 位 IP 地址分类

（1）A 类 IP 地址

一个 A 类 IP 地址由 1 字节（每个字节是 8 位）的网络地址和 3 个字节主机地址组成，网络地址的最高位必须是“0”，即第一段数字范围为 1～127。每个 A 类地址可连接 16 387 064 台主机，Internet 有 126 个 A 类地址。

（2）B 类 IP 地址

一个 B 类 IP 地址由 2 个字节的网络地址和 2 个字节的主机地址组成，网络地址的最高位必须是“10”，即第一段数字范围为 128～191。每个 B 类 IP 地址可连接 64 516 台主机，Internet 有 16 256 个 B 类地址。

（3）C 类 IP 地址

一个 C 类 IP 地址是由 3 个字节的网络地址和 1 个字节的主机地址组成，网络地址的最高位必须是“110”，即第一段数字范围为 192～223。每个 C 类 IP 地址可连接 254 台主机，Internet 有 2 054 512 个 C 类地址。

（4）D 类 IP 地址

D 类 IP 地址的第一个字节以“1110”开始，第一个字节的数字范围为 224～239，是多点播送地址，用于多目的地信息的传输，也作为备用。全零 IP 地址（“0.0.0.0”）对应于当前主机，全“1”的 IP 地址（“255.255.255.255”）是当前子网的广播地址。

（5）E 类 IP 地址

E 类 IP 地址以“11110”开始，即第一段数字范围为 240～254。E 类 IP 地址保留，仅作实验和开发用。

2. 几种特殊用途的 IP 地址

（1）主机段（即主机）ID 全部设为“0”的 IP 地址称之为网络地址，如 129. 45. 0. 0 就是 B 类网络地址。

（2）主机 ID 部分全设为“1”（即 255）的 IP 地址称之为广播地址，如 129. 45. 255.

255 就是 B 类的广播地址。

（3）网络 ID 不能以十进制“127”作为开头，在地址中数字 127 保留给诊断用。如 127.1.1.1 用于回路测试，同时网络 ID 的第一个 8 位组也不能全置为“0”，全置“0”表示本地网络。网络 ID 部分全为“0”和全部为“1”的 IP 地址被保留使用。

Internet IP 地址的设计者也不清楚它会怎样发展。一些人设想一个 Internet 会是包含有许多主机的几个网。另一些人则预言 Internet 中会有许多的网，而每一个网上的主机并不太多，作为折中， Internet 的地址是适合大网和小网的。它们被确定为 32 位但有三种类型。地址是自定义的，它的最高位定义地址的类型。A 类地址支持多个主机在一个网：最高位为 0，跟随有 7bit 网络部分和 24bit 主机部分。在 B 类地址，最高位是非 0，跟随有 14bit 网络号和 16bit 主机号。C 类地址以 110 开始，跟随有 21bit 网络号和 8bit 主机号。按常规，Internet 地址由加点的字符给出。地址由四部分 10 进制数组成，用点作分隔。例如，10. 0. 0. 51 和 128.10.2.1 分别是 A 类和 B 类的 Internet 地址。

（二）域名的基本知识

由于 IP 地址全是数字，为了便于用户记忆，Internet 上引进了域名服务系统（DNS，Domain Name System）。当您键入某个域名的时候，这个信息首先到达提供此域名解析的服务器上，再将此域名解析为相应网站的 IP 地址。完成这一任务的过程就称为域名解析。域名解析的过程是：当一台机器 a 向其域名服务器 A 发出域名解析请求时，如果 A 可以解析，则将解析结果发给 a；否则，A 将向其上级域名服务器 B 发出解析请求，如果 B 能解析，则将解析结果发给 a，如果 B 无法解析，则将请求发给再上一级域名服务器 C，如此下去，直至解析到为止。域名简单地说就是 Internet 上主机的名字，它采用层次结构，每一层构成一个子域名，子域名之间用圆点隔开，自左至右分别为：计算机名、网络名、机构名、最高域名。Internet 域名系统是一个树型结构。

以机构区分的最高域名原来有 7 个：com（商业机构）、net（网络服务机构）、gov（政府机构）、mil（军事机构）、org（非盈利性组织）、edu（教育部门）、int（国际机构）。1997 年又新增 7 个最高级标准域名：firm（企业和公司）、store（商业企业）、web（从事与 Web 相关业务的实体）、arts（从事文化娱乐的实体）、rec（从事休闲娱乐业的实体）、info（从事信息服务业的实体）、nom（从事个人活动的个体、发布个人信息）。这些域名的注册服务由多家机构承担，CNNIC 也有幸成为注册机构之一；按照 ISO-3166 标准制定的国家域名，一般由各国的 NIC（Network Information Center，网络信息中心)负责运行。

以地域区分的最高域名有：AQ（南极洲）、AR（阿根廷）、AT（奥地利）、AU（澳大利亚）、BE（比利时）、BR（巴西）、CA（加拿大）、CH（瑞士）、CN（中国）、DE（德国）、DK（丹麦）、ES（西班牙）、FI（芬兰）、FR（法国）、GR（希腊）、IE（爱尔兰）、IL（以色列）、IN（印度）、IS（冰岛）、IT（意大利）、JP（日本）、KR（韩国）、MY（马来西亚）、NL（荷兰）、NO（挪威）、NZ（新西兰）、PT（葡萄牙）、RU（俄罗斯）、SE（瑞典）、SG（新加坡）、TH（泰国）、TW（中国台湾）、UK 或 GB（英国）、US（美国）等。

我国域名体系分为类别域名和行政区域名两套。类别域名有六个，依照申请机构的性质依次分为：AC——科研机构；COM——工、商、金融等专业；EDU——教育机构；GOV——政府部门；NET——互联网络、接入网络的信息中心和运行中心；ORG——各种非盈利性的组织。行政区域名是按照我国的各个行政区划分的，其划分标准依照国家技术监督局发布的国家标准而定，包括“行政区域名”34 个，适用于我国的各省、自治区、直辖市，分别为：BJ——北京市；SH——上海市；TJ——天津市；CQ——重庆市；HE——河北省；SX——山西省；NM——内蒙古自治区；LN——辽宁省；JL——吉林省；HL——黑龙江省；JS——江苏省；ZJ——浙江省；AH——安徽省；FJ——福建省；JX——江西省；SD——山东省；HA——河南省；HB——湖北省；HN——湖南省；GD——广东省；GX——广西壮族自治区；HI——海南省；SC——四川省；GZ——贵州省；YN——云南省；XZ——西藏自治区；SN——陕西省；GS——甘肃省；QH——青海省；NX——宁夏回族自治区；XJ——新疆维吾尔自治区；TW——台湾；HK——香港；MO——澳门。CN 域名除 edu.cn 由 CernNic（教育网）运行外，其他均由 CNNIC 运行。

传统的域名和网址是一个技术层面上的事物，并有着严格的规定，上述几个部分组成了一个完整的“网址”（URL），有的 URL 中还包含了数据库、密码等内容。

四、统一资源定位符（URL）

统一资源定位符（Uniform / Universal Resource Locator，URL）也被称为网页地址，是因特网上标准的资源的地址（Address）。它最初是由蒂姆·伯纳斯·李发明用来作为万维网的地址的。现在它已经被万维网联盟编制为因特网标准 RFC 1738 了。

1. URL 简介

统一资源定位符（URL）是用于完整地描述 Internet 上网页和其他资源的地址的一种标识方法。

Internet 上的每一个网页都具有一个惟一的名称标识，通常称之为 URL 地址，这种地址可以是本地磁盘，也可以是局域网上的某一台计算机，更多的是 Internet 上的站点。简单地说，URL 就是 Web 地址，俗称“网址”。

URI 方案集包含如何访问 Internet 上的资源的明确指令。

URL 是统一的，因为它们采用相同的基本语法，无论寻址哪种特定类型的资源（网页、新闻组）或描述通过哪种机制获取该资源。

对于 Internet 服务器或万维网服务器上的目标文件，可以使用“统一资源定位符（URL）”地址（该地址以“http://”开始）。Web 服务器使用“超文本传输协议（HTTP）”，它是一种“幕后的”Internet 信息传输协议，例如，“http://www.microsoft.com/”为 Microsoft 网站的万维网 URL 地址。

2. URL 的组成

URL 的一般格式为（带方括号［］的为可选项）：

protocol:// hostname［:port］/ path /［:parameters］［? query］#fragment

URL 由三部分组成：协议类型，主机名和路径及文件名。

（1）protocol（协议）：指定使用的传输协议，通过 URL 可以指定的主要有以下几种：http、ftp、gopher、telnet、file 等。最常用的是 HTTP 协议，它也是目前 WWW 中应用最广的协议。

（2）hostname（主机名）：是指存放资源的服务器的域名系统（DNS）主机名或 IP 地址。有时，在主机名前也可以包含连接到服务器所需的用户名和密码（格式：username:password）。

（3）port（端口号）：整数，可选，省略时使用方案的默认端口，各种传输协议都有默认的端口号，如 http 的默认端口为 80。如果输入时省略，则使用默认端口号。有时候出于安全或其他考虑，可以在服务器上对端口进行重定义，即采用非标准端口号，此时，URL 中就不能省略端口号这一项。

（4）path（路径）：由零或多个“/”符号隔开的字符串，一般用来表示主机上的一个目录或文件地址。

（5）parameters（参数）：这是用于指定特殊参数的可选项。

（6）query（查询）：可选，用于给动态网页（如使用 CGI、ISAPI、PHP/JSP/ASP/ASP.NET 等技术制作的网页）传递参数，可有多个参数，用“&”符号隔开，每个参数的名和值用“=”符号隔开。

（7）fragment，信息片断，字符串，用于指定网络资源中的片断。例如一个网页中有多个名词解释，可使用 fragment 直接定位到某一名词解释。

3. URL 定位标识说明

下面给出常见的 URL 中定位和标识的服务或文件。

◇ http：文件在 Web 服务器上。

◇ file：文件在您自己的局部系统或匿名服务器上。

◇ ftp：文件在 FTP 服务器上。

◇ gopher：文件在 gopher 服务器上。

◇ wais：文件在 wais 服务器上。

◇ news：文件在 Usenet 服务器上。

◇ telnet：连接到一个支持 Telnet 远程登录的服务器上。

4. URL 转发

所谓 URL 转发，是通过服务器的特殊设置，将访问您当前域名的用户引导到您指定的另一个网络地址。例如，URL 转发可以让用户在访问 http://www.abc.com 时，自动转向访问到一个您自己指定的网址“http://www.123.com”，URL 转发功能是万维网提供的域名注册后的增值服务。

第二节　网页的类型

一、主页和内页

1. 主页

主页，亦称首页、起始页，是一个网站的起点站或者说主目录。

一般来说，主页是一个网站中最重要的网页，也是访问最频繁的网页。它是一个网站的标志，体现了整个网站的制作风格和性质，主页上通常会有整个网站的导航目录，所以主页也是一个网站的起点站或者说主目录。网站的更新内容一般都会在主页上突出显示。

打开浏览器后出现的第一个页面叫主页，大多数作为首页的文件名是 index、default、main 或 portal 加上文件扩展名，图 1-2 是百度网站的主页。

图 1-2　百度主页

2. 内页

内页就是网站的每个具体栏目的页面，例如公司简介、企业文化等，图 1-3 是一个内页示例。

图 1-3　凤凰网资讯内页

二、静态网页和动态网页

目前，常见的网页有静态网页和动态网页两种类型。

（一）静态网页

1. 静态网页定义

静态网页的网址形式通常为：www.example.com/eg/eg.htm，也就是以.htm、.html、.shtml、.xml 等为扩展名的网页。在 HTML 格式的网页上，也可以出现各种动态的效果，如.GIF 格式的动画、Flash 动画、滚动字幕等，这些“动态效果”只是视觉上的，与下面将要介绍的动态网页是不同的概念。静态网页的处理机制如图 1-4 所示。

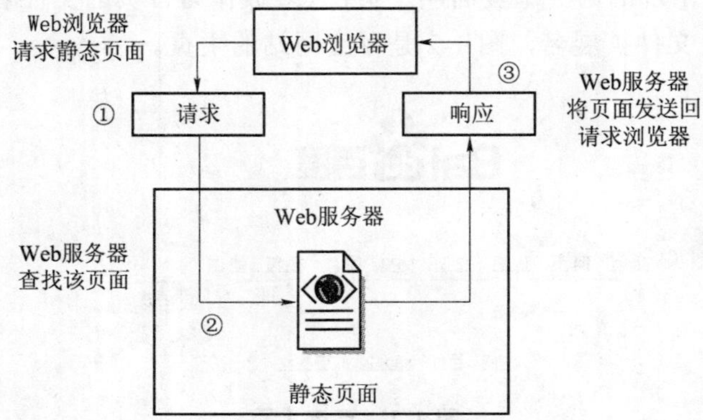

图 1-4　静态网页的处理机制

2. 静态网页的特点

（1）静态网页的每个页面都有一个固定的 URL，且网页 URL 以.htm、.html、.shtml 等常见形式为后缀，且不含有“?”。

（2）网页内容一经发布到网站服务器上，无论是否有用户访问，每个静态网页的内容都是保存在网站服务器上的。也就是说，静态网页是实实在在保存在服务器上的文件，每个网页都是一个独立的文件。

（3）静态网页的内容相对稳定，因此容易被搜索引擎检索。

（4）静态网页没有数据库的支持，在网站制作和维护方面工作量较大，因此当网站信息量很大时完全依靠静态网页制作方式比较困难。

（5）静态网页的交互性较差，在功能方面有较大的限制。

（二）动态网页

1. 动态网页的定义

这里说的动态网页，与网页上的各种动画、滚动字幕等视觉上的“动态效果”没有直接关系。动态网页可以是纯文字内容的，也可以是包含各种动画内容的，这些只是网页具体内容的表现形式，无论网页是否具有动态效果，采用动态网站技术生成的网页都称为动态网页。

2. 动态网页的特点

（1）动态网页以数据库技术为基础，可以大大减少网站维护的工作量。

（2）采用动态网页技术的网站可以实现更多的功能，如用户注册、用户登录、在线调查、用户管理、订单管理等。

（3）动态网页实际上并不是独立存在于服务器上的网页文件，只有当用户请求时服务器才返回一个完整的网页。动态网页的处理机制如图 1-5 所示。

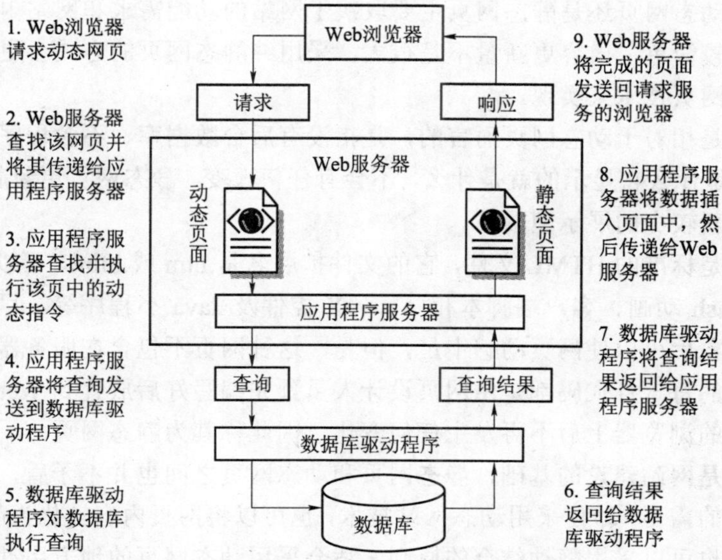

图 1-5　动态网页的处理机制

（4）动态网页中的“？”对搜索引擎检索存在一定的问题，搜索引擎一般不可能从一个网站的数据库中访问全部网页，或者出于技术方面的考虑，搜索蜘蛛不去抓取网址中“？”后面的内容，因此采用动态网页的网站在进行搜索引擎推广时需要做一定的技术处理才能适应搜索引擎的要求。

（三）静态网页与动态网页的区别

无论是动态网页还是静态网页，都可以展示基本的文字和图片信息，但从网站开发、管理、维护的角度来看就有很大的差别。

区分动态网页与静态网页的基本方法：第一看后缀名，第二看是否能与服务器发生交互行为。

1. 静态网页、动态网页主要根据网页制作语言来区分

◇ 静态网页使用语言为 HTML（超文本标记语言）。

◇ 动态网页使用语言为 HTML+ASP 或 HTML+PHP 或 HTML+JSP 等。

2. 程序是否在服务器端运行是区分静态网页和动态网页的重要标志

在服务器端运行的程序、网页、组件，属于动态网页，它们会随不同客户、不同时间，返回不同的网页，例如 ASP、PHP、JSP、ASP.NET、CGI 等。运行于客户端的程序、网页、插件、组件，属于静态网页，例如 HTML 页、Flash 脚本、JavaScript、VBScript 等，它们是永远不变的。

3. 静态网页和动态网页的特点各不相同

网站采用动态网页还是静态网页主要取决于网站的功能需求和网站内容的多少，如果网站功能比较简单，内容更新量不是很大，采用纯静态网页的方式会更简单，反之一般要采用动态网页技术来实现。

静态网页是相对于动态网页而言的，是指没有后台数据库、不含程序和不可交互的网页。你编的是什么它显示的就是什么，不会有任何改变。静态网页更新起来比较麻烦，适用于一般更新较少的展示型网站。

静态网页是标准的 HTML 文件，它的文件扩展名是.htm 或.html，可以包含文本、图像、声音、Flash 动画、客户端脚本和 ActiveX 控件及 Java 小程序等。尽管在这种网页上使用这些对象后可以使网页动感十足，但是，这种网页不包含在服务器端运行的任何脚本，网页上的每一行代码都是由网页设计人员预先编写好后放置到 Web 服务器上的，发送到客户端的浏览器上后不再发生任何变化，因此称其为静态网页。

静态网页是网站建设的基础，静态网页和动态网页之间也并不矛盾，为了网站适应搜索引擎检索的需要，即使采用动态网站技术，也可以将网页内容转化为静态网页发布。

动态网站也可以采用静动结合的原则，适合采用动态网页的地方用动态网页，如果必要使用静态网页，则可以考虑用静态网页的方法来实现。在同一个网站上，动态网页

内容和静态网页内容同时存在也是很常见的事情。

第三节 网页制作的流程

在制作网页的过程中，要遵循一定的顺序才能协调分配整个制作过程的资源与进度。网页的设计制作步骤按先后顺序可以分为：确定网站风格、布局，搜集和整理素材，规划和制作网页，发布和更新站点。

一、网站的目标规划

定位是营销学的一个用语，最早由艾尔·里斯（Al Rise）和杰克·特劳特（Jack Trout）在 1972 年提出。他们从传播学的角度出发，认为定位即是把产品在潜在顾客的心中确定一个适当的位置。后来的营销学者们主张定位不仅是产品生产出来之后的传播行为，更重要的是必须对产品进行改变，即根据产品的特征及该特征带来的利益、特定的使用场合、特殊的使用群体、比竞争对手的产品更多用途等方面的内容进行设定。

1. 网站定位

一个网站要有明确的目标定位，只有定位准确、目标鲜明，才可能作出切实可行的计划，按部就班地进行设计。

网站的目标定位可体现在三个方面：

（1）题材和内容。应紧扣主题，并突出个性和特色。定位要准，内容要精，不能过于宽泛，更不能包罗万象，漫无边际。

（2）网站域名。

（3）网站名称。

申请好记的域名和命名一个别致的网站名称对网站的形象和宣传推广有很大影响。如搜狐、新浪、网易、263 等。

2. 网站定位的注意事项

（1）网站一定要为网民提供有价值的服务，最好是提供独特性的服务。

（2）不要盲目追随，“某某网站做得太好了，非常盈利，如果我们也做一个应该也会很好吧。”如果你正在这样考虑问题，可能会陷入危险的状态。别人能做的，你未必；以前能做的，现在未必；同一个概念，绝大多数人轻易不会改变偏好。

（3）不要定位不准确，内容纷杂。许多网站的运营者为了提高人气量，不断地增加栏目内容，以至于天文、地理无所不包，更有精通搜索引擎的同行，却可以把网站的流量炒作得沸沸扬扬。然而，如果网站没有核心的内容，或核心内容不够强大，是很难留住用户的，沸沸扬扬往往也只是昙花一现而已。

（4）不要盲目地搞什么 Web 2.0。个人网站最好远离 Web 2.0，因为它玩不起概念性的东西。有不少个人网站在 Web 2.0 之路上跃跃欲试，试验了一年之后，最后都纷纷关闭。

（5）网站定位就是决定网站的方向，方向错误可能产生巨大成本。比如对于求大求全的例子，要维护这样一个大网站需要很多编辑人员、信息资源、技术支持、推广和营销队伍。因为涉及行业、地区较多，如果想做到位，就一定都是某个行业的专业人员、专业队伍。方向错误的更大成本是人力、财力、物力的无效运行，即使付出了很多，可是难以获得回报。

二、设计页面版式

1. 网站栏目和板块

网站制作好比写一篇文章，首先要拟好提纲，文章才能主题明确，层次清晰。如果网站结构不清晰，目录庞杂，内容东一块西一块。结果不但浏览者看得糊涂，自己扩充和维护网站也相当困难。网站的题材确定后，并且收集和组织了许多相关的资料内容，但如何组织内容才能吸引网友们来浏览网站呢？

制作网页前，一定要先规划好网站，确定合理的栏目和版块。栏目实质上是一个突出显示网站主题的大纲索引。

版块的概念比栏目大，每一个版块都有自己的栏目。设置版块时，注意各版块要相对独立，相互关联，且版块的内容要围绕站点的主题。

2. 设计网站的栏目时应考虑的内容

（1）要紧扣主题

将主题按一定的方法分类并将它们作为网站的主栏目。主栏目个数在总栏目中要占绝对优势，这样的网站显得专业，主题突出，容易给人留下深刻印象。

（2）设立最近更新或网站指南栏目

若主页未安排版面放置最新更新内容信息，须设置一个“最新更新”栏目，这是为了照顾常来的访客，让主页更显人性化。若主页层次较多，又无站内搜索引擎，则应设置一个“站点指南”栏目，可以帮助初访者快速找到他们想要的内容。

（3）设立可以双向交流的栏目

设定论坛、留言簿或邮件列表等，让浏览者留下信息或建议等。

（4）设立下载或常见问题回答栏目

网络的特点是信息共享。如在主页上设置一个资料下载栏目，便于访问者下载所需资料。另外，如果站点经常收到网友关于某方面的问题来信，最好设立一个常见问题回答的栏目，既方便了网友，也可以节约自己更多时间。

3. 制作网站栏目要注意什么

（1）分析关键词

分析一下网站的关键词都有哪些，需要考虑的是：某关键词在百度指数中是否过热或过冷；查看某关键词在搜索结果中的竞争对手都有哪些，是否存在过大的竞争压力；关键词是否与网站相符合等。

（2）分析哪些关键词能当做栏目来制作

当初步确定关键词后，下一步应分析其是否可以当做栏目区制作。比如：要做一个关于 SEO 的网站，那么“什么是 SEO”一词就很符合以上分析关键词的几个要点，每天也有很多人在搜索，竞争压力也不大，并和网站的内容相符合，但“什么是 SEO”一词就不能作为网站的栏目。

（3）关键词之间是否有相同的意义

网站栏目不能有相同意义的关键词，比如，某网站的栏目是 SEO 技术、SEO 工具、SEO 培训、SEO 教程、SEO 知识、SEO 服务，那么这里的“SEO 技术”和“SEO 知识”就是有相同意义的关键词，两个栏目的关键词就不用同时作为栏目来制作。虽然“SEO 技术”和“SEO 知识”每天都有一定的人来搜索，竞争压力也不大，并和网站的内容相符合，但是必须站在用户的角度去考虑栏目的制作。

三、收集与加工网页制作的素材

制作网页所需要的素材包括文本、图形以及链接等信息，更复杂一些的网页包含有动画、声音和视频。网页还可以包含一些交互式的内容。用户可以通过网络和光盘收集所需要的网页元素，再使用 Flash 等网页制作工具软件制作出符合要求的网页素材。

四、编辑网页内容

完成网页版式设计和网页所需要的素材收集工作之后，下面就可以开始将网页按照设计的方案设计出来，通过 Dreamweaver 等网页编辑工具软件在具体的页面中添加实际内容。在这个阶段，用户需要对网页进行反复的编辑和修改，确保网页最终的显示效果。

五、发布网站

当你完成网页的雏形制作之后，一定要检查一下是否所有的元素都可以在浏览器中正常显示。可以不用连入网络而直接使用你的浏览器或网页制作软件来检查网页。

网页做好后，还应该进行测试，并把页面传送到网页服务器上，再检查所有的链接。

你制作的网页总是要放置到一个专门对因特网提供信息共享的专业网页服务器上，尽管网页服务器软件也可以在你自己的计算机上使用，但你应该不会想让你的计算机每时每刻都通过一条电话线或者购置一套昂贵的网络设备连接在因特网上。所以，你可以找一个专业网页服务器来放置你的网页，这个过程就是网站发布。下面介绍网站发布过程。

1. 建立网站

一般在因特网上建立网站的方法有两种：一种是获取一个永久性的域名，建立自己的网站服务器；另一种则是在专门对外提供因特网服务的商业公司的网站服务器中租用一部分空间，把自己的 Web 页面长期存放在那里，供因特网上的用户访问。无论采用哪种方法都离不开 ISP（为用户提供因特网接入和因特网信息服务的公司或机构）的参与。

建立一个网站主要分为三个过程：申请注册域名，制作网页，发布网页。申请获取一个实用的域名才是千头万绪工作的第一步，向中国互联网络信息中心（CNNIC）申请注册到形如 Company.com（国际域名）或者 Company.com.cn（国内域名）的域名后，你的网站就有了一个对外的名称。在建立了永久因特网连接并获取 IP 地址和域名之后，下一步的工作是选购运行因特网服务器软件的硬件设备和选择服务器软件，编写具有自己特色的网页文档是你的核心工作，这在上面的部分已经得到描述。最后的工作就是将制作完成的网页信息发布到因特网上，这将在下面的部分进行描述。

2. 发布网页

个人和企业发布网页的情况是不同的，这主要取决于资金的多少。个人大多使用免费的服务器空间，使用电话线拨号上网接入方式传送网页文档。而企业可以建立自己的机房，配备专业人员、服务器、路由器、网管软件等，并且向电信部门申请专线和出口等，这样可以建立一个完全属于自己、独立管理的网站，但是需要比较多的投资，日常的运维费用也很高。

个人网站的发布大多使用 ISP 的免费主页空间，比如许多综合大学网络中心的因特网服务器为学生的主页提供免费存放空间。而像新浪网站、搜狐网站或者 163 网站这样的 ISP 也为个人主页提供了存放空间。

一般企业发布网页常采用虚拟主机方案。企业租用 ISP 的因特网服务器磁盘空间。将企业的网站主页放在 ISP 因特网服务器上，这是一种最经济的发布方案。在实际运行上，虚拟主机与真实主机毫无区别，对于因特网的访问者来说，感觉不到任何区别，企业的投入仅仅相当于一次传统媒体的广告费用。如果是为你的公司建立网站，应该考虑 Web 主机服务，像 www.163.com 这样在因特网服务器上提供空间的收费网站。

将网站主页上传到服务器上之前，必须得到 ISP 因特网服务器管理员的许可，必须把你的详细信息提供给 ISP，得到用户名和密码后，就可以使用网页制作软件（比如 FrontPage 软件和 Dreamweaver 软件）中的站点管理功能进行网页上传。在上传网页之前，一个不可忽略的工作是使用不同的浏览器测试网页，保证你制作的网页在不同的浏览器中都能够正常浏览，这一点非常重要。

3. 发布因特网站点

将因特网站点在各大搜索引擎中注册是发布因特网站点最简单、最直接的方法，下面以 Google 和百度两大搜索引擎为例进行介绍。

（1）Google

输入 http://www.google.com/intl/zh-CN/add_url.html，打开这个网址。在出现的“网址”处输入欲发布网站首页地址（如 http://i-couple.taobao.com），在“评论”处输入相关的介绍和关键字，然后单击“添加网址”按钮即可，如图 1-6 所示。设置与店铺产品相关的尽可能多的关键字，可增加被搜得的机会。

（2）百度

输入 http://www.baidu.com/search/url_submit.html，打开这个网页，只需要在出现的页面的输入框中输入网站的地址和验证码，单击“提交网站”即可。

4. 站点的运行与维护

为了保证因特网站点能长期稳定地高质量运行，维护工作就成了一项十分关键的任务。在因特网站点运行和维护的工作中，要注意以下五方面的问题：

（1）维护因特网站点的结构与风格

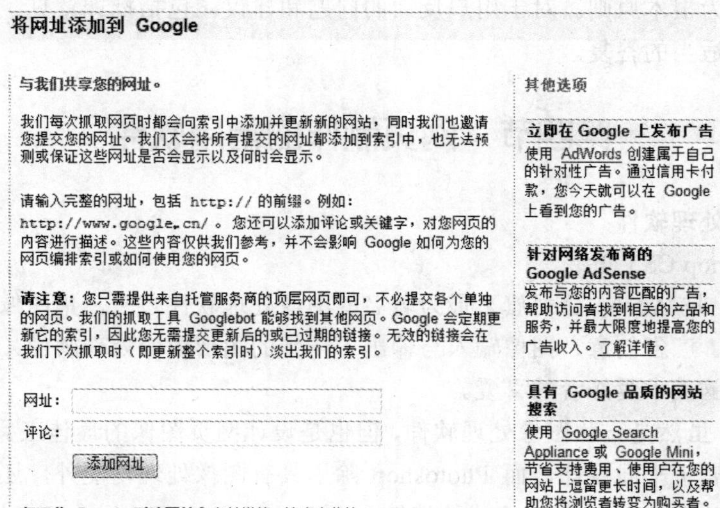

图 1-6　Google 添加网址页面

在设计良好的因特网站点上，每个网页均按照一定的基本结构（如树状层次结构）组织在一起。当我们向因特网站点添加新的页面时，必须将页面添加到适当的逻辑位置上，而不能随便地插入到某一位置。

（2）保持因特网站点的时效性

对于因特网站点中有一定时效性的信息内容，必须做到定期更新；而对于时事新闻一类的信息，则应该做到每天都更新。

（3）保持链接的有效性

因特网站点上往往还有一些链接指向其他因特网站点上的网页，或者指向其他因特网信息服务。而因特网是一个迅速发展的分布式网络系统，其网络上的信息资源经常处于不断的变化之中。因特网页面中指向其他因特网站点的超链接很有可能会失效。我们必须定期检测和更新因特网页面中的超链接，使它们与因特网信息资源的变化保持一致，使每个因特网页面上的所有链接都指向有效的信息资源。

（4）监控因特网站点的使用情况

因特网管理员要随时监控因特网服务器的运行状况，定期检查因特网服务器的日志文件。对其进行适当的统计分析，从中获得访问本因特网站点的人数、用户感兴趣的内容、用户不感兴趣的内容等信息，以便为因特网站点的进一步发展提供依据。

（5）重视用户反馈

因特网站点发布的目的是为用户提供有价值的信息，因此因特网站点的维护要时刻以为用户服务为根本原则。对于用户反馈的问题和建议，包括批评意见，都必须及时处理，并且给出适当的答复。

第四节　网页制作的常用软件

一、图像处理软件

1. Photoshop CS3 介绍

Photoshop 是 Adobe 公司旗下最为著名的图像处理软件之一，集图像扫描、编辑修改、图像制作、广告创意、图像输入与输出于一体的图形图像处理软件，深受广大平面设计人员和电脑美术爱好者的喜爱。

Photoshop 虽然是一款图像处理软件，但也是设计网页图像的最佳工具之一。因为网页图像设计也属于平面设计，而 Photoshop 除了具有图像处理功能外，还含有许多能让用户把图像有效地保存为 Web 格式的特性。

2. Photoshop 的功能特色

虽然 Photoshop 没有网站互动的功能，但具有各种处理图像的功能，可分为图像编辑、图像合成、校色调色及特效制作部分。

图像编辑是图像处理的基础，可以对图像做各种变换，如放大、缩小、旋转、倾斜、镜像、透视等。也可进行复制、去除斑点、修补、修饰图像的残损等。这在婚纱摄影、人像处理制作中有非常大的用场，去除人像上不满意的部分，进行美化加工，可得到让人非常满意的效果。

图像合成则是将几幅图像通过图层操作、工具应用，合成完整的、传达明确意义的图像，这是美术设计的必经之路。Photoshop 提供的绘图工具让外来图像与创意很好地融合，可以使图像的合成天衣无缝。

校色调色是 Photoshop 中深具威力的功能之一，可方便快捷地对图像的颜色进行明暗、色编的调整和校正，也可在不同颜色之间进行切换，以满足图像在不同领域如网页设计、印刷、多媒体等方面的应用。

特效制作在 Photoshop 中主要由滤镜、通道及工具综合应用完成。包括图像的特效创意和特效字的制作，如油画、浮雕、石膏画、素描等常用的传统美术技巧都可藉由 Photoshop 特效完成。而各种特效字的制作更是很多美术设计师热衷于 Photoshop 研究的原因。

二、动画制作软件

1. Flash CS3 介绍

Adobe Flash CS3 是 Adobe 公司收购 Macromedia 公司后将享誉盛名的 Macromedia Flash 更名为 Adobe Flash 后的一款动画软件。Flash 软件可以实现多种动画特效。动画都是由一帧帧的静态图片在短时间内连续播放而造成的视觉效果，是表现动态过程、阐明抽象原理的一种重要媒体。

网页中的动画效果基本上是由 Flash 制作完成的。要制作网页中的动画，首先要根据网页图像中的效果以及切片图像创建 Flash 文档。然后依据想要展示的动画效果，通过 Flash 的各种功能，比如逐帧动画、补间动画、遮罩动画，或者引导层动画等制作网页动画。

2. Flash CS3 动画设计的三大基本功能

Flash 动画设计的三大基本功能是整个 Flash 动画设计知识体系中最重要、也是最基础的，包括：绘制和编辑图形、补间动画和遮罩。这是三个紧密相连的逻辑功能，并且这三个功能自 Flash 诞生以来就存在。

（1）绘制和编辑图形

绘制和编辑图形不但是创作 Flash 动画的基本功，也是进行多媒体创作的基本功。只有基本功扎实，才能在以后的学习和创作道路上一帆风顺。

使用 Flash Professional 8 绘制和编辑图形——这是 Flash 动画创作的三大基本功的第一功。在绘图的过程中要学习怎样使用元件来组织图形元素，这也是 Flash 动画的一个巨大特点。

（2）补间动画

补间动画是整个 Flash 动画设计的核心，也是 Flash 动画的最大优点，它有动画补间和形状补间两种形式。

用户学习 Flash 动画设计，最主要的就是学习“补间动画”设计。

在应用影片剪辑元件和图形元件创作动画时，有一些细微的差别，你应该完整把握这些细微的差别。

（3）遮罩

遮罩是 Flash 动画创作中不可缺少的——这是 Flash 动画设计三大基本功能中重要的出彩点。

使用遮罩配合补间动画，用户可以创建更多丰富多彩的动画效果：图像切换、火焰背景文字、管中窥豹等都是实用性很强的动画。并且，从这些动画实例中，用户可以举一反三地创建更多实用性更强的动画效果。

遮罩的原理非常简单，但其实现的方式多种多样，特别是和补间动画以及影片剪辑元件结合起来，可以创建千变万化的形式，你应该对这些形式作个总结概括，从而使自己可以有的放矢、从容创建各种形式的动画效果。

三、网页编辑软件

1. Dreamweaver CS3 简介

Dreamweaver CS3 是 Adobe 公司收购 Macromedia 公司后最新推出的 Creative Suite 3 设计套装中用于网页设计与制作的组件。作为全球最流行、最优秀的所见即所得的网页编辑器，Dreamweaver 可以轻而易举地制作出跨操作系统平台、跨浏览器的充满动感的网页，是目前制作 Web 站点、Web 页和 Web 应用程序的理想工具。

2. Dreamweaver CS3 的主要特点

（1）网页编辑形式灵活

Dreamweaver 将“设计”和“代码”编辑器集成在一起，既可以方便地进行源代码编辑，也可以使用鼠标方式添加和设置对象。

（2）使用可视化编辑环境

Dreamweaver 是一种所见即所得的网页编辑器，既有效地减少了代码编写的工作量，也确保所设计文档的专业性和兼容性。

（3）强大的 CSS 功能

CSS 样式可以有效地控制网页对象的外观，如文本字体、颜色、图像位置等。Dreamweaver 中有强大的 CSS 样式表编辑器，可以比较轻松地编辑 CSS 样式。

（4）站点管理功能完善

Dreamweaver 提供了强大的站点管理功能，可以安全、系统地维护和管理各种规模的网站。

（5）集成性高

Dreamweaver 与 Fireworks、Flash、Shockwave 具有良好的集成性，可以在这些 Web 创作工具之间自由地进行切换。

（6）媒体支持能力强

在 Dreamweaver 文档中，可以灵活加入 Java、Flash、Shockwave、ActiveX 以及其他媒体元素，也可以对各种多媒体元素进行处理。

（7）扩展能力强

Dreamweaver 可以实现功能的扩展。利用 Adobe 公司免费提供的 Dreamweaver 插件，可以丰富 Dreamweaver 的媒体处理能力。

四、IIS 的基本知识

Internet Information Services（IIS，互联网信息服务），是由微软公司提供的基于运行 Microsoft Windows 的互联网基本服务。最初是 Windows NT 版本的可选包，随后内置于 Windows 2000、Windows XP Professional 和 Windows Server 2003 中，但在普遍使用的 Windows XP Home 版本上并没有 IIS。

（一）IIS 的简介

1. IIS 的概念

IIS 是 Internet Information Services 的缩写，是一个 World Wide Web Server。Gopher Server 和 FTP Server 全部包容在里面。IIS 意味着你能发布网页，并且有 ASP（Active Server Pages）、Java、VBscript 产生页面，有着一些扩展功能。IIS 支持一些有趣的东西，像有编辑环境的界面（Frontpage）、有全文检索功能的 Index Server、有多媒体功能的 Net Show。其次，IIS 是随 Windows NT Server 4.0 一起提供的文件和应用程序服务器，是在 Windows NT Server 上建立 Internet 服务器的基本组件。它与 Windows NT Server 完全集成，允许使用 Windows NT Server 内置的安全性以及 NTFS 文件系统建立强大灵活的 Internet/Intranet 站点。IIS（Internet Information Server，互联网信息服务）是一种 Web（网页）服务组件，其中包括 Web 服务器、FTP 服务器、NNTP 服务器和 SMTP 服务器，分别用于网页浏览、文件传输、新闻服务和邮件发送等方面，它使得在网络（包括互联网和局域网）上发布信息成了一件很容易的事。

2. IIS 的作用

IIS 用于设置在同一时间内允许打开的网站页面数。打开一个页面占一个 IIS，打开一个站内框架页面占 2 到 3 个 IIS；若图片等被盗链，在其他网站打开本站图片同样占一个 IIS。假若设置参数为 50 个 IIS，则这个站允许同时有 50 个页面被打开。但要在同一时间（极短的时间）有 50 个页面被打开，需要 50 个人同时操作，这个概率还是比较低的。所以，100 个 IIS 支持日 ip1000（同时访问网站人数必定远低于 1 000 人）以上都不是很大问题，除非网站被盗链或框架引发其他消耗。

3. 添加和运行准备

（1）IIS 的添加

进入“控制面板”，依次选择“添加/删除程序”→“添加/删除 Windows 组件”，将“Internet 信息服务（IIS）”前的小钩去掉（如有），重新勾选后按提示操作即可完成 IIS 组件的添加。用这种方法添加的 IIS 组件中将包括 Web、FTP、NNTP 和 SMTP 等全部四项服务。

（2）IIS 的运行

当 IIS 添加成功之后，再进入“开始”→“设置”→“控制面板”→“管理工具”→“Internet 服务管理器（Internet 信息服务）”以打开 IIS 管理器，对于有“已停止”字样的服务，均在其上右击，从弹出的快捷菜单中选“启动”来开启。

（二）IIS 之 Web 服务器安装步骤

（1）插入 Windows XP 安装光盘，打开“控制面板”，然后打开其中的“添加/删除程序”。

（2）在“添加或删除程序”窗口左边单击“添加/删除 Windows 组件”。

（3）片刻后系统会启动 Windows 组件向导，勾选 Internet 信息服务（IIS）”，单击“下一步”按钮。

（4）若安装成功，系统会自动在系统盘新建网站目录，默认目录为：C:\Inetpub\wwwroot。

（5）依次打开【控制面板】>【性能和维护】>【管理工具】>【Internet 信息服务】。

（6）在默认网站上右击→选择“属性”。

（7）单击主目录：在本地路径输入框后单击浏览可以更改网站所在文件位置，默认目录为：C:\Inetpub\wwwroot。在执行权限后面单击“配置”→“调试”→“文本错误信息”，选中“向客户端发送文本错误信息：处理 URL 时服务器出错，请与系统管理员联系”。单击文档：可以设置网站默认首页，推荐删除 iisstart.asp，添加 index.asp 和 index.htm。单击目录安全性：单击“编辑”按钮可以对服务器访问权限进行设置。

（8）把凡人网络购物系统 V7.0 文件复制到你选择的网站目录下，假设你选择的目录为默认目录：C:\Inetpub\wwwroot。

（9）把 frshop.rar 解压之后的文件复制到 C:\Inetpub\wwwroot\shop 下即可。

（10）您可以通过以下方式访问商城：http://localhost/shop/ 或 http://127.0.0.1/shop/ 或 http://计算机名/shop/ 或 http://本机 IP 地址/shop/ 访问。其他人可以通过 http://计算机名/shop/ 或 http://本机 IP 地址/shop/ 访问。

（11）如果您有域名，把域名解析到本地 IP 地址，即可通过 http://域名/shop/访问。

（三）IIS 之 Web 服务器建立——建立第一个 Web 站点

假设本机的 IP 地址为 192.168.0.1，自己的网页放在 D:\Wy 目录下，网站的首页文件名为 Index.htm，现在想根据这些建立好自己的 Web 服务器。

对于此 Web 站点，我们对现有的“默认 Web 站点”做相应的修改后，就可以轻松实现。

（1）先在“默认 Web 站点”上右击，选择“属性”，以进入名为“默认 Web 站点属性”设置界面。

（2）修改绑定的 IP 地址：转到“Web 站点”窗口，再在“IP 地址”后的下拉列表框中选择所需用到的本机 IP 地址“192.168.0.1”。

（3）修改主目录：转到“主目录”窗口，再在“本地路径”文本框中输入（或用“浏览”按钮选择）好自己网页所在的“D:\Wy”目录。

（4）添加首页文件名：转到“文档”窗口，再单击“添加”按钮，根据提示在“默认文档名”后输入自己网页的首页文件名“Index.htm”。

（5）添加虚拟目录：假设主目录在“D:\Wy”下，而你想用输入“192.168.0.1/test”的格式调出“E:\All”中的网页文件，这里面的“test”就是虚拟目录。请在“默认 Web 站点”上右击，选择“新建”→“虚拟目录”，依次在“别名”处输入“test”，在“目录”处输入“E:\All”，再按提示操作即可添加成功。

（6）效果的测试：打开 IE 浏览器，在地址栏输入“192.168.0.1”之后再按回车键，若能够调出你自己网站的首页，则说明设置成功！

（四）IIS 之 Web 服务器建立——添加更多的 Web 站点

1. 多个 IP 地址对应多个 Web 站点

如果本机已绑定了多个 IP 地址，想利用不同的 IP 地址打开不同的 Web 页面，则只需在“默认 Web 站点”处右击，选择“新建”→“站点”，然后根据提示在“说明”处输入任意用于说明它的内容（比如为“我的第二个 Web 站点”）、在“输入 Web 站点使用的 IP 地址”的下拉列表框处选中需给它绑定的 IP 地址即可；当建立好此 Web 站点之后，再按上步的方法进行相应设置。

2. 一个 IP 地址对应多个 Web 站点

当按上步的方法建立好所有的 Web 站点后，对于虚拟主机，可以通过给各 Web 站点设不同的端口号来实现，比如给一个 Web 站点设端口号为 80，另一个设端口号为 81，第三个设端口号为 82，……，则对于端口号是 80 的 Web 站点，访问格式仍然直接是 IP 地址就可以了，而对于绑定其他端口号的 Web 站点，访问时必须在 IP 地址后面加上相应的端口号，也即使用如 “http://192.168.0.1：81”的格式。

很显然，改了端口号之后使用起来就麻烦些。如果你已在 DNS 服务器中将所有你需要的域名都已经映射到了此惟一的 IP 地址，则用设不同“主机头名”的方法，可以让你直接用域名来完成对不同 Web 站点的访问。

比如本机只有一个 IP 地址为 192.168.0.1，且已经建立（或设置）好了两个 Web 站点，一个是“默认 Web 站点”，一个是“我的第二个 Web 站点”，现在希望输入“www.enanshan.com”可直接访问前者，输入“www.popunet.com”可直接访问后者。其设置操作步骤如下：

（1）请确保已先在 DNS 服务器中将这两个域名都已映射到了那个 IP 地址上；并确保所有的 Web 站点的端口号均保持为 80 这个默认值。

（2）再选择“默认 Web 站点”右击后依次选择“属性”→“Web 站点”，单击“IP 地址”右侧的“高级”按钮，在“此站点有多个标识下”双击已有的那个 IP 地址（或单击选中它后再单击“编辑”按钮），然后在“主机头名”下输入“www.enanshan.com”再单击“确定” 按钮保存退出。

（3）按上步同样的方法为“我的第二个 Web 站点”设好新的主机头名为“www.popunet.com”即可。

（4）打开 IE 浏览器，在地址栏输入不同的网址，就可以调出不同 Web 站点的内容了。

3. 多个域名对应同个 Web 站点

先将某个 IP 地址绑定到 Web 站点上，再在 DNS 服务器中将所需域名全部映射向你的这个 IP 地址上，则在浏览器中输入任何一个域名，都会直接得到设置好的那个网站的内容。

本章核心概念

网页、静态网页、动态网页、HTTP 协议、IIS。

本章小结

1. 本章介绍了与网页相关的知识，如静态网页和动态网页等概念，重点讲述了最常用的 HTTP 和 FTP 协议。

2. 从实际操作的角度介绍了网页制作的流程。从实用出发介绍了网页制作软件及其功能。

3. 本章的概念和知识都是今后学习常用到的，特别是 IIS 的安装和 IIS 服务器安装是一定要熟练掌握的内容。

思考题

1. 静态网页与动态网页的区别是什么？
2. HTTP 协议的作用是什么？
3. 网页制作的常用软件有哪些？它们各有什么功能？

上机练习

1. 一个网站是由若干个网页以及许多图像文件组成的。为了使建立的网站主题明确，在制作网站之前，需要为其创建专属的站点，并且要将该站点建立在虚拟目录中。
2. 学会安装第四节中介绍的网页制作软件。

第二章

网页的可视化设计

本章重点

1. 知道网页布局与显示技术。
2. 掌握网页设计原则。
3. 掌握网站结构设计知识。
4. 知道网页色彩搭配。
5. 掌握按钮和导航条的作用及制作方法。

案例导入

可视化设计

通过学习第 1 章的知识，小王同学看到网上那么多漂亮的网页，有些跃跃欲试。可是当小王真的动手干的时候，发现问题来了：一是网页如何布局，有什么窍门？二是色彩搭配方面总是觉得不协调，难看。这些问题该如何解决呢？通过本章的学习，我们就能帮助小王同学排解他的烦恼了。

第一节　网页布局与显示技术

HTML 是一种描述如何表示网页格式的超文本标记语言，重点解决如何显示数据的问题，但是，不能解决“数据和数据结构是什么”的问题。XML 是描述数据和数据结构的语言，它解决了这个问题。二者同为标记语言，有着相似的语法，XML 是 HTML 的补充，但 XML 不是 HTML 的替代品。CSS 也是一种标记语言，用于增强或控制网页样式，并允许将样式信息与网页内容分离，它有效解决了 HTML 标记过于庞杂，以及无法统一维护的难题。

一、HTML

1. HTML 简介

HTML（HyperText Mark-up Language）即超文本标记语言或超文本链接标记语言，是目前网络上应用最为广泛的语言，也是构成网页文档的主要语言。HTML 文本是由 HTML 命令组成的描述性文本，HTML 命令可以说明文字、图形、动画、声音、表格、链接等。HTML 的结构包括头部（Head）、主体（Body）两大部分，其中头部描述浏览器所需的信息，而主体则包含所要说明的具体内容。

2. XHTML 简介

XHTML 中的 X 是可扩展（exten sable）的意思，XHTML 就是可扩展的超文本标记语言，它比 HTML 有更严格的要求。如果说 HTML 是汉语，那么 XHTML 就是标准普通话。对于现在才刚刚开始学习网页设计的朋友，直接学习 XHTML 是最佳的选择。事实上它也属于 HTML 家族，并且它是基于 XML 的，对比以前各个版本的 HTML，它具有更严格的书写标准、更好的跨平台能力。出于某些需要，XHTML 将以前版本的 HTML 能够实现的一些功能交给了 CSS，这意味着你将需要学习两种技术。但是这确实是 Web 未来发展的潮流。

二、XML

1. XML 简介

XML（Extensible Markup Language）即可扩展标记语言，它与 HTML 一样，都是 SGML（Standard Generalized Markup Language，标准通用标记语言）。XML 是 Internet 环境中跨平台的、依赖于内容的技术，是当前处理结构化文档信息的有力工具。可扩展标记语言（XML）是一种简单的数据存储语言，使用一系列简单的标记描述数据，而这些标记可以用方便的方式建立，虽然 XML 占用的空间比二进制数据要多，但 XML 极其简单，易于掌握和使用。

2. XML 的特性

XML 与 Access、Oracle 和 SQL Server 等数据库不同，数据库提供了强有力的数据存储和分析能力，例如：数据索引、排序、查找、相关一致性等，XML 仅仅是展示数据。事实上，XML 与其他数据表现形式最大的不同是：它极其简单。这是一个看上去有点琐碎的优点，但正是这点使 XML 与众不同。

XML 与 HTML 的设计区别是：XML 是用来存储数据的，重在数据本身。而 HTML

是用来定义数据的，重在数据的显示模式。

XML 的简单使其易于在任何应用程序中读写数据，这使 XML 很快成为数据交换的惟一公共语言，虽然不同的应用软件也支持其他的数据交换格式，但不久的将来它们都将支持 XML，那就意味着程序可以更容易地与 Windows、Mac OS、Linux 以及其他平台下产生的信息结合，然后可以很容易加载 XML 数据到程序中并分析它，并以 XML 格式输出结果。

为了使得 SGML 显得用户友好，XML 重新定义了 SGML 的一些内部值和参数，去掉了大量的很少用到的功能，这些繁杂的功能使得 SGML 在设计网站时显得复杂化。XML 保留了 SGML 的结构化功能，这样就使得网站设计者可以定义自己的文档类型，XML 同时也推出一种新型文档类型，使得开发者也可以不必定义文档类型。

因为 XML 是 W3C 制定的，XML 的标准化工作由 W3C 的 XML 工作组负责，该小组成员由来自各个地方和行业的专家组成，他们通过 Email 交流对 XML 标准的意见，并提出自己的看法（www.w3.org/TR/WD-xml）。因为 XML 是个公共格式（它不专属于任何一家公司），你不必担心 XML 技术会成为少数公司的盈利工具，XML 不是一个依附于特定浏览器的语言。

三、CSS

1. CSS 简介

CSS（Cascading Style Sheet，“层叠样式表”或“级联样式表”）是一组格式设置规则，用于控制 Web 页面的外观。通过使用 CSS 样式设置页面的格式，可将页面的内容与表现形式分离。页面内容存放在 HTML 文档中，而用于定义表现形式的 CSS 规则则存放在另一个文件中，或作为 HTML 文档的某一部分（通常为文件头部分）。将内容与表现形式分离，不仅可使维护站点的外观更加容易，而且还可以使 HTML 文档代码更加简洁，缩短浏览器的加载时间。

2. CSS 的作用

层叠样式表定义如何显示 HTML 元素，就像 HTML 3.2 的字体标记和颜色属性所起的作用那样。样式通常保存在外部的 *.css 文件中。通过仅仅编辑一个简单的 CSS 文档，外部样式表使你有能力同时改变站点中所有页面的布局和外观。由于允许同时控制多重页面的样式和布局，CSS 可以称得上 Web 设计领域的一个突破。作为网站开发者，你能够为每个 HTML 元素定义样式，并将之应用于你希望的任意多的页面中。如需进行全局的更新，只需简单地改变样式，然后网站中的所有元素均会自动更新。

3. 使用 CSS 布局的优点

相对于传统的 Table 网页布局，采用 CSS 布局具有以下 3 个显著优势。

（1）表现和内容相分离

将设计部分剥离出来放在一个独立样式文件中，HTML 文件中只存放文本信息。这样的页面对搜索引擎更加友好。

（2）提高页面浏览速度

对于同一个页面视觉效果，采用 CSS 布局的页面容量要比 Table 编码的页面文件容量小得多，前者一般只有后者的 1/2 大小。浏览器就不用去编译大量冗长的标记。

（3）易于维护和改版

你只要简单地修改几个 CSS 文件就可以重新设计整个网站的页面外观。

第二节 网页设计的原则

网页的设计不仅涉及各种软件的操作技术，还关联到设计者对生活的理解和体验。网页设计就是要把适合的信息传达给适合的观众，要设计出一个既好看又实用的网页，就必须遵循一些必要的原则。下面从不同角度谈谈这些原则。

一、初学者要记住的设计原则

（1）计划网页，让它符合设计网页的目的，从而确定网页的功能。

（2）设计一个模板来规范网页设计，模板包含网页中具体元素的位置、格式等一系列信息。

（3）遵循一些好的网页设计规则。如果网页的显示花费了很多时间或正文非常乏味，浏览者就会失去耐性并且转到其他的网站。

（4）包含导航元素，合理地设置一些导航按钮或链接，可以使人们很容易从一个页面转入到另一个页面。导航部分应该一目了然，而且简单易懂。

（5）尊重他人的知识产权和版权。如果你使用了从其他网页上下载的图片和背景，你应该知道关于再次使用这些资料的版权法律。在使用这些资料前应该得到许可，并且要在你的网页里加上说明。

（6）标示网页。确定每个网页都使用了<TITLE>标记，使网页拥有标题。同样，还应该加入一个指向你的电子邮件地址的链接，这样可以让别人与你取得联系。在网页的底部加入版权信息。

二、从实际需求看网页设计原则

1. 设计的任务

设计是一种审美活动，成功的设计作品一般都很艺术化。但艺术只是设计的手段，并非设计的任务。设计的任务是要实现设计者的意图，并非创造美。

网页设计的任务，是指设计者要表现的主题和要实现的功能。站点的性质不同，设计的任务也不同。从形式上，可以将站点分为以下三类：

（1）第一类是资讯类站点，像新浪、网易、搜狐等门户网站。这类站点将为访问者提供大量的信息，而且访问量较大。因此需注意页面的分割、结构的合理、页面的优化、界面的亲和等问题。

（2）第二类是资讯和形象相结合的网站，像一些较大的公司、国内的高校等。这类网站在设计上要求较高，既要保证资讯类网站的上述要求，同时又要突出企业、单位的形象。然而就现状上来看，这类网站有粗制滥造的嫌疑。

（3）第三类则是形象类网站，比如一些中小型的公司或单位。这类网站一般较小，有的只有几页，需要实现的功能也较为简单，网页设计的主要任务是突出企业形象。这类网站对设计者的美工水平要求较高。

当然，这只是从整体上来看，具体情况还要具体分析。不同的站点还要区别对待。别忘了最重要的一点，那就是客户的要求，它也属于设计的任务。

明确了设计的任务之后，接下来要想的就是如何完成这个任务了。

2. 设计的实现

设计的实现可以分为两个部分。第一部分为站点的规划及草图的绘制，这一部分可以在纸上完成。第二部分为网页的制作，这一部分是在计算机上完成的。

设计首页的第一步是设计版面布局。我们可以将网页看作传统的报刊杂志来编辑，这里面有文字、图像乃至动画，我们要做的工作就是以最适合的方式将图片和文字排放在页面的不同位置。除了要有一台配置不错的计算机外，软件也是必需的。不能简单地说一个软件的好坏，只要是设计者使用起来觉得方便而且能得心应手的，就可以称为好软件。当然，它应该能满足设计者的要求。笔者常用的软件是 Macromedia 的 Dreamweaver、Fireworks、Flash 以及 Adobe 的 Photoshop、Imageready，这些都是很不错的软件。

接下来我们要做的就是通过软件的使用，将设计蓝图变为现实，最终的集成一般是在 Dreamweaver 里完成的。虽然在草图上，我们定出了页面的大体轮廓，但是灵感一般都是在制作过程中产生的。设计作品一定要有创意，这是最基本的要求，没有创意的设计是失败的。在制作的过程中，我们会碰到许多问题，其中最敏感的莫过于页面的颜色了。

3. 色彩的运用

色彩是一种奇怪的东西，它是美丽而丰富的，它能唤起人类的心灵感知。一般来说，红色是火的颜色，热情、奔放；也是血的颜色，可以象征生命。黄色是明度最高的颜色，显得华丽、高贵、明快。绿色是大自然草木的颜色，意味着纯自然和生长，象征安宁、和平与安全，如绿色食品。紫色是高贵的象征，有庄重感。白色能给人以纯洁与清白的感觉，表示和平与圣洁。

我们知道，颜色是光的折射产生的，红、黄、蓝是三原色，其他的色彩都可以用这三种色彩调和而成。换一种思路，我们可以用颜色的变化来表现光影效果，这无疑将使我们的作品更贴近现实。

色彩代表了不同的情感，有着不同的象征含义。这些象征含义是人们思想交流当中的一个复杂问题，它因人的年龄、地域、时代、民族、阶层、经济地区、工作能力、教育水平、风俗习惯、宗教信仰、生活环境、性别差异而有所不同。

单纯的颜色并没有实际的意义，和不同的颜色搭配，它所表现出来的效果也不同。比如绿色和金黄、淡白搭配，可以产生优雅、舒适的气氛。蓝色和白色混合，能体现柔顺、淡雅、浪漫的气氛。红色和黄色、金色的搭配能渲染喜庆的气氛。而金色和粟色的搭配则会给人带来暖意。设计的任务不同，配色方案也随之不同。考虑到网页的适应性，应尽量使用网页安全色。

但颜色的使用并没有一定的法则，如果一定要用某个法则去套，效果只会适得其反。经验上我们可先确定一种能表现主题的主体色，然后根据具体的需要，应用颜色的近似和对比来完成整个页面的配色方案。整个页面在视觉上应是一个整体，以传递和谐、悦目的视觉效果。

4. 造型的组合

在网页设计中，我们主要通过视觉传达来表现主题。在视觉传达中，造型是很重要的一个元素。抛去是图还是文字的问题，画面上的所有元素可以统一作为画面的基本构成要素点、线、面来进行处理。在一幅成功的作品里，是需要点、线、面的共同组合与搭配来构造整个页面的。

通常我们可以使用的组合手法有秩序、比例、均衡、对称、连续、间隔、重叠、反复、交替、节奏、韵律、归纳、变异、特写、反射等，它们都有各自的特点。在设计中应根据具体情况，选择最适合的表现手法，这样有利于主题的表现。

通过点、线、面的组合，可以突出页面上的重要元素，突出设计的主题，增强美感，让观者在感受美的过程中领会设计的主题，从而完成设计的任务。

造型的巧妙运用不仅能带来极大的美感，而且能较好地突出企业形象，能将网页上的各种元素有机地组织起来，它甚至还可以引导观者的视线。

5. 统一、连贯、分割、对比及和谐原则

无论使用何种手法对画面中的元素进行组合，都一定要遵循以下五条原则。

（1）统一

设计作品的整体性、一致性。设计作品的整体效果是至关重要的，在设计中切勿将各组成部分孤立分散，那样会使画面呈现出一种枝蔓纷杂的凌乱效果。

（2）连贯

要注意页面的相互关系。设计中应利用各组成部分在内容上的内在联系和表现形式上的相互呼应，并注意整个页面设计风格的一致性，实现视觉上和心理上的连贯，使整个页面设计的各个部分极为融洽，犹如一气呵成。

（3）分割

将页面分成若干小块，小块之间有视觉上的不同，这样可以使观者一目了然。在信息量很多时，为使观者能够看清楚，就要将画面进行有效的分割。分割不仅是表现形式的需要，而且也可以被视为是对页面内容的一种分类归纳。

（4）对比

通过矛盾和冲突，使设计更加富有生气。对比手法很多，例如：多与少、曲与直、强与弱、长与短、粗与细、疏与密、虚与实、主与次、黑与白、动与静、美与丑、聚与散等。在使用对比的时候应慎重，对比过强容易破坏美感，影响统一。

（5）和谐

整个页面符合美的法则，浑然一体。如果一件设计作品仅仅是色彩、形状、线条等的随意混合，那么作品将不但没有“生命感”，而且也根本无法实现视觉设计的传达功能。和谐不仅要看结构形式，而且要看作品所形成的视觉效果能否与人的视觉感受形成一种沟通，产生心灵的共鸣。这是设计能否成功的关键。

6. 网页的优化

在网页设计中，网页的优化是较为重要的一个环节。它的成功与否会影响页面的浏览速度和页面的适应性，影响观者对网站的印象。

在资讯类网站中，文字是页面中最大的构成元素，因此字体的优化显得尤为重要。使用 CSS 样式表指定文字的样式是必要的，通常我们将字体指定为宋体，大小指定为 12px，颜色要视背景色而定，原则上以能看清且与整个页面搭配和谐为准。在白色的背景上，我们一般使用黑色，这样不易产生视觉疲劳，能保证浏览者较长时间地浏览网页。

图片是网页中的重要元素。图片的优化可以在保证浏览质量的前提下将其 size 降至最低，这样可以成倍地提高网页的下载速度。利用 Photoshop 6 或 Fireworks 4 可以将图片切成小块，分别进行优化。输出的格式可以为 .gif 或 .jpeg，要视具体情况而定。一般我们把有较为复杂颜色变化的小块优化为 .jpeg，而把那种只有单纯色块的卡通画式的小块优化为 .gif，这是由这两种格式的特点决定的。

表格（table）是页面中的重要元素，是页面排版的主要手段。我们可以设定表格的宽度、高度、边框、背景色、对齐方式等参数。很多时候，我们将表格的边框设为 0，以此来定位页面中的元素，或者籍此确定页面中各元素的相对位置。我们知道：浏览器在读取网页 HTML 源代码时，是读完整个 table 才将它显示出来的。如果一个大表格中含有多个子表格，必须等大表格读完，才能将子表格一起显示出来。我们在访问一些站点时，等待多时无结果，单击“停止”按钮却一下显示出页面就是这个原因。因此，我们在设计页面表格的时候，应该尽量避免将所有元素嵌套在一个表格里，而且表格嵌套层次尽量要少。在使用 Dreamweaver 制作网页时，会自动在每一个 td 内添加一个空字符“ ”。如果单元格内没有填充其他元素，这个空字符会保留，在指定 td 的宽度或高度后，可以在源代码内将其删去。

第三节　网站结构设计

网站结构设计是网站设计的又一重要组成部分。在内容设计完成之后，网站的目标及内容主题等有关问题已经确定。结构设计要做的事情就是如何将内容划分为清晰合理的层次体系，比如栏目的划分及其关系、网页的层次及其关系、链接的路径设置、功能在网页上的分配等，以上这些都仅仅是前台结构设计，而前台结构设计的实现需要强大的后台支撑。后台也应有良好的结构设计，才能保证前台结构设计的实现。显然，结构设计是体现内容设计与创意设计的关键环节。

一、网站前台结构设计

（一）网站前台结构设计的目标

（1）层次清楚，突出主题。理清网页内容及栏目结构的脉络，使链接结构、导航线路层次清晰；内容与结构要突出主题。

（2）体现特征，注重特色设计。

（3）方便用户使用。

（4）网页在功能分配上合理，且要功能强大。

（5）可扩展性能好。

如图 2-1 所示是一个网站的前台结构设计效果呈现。

（二）网站前台结构设计的内容

1. 内容结构设计

根据网站特性、建站目的、信息类别，将信息和功能分类划分并细化形成结构脉络，整理后放置于不同层次网页。

（1）鉴定内容和功能需求

这是内容设计及创意设计的汇总和补充。运用收集的信息建立内容和功能列表。内容形式包括：静态、动态等；功能可包括著作权、私有性宣告、会员规则、会员登录、订阅电子报刊等

（2）分类并标记内容

整理内容，分类标记。写内容清单、内容的检索卡，并分类标记、命名，简短描述后记录于表格。

（3）功能分配

将功能按照需求放到相应的网页中，目的是方便用户。应分清主次，放于主次不同的网页上的链接也同样需要整理、列表、命名、描述，以免混淆。

图 2-1 人民邮电出版社首页前台

（4）完成设计文档

描述结构设计的有关细节，包括内容摘要、分类命名、类间关系等。

2. 链接结构设计

链接结构是由网站的目录引出的，网站的目录是指建立网站时创建的目录。目录结构的好坏，对用户而言没什么，但是对于网站本身的上传、维护、内容扩充和移植有着重要的影响。

建立网站的链接结构有多种方式，如图 2-2 所示。下面介绍两种最基本的方式。

（1）树状链接结构

类似 DOS 的目录结构，首页链接指向一级页面，一级页面链接指向二级页面。这样的链接结构被浏览时，一级级进入，一级级退出。优点是条理清晰，访问者明确知道目前在什么位置；缺点是浏览效率低，从一个栏目下的子页面到另一个栏目下的子页面，必须绕经首页。

（2）星状链接结构

类似网络服务器的链接，每个页面相互之间都建立有链接。这种链接结构的优点是浏览方便，随时可以到达自己要找的页面。缺点是链接太多，容易使用户搞不清现在位置在哪里、看了多少内容。

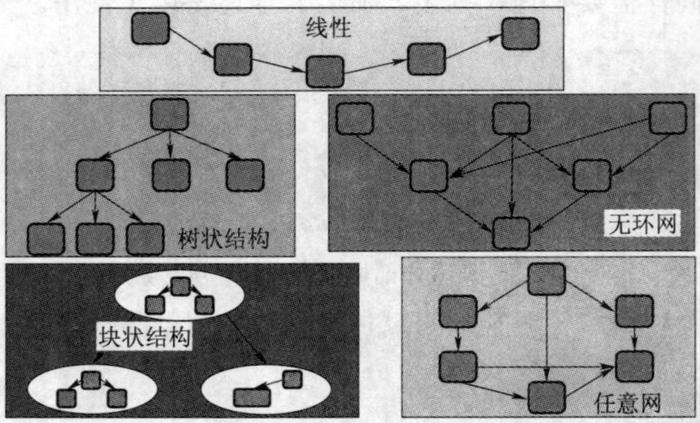

图 2-2 网站的链接结构

3. 网页呈现结构设计

网页呈现结构设计是指通过浏览器所呈现在人眼中的最终效果，示例如图 2-3 所示。由于网站建设目的的特殊性，其呈现信息的方式也是多种多样的，其具体呈现形式如“分帧”、“新建窗口”等。

图 2-3 有货全球年轻人流行商品购物平台

网页呈现结构设计一般应注意考虑以下几个方面：

（1）网站的版面设计是否规范。

（2）布局是否具有独创性。

（3）版面设置是否协调。

（4）版面设计风格是否与内容统一。

（5）网站的整体功能是否完备。

二、网站后台结构设计

（一）后台结构设计的重要性

网站结构设计是一个多维过程，设计最终是要给用户提供一个易于使用的网站，但“易于使用”包含了多重涵义。为了实现“易于使用”，后台结构设计过程着重从网站可用性、高性能、可扩展性、可维护性和安全管理等方面考虑，这不但是实现网站前台结构设计的基础，也将直接对网站总体性能产生深远的影响，典型的网站结构图如图 2-4 所示。

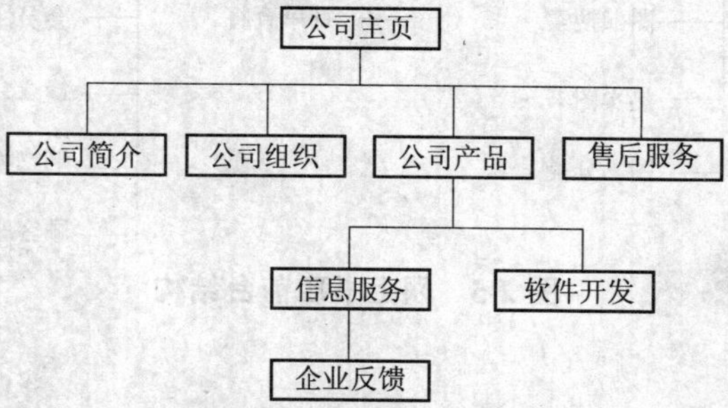

图 2-4　典型的网站结构图

（二）后台结构设计的内容

1. 硬件结构设计

硬件结构设计是指确定服务器及其他网络设备的规格数量及其功能分配的过程。其与网站目标及规模、运作模式、资金情况、技术水平密切相关，不同情况下构架的网站是有差别的。

2. 软件结构设计

软件结构设计内容是对系统软件和应用软件结构进行设计。网站的软件结构除了考虑功能外，最主要的是对系统安全性、运行速度、运行效率等要求非常高。首先要考虑使用安全高效的操作系统和数据库系统。

3. 数据库结构设计

随着信息观念的进步，为满足信息时代的要求，越来越多的网站不仅提供丰富广泛的信息，还提供复杂的供应链管理、客户关系管理等多项信息管理功能，这些都需要有结构复杂而清晰的数据库的支持，因此按照数据库的原理，根据网站的目标及功能来设计具有良好规范的数据库结构也是后台结构设计的重要内容。

常用的网站数据库有 Access、SQL Server 2000、Oracle、DB2 和 MySQL。例如“网上书店”数据库的建立如图 2-5～图 2-11 所示。

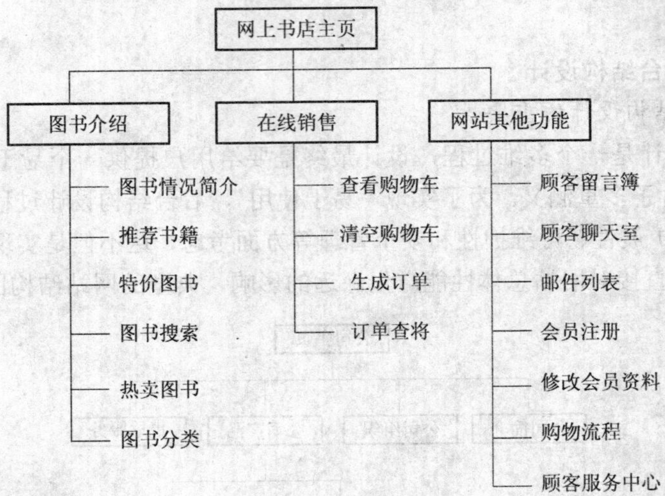

图 2-5　网上书店前台结构

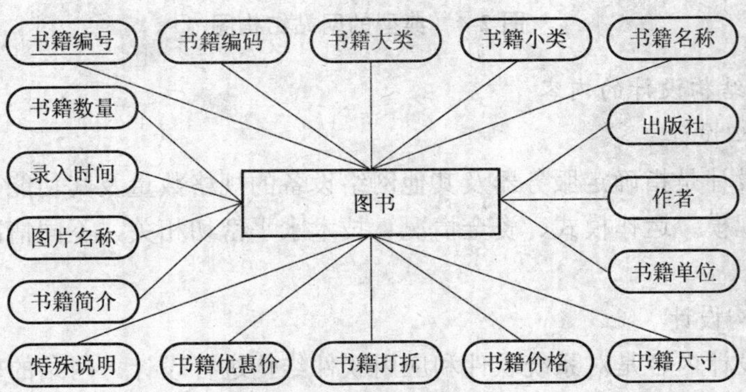

图 2-6　图书实体

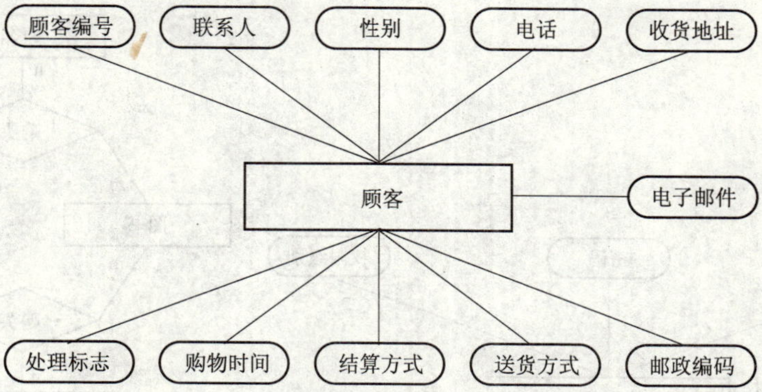

图 2-7　顾客实体

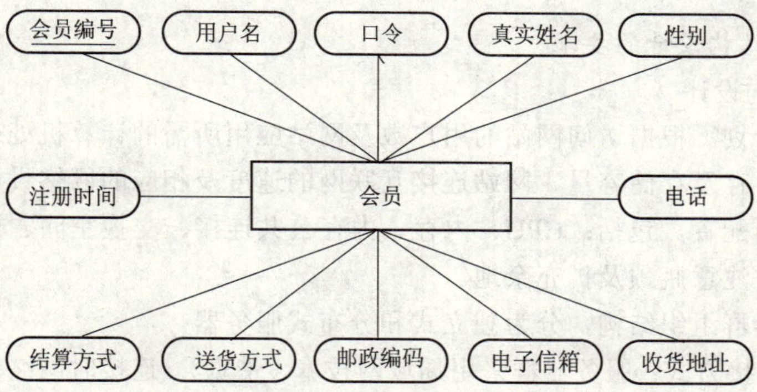

图 2-8　会员实体

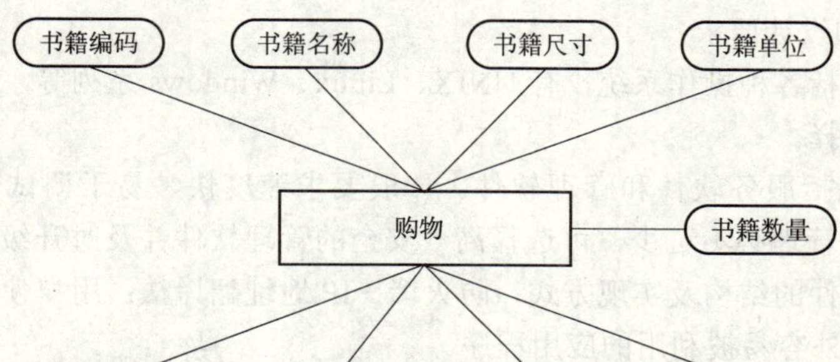

图 2-9　购物实体

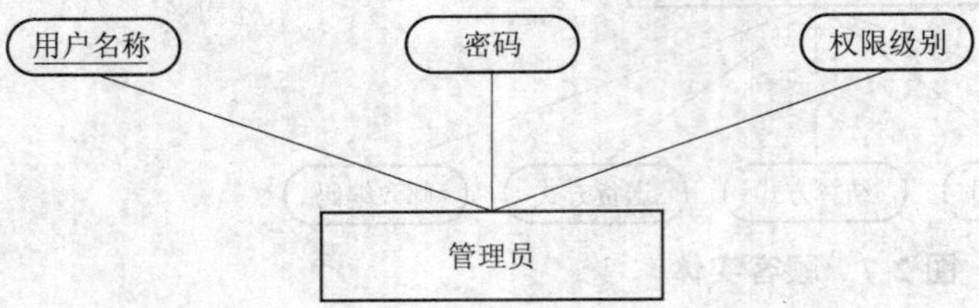

图 2-10　管理员实体

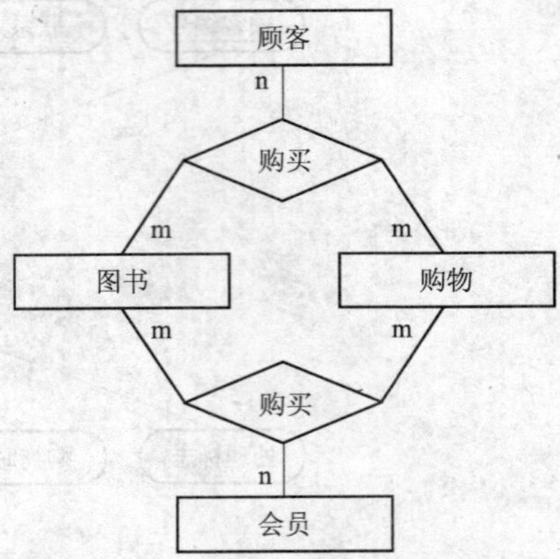

图 2-11　实体-联系图（E-R 图）

（三）后台结构设计的要求

1. 硬件结构设计

（1）容量计划。根据访问网站的用户数及网站应用所需的计算机处理量，来确定服务器的数量、内存及存储容量、网站连接互联网的速度及相应的网络设备的要求。

（2）服务器配置。包括：CPU、内存、内存公共连接、交换空间、硬盘大小、网络适配器，设计时注意瓶颈及扩充余地。

（3）服务器群组织结构，分为独立式和分布式服务器。

（4）网络连接方式：服务器群采用局域网技术（带宽）。连接时网络交换机可选择以太网交换机（第二层，需有路由功能的交换机）、网络交换机、第四层交换机。

（5）设计目标：保护现有投资，尽可能减少因扩充系统造成的下网时间。

2. 软件结构设计要求

系统软件包括各种操作系统，有 UNIX、Linux、Windows 系列等，可针对安全性和可操作性做出选择。

应用软件包括服务软件和管理软件。一般要求速度快、易于调试、易于调用、高效。网站的安全管理必不可少，可选择高效安全的管理软件并及时升级。

安全管理软件的结构及实现方式：防火墙；IP 地址翻译法；用户使用目录协议；除掉 Mail、Telnet 外容易被利用的应用程序。

3. 对数据库结构设计的要求

（1）在数据库结构设计方面，应着重考虑数据完整性、一致性等要求及数据安全、查询速度、数据整理效率等，一般在数据库结构设计中要注意通过合理限制数据库的操作权限等来达到一定的数据安全要求。采用面向对象的结构设计，对各对象内部数据进行分类，不同类的数据面对不同的应用，可以避免应用时数据混乱；设置数据库录入时自动校验，不合理的数据在录入时禁止进入数据库。

（2）灵活的数据库连接。

（3）数据库关系的设计要满足规范化设计。

第四节　网页的色彩搭配

有了好的框架和页面设计，而色彩把握不准，也会导致整个设计失败。色彩，是最先也是最持久地给浏览者以网站形象的因素。色彩和谐的重要性是不言而喻的。如何做好色彩的搭配呢？

一、色彩代表的含义

我们平时所看到的白色光，经过分析在色带上可以看到，它事实上包括红、橙、黄、绿、青、蓝、紫等七色，各颜色间自然过渡。其中，红、黄、蓝是三原色，三原色通过不同比例的混合可以得到各种颜色。色彩有冷暖色之分，冷色（如蓝色）给人的感觉是安静、冰冷；而暖色（如红色）给人的感觉是热情、温暖。冷暖色的巧妙运用可以让网站产生意想不到的效果。

色彩与人的心理感觉和情绪也有一定的关系，利用这一点可以在设计网页时形成自己独特的色彩效果，给浏览者留下深刻的印象。一般情况下，各种色彩给人的感觉是：

◇ 红色代表热情、活泼、热闹、温暖、幸福、吉祥。

◇ 橙色代表光明、华丽、兴奋、甜蜜、快乐。

◇ 黄色代表明朗、愉快、高贵、希望。

◇ 绿色代表新鲜、平静、和平、柔和、安逸、青春。

◇ 蓝色代表深远、永恒、沉静、理智、诚实、寒冷。

◇ 紫色代表优雅、高贵、魅力、自傲。

◇ 白色代表纯洁、纯真、朴素、神圣、明快。

◇ 灰色代表忧郁、消极、谦虚、平凡、沉默、中庸、寂寞。

◇ 黑色代表崇高、坚实、严肃、刚健、粗莽。

二、色彩搭配的原则

色彩搭配既是一项技术性工作，同时它也是一项艺术性很强的工作，因此，设计者在设计网页时除了考虑网站本身的特点外，还要遵循一定的艺术规律，从而设计出色彩鲜明、性格独特的网站。

1. 色彩鲜明

一个网站的色彩鲜明，很容易引人注意，会给浏览者耳目一新的感觉。

2. 色彩独特

一个网站的用色必须要有自己独特的风格，有与众不同的色彩，这样才能给浏览者留下深刻的印象。

3. 色彩搭配合理

色彩要根据主题来确定，不同的主题选用不同的色彩。网页设计虽然属于平面设计的范畴，但它又与其他平面设计不同，它在遵从艺术规律的同时，还考虑人的生理特点，色彩搭配一定要合理，给人一种和谐、愉快的感觉，避免采用纯度很高的单一色彩，这样容易造成视觉疲劳。例如，用蓝色体现科技型网站的专业，用粉红色体现女性网站的柔情。

4. 讲究色彩艺术

网站设计也是一种艺术活动，因此它必须遵循艺术规律，在考虑到网站本身特点的同时，按照内容决定形式的原则，大胆进行艺术创新，设计出既符合网站要求，又有一定艺术特色的网站。

三、色彩搭配的方法

网页色彩搭配的是否合理会直接影响到访问者的情绪。好的色彩搭配会给访问者带来很强的视觉冲击力，不恰当的色彩搭配会让访问者浮躁不安。

1. 使用单色

尽管网站设计要避免采用单一色彩，以免产生单调的感觉，但通过调整色彩的饱和度和透明度也可以产生变化，使页面看起来色彩统一，具有层次感。

2. 使用邻近色

所谓邻近色，就是在色带上相邻近的颜色，例如绿色和蓝色、红色和黄色就互为邻近色。采用邻近色设计网页可以使网页避免色彩杂乱，易于达到页面的和谐统一。

3. 使用对比色

对比色可以突出重点，易产生强烈的视觉效果，通过合理使用对比色能够使网站特色鲜明、重点突出。在设计时一般以一种颜色为主色调，对比色作为点缀，可以起到画龙点睛的作用。

4. 使用暖色

暖色色彩搭配是指使用红色、橙色及黄色等色彩搭配。这种色调的运用可为网页营造出稳定、和谐和热情的氛围。

5. 使用冷色

冷色色彩搭配是指使用绿色、蓝色及紫色等色彩搭配。这种色彩搭配可为网页营造出宁静、清凉和高雅的氛围。冷色与白色搭配一般会获得较好的视觉效果。

6. 黑色的使用

黑色是一种特殊的颜色，如果使用恰当，设计合理，往往产生很强烈的艺术效果，黑色一般用来作背景色，与其他纯度色彩搭配使用。

7. 背景色的使用

背景色一般采用素淡清雅的色彩，避免采用花纹复杂的图片和纯度很高的色彩作为背景色，同时背景色要与文字的色彩对比强烈一些。

8. 色彩的数量

一般初学者在设计网页时往往使用多种颜色，使网页变得很“花”，缺乏统一和协调，表面上看起来很花哨，但缺乏内在的美感。事实上，网站用色并不是越多越好，一般控制在三种色彩以内，通过调整色彩的各种属性来产生变化。

四、色彩的实用分析与搭配

(一) 红色

1. 分析

红色色感温暖，性格刚烈而外向，是一种对人刺激性很强的颜色。红色容易引起人的注意，也容易使人兴奋、激动、紧张、冲动。红色在各种媒体中被广泛的运用，除了具有较佳的明视效果外，更被用来传达具有活力、积极、热诚、温暖以及前进等含义的企业形象与精神。另外，红色也常被用作警告、危险、禁止、防火等标识色。

2. 搭配

单纯以红色为主色调的网站较少，多用作辅助色，以达到陪衬、醒目的效果。红色与少量黄色搭配，会使其热力强盛，趋于躁动、不安，极富动感和张扬的个性。红色与黑色的搭配在商业设计中被誉为商业成功色，在网页设计中也比较常见，常用于较前卫时尚、个性的娱乐休闲区网页中。红色与灰色、黑色等暗色调搭配使用，给人以现代、激进的感觉。粉红色多用于女性主题，如化妆品、服装等，鲜嫩而充满诱惑，容易营造出柔情、娇媚、温柔、甜蜜、纯真、诱惑和艳丽等气氛。

(二) 黄色

1. 分析

黄色是最明亮的色彩，因此常给人留下明亮、辉煌、灿烂、愉快、高贵和柔和的印象，同时又容易引起味觉上的条件反射，给人以甜美和香酥感。黄色有着金色的光芒，有希望与功名等象征意义，还代表着土地，象征着权力，并且还带有神秘的宗教色彩，黄色是明亮的且可以给人甜蜜和幸福感的颜色，在很多设计作品中黄色都被用来表现喜庆的气氛和华丽的商品。

2. 搭配

黄色是在网页配色中使用最为广泛的颜色之一，黄色与其他颜色配合很活泼，有温暖感，代表快乐、希望、智慧和轻快。黄色比较适合活泼跳跃、色彩绚丽的配色方案。高亮度的黄色与黑色相结合可以得到清晰整洁的效果，这种配色在网页设计中经常会见到。在配色时，黄色与绿色搭配会显得很有朝气和活力。通常，在商品网站中使用黄色与红色搭配来渲染热闹气氛。淡黄色几乎能与所有的颜色相搭配，但如果要达到醒目的效果，则不能将淡黄色放在其他的浅色上，尤其是白色，因为它将会是什么也看不见，深黄色一般不与深红色及深紫色相搭配。

（三）蓝色

1. 分析

蓝色给人以沉稳的感觉，具有深远、永恒、沉静、博大、理智、诚实和寒冷的意象。同时，蓝色还能够营造出和平、淡雅、洁净及可靠等氛围。在商业设计中强调科技、商务的企业形象时，大多选用蓝色当标准色。蓝色是冷色系中最典型的代表，是网站设计中运用最多的颜色。蓝色会使人自然联想起大海和天空，所以会使人产生一种爽朗、开阔和清凉的感觉。

2. 搭配

浅蓝色具有淡雅、清新、浪漫和高贵的特性，常被用于化妆品、女性、服装网站的设计中。浅蓝色和绿色、白色的搭配在网页中是比较常见的，它们之间的搭配可以使页面看起来非常干净、清澈，能体现出柔顺、淡雅和浪漫的气氛。蓝色是冷色系中最典型的代表，而黄色、红色是暖色系中的最典型的代表，冷暖色系对比度大，较为明快，很容易感染、带动浏览者的情绪，具有很强的视觉冲击力。深蓝色是沉稳的且较常用的色调，能给人以沉稳、冷静、严谨和成熟的心理感受。它主要用于营造安稳、可靠及略带神秘感的氛围，一般用于企业宣传类网站的设计中。

（四）绿色

1. 分析

绿色所传递的是清爽、理想、希望和生长的意象，较符合服务业、卫生保健业、教育行业、农业类网页设计的要求。绿色通常与环保意识有关，也经常使人联想到有关健康方面的事物。绿色与人类息息相关，是自然之色，代表了生命与希望，也充满了青春与活力。它生机勃勃，象征着生命。所以，常用于与自然、健康相关的站点。此外，绿色还常用于一些公司的儿童站点或教育站点。绿色具有黄色和蓝色两种成分，绿色的性格最为平和、安稳，是一种柔顺、恬静、满足及优美的色彩。

2. 搭配

绿色在黄色和蓝色之间，属于较中庸的颜色，是和平色，偏向自然美，宁静、生机勃勃、宽容，可与多种颜色搭配而达到和谐的效果，也是网页中使用最为广泛的颜色之一。绿色与红色、蓝色与黄色两组对比色搭配在一起，虽然听起来好像颜色很杂，但是只要协调搭配，就能起到意想不到的效果。适当运用不同纯度的深绿色和浅绿色并不刺目，反而可使页面看起来很有朝气和活力。

（五）紫色

1. 分析

紫色具有创造、谜、忠诚、神秘及稀有等内涵，象征着女性化，代表着高贵和奢华、优雅与魅力，也象征着神秘与庄重、神圣和浪漫。紫色通常被用于以女性为对象或以艺术品介绍为主的站点，但很多大公司的站点中也喜欢使用蕴含着神秘、尊贵和高尚的紫色。

2. 搭配

紫色加入少量的白色，就会成为一种十分优美、柔和的色彩。随着白色的不断加入，也就不断产生不同层次的淡紫色，可使紫色的沉闷性格消失，变得优雅、娇气，并充满女性魅力。不同色调的紫色可以营造出非常浓郁的女性化气息，而且在灰色这一突出颜色的衬托下，紫色可以显示出更大的魅力。紫色与紫红色都是非常女性化的颜色，给人的感觉都是浪漫、柔和、华丽和高贵优雅，特别是紫红色更是女性化的代表颜色。高彩度的紫红色可以表现出超凡的华丽，而低彩度的紫红色可以表现出高雅的气质。紫色配合卡通人物，可以使页面具有非常强烈的现代感，给人以更深刻的印象。

（六）橙色

1. 分析

橙色是十分活泼的光辉色彩，是最暖的色彩，给人以华贵而温暖、兴奋而热烈的感觉，也是令人振奋的颜色，橙色具有健康、活力、勇敢和自由等象征意义，能给人以庄严、尊贵、神秘等感觉。橙色会使人联想到金色的秋天以及丰硕的果实，因此是一种富足、快乐而幸福的色彩。橙色适用于对视觉要求较高的时尚网站，也常被用于对味觉要求较高的食品网站，因橙色也是容易引起食欲的颜色。

2. 搭配

橙色可以通过变换色调营造出不同氛围的典型颜色，它既能表现出青春的活力，又能实现稳重的效果，所以橙色在网页设计中的使用范围是非常广泛的。使用了高亮度橙色的网页通常都会给人一种明朗和新鲜的感觉，而将浅黄色、黄色、黄绿色等邻近色与橙色搭配使用，通过不同明度和纯度的变化可以得到更为丰富的色阶，通常都能得到非常好的视觉效果，只要在视觉上处理得井然有序，将会使整个页面看起来华丽、新鲜、充满活力。通过将浅绿色、浅蓝色、蓝色与橙色搭配使用，可以构成最明亮、最欢乐的色彩。橙蓝对比色比较少见，给人印象深刻，使人很容易记住它。

（七）白色

1. 分析

白光是所有颜色光线的集合，白色反射所有的光线，不吸收任何可见光，因此白色被作为纯粹、虚无、轻盈、光明及金属的象征。在商业设计中，白色具有洁白、明快、纯真和清洁的意象。白色是网页设计中通用的颜色，它具有容易突出彩度的特性，当一个页面设计未使用白色时，往往会感觉空间减弱，容易造成彩度不够明确、页面沉闷等反应。

2. 搭配

白色通常与其他色彩搭配使用。黑色与白色表现出了两个极端的亮度，这两种颜色搭配使用通常可以表现出都市化、现代的感觉。因为黑白搭配给人以特殊的严肃感，所以也常用于庄重的场合。

（八）黑色

1. 分析

黑色的内涵最为丰富和复杂，黑色具有很强的感染力，能够表现出特有的高贵，显得严肃、庄严和坚毅。另外，黑色还具有恐怖、烦恼、忧伤、消极、沉睡、悲痛甚至死亡等意象。黑色用在宗教网站中显出严肃和庄严。

2. 搭配

黑色是一种流行色，适合于许多色彩搭配。黑色还具有高贵、稳重、科技的意象，是许多科技网站的主色调，配合其他辅助色营造出科技的神秘感。另外，在一些音乐网站中也常常用黑色为主色调，营造出炫酷的氛围。

（九）灰色

1. 分析

灰色介于黑色与白色之间，属于中午明度。灰色是色彩中最被动的色彩，受彩色的影响极大，靠邻近的色彩获得生命。灰色若靠近鲜艳的暖色，就会显出冷静的品格；若靠近冷色，则变为温和的暖灰色。灰色是视觉中最安静的色彩，有很强的调和对比作用。

2. 搭配

灰色是中性色，可以与任何色彩搭配，也可以帮助两种对比强烈的色彩实现和谐过渡。在许多高科技产品，尤其是与金属材料有关的产品中，几乎都采用灰色来展现高科技的形象。灰色也是网页设计中较为流行的颜色。

第五节　按钮与导航条设计

按钮和导航是网站设计中不可缺少的基础元素之一，导航不仅仅是信息结构的基础分类，也是浏览网站的路标。导航是引人注目的，浏览者进入网站，首先会寻找导航条。

根据导航菜单，直观地了解网站储备了哪些分类信息以及分类的方式，以便判断是否需要进入网站内部，查找需要的资料。

一、按钮的设计与制作

（一）按钮的设计原则

按钮作为页面的重要视觉元素，放置在明显、易找、易读的区域是必要的，让浏览者进入网站第一时间就可以看到它们。

设计按钮时尽量避免以下设计禁忌，应该能使你的网页设计上一个层次：

（1）同一页面包含重复功能的按钮。

（2）将复选框用作单选按钮。

（3）单选按钮之间间隔太大。

（4）取消按钮无法真正执行取消操作。

（5）返回按钮不能达到预期的目的。

（6）图片按钮在鼠标按下操作时没有视觉变化。

（二）常见按钮样式的制作

在个性张显的今天，互联网也注重个性的发展，不同的网站采用不同的按钮样式，按钮设计的好坏直接影响到整个站点的风格。

图 2-12　水晶按钮效果图

可能是受 Apple 的影响，水晶按钮可以说是最受欢迎的按钮样式之一，大家争相模仿，下面就教大家制作一款橘红色的水晶按钮。

1. 实例效果（见图 2-12）

2. 操作步骤

（1）打开 Photoshop，按【Ctrl+N】，新建一个宽“15cm”，高“15cm”的文件，将它命名为“水晶按钮”。

（2）选择【椭圆选框工具】，双击鼠标，在【工具】面板上部出现的选项栏里设置：【羽化】“0 像素”，勾选“消除锯齿”复选框，【样式】为“固定大小”，【宽度】为“350 像素”，【高度】为“350 像素”，如图 2-13 所示。

图 2-13　选项栏设置

（3）将光标移至图像窗口，单击鼠标左键，画出一个固定大小的圆形选区，如图 2-14 所示。

（4）新建一个【图层 1】，选择前景色为“C0、M90、Y100、K0”，设置背景色为“C0、M40、Y30、K0”。选择【渐变工具】，在其工具栏选项中设置过渡色为【前景色到背景色】，过渡模式为【线性过渡】。

（5）选择【图层 1】，再回到图像窗口，在选区中按下【Shift】键的同时由上至下画出过渡色，如图 2-15 所示。

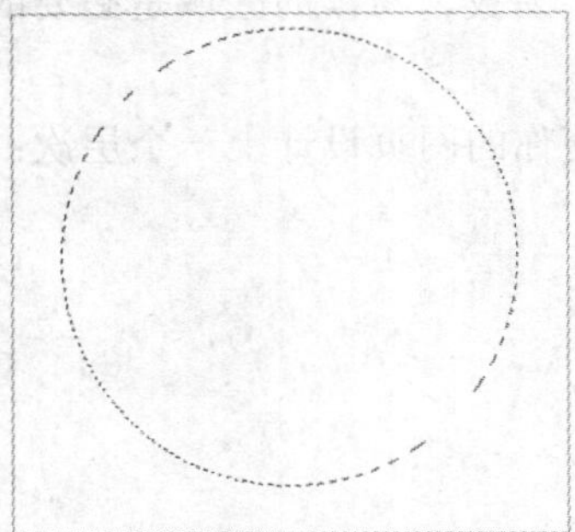

图 2-14　建立选区

图 2-15　画出过渡色

（6）按【Ctrl+D】键取消选区，执行【图层】>【图层样式】>【投影】命令，设置暗调颜色为“C0、M80、Y80、K80”，其他选项设置如图 2-16 所示。

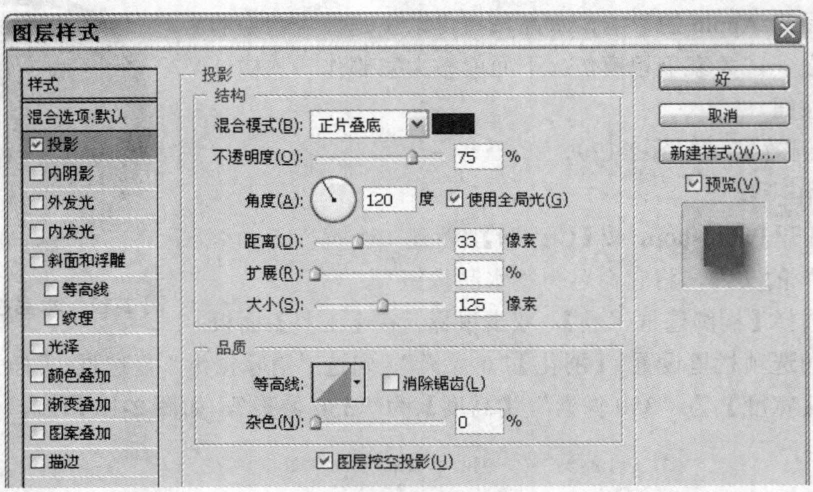

图 2-16　【投影】参数设置

（7）再执行【图层】>【图层样式】>【内发光】命令，设置发光颜色为“C0、M80、Y80、K80”，其他选项设置如图 2-17 所示；完成后，图像中已经初步显示出红色立体按钮的基本模样了，如图 2-18 所示。

（8）新建一个【图层 2】，选择【椭圆选框工具】，将工具选项栏中的【样式】设置改为【正常】，在【图层 2】中画出一个椭圆形选区，如图 2-19 所示。

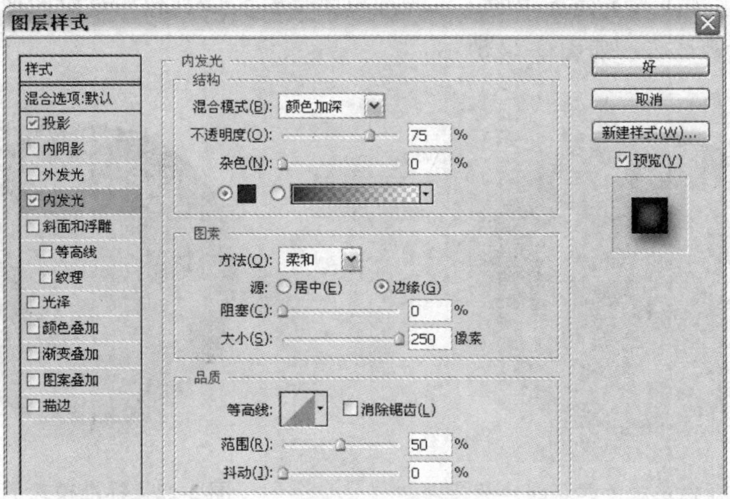

图 2-17 【内发光】参数设置

图 2-18　设置【图层样式】后的效果

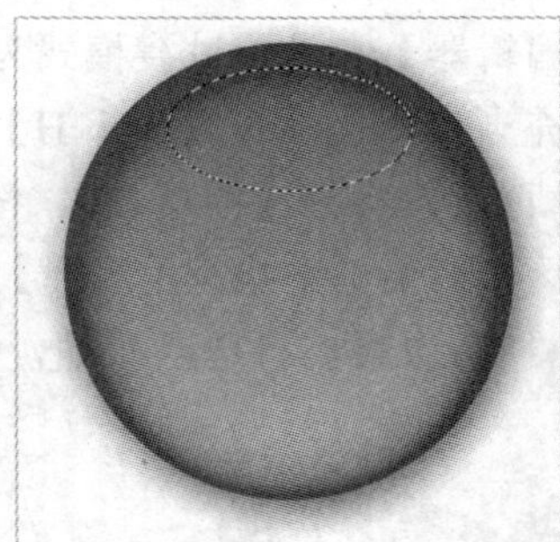

图 2-19　在按钮上部画一个椭圆

（9）双击【工具】面板中的【以快速蒙版模式编辑】按钮，调出【快速蒙版选项】对话框，设置【蒙版颜色】为蓝色，如图 2-20 所示，单击【好】按钮。此时，图像中椭圆选区以外的部分被带有一定透明度的蓝色遮盖。

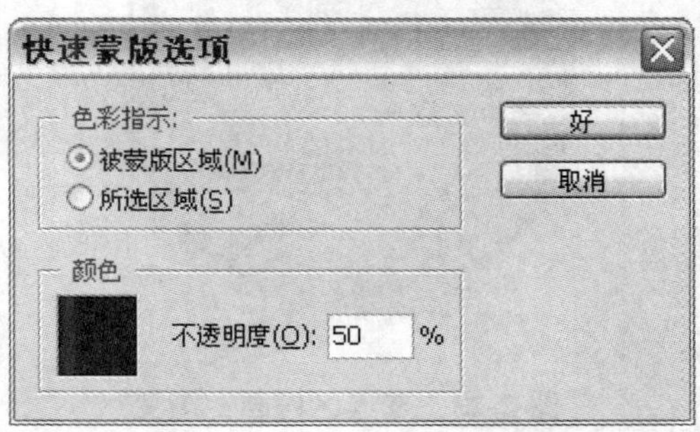

图 2-20　【快速蒙版选项】参数设置

（10）选择【画笔工具】，选择合适笔刷大小和硬度，这里设置大小为“70”的柔边圆笔刷，将光标移至图像窗口，用笔刷以蓝色蒙版色遮盖部分椭圆，如图 2-21 所示。

（11）单击【工具】面板中的【以标准模式编辑】按钮，这时图像中原来椭圆形选区的一部分被减去，如图 2-22 所示。

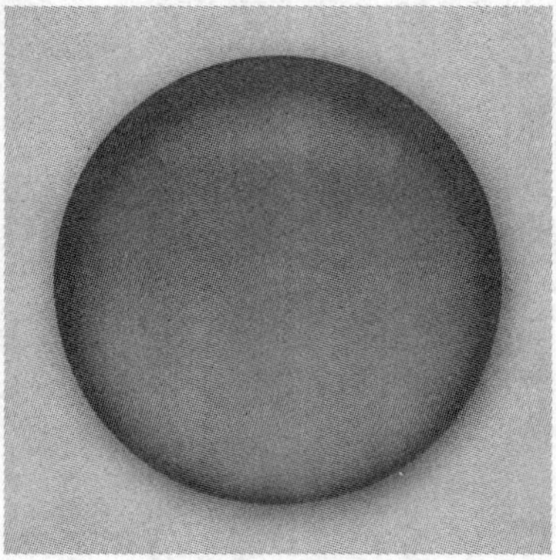

图 2-21　以蓝色蒙版色遮盖部分椭圆

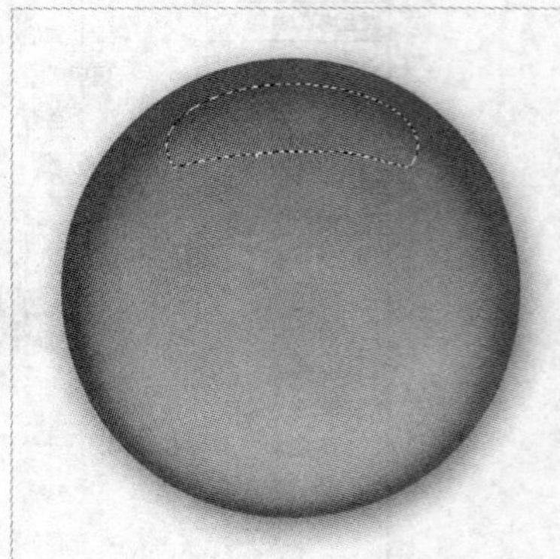

图 2-22　标准模式下的视图

（12）选择前景色为白色，并按【G】键把工具换成【渐变工具】，在工具选项栏中的【渐变编辑器】中设置过渡模式为【前景到透明】，按下【Shift】键，同时在选区中由上到下填充渐变，之后按【Ctrl+H】键隐藏选区观察效果，如图 2-23 所示。

（13）再新建一个【图层 3】，按【Ctrl】键，单击图层面板中的【图层 1】，重新获得圆形选区，在菜单中执行【选择】>【修改】>【收缩】命令，在弹出对话框中设置【收缩量】为“7”像素，将选区压缩，如图 2-24 所示。

图 2-23　在选区内画上渐变

图 2-24　执行【收缩】命令

（14）选择【矩形选框工具】，将光标移至图像窗口，按下【Alt】键，由选区左上部拖动鼠标到选区的右下部四分之三处，减去部分选区，如图 2-25 所示。

（15）仍用白色作为前景色，并再次选择【渐变工具】，渐变模式设置为【前景到透明】，按住【Shift】键在选区中由下到上做渐变填充，之后按【Ctrl+H】键隐藏选区观察效果，如图 2-26 所示。

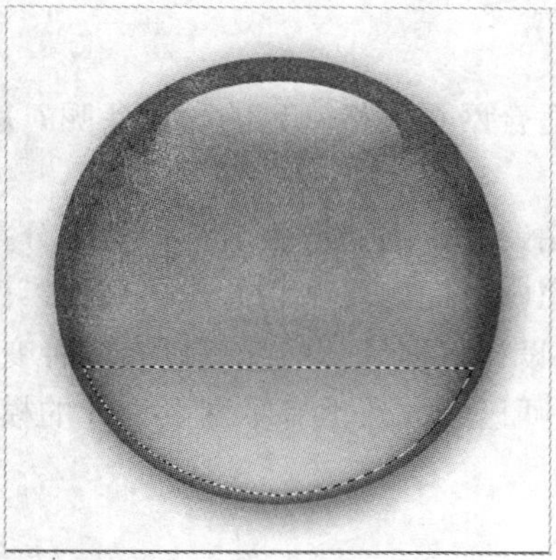

图 2-25　减去部分选区

图 2-26　在选区内画上渐变

（16）执行菜单中的【滤镜】>【模糊】>【高斯模糊】命令，在对话框的【半径】文本框中填入适当的数值“7”，单击【好】按钮，加上高斯模糊效果。

（17）回到图像窗口，在图层面板中把【图层 3】的【不透明度】设置为“68%”左右。至此，整个水晶按钮的制作过程就完成了，如图 2-27 所示。

读者还可以尝试制作不同色彩的按钮，或者在合并图层后执行【图像】>【调整】>【色相/饱和度】命令，勾选【着色】复选框后对按钮进行颜色的变换，将它们运用到你的网页中去，一定会增添许多情趣。

图 2-27　最终完成效果图

二、导航条的设计与制作

导航条在网站上具有导航作用，是指引和方便浏览者访问另一页面的快速通道。网站导航是网站的指路灯，也是网站内容的总体概述，同时也是搜索引擎收录网站的重要权衡因素。创建一套良好的网站导航系统将会使网站更易访问。

（一）导航条的设计原则

我们先看看导航的分类：横排导航、竖排导航、多排导航、图片式导航、Frame 框架快捷导航、Jump Menu 下拉菜单导航、隐藏式导航，甚至还可以是动态效果的 Flash 导航等。有时，大的导航里面还有小的导航。在某些情况下，大导航和小导航需要设计在同一个页面内。

网站导航系统基本遵循以下设计原则：

（1）尽可能多地提供相关资源的链接。

（2）一致性原则。导航样式非常多，怎样选用适合网页风格一致的导航条呢？就是要符合页面风格，要符合信息类别分类。

（3）网站板块和层次划分合理。导航条既是网站路标，又是分类名称，是十分重要的。导航条应放置到明显的页面位置，让浏览者在第一时间内看到它并作出判断，确定要进入哪个栏目中去搜索他们所要的信息。导航条的设计根据具体情况可以有多种变化，它的设计风格决定了页面设计的风格。反过来，设计师已经大致上有了网页设计的模式，也可以按照模式的方向去把握导航的风格。

（二）导航条的布局

导航条是网站风格的主要组成部分。一个好的导航条可以在确定网页风格的同时，使页面层次清晰。导航条制作一直是设计师们需要重点思考的问题，是网页创意的重要体现。现在互联网最流行的导航条布局方式有以下几种。

1. 水平导航条

水平导航条以水平方式排列导航项，示例如图 2-28 所示。

图 2-28　水平导航条实例

2. 垂直导航条

垂直导航条以垂直的方式排列导航项，示例如图 2-29 所示。

3. 其他方式

（1）POP 导航条

POP 导航条以体现网站的个性为主，不拘一格，重点在于表现网站的与众不同。

（2）组织有序的导航条

适合网页较多的网站。

（三）导航条的制作

漂亮的导航条能使我们的网站增色不少，现在我们来看一个例子，这个别具特色的导航条主要充分运用了 Photoshop 6.0 及以上版本的 style（图层样式）功能，制作步骤如下。

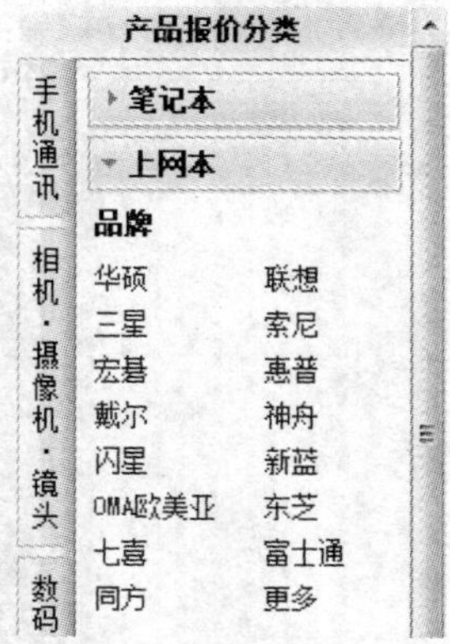

图 2-29　垂直导航条实例

（1）新建一个以白色为背景的 650×50 pixels 的文件。新建一个图层，命名为 layer 1，用【矩形选区】工具做出一个选区，并填充你喜欢的颜色，如图 2-30 所示。

（2）现在单击图层调板最底下的 按钮为图层添加一些样式。

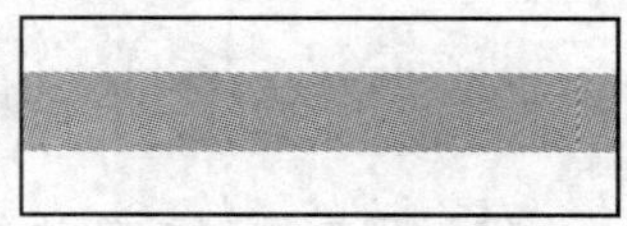

图 2-30　建立选区并着色

① 首先添加 Gradient Overlay 样式，先下载渐变文件。单击选项栏渐变样式色条，会弹出渐变样式编辑框，单击 Load 按钮将刚下载的渐变文件载入。Gradient Overlay 的具体设置如图 2-31 所示。

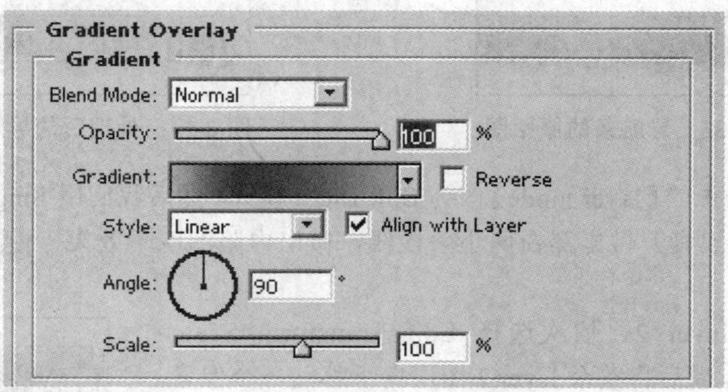

图 2-31　Gradient Overlay 的设置选项

② 接着添加 Stroke 样式，参数如下：【Size】为 1 pixel；【Blend Mode】为 Normail；【Position】为 Outside；【Opacity】为 100%；【Color】为 Black。

③ 最后还要添加 Drop Shadow 样式，具体设置如图 2-32 所示。

④ 复制图层，将复制后的图层命名为 layer 2 并移动到 layer 1 下，然后隐藏刚刚复

制的图层 layer 2，效果如图 2-33 所示。

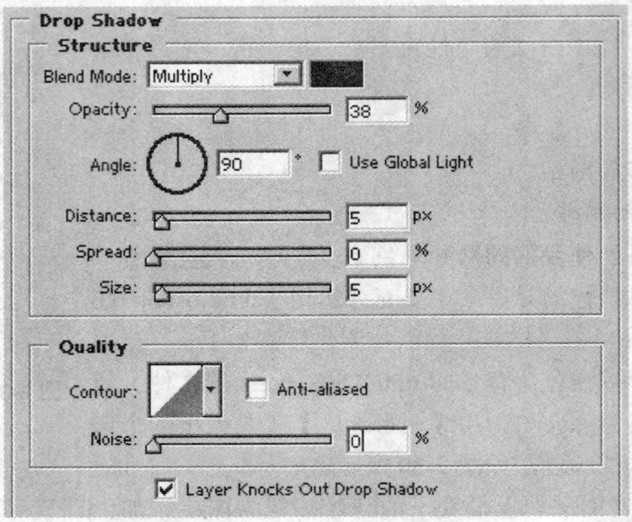

图 2-32 Drop Shadow 样式设置

（3）现在要对按钮进行精雕细琢了。用 Rectangular Marquee Tool（矩形选区工具）把图层 layer 1 做成图 2-34 所示的样子。把标尺和网格调出来，你会事半功倍。

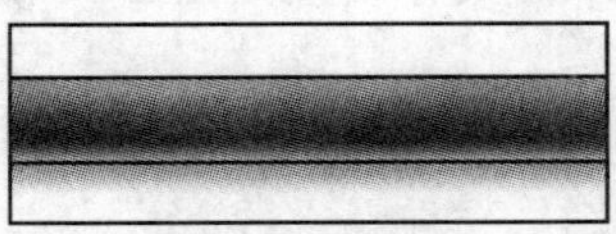

图 2-33 导航条的原始图

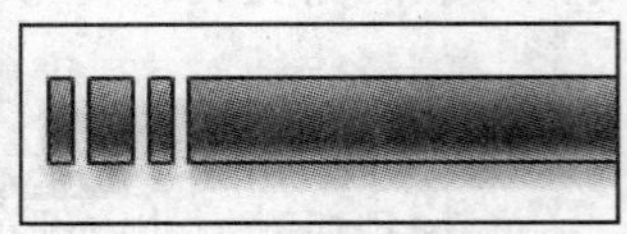

图 2-34 处理后的导航条 1

（4）将 layer 1 的【layer mode】改为 Soft Light 模式，然后我们用 Singel Row Marquee Tool（单行选框工具）做出黑白两小条横线，做出内陷的明暗效果，模拟按钮之间的齿轮。

（5）选中 layer 2，依次选择 Edit>Transform>Scale>【Height】为 56%，最后将整个 layer 2 图层向下移动一个像素。layer 2 的作用就是做出 buttonbar 上的那个中轴，如图 2-35 所示。

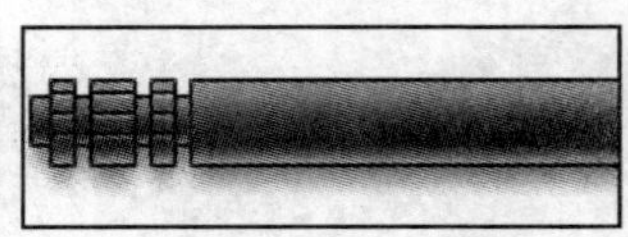

图 2-35 处理后的导航条 2

（6）下面我们就来添加文字，设置如下：

① 【Font（字体）】为 SF Intellivised；【Color（颜色）】为#D8D7E1。

② 【Layer Mode】为 Overlay；【Layer Style】为 Inner Glow；【Color】为#FFA520。

③ Inner Glow 的具体参数设置如图 2-36 所示：

④ Layer style:Stroke 参数设置如下：【Size】为 1 pixel；【Blend Mode】为 Normail -；【Position】为 Outside；【Opacity】为 100%；【Color】为 Black，设置完成后导航条效果如图 2-37 所示。

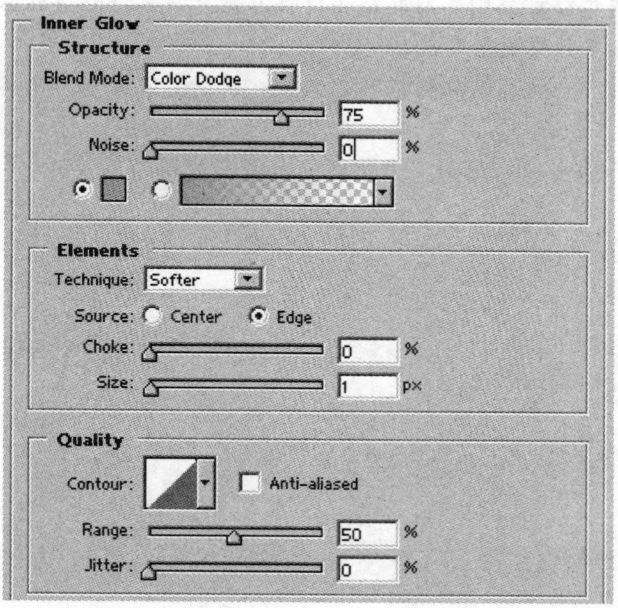

图 2-36 Inner Glow 设置

图 2-37 处理后的导航条 3

（7）现在大部分工作已经完成，大家可以举一反三，继续做完剩余的部分。最终效果如图 2-38 所示。

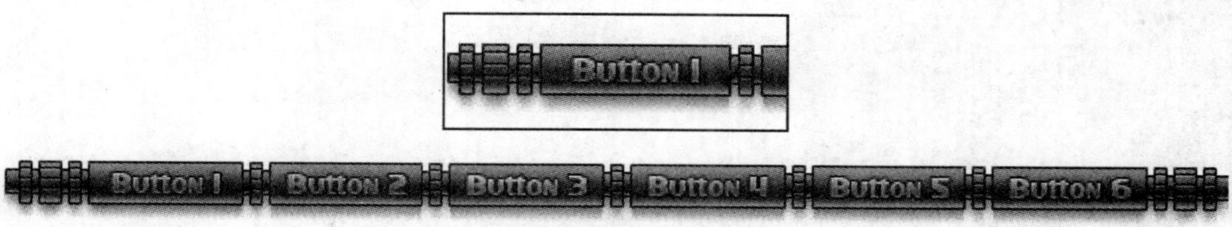

图 2-38 导航条完成图

本章核心概念

网页显示技术、网页设计、网站结构、色彩搭配、按钮、导航条。

本章小结

1. 本章介绍了网页显示技术、网页设计原则、网站结构设计原则、网页色彩搭配原则等知识，并介绍了按钮和导航条的作用及制作方法。

2. 通过对以上知识的学习，知道一个网站是如何搭建起来的，以及要掌握哪些知识和技巧。

3. 本章的理论知识在今后的学习中会经常用到，是学习其他章节的理论基础。

思考题

1. 网页设计的原则有哪些？
2. 网站结构设计包括哪两部分？它们有什么联系？
3. 网页色彩搭配要注意些什么？
4. 导航条的作用是什么？

上机练习

1. 模仿本章按钮实例或上网查找制作按钮方法试做一个按钮。
2. 模仿本章导航条实例或上网查找制作导航条方法试做一个导航条。

第三章

HTML 简介

本章重点

1. 知道 HTML 的基本概念。
2. 掌握 HTML 常用标记。
3. 掌握 HTML 编写滚动文字、自动更新链接、插入多媒体的方法。
4. 了解 HTML 的演变。

案例导入

HTML 网页

HTML 语言是网页制作的基础，它创建可被浏览器识别和表现的网页文件。这个案例网页（见图 3-1）中包含了文字、图片、背景音乐元素，它们是网页中一些基本元素，下面就展开我们的学习。

图 3-1　HTML 案例网页

第一节　HTML 介绍

一、HTML 的基本概念

（一）什么是 HTML

HTML（HyperText Markup Language），中文叫超文本标记语言。它是一种描述性语言，用于描述超文本中内容的显示方式，但其本身不能显示在浏览器中。HTML 语言经过浏览器的解释和编译，才能正确地反映 HTML 标记语言的内容。像网页中文字的大小、颜色，图片的位置、大小等就是用 HTML 标记来完成说明的。

HTML 语言使用一系列的标记来描述各种内容，其最基本的语法就是：

<标记>内容</标记>

标记大部分都是成对使用，有一个开头标记“<标记>”和一个结束标记“</标记>”，区别就在于一个斜杠“/”。

（二）创建一个 HTML 文件

网页文件又称为 HTML 文件，就因网页文件是根据 HTML 语法写成的。而 HTML 文件实际就是一个文本文件，扩展名为“.htm”或者“.html”。我们可以利用任何文本编辑软件来创建，最常用的就是“记事本”。Windows 附件中的“记事本”创建 HTML 文件的方法如下：

（1）打开 Windows“附件”中的“记事本”程序。

（2）在程序中书写 HTML 语句。

（3）把文件保存成“.htm”或者“.html”文件。

（4）通过浏览器看该 HTML 文件的网页效果。

当然，我们也可以利用 HTML 编辑器来创建 HTML 文件，例如 Dreamweaver。

二、HTML 文件的基本结构

HTML 文件分为头和主体两部分，文件头是对 HTML 文件的一些必要定义，例如文件标题，而文件主体是用来显示各种文件信息的。一个完整的 HTML 文件由标题、段落、列表、表格以及其他各种对象组成。一个 HTML 文件的基本结构如下：

```
<html>
  <head>
    <title>HTML 文件结构</title>
  </head>
  <body>
```

```
    网页的文件主体正文部分
    </body>
</html>
```

HTML 文件中主要标记作用如下。

◇ <html>…</html>：用于声明 HTML 文件的语法格式。每一个 HTML 文件都必须以此标记来声明。

◇ <head>…</head>：用于声明文件头的语法格式。在该标记内的所有内容都属于网页文件的文件头，不会出现在网页内。

◇ <title>…</title>：网页文件的标题，该标记中的内容会显示在网页最上面的标题栏中。

◇ <body>…</body>：用于声明文件主体。该标记中的内容是网页文件的主体，会被显示在浏览器的窗口中。

三、查看 HTML 源文件

当用浏览器浏览网页时，浏览器读取网页中的程序、分析语法结构，然后将其解析为 HTML 代码，再显示相应的内容。用户可以使用浏览器直接查看页面的源代码。

查看源文件的具体操作步骤如下：

（1）用网页浏览器打开网页。

（2）选择菜单栏中的【查看】>【源文件】命令即可看到该网页的源文件，如图 3-2 所示。

图 3-2　查看源文件

除此之外，在网页空白处，单击鼠标右键，在弹出的快捷菜单中选择【查看源文件】命令也可查看到网页源代码。

四、HTML 常用标记

HTML 的标记分为单标记和成对标记两种。单标记的格式为“<标记名>”，在相应的位置插入元素即可。成对标记是由始标记“<标记名>”和尾标记“</标记名>”组成的，成对标记的作用域只作用于这对标记中的文档。

大多数标记都有自己的一些属性，属性要写在始标记里，用于进一步改变显示效果，各属性之间无先后次序，属性是可选的，一些属性可以省略使用默认值，其格式如下：

<标记名字　属性 1　属性 2　…… >要设置的内容</标记名字>

下面列举一些常用的格式标记。

◇ <a>…</a>：将目标对象标识为链接。可添加 href="…"（要链接的文件）、target="…"（目标窗口的打开方式）等属性。

◇
：内容换行的格式标记。

◇ <font>…</font>：控制文本字体的标记，可添加 face（字体名称）、color（颜色）、size（大小）等属性。

◇ <form>…</form>：用于定义一个表单，可添加 method（指定表单的传送方式）、action（指定处理表单的程序文件所在的位置）等属性。

◇ <hr>：插入水平线，可添加 align（对齐方式）、color（颜色）、width（宽度）等属性。

◇ <img>：添加图片，可添加 src（图像的源文件）、alt（提示文字）、align（对齐方式）、width（宽度）、height（高度）等属性。

◇ <p>…</p>：段落标记。

◇ <table><tr><td>…</td>…</tr></table>：<table>添加表格，可添加 bgcolor="…"（背景色）、border（边框宽度）、cellspacing="…"（表格单元格间空间的大小）、cellpadding="…"（表格单元格边框与其内部内容之间空间的大小）等属性。<tr>用于标识表格的一行，代码里面有多少个<tr></tr>，就代表有多少行。<td>用于标识表格的一个单元格，一个<tr>里有多少个<td></td>，就代表一行有多少列单元格。

◇ <title>…</title>：网页文件的标题，该标记中的内容会显示在网页最上面的标题栏中。

◇ ：代表一个空格

打开记事本书写代码，如图 3-3 所示。

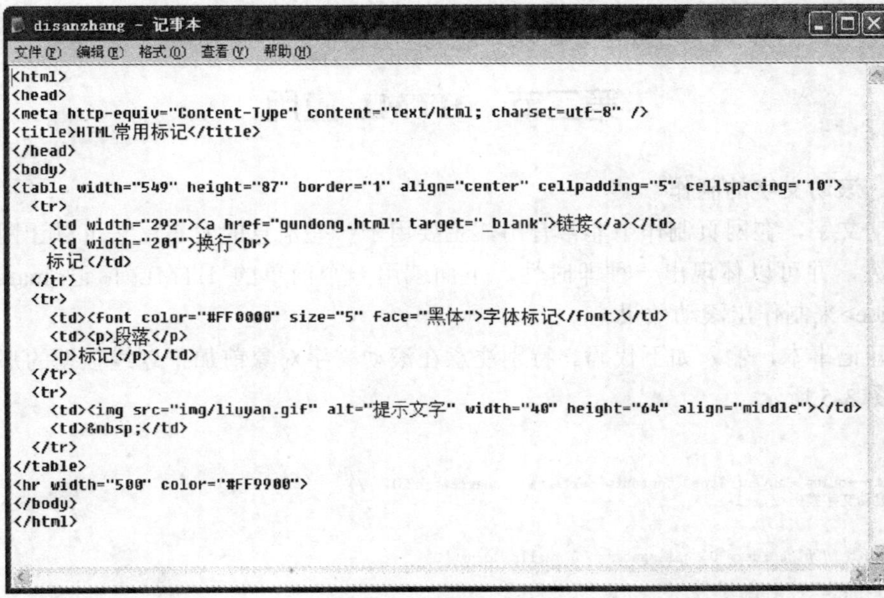

图 3-3 常用标记代码

保存后，在浏览器中打开预览，如图 3-4 所示。

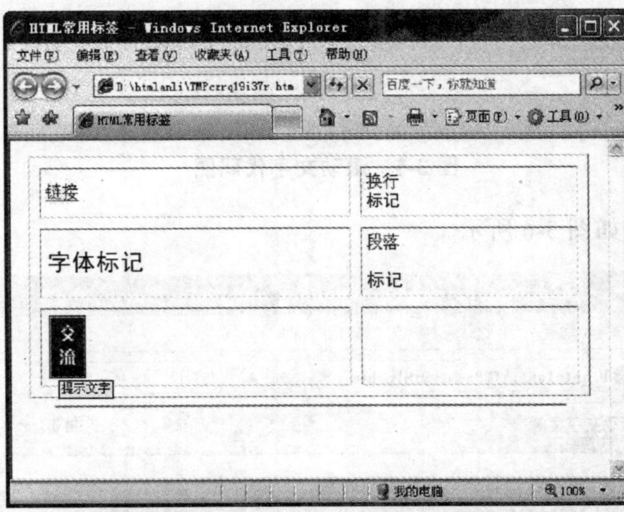

图 3-4 常用标记代码效果图

注意事项：输入始标记时，一定不要在"<"与标记名之间输入多余的空格，也不能在中文输入法状态下输入这些标记及属性，否则浏览器将不能正确地识别括号中的标

记命令，从而无法正确显示你的信息。

第二节　HTML 应用

一、滚动文字的制作

滚动文字，在网页制作中非常有用，主要用于一些消息的发布，它可以让网页更加生动活泼，并可以体现出一种即时性。下面就用一个简单的 HTML 标记<marquee>…</marquee>来制作出滚动效果。

打开记事本，输入如下代码。特别注意在滚动文字对象前加下划线强调的那部分代码，如图 3-5 所示。

```
<html>
<head>
<meta http-equiv="Content-Type" content="text/html; charset=gb2312" />
<title>滚动文字案例</title>
</head>
<body>
<table width="700" border="0" cellspacing="0" cellpadding="0">
  <tr>
    <td height="35" colspan="2">
    <font face="宋体" color="#663399" size="3">
    <marquee align="left" bgcolor="#00CCFF" direction="right" behavior="alternate" scrollamount="2" scrolldelay="1">
欢迎学习第三章HTML简介之滚动文字（水平滚动）</marquee>
   </font>
    </td>
  </tr>
  <tr>
    <td width="481" height="140" valign="bottom"></td>
    <td width="219"></td>
  </tr>
</table>
</body>
</html>
```

图 3-5　滚动文字代码图一

网页显示效果如图 3-6 所示。

图 3-6　滚动文字效果图一

这样我们就实现了简单的滚动文字效果，但我们常见的滚动公告有些是垂直方向的，并且能够实现当鼠标指向时暂停滚动，鼠标移开后恢复滚动，那又该如何书写代码呢？

输入图 3-7 中的代码，注意与上个效果图中的代码比较，特别是加下划线强调部分。

```
<table width="700" border="0" cellspacing="0" cellpadding="0">
  <tr>
    <td height="35" colspan="2">
    <font face="宋体" color="#663399" size="3">
    <marquee align="left" bgcolor="#00CCFF" direction="right" behavior="alternate" scrollamount="2" scrolldelay="1">
欢迎学习第三章HTML简介之滚动文字（水平滚动）</marquee>
   </font>
    </td>
  </tr>
  <tr>
    <td width="481" height="140" valign="bottom"></td>
    <td width="219" bgcolor="#FF99CC">
    <marquee behavior="scroll" direction="up" scrollamount="2" scrolldelay="1" onMouseOver="this.stop()" onMouseOut="this.start()">
    <p>第三章学习重点（垂直滚动）</p>
     <p>1. 知道HTML的基本概念。<br />
        2. 掌握HTML常用标记。<br />
        3. 掌握HTML编写滚动文字、自动更新链接、插入多媒体。<br />
        4. 了解HTM1的演变。</p>
    </marquee>
    </td>
```

图 3-7　滚动文字代码图二

网页显示效果图如 3-8 所示。

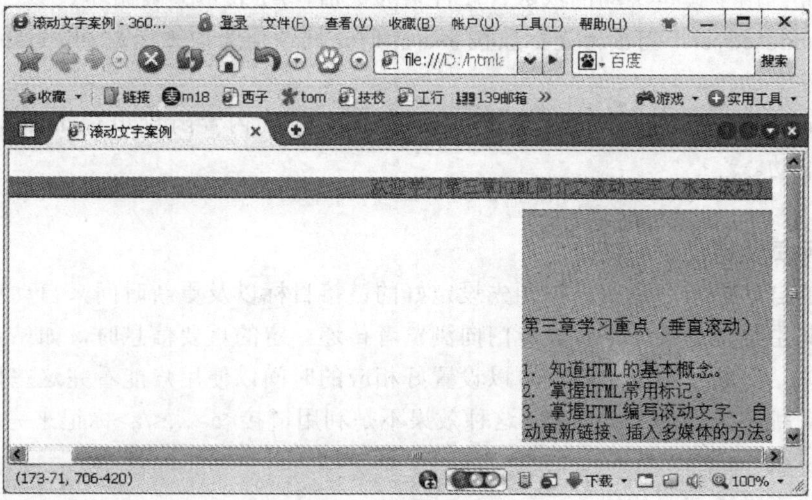

图 3-8　滚动文字效果图二

当鼠标移动到粉红色区域中的文字时，文字就会暂停滚动，离开后文字继续滚动。

通过两个案例可以看出，<marquee>标记的功能就是控制文字的滚动，只要通过对其属性进行设置就能做出多种滚动样式，下面对<marquee>滚动标记的各种属性进行详细介绍。

◇ align：设置字幕的对齐方式，其属性值分别是 left（左对齐）、right（右对齐）、

center（居中对齐）、top（顶部对齐）、bottom（底部对齐）。

◇ bgcolor：设置字幕的背景颜色，其属性值是颜色代码。

◇ direction：设置字幕中文字滚动方向，其属性值分别是 down（向下滚动）、left（向左滚动）、right（向右滚动）、up（向上滚动）。

◇ behavior：设置字幕中滚动文字的滚动方式，其属性值分别是 scroll（表示从一端滚动到另一端）、slide（表示从一端滚动另一端且不再重复）、alternate（表示在两端之间来回滚动）。

◇ height：设置字幕高度，属性值的单位是像素的数值。

◇ width：设置字幕宽度，属性值的单位是像素的数值。

◇ hspace：设置字幕左右方向空白区域的宽度，属性值的单位是像素的数值。

◇ vspace：设置字幕上下方向空白区域的宽度，属性值的单位是像素的数值。

◇ scrolldelay：设定滚动两次之间的延迟时间，属性值为数值，数值越大，延迟时间越长。

◇ scrollamount：设定滚动速度，属性值为数值，数值越大，滚动速度就越快。

◇ loop：用于设定滚动的次数，属性值为数值，-1 表示无限循环。

◇ onmouseover：当鼠标光标放在字幕上时，属性值为内置函数 this.stop()，表示字幕文字暂停滚动。

◇ onmouseout：当鼠标光标离开字幕时，属性值为内置函数 this.start()，表示字幕文字恢复滚动。

二、网页的自动更新链接

网页的自动更新，是指根据预先设定好的链接目标以及更新时间来自动切换到另一个网页。其主要应用在一个网页专门向浏览者传递一定的重要信息时，如站点的维修公告、浏览该站点的注意事项等，可以设置好相应的时间以便用户能看完这些信息，然后网页再自动跳转到另一个页面去。这种效果不是利用链接<a>…</a>标记来完成的，而是用<meta>标记。

在记事本输入如下代码：

```
<html>
    <head>
        <meta http-equiv="refresh" content="5;url=http://www.tom. com">
        <title>网页自动更新链接</title>
    </head>
    <body>
```

```
      本页将在 5 秒钟后自动跳转到 TOM 网站。
  </body>
</html>
```

打开浏览器浏览，效果如图 3-9 所示。

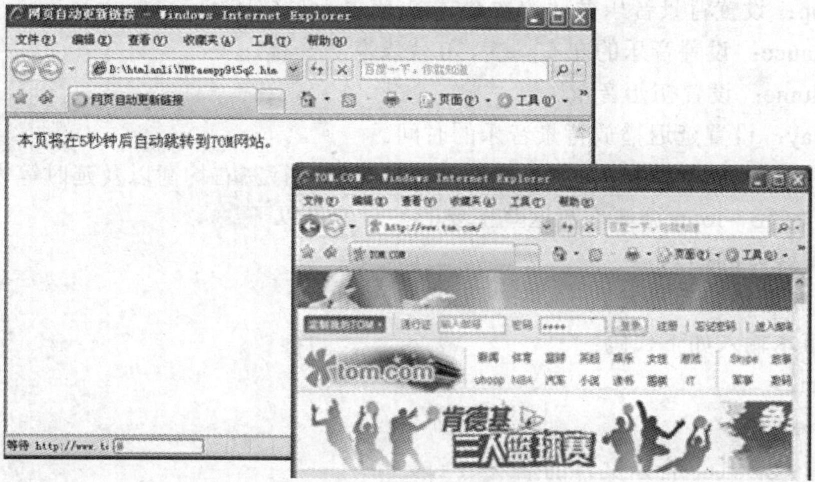

图 3-9 网页自动更新链接

下面就<meta>标签中的 http-equiv、content 属性进行说明：

◇ http-equiv 的属性设置为 refresh，作用是自动更新。

◇ content 的属性设置为更新时间的数值（单位为秒）以及更新后所要显示的网页，网页可以是内部网页，也可以是外部的网站。

三、网页背景音乐的制作

在记事本输入如下代码：

```
<html>
  <head>
     <title>背景音乐</title>
  </head>
  <body>
         这是网页的背景音乐。
    <bgsound  src="duomeiti/sound.mp3"  loop="-1"
     balance="0"  volume="5" delay="3">
```

```
  </body>
</html>
```

下面就<bgsound>标记中的属性进行说明。

◇ src：设置音乐文件的路径。

◇ loop：设置背景音乐循环的次数，–1 代表无限循环。

◇ balance：设置音乐的左右均衡，0 代表左右一样。

◇ volume：设置初始音量。

◇ delay：设置延迟播放背景音乐的时间。

一般在添加背景音乐时，我们并不需要对音乐进行左右均衡以及延时等设置，所以仅需要 src 路径、loop 循环次数这些主要的参数就可以了

四、多媒体的插入

（一）音乐文件的插入

在记事本输入如下代码：

```
<html>
  <head>
    <title>音乐文件的插入</title>
  </head>
  <body>
   <embed  src="duomeiti/sound.mp3"  height="200"
    width="300"  autostart="true" loop="true">
  </body>
</html>
```

打开浏览器浏览，效果如图 3-10 所示。

下面对<embed>标记中的属性进行说明。

◇ src：插入<embed>标记内的多媒体文件路径。注意，文件扩展名不可省略。

◇ width：设置插入多媒体的宽度。

◇ height：设置插入多媒体的高度。

◇ autostart：设置为 true 时，打开网页会自动播放多媒体；设置为 false 时，打开网页后需单击多媒体的控件进行播放。如不设置该属性，则默认值为 false。

◇ loop：设置多媒体文件的播放次数。设

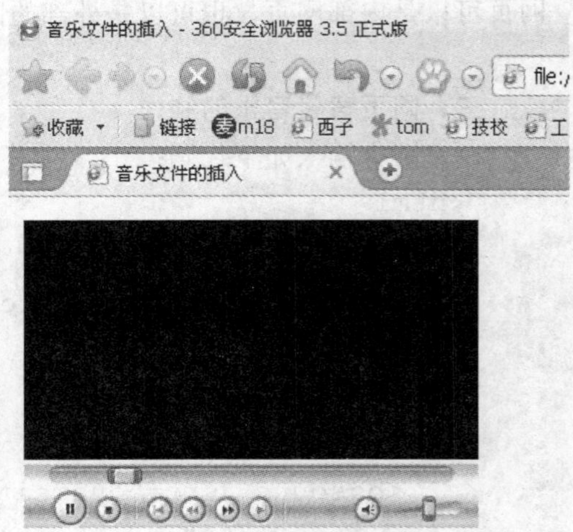

图 3-10　音乐文件的插入

置为 true 时，浏览者不使用“停止”按钮或者离开此页面，多媒体文件会不停播放；设置为 false，则只播放一次。如不设置该属性，则默认值为 false。

（二）影视文件的插入

在记事本输入如下代码：

```
<html>
  <head>
    <title>影视文件的插入</title>
  </head>
  <body>
   <embed  src="duomeiti/video.mpeg"  height="200"
     width="300"  autostart="true" loop="true">
  </body>
</html>
```

打开浏览器浏览，效果如图 3-11 所示。

图 3-11　影视文件的插入

由此可见，音乐和影视文件的插入都是由<embed>这个标记来完成的，区别就是在写插入多媒体文件的路径时，文件的扩展名不能省略。注意，<embed>这个标记不适用于 Flash 文件。

第三节 HTML 的发展与演变

一、HTML 的诞生与发展

1989 年，欧洲物理量子实验室（CERN）的蒂姆·伯纳斯·李（Tim Berners-Lee）发明了超文本标记语言，设计 HTML 语言的目的是为了能把存放在一台电脑中的文本或图形与另一台电脑中的文本或图形方便地联系在一起，形成有机的整体，这就是 HTML 的前身。蒂姆·伯纳斯·李也被尊称为“万维网之父”。

1991 年，蒂姆·伯纳斯·李在 CERN 定义了 HTML 语言的第一个规范，之后成为 W3C 组织（World Wide Web Consortium，万维网联盟）为专门在互联网上发布信息而设计的符号化语言规范。此后就开始 HTML 版本的更新：

（1）1993 年 6 月作为互联网工程工作小组（IETF）工作草案发布的超文本标记语言（第一版），但并非标准版。

（2）1995 年 11 月，HTML 2.0 作为 RFC 1866 发布，但在 RFC 2854 于 2000 年 6 月发布之后被宣布已经过时。

（3）1996 年 1 月 14 日，HTML 3.2 成为 W3C 推荐的标准版。

（4）时隔不到一年， 1997 年 12 月 18 日，HTML 4.0 出现了，并成为 W3C 推荐的标准版。

（5）其后，HTML 已经比较成熟，在 1999 年 12 月 24 日，W3C 推荐 HTML 4.01 标准版，此版本只是在 4.0 的基础上有了一些微小的改进。

（6）国际标准化组织和国际电工委员会在 2000 年 5 月 15 日发布了 ISO/IEC 15445：2000（“ISO HTML”），此标准是严格基于 HTML 4.01 语法的。

（7）2010 年 1 月 22 日 W3C 发布了最新的 HTML 5 工作草案。

二、HTML 的演变

（一）DHTML

传统的 HTML 页面是静态的，如果在 HTML 页面上加入了 JavaScript 脚本，使其能根据用户的鼠标动作作出一定的响应，如鼠标移动到图片上，图片改变颜色；鼠标移动到导航栏，弹出一个动态菜单，这就是 DHTML 的一种表现。

DHTML 是 Dynamic HTML 的简称，就是动态的 HTML，是相对传统的静态的 HTML 而言的一种制作网页的概念。所谓动态 DHTML，其实并不是一门新的语言，它只是 HTML、JavaScript、层叠样式表（Cascading Style Sheets，CSS）和文件目标模型（Document Object Model，DOM）的一种集成，其中 CSS 和客户端脚本是直接在页面上写而不是链接上相关文件。DHTML 不是一种技术、标准或规范，只是一种将目前已有的网页技术、语言标准整合运用，制作出能在下载后仍然能实时变换页面元素效果的网页设计概念。

DOM 是 D HTML 中的核心内容，它使得 HTML 代码能够被改变。DOM 是在特定的时间在浏览器中被表示元素中的一个层。它包括一些有关环境的信息，例如：当前的时间和日期，浏览器的版本号，该网页的 URL 以及 HTML 中的元素（例如：<p>标记、<table>标记等）。通过开放这些 DOM 给脚本语言，浏览器就允许你来改变这些元素了。相对来说，还有一些元素不能被直接改变，但是你能通过使用脚本语言来改变一些其他元素来改变它们。在 DOM 中有一部分内容，专门用于指定什么元素能够改变，这就是事件模型。例如，把鼠标放在一个页面元素上（onmouseover），加载一个页面（onload），提交一个表单（onsubmit），在表单文字的输入部分单击鼠标（onclick）等。

简单地说，DHTML 就是以 HTML 为基础，运用 DOM 将页面元素对象化，利用 CSSL 控制这些对象的 CSS 属性来达到网页的动态视觉效果。

（二）XHTML

随着移动网络的高度发展，利用手机、PDA 浏览网页已成为许多人的习惯。而 HTML 不能适应现在越来越多的网络设备和应用的需要，比如手机、PDA、信息家电都不能直接显示 HTML。另外一缺点就是 HTML 代码不规范、臃肿，浏览器需要足够智能和庞大才能够正确显示 HTML。因此 HTML 迫切需要发展才能解决这些问题，于是 2000 年底，国际 W3C 组织公布发行了 XHTML 1.0 版本。XHTML 1.0 是一种在 HTML 4.0 基础上优化和改进的的新语言，用 XML 的规则对其进行扩展，目的是基于 XML 应用。XHTML 是一种增强了的 HTML，结合了部分 XML 的强大功能及大多数 HTML 的简单特性，它的可扩展性和灵活性可以适应未来网络应用更多的需求。XML 虽然数据转换能力强大，完全可以替代 HTML，但面对成千上万已有的基于 HTML 语言设计的网站，直接采用 XML 还为时过早，XHTML 的出现就是让 HTML 逐步过渡到 XML。

XHTML 是 Extensible HyperText Markup Language（可扩展超文本标记语言）的缩写。XHTML 中的 X 是可扩展（extensible）的意思，它比 HTML 更简洁、更严谨。下面就比较一下 XTHML 与 HTML 的区别：

（1）XHTML 的标记和属性名字必须用小写字母来书写，而 HTML 是不分大小写的。

（2）XHTML 所有的参数值必须要用双引号括起来，而 HTML 中当内容只是数字、字母、或者其他允许的特殊字符时，是可以不加双引号的。

（3）在 XHTML 中，所有标记元素，都必须闭合，HTML 中的单标记，会在标记后加一个“/”来闭合，例如 HTML 中的
，会变成
。

（4）XHTML 所有的标记都必须合理嵌套，就是指嵌套一定要按顺序。

（5）XHTML 的所有属性都必须赋值，没有值的属性就赋予本身，例如<input type="checkbox" checked>，就要改成<input type= "checkbox" check= "checked">。

（6）XHTML 的图片必须要有说明文字，即 alt 属性不能为空，而 HTML 是允许为空值的。

（7）XHTML 不能在注释内容中使用“--”，“--”只能用在开头和结束，不能用在中间，例如：

<!--html 注释--------不可以-- >这是错误的

<!--xhtml 注释：：：：：：： 可以-- >这是正确的

（三）HTML 5

2007 年，在 Mozilla、Opera、苹果等力量的共同努力下，WHATWG（超文本应用科技工作组）组织接受了 W3C 的维护并成立了 HTML 5 工作组，在 2008 年 1 月 22 日，发布了第一份正式草案，并在后来的标准之争中打赢了 XHTML，成为下一代 HTML 标准。HTML 5 是近十年来 Web 标准最巨大的飞跃。和以前的版本不同，之前以文档为中心的理念，改为以互联网应用为中心。它的使命是将 Web 带入一个成熟的应用平台，在这个平台上，视频、音频、图像、动画，以及同电脑的交互都被标准化，有效地满足现代 Web 应用的需要，并在未来的 Web 世界中扮演更重要的角色。

下面就介绍 HTML 5 引入的几个重要的新元素。

（1）画布元素。可用于渲染图形、游戏图像或者其他视觉图片，所有这些都不需要插件。

（2）视频元素。允许用户在没有第三方插件的情况下观看所有动画、视频，可以抛弃 Flash。

（3）地理定位。目前大家都是通过 IP 地址来探测用户的位置，而 HTML 5 的思路是通过 WIFI 发射塔和 GPS 获得定位信息，是一个精确定位用户的替代好方法。

（4）离线网络程序。允许用户在断网情况下继续使用交互的网络程序和文档，比如用户可在本地查看邮件，无须连接网络或者安装额外的邮件客户端。

目前，HTML 5 还在开发当中，还有许多的新特性没有列举出来。但是，市场上，各大主流浏览器厂商都对其抱有浓厚的兴趣。

微软在 2010 年 9 月 15 已推出了 IE 9.0 的测试版，它就是以 HTML 5 为核心来开发的，特点主要有音频、视频和 canvas、更快的 JavaScript 引擎、支持更多的 DOM 与 CSS 特性、支持嵌入式字体、逐步缩小了与其他浏览器在 HTML 5 实现上的差距，通过硬件加速提供更棒的性能。

Mozilla 公司于 2010 年 1 月推出 Firefox 3.6（火狐浏览器），它的优势在于它能快速地兼容互联网的先进技术，比如 HTML 5，CSS 3.0。

谷歌在 2010 年推出的 Chrome 6.0 已经基本支持了 HTML 5 的特性和 CSS 3.0，大家可以在谷歌浏览器下测试 HTML 5 的一些新特性。

苹果也在 2010 年推出 Safari 4，此为支持 HTML 5 音频和视频标记的浏览器。

研发者可以将媒体文件直接嵌套到页面里，非常大地节约了开发周期，提升了运行效率。Safari 还支持了 HTML 5 离线储存技术，基于网站的应用程序可以将信息存在本地硬盘中，无须网络连接也可随时使用。

Opera 目前还在研发中，相信 Opera 在不久的将来就会支持 HTML 5。

2010 年，各大浏览器公司各自推出自己支持 HTML 5 的产品，在此推动下，相信 HTML 5 的开发速度会越来越快，HTML 5 将给 Web 带来深刻的改革。

本章核心概念

HTML、HTML 标记、滚动文字、多媒体插入、HTML 演变。

本章小结

1. 本章介绍了 HTML 的概念，并进一步介绍了 HTML 的结构以及生成 HTML 的方法。

2. 通过对 HTML 基本语法结构的介绍，引入了几个常用的 HTML 应用案例：滚动文字，常用在网页版面中的公告和通知上；自动更新链接，能设置好相应的时间以便用户能看完网页信息后自动跳转到另一个页面去；多媒体插入，在网页中插入背景音乐、声音/视频文件。

3. 随着时代发展，HTML 也有了发展和演变，本章介绍了 DHTML、XHTML 和正在发展中的 HTML 5。

4. 同学们在对 HTML 有了初步认识后，才能在后面的章节中更好地学习。在后面利用 Dreamweaver 来制作网页的时候将会对此有更深刻的认识，并能更好地运用本章知识。

思考题

1. HTML 文件是静态网页还是动态网页？

2. 如果让图片也滚动起来，是否也像文字滚动一样，用<marquee>标记呢？

3. HTML 5 的出现，反映出一种什么趋势？统一移动浏览平台的标准是大势所趋吗？

上机练习

1. 利用记事本写出书上案例的代码，并用浏览器测试。
2. 通过制作滚动文字，思考如何动手完成图片的滚动效果设置？

第四章

Dreamweaver网页制作基础

本章重点

1. 知道 Dreamweaver 外观界面的用法。
2. 知道 Dreamweaver 的工作环境设置。
3. 熟练掌握网页元素的添加。
4. 熟练掌握 CSS 样式表的使用。

案例导入

代　码

虽然所有的网页都是由 HTML 代码构成的，但是即使是对 HTML 最熟悉的人，直接使用记事本等简单工具去构建一个大型网站的工作难度仍然难以想象。Dreamweaver 是一个可视化的网页设计和网站管理工具，它能使我们通过简单的鼠标、菜单操作代替代码记忆和录入，把我们从大部分繁重和重复性的工作中解放出来，从而能够把更多的时间和精力花在制作更美观、更具个性化的网页上。

当我们在 Dreamweaver 中创建一个新网页文件时，只需要选择菜单【文件】>【新建】>【空白页】，并单击【创建】按钮，以下代码就会自动添加到新建网页中。

```
<!DOCTYPE html PUBLIC "-//W3C//DTD XHTML 1.0 Transitional//EN"
"http://www.w3.org/TR/xhtml1/DTD/xhtml1-transitional.dtd">
<html xmlns="http://www.w3.org/1999/xhtml">
<head>
```

```
<meta http-equiv="Content-Type" content="text/html; charset=utf-8"
/>
<title>无标题文档</title>
</head>

<body>
</body>
</html>
```

接下来，就可以在这个基础上修改、添加内容。虽然我们仍然需要对这些标记有一定的了解，但毕竟不再需要死记硬背，同时也节省了时间。Dreamweaver 提供了大量类似的辅助功能，这使得每个网页开发人员都能从中受益，而它也成为世界上最流行的网页开发和管理工具之一。

Dreamweaver 是一个专业的 HTML 编辑器，用于对 Web 站点、Web 网页和 Web 应用程序进行设计、编码和开发。无论用户是喜欢直接编写 HTML 代码，还是偏爱在可视化编辑环境中工作，Dreamweaver 都会为用户提供众多的帮助工具，丰富用户的网页创作体验。

利用 Dreamweaver 中的可视化编辑功能，可以快速地创建页面而无须编写任何代码。您可以查看所有站点元素或资源并将它们从易于使用的面板直接拖到文档中。也可以在 Macromedia Fireworks 或其他图形应用程序中创建和编辑图像，然后将它们直接导入 Dreamweaver，或者添加 Macromedia Flash 对象，从而优化开发工作流程。

第一节　外观界面使用

Dreamweaver 的编辑环境非常灵活，可以适应不同风格和不同技术水平的用户。大部分操作都可以通过面板来完成，使得工作流程变得非常形象和直观，充分体现了可视化编程环境的特点。

一、【起始页】界面

启动 Dreamweaver 后，会显示【起始页】界面，如图 4-1 所示。在“起始页”可以打开最近使用过的文档或创建新文档。其中有 3 个栏目，分别是【打开最近的项目】、【新建】和【从模板创建】。单击相应的文字和图标，即可打开相应的窗口。

如果下次启动 Dreamweaver 时不希望看到此界面，可以选中该界面下面的【不再显示】复选框。

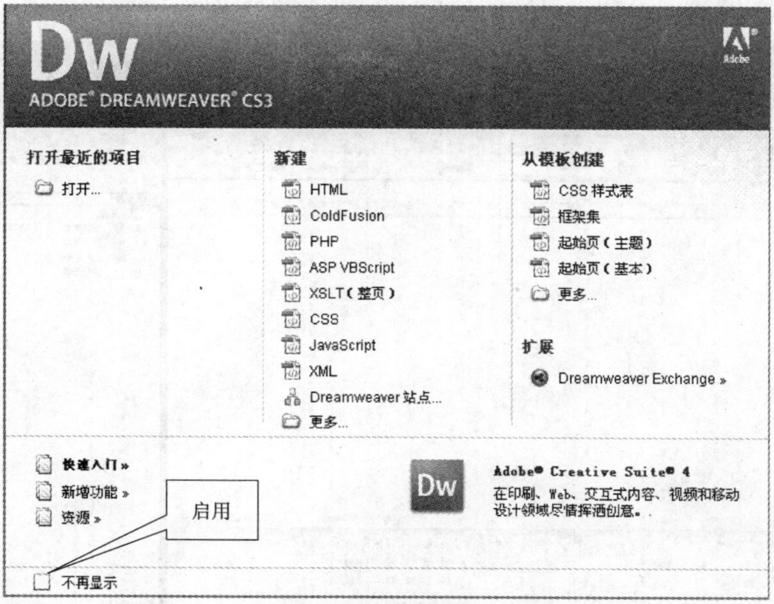

图 4-1 【起始页】界面

二、基本工作环境介绍

在【新建】栏目中选择【HTML】，新建一个网页文件，此时的窗口如图 4-2 所示，其中各部分的含义如下：

◇【插入栏】包含用于将各种类型的【对象】（如图像、表格和层）插入到文档中的按钮。每个对象都是一段 HTML 代码，在插入时可以设置不同的属性。例如，可以在【插入】栏中单击【表格】按钮，插入一个表格。如果您愿意，可以不使用【插入】栏而使用【插入】菜单插入对象。

◇【文档工具栏】包含各种按钮，它们提供各种【文档】窗口视图（如【设计】视图和【代码】视图）的选项、各种查看选项和一些常用操作（如在浏览器中预览）。

◇【文档窗口】显示当前创建和编辑的文档。

◇【面板组】是组合在一个标题下面的相关面板的集合。若要展开一个面板组，请单击组名称左侧的展开箭头；若要取消停靠一个面板组，请拖动该组标题条左边缘的手柄。

◇【标记选择器】位于【文档】窗口底部的状态栏中，它显示环绕当前选定内容的标记的层次结构。单击该层次结构中的任何标记可以选择该标记及其全部内容。

◇【属性检查器】用于查看和更改所选对象或文本的各种属性。每种对象都具有不同的属性。在【编码器】工作区布局中，【属性】检查器默认是不展开的。

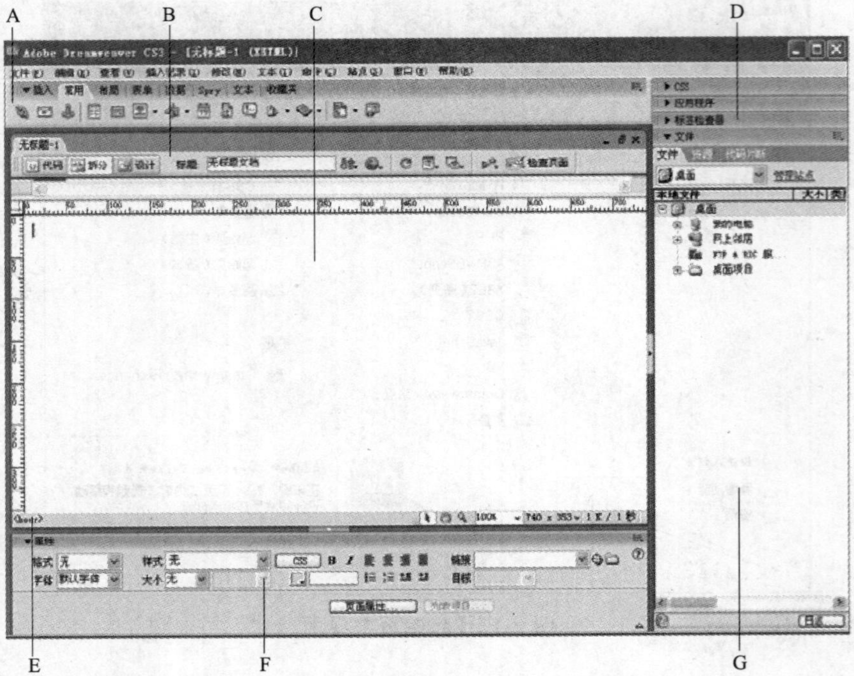

A. 【插入】栏 B. 文档工具栏 C.【文档】窗口 D. 面板组 E. 标记选择器
F.【属性】检查器 G.【文件】面板

图 4-2 基本工作环境介绍

◇【文件面板】使您可以管理文件和文件夹，无论它们属于 Dreamweaver 站点的一部分还是位于远程服务器上。【文件面板】还使您可以访问本地磁盘上的全部文件，操作方法类似于 Windows 资源管理器（Windows）或 Finder（Macintosh）。

注意：窗口中大部分面板、工具栏均可拖出并移动到窗口任何位置，移动后如需复位，可选择菜单命令【窗口】>【工作区布局】>【设计器】。

第二节 设置工作环境

一、设置文档窗口视图

“文档窗口”显示当前文档。可以在文档工具栏中选择文档窗口的显示方式，共有 3 种视图供选择。

（1）【设计视图】

这是一个用于可视化页面布局、可视化编辑和快速应用程序开发的设计环境。在该视图中，Dreamweaver 显示文档的完全可编辑的可视化表示形式，类似于在浏览器中查看页面时看到的内容，如图 4-3 所示。

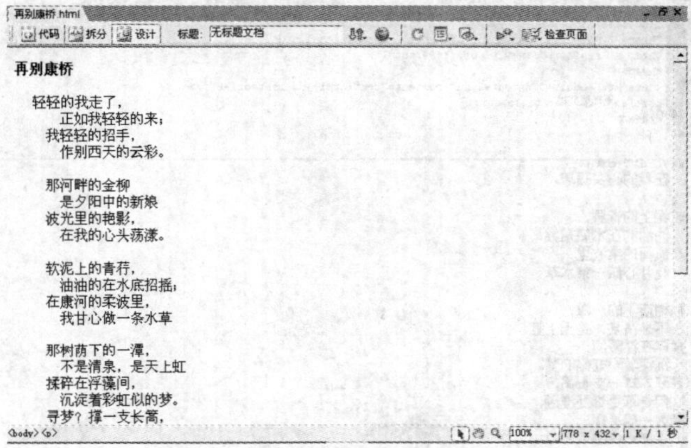

图 4-3 【设计】视图

（2）【代码视图】

这是一个用于编写和编辑 HTML、JavaScript、服务器语言代码（如 PHP 或 ColdFusion 标记语言（CFML））以及任何其他类型代码的手工编码环境，如图 4-4 所示。

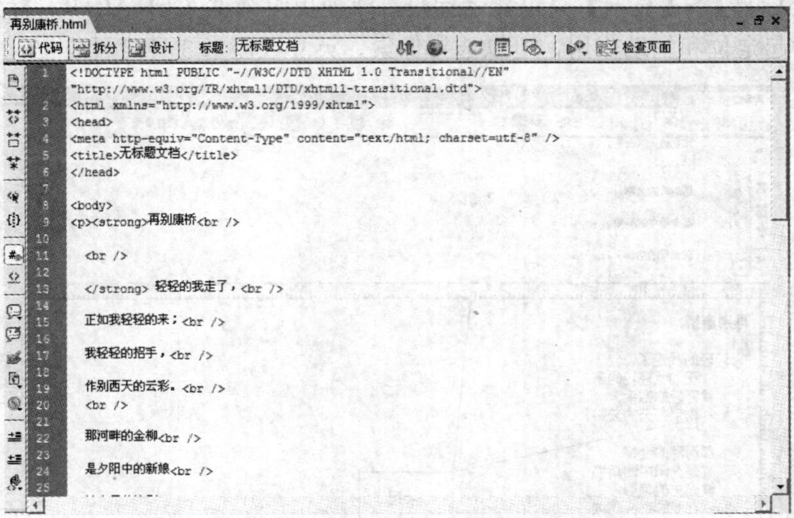

图 4-4 【代码】视图

（3）【代码和设计视图】

通过拆分窗口的方式，使您可以在单个窗口中同时看到同一文档的代码视图和设计视图，如图 4-5 所示。

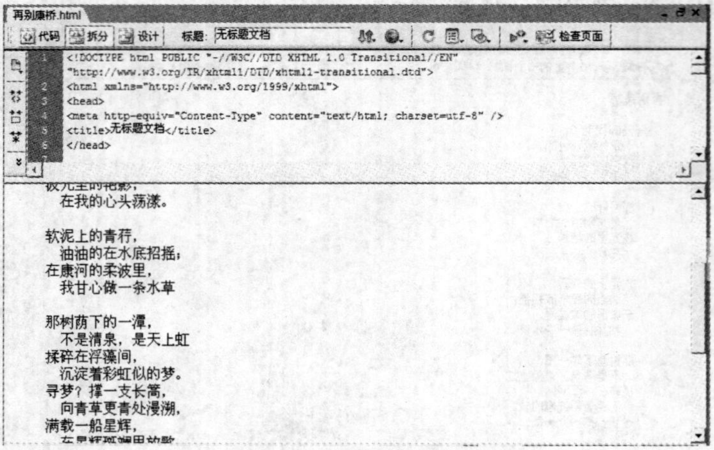

图 4-5 【代码和设计】视图

二、标尺

选择【新建】>【HTML】，新建一个网页文件，进入空白文档的编辑页面。首先你会发现在文档周围默认有标尺出现，如图 4-6 所示。如果文档中没有显示标尺，可通过【查看】>【标尺】>【显示】菜单显示标尺，或使用组合键 Ctrl+Alt+R。标尺在对齐网页中对象时起定位和辅助作用，可以选择像素、英寸或厘米 3 种度量单位。

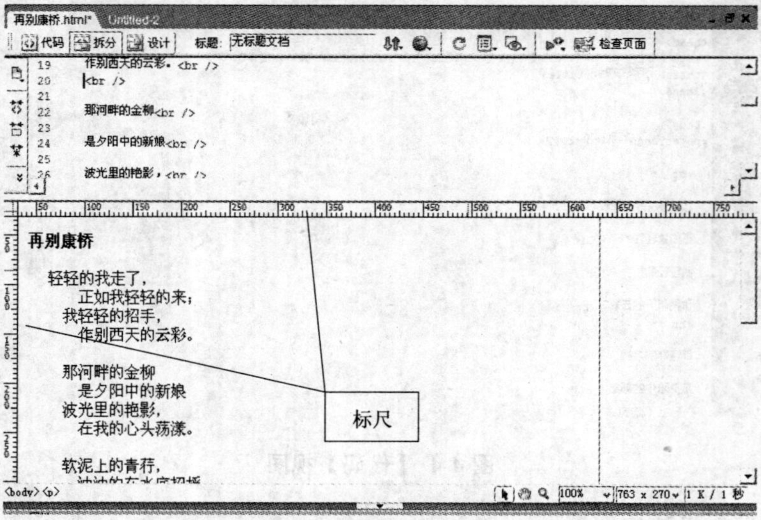

图 4-6 标尺

标尺的坐标原点可以设置在画布的任何地方，只要从标尺的左上角开始拖动即可应用新的坐标原点；双击左上角可以还原坐标原点到默认点。

三、辅助线

辅助线是从标尺拖动到文档上的线条，它们有助于更加准确地放置和对齐对象。还可以使用辅助线来测量页面元素的大小，或者模拟 Web 浏览器的重叠部分(可见区域)。为了帮助您对齐元素，Dreamweaver 允许您将元素靠齐辅助线，以及将辅助线靠齐元素。您还可以锁定辅助线，以防止其他用户不小心移动它们。

执行【查看】>【辅助线】菜单命令，将会看到如图 4-7 所示的辅助线控制菜单。

因为辅助线是通过从标尺中拖出而建立的，所以首先我们要确保标尺是打开的。

确定已经勾选了【显示辅助线】选项，然后在文档的标尺上纵向或横向拖动鼠标就会显示出默认的绿色辅助线。当然，还可以选择菜单中的“640×480，默认”等选项，以生成适合相应页面大小的辅助线，如图 4-8 所示。

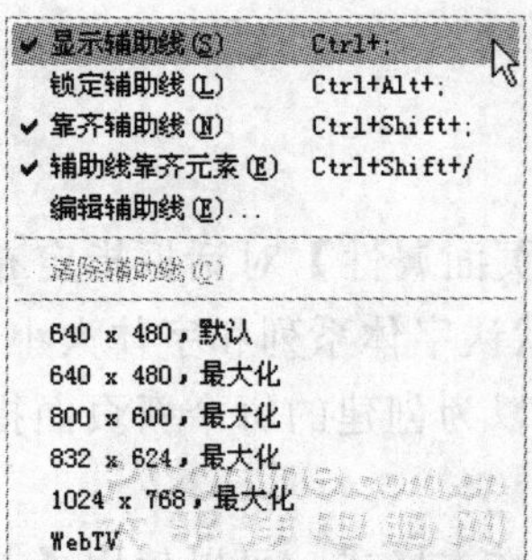

图 4-7 辅助线设置

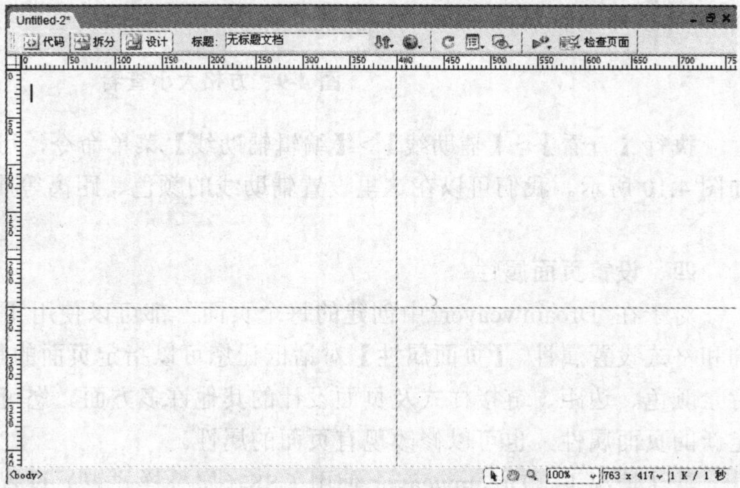

图 4-8 辅助线

将鼠标指针移动到辅助线分割的方格中，然后按 Ctrl 键，可以显示此方格的高度和宽度，如图 4-9 所示。

如果要锁定辅助线，可以执行【查看】>【辅助线】>【锁定辅助线】菜单命令。如果选中【靠齐辅助线】选项，在网页中插入元素时，会自动贴近辅助线。如果选中【辅助线靠齐元素】，则拖动辅助线时会自动贴近网页中的元素。要删除一条辅助线，可以拖动它到网页的顶部或左侧，释放鼠标后就会自动消失；若要删除所有辅助线，可以执行

【查看】>【辅助线】>【清除辅助线】菜单命令。

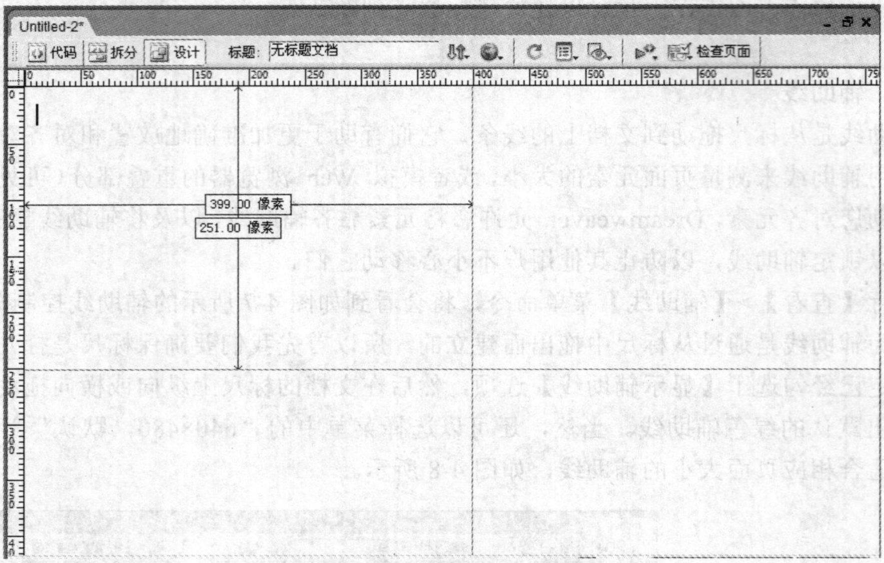

图 4-9　方格大小查看

执行【查看】>【辅助线】>【编辑辅助线】菜单命令，可弹出【辅助线】对话框，如图 4.10 所示。我们可以在这里设置辅助线的颜色、距离等属性。

四、设置页面属性

对于在 Dreamweaver 中创建的每个页面，都可以使用【页面属性】对话框指定布局和格式设置属性。【页面属性】对话框让您可以指定页面的默认字体系列和字体大小、背景颜色、边距、链接样式及页面设计的其他许多方面。您可以为创建的每个新页面指定新的页面属性，也可以修改现有页面的属性。

默认情况下，Dreamweaver 使用 CSS（层叠样式表）设置文本格式。可以使用【首选参数】对话框（【编辑】>【首选参数】）更改 HTML 格式设置的页面格式设置首选参数，如图 4-11 所示。使用 CSS 页面属性时，CSS 标记会用于在【页面属性】对话框的【外观】、【链接】和【标题】类别中定义的所有属性。定义这些属性的 CSS 标记会嵌入到页面的 head 部分。

如果选择使用 HTML 而不是 CSS，属性检查器将显示【样式】弹出菜单。不过，字体、大小、颜色和对齐方式控件将只使用 HTML 标记显示属性设置。应用于当前选取内容的 CSS 属性值将不再可见，【大小】弹出菜单也将被禁用。

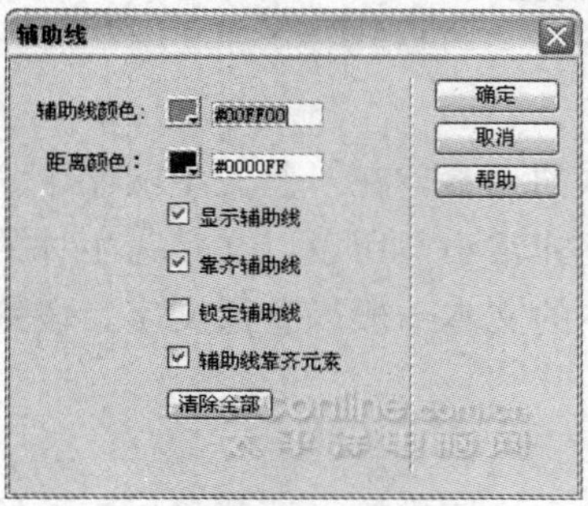

图 4-10 辅助线属性

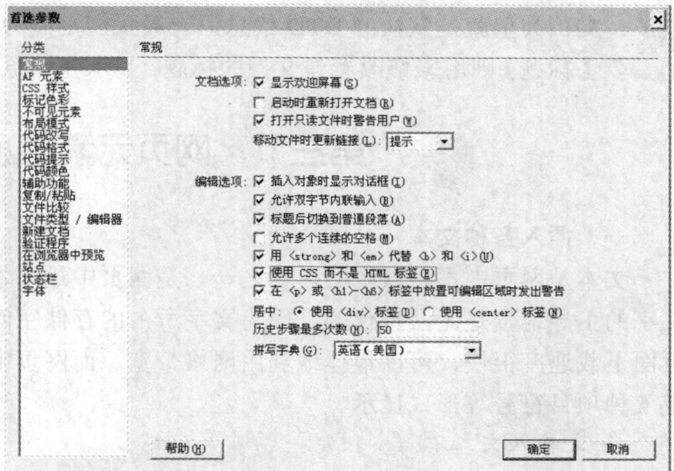

图 4-11 首选参数

执行【修改】>【页面属性】命令可以打开【页面设置】对话框，如图 4-12。在其中可进行外观、链接、标题、标题/编码及跟踪图像共 5 类设置。

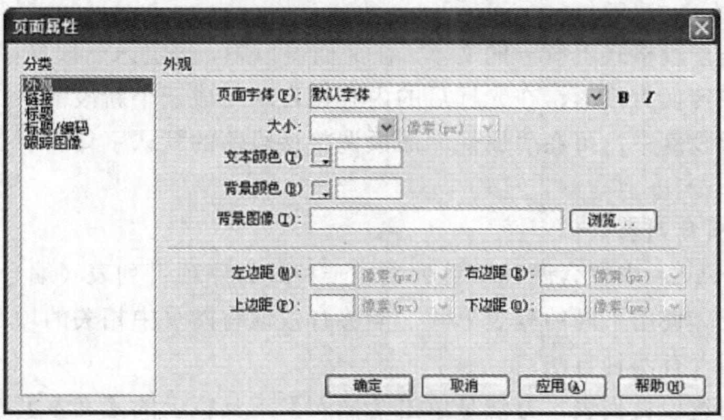

图 4-12 页面属性设置

较明显的设置项省略，以下仅介绍部分较特殊属性：

◇【外观】类别中的【左边距】、【右边距】、【上边距】、【下边距】是用于设置页面文档主体部分与浏览器上下左右边框的距离。

◇【标题】类别中可以修改【标题一】至【标题六】的字体、字号和字体颜色，可根据自身需要修改。

◇【标题/编码】类别中可修改页面编码信息，一般采用 GB2312 和 UTF.8 的时候比较多。文档类型就是默认的 DTD 信息，一般我们定制为 XHTML 1.0 Transitional。

◇【标题】则用来修改新建文档的标题，显示在浏览器标题处和编辑软件的标题处。

第三节 网页元素的添加

一、插入各种文本

文本是网页中不可缺少的内容之一，是网页中最基本的元素。在一些大型网站中，文字的主导地位是无法替代的。因为文字所占的存储空间非常小，所以以文字为主体的页面下载速度很快，可以最佳地利用网络带宽。而网页中的文本一般以普通文字、段落或各种项目符号等形式显示。

（一）输入文本

在网页中插入文本时，将光标定位于要插入文本的地方，切换输入法就可以直接输入文本。

另外，还可以通过菜单命令【文件】>【导入】，把存放在 Word 文档、Excel 文档中的信息直接导入到光标所在位置，只是导入的文本格式跟原文件类似。

（二）创建段落

段落指的是一段格式上统一的文本。在文档窗口中，每输入一段文字，按回车键后，已经输入的文字转换为段落，在光标后的内容也自动生成一个新段落。

将光标置于段落中，可在“属性”面板调整该段落的默认字体、对齐方式、缩进、列表类型等。

（三）创建项目列表

在 Dreamweaver 中包含两种项目列表，一种是有序项目列表（编号列表），另一种是无序项目列表。使用不同的列表形式，能够有效地将网页中相关的项目组织在一起。

创建项目列表有两种方法：

（1）直接创建项目列表。方法是单击【插入】工具栏上的【文本】选项卡，在其中选择项目列表按钮“ul”，在光标所在位置插入项目列表默认图标，接着输入文本后按回车键即可，如需结束列表输入，只要连续按两次回车键即可。

（2）将已有文本转换为项目列表。方法是先输入文本并分成不同的行或段落，选中所输入的文本，单击【插入】工具栏的【文本】选项卡中的项目列表按钮“ul”。

创建的项目列表符号在默认情况下以球形显示。要想更改项目符号的形状，或者将项目列表改为编号列表，可把光标置于列表段落中，单击【属性】面板的【列表项目】按钮并修改即可，如图 4-13 所示。

图 4-13 修改列表项目

（四）插入特殊字符

某些特殊字符在 HTML 中以名称或数字的形式表示，它们被称为实体（entity)。例如，HTML 在代码中使用尖括号 <>，但您可能需要用此符号表示大于或小于这样的特殊字符，而不希望 Dreamweaver 将它们解释为代码。在这种情况下，可以使用“>”表示大于“>”，使用“ <”表示小于“<”。HTML 还包含版权符号“©”、“与”符号 “&”、注册商标符号“®”等字符的实体名称。每个实体都有一个名称（如 —）和一个数字等效值（如 —)。

执行【插入】>【HTML】>【特殊字符】子菜单并选择相应的字符名称就可以输入对应的实体。也可以在【插入】工具栏【文本】选项卡中找到位于最右边的“字符”下拉列表框进行选择。

（五）插入空格

如果要插入空格，可以将输入法切换到全角状态，然后按空格键输入。如果不切换，按组合键“Shift+Ctrl+空格”也可以输入。还可以用插入特殊字符“ ”，即“不换行空格”的方式来实现。

二、插入图像

虽然存在很多种图形文件格式，但网页中通常使用的只有三种，即 .gif、.jpeg 和 .png。.gif 和 .jpeg 文件格式的支持情况最好，大多数浏览器都可以查看它们。

.gif 文件最多使用 256 种颜色，最适合显示色调不连续或具有大面积单一颜色的图像，例如导航条、按钮、图标、徽标或其他具有统一色彩和色调的图像。

.jpeg 文件格式是用于摄影或连续色调图像的较好格式，这是因为 .jpeg 文件可以包含数百万种颜色。随着 .jpeg 文件品质的提高，文件的大小和下载时间也会随之增加。通常可以通过压缩 .jpeg 文件在图像品质和文件大小之间达到良好的平衡。

.png 文件格式是一种替代 .gif 格式的无专利权限制的格式，它包括对索引色、灰度、真彩色图像以及 Alpha 通道透明度的支持。.png 是 Fireworks 软件固有的文件格式。.png 文件可保留所有原始层、矢量、颜色和效果信息（例如阴影），并且在任何时候所有元素都是可以完全编辑的。文件必须具有 .png 文件扩展名才能被 Dreamweaver 识别为 .png 文件。由于 .png 文件具有较大的灵活性并且文件较小，因此它们对于几乎任何类型的 Web 图形都是最适合的；但是，Microsoft Internet Explorer（4.0 和更高版本的浏览器）以及 Netscape Navigator（4.04 和更高版本的浏览器）只能部分地支持 .png 图像的显示。因此，除非您的设计所针对的特定目标用户是使用支持 .png 格式的浏览器，否则请使用 .gif 或 .jpeg 以迎合更多人的需求。

（一）插入普通图像

在制作网页时，先构想好网页布局，在图像处理软件中将需要插入的图片进行处理，然后存放在站点根目录下的文件夹里。

插入图像时，将光标放置在文档窗口需要插入图像的位置，然后单击常用插入栏的，并选择下拉菜单中的【图像】。接下来，在打开的对话框中选择图像来源，单击【确定】按钮就完成了图像的插入，如图 4-14 所示。

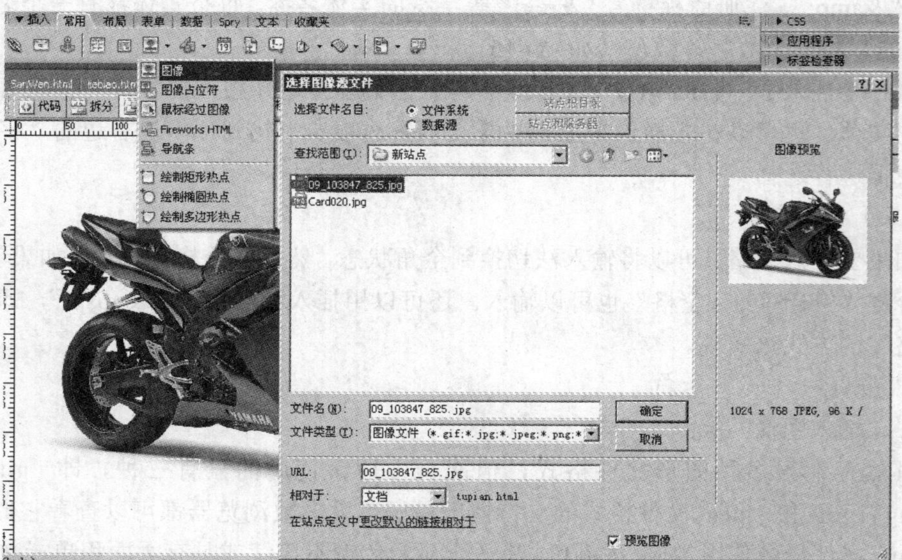

图 4-14 选择图像源

（二）插入图像占位符

图像占位符是在准备好将最终图形添加到网页之前使用的图形。如果在设计网页时图像还没有制作好，可以使用图像占位符插入到需要插入图像的位置，等待图像制作完成后再替换掉。

插入图像占位符时，将光标放置在文档窗口需要插入图像的位置，然后单击常用插入栏的【图像】按钮，并选择下拉菜单中的【图像占位符】，将会打开如图 4-15 所示的对话框，可以在此设置占位符的名称、大小和颜色，并为占位符提供文本标签。

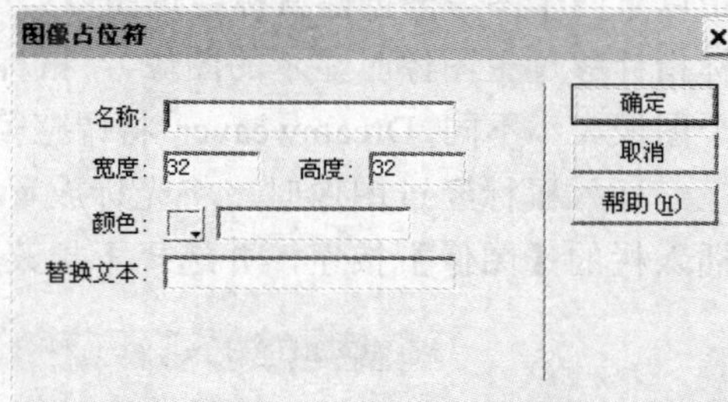

图 4-15 图像占位符设置

（三）插入背景图像

背景图像是网页中的另外一种图像显示方式，该方式显示的图像既不影响文本的输入，也不影响插入式图像的显示。

背景图像和背景颜色一样，都属于【页面属性】对话框中的选项，均可通过【属性】面板（见图 4-16）中的【页面属性】按钮进行设置。如图 4-17 所示。

图 4-16 页面属性

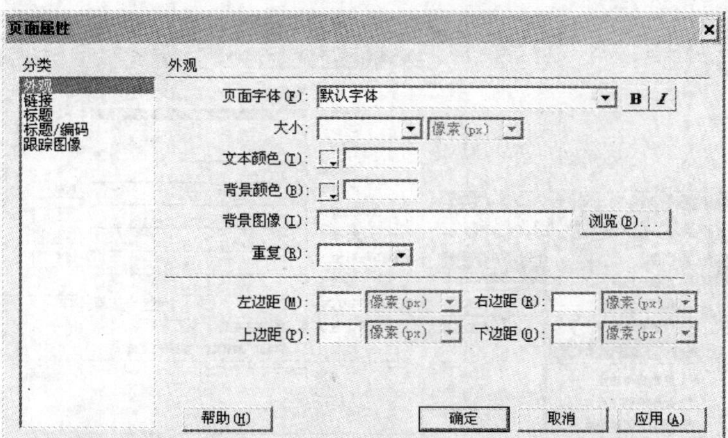

图 4-17 背景设置

（四）插入鼠标经过图像

鼠标经过图像是一种在浏览器中查看并在鼠标指针移过它时会发生变化的图像。必须用以下两个图像来创建鼠标经过图像：主图像（首次加载页面时显示的图像）和次图像（鼠标指针移过主图像时显示的图像）。鼠标经过图像中的这两个图像应大小相等；如果这两个图像大小不同，Dreamweaver 将调整第二个图像的大小，使之与第一个图像的属性匹配。

插入鼠标经过图像时，将光标放置在文档窗口需要插入图像的位置，然后单击常用插入栏的【图像】按钮，并选择下拉菜单中的【鼠标经过图像】。

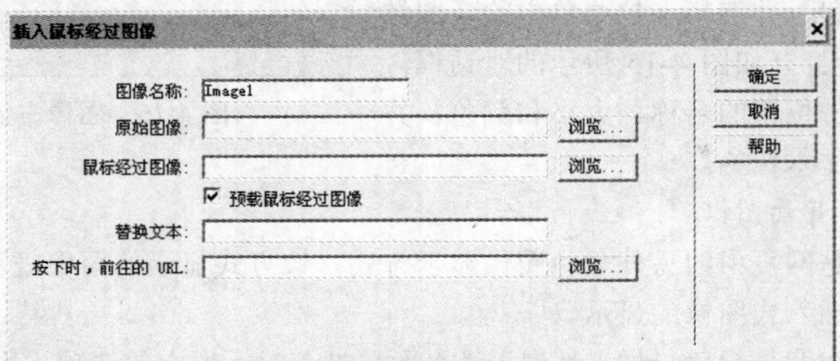

图 4-18　鼠标经过图像设置

（五）插入导航条

一个网站的不同页面通常使用统一导航条。通过统一导航条的方法，我们可以实现网站风格的统一，同时也方便了浏览者在不同页面间的跳转。

插入导航条时，将光标放置在文档窗口需要插入导航条的位置，然后单击常用插入栏的【图像】按钮，并选择下拉菜单中的【导航条】（见图 4-19），打开如图 4-20 所示的对话框进行设置。

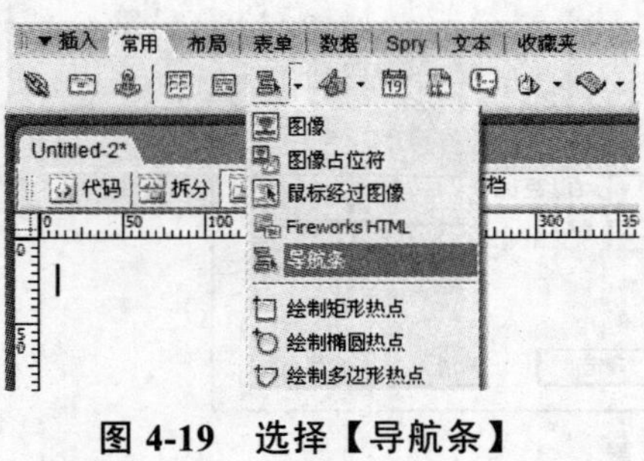

图 4-19　选择【导航条】

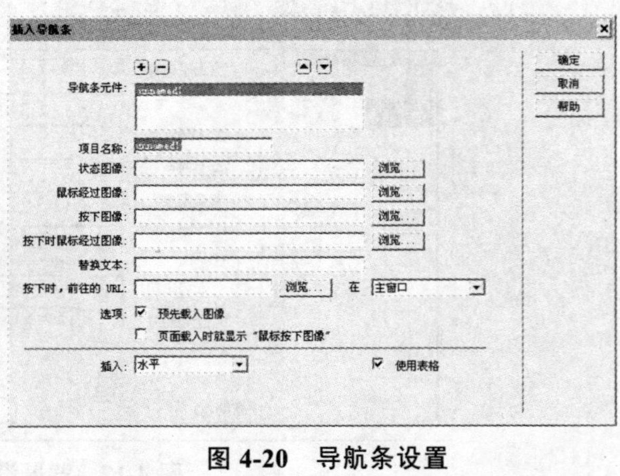

图 4-20　导航条设置

下面列出部分设置项目。

◇ 加号和减号按钮：单击加号按钮可插入元素；再单击加号按钮会再添加另外一个元素。要删除元素，请选择它，然后单击减号按钮。

◇ 项目名称键入导航条元件的名称（例如，Home. 每一个元件都对应一个按钮，该按钮具有一组图像状态，最多可达四个。元素名称在【导航条元件】列表中显示。用箭头按钮排列元件在导航条中的位置。

◇ 状态图像、鼠标经过图像、按下图像和按下时鼠标经过图像：浏览以选择这四个状态的图像。只需要状态图像；其他图像状态为可选状态。

◇ 替换文本：为该元件输入描述性名称。在纯文本浏览器或手动下载图像的浏览器中，替代文本显示在图像的位置。屏幕阅读器读取替换文本，而且有些浏览器在用户将鼠标指针滑过导航条元件时显示替换文本。

◇"按下时，前往的 URL"：单击"浏览"按钮，选择要打开的链接文件，然后指定是否在同一窗口或框架中打开文件。如果要使用的目标框架未出现在菜单中，可关闭【插入导航条】对话框，然后在文档中命名该框架。

◇ 预先载入图像：选择此选项可在下载页面的同时下载图像。此选项可防止在用户将鼠标指针滑过鼠标经过图像时出现延迟。

◇ 页面载入时就显示"鼠标按下图像"：对于您希望在初始时图像显示为"按下"状态，而不是以默认状态显示的元件，选择此复选框。例如，在第一次下载页面时，导航条上的"主页"元件应处于"按下"状态。在对元件应用此选项时，在【导航条元件】列表中，其名称后面将出现一个星号。

◇ 插入：指定是垂直插入还是水平插入各元件。

◇ 使用表格：选择以表格的形式插入各元件。

三、插入 Flash 动画

（一）了解 Flash

在网页中添加动态元素可使网页看起来更吸引人。Flash 动画是网页中最常见的动态元素。Flash 动画是一种矢量动画，它具有生成的动画文件较小、效果好、并能够实现交互等优点。要制作 Flash 动画，可以使用 Macromedia 公司出品的 Flash 软件。

在 Dreamweaver 中可以直接插入发布后的 Flash 动画（.swf 文件），可插入的 Flash 动画包括 Flash 动画文件、flash 按钮和 flash 文本等。

Flash 文件中常用的主要有以下几种文件类型。

◇ Flash 视频文件格式（.flv）：一种视频文件，它包含经过编码的音频和视频数据。

◇ Flash 文件（.fla）：所有项目的源文件，在 Flash 程序中创建。此类型的文件只能在 Flash 中打开（而不是在 Dreamweaver 或浏览器中打开）。您可以在 Flash 中打开 Flash 文件，然后将它导出为 .swf 或 .swt 文件以在浏览器中使用。

◇ Flash SWF 文件（.swf）：Flash 文件（.fla）的压缩版本，已进行了优化以便在 Web 上查看。此文件可以在浏览器中播放并且可以在 Dreamweaver 中进行预览，但不能在 Flash 中编辑此文件。这是在网页中使用 Flash 按钮和 Flash 文本对象时创建的文件类型。

◇ Flash 模板文件（.swt）：这些文件使您能够修改和替换 Flash SWF 文件中的信息。这些文件用于 Flash 按钮对象，使您能够用自己的文本或链接修改模板，以便创建要插入在您的文档中的自定义 SWF 文件。

（二）插入 Flash 按钮

在设计视图或代码视图中工作时，可以在文档中创建和插入 Flash 按钮。进行此操作时不要求安装 Flash，因为 Flash 按钮对象是基于 Flash 模板的可更新按钮。

在 Dreamweaver 中集成了许多精美的 Flash 按钮，这为增加网页动态效果提供了方便。在制作网页时可以将自己制作的 Flash 按钮插入到网页中，也可插入 Dreamweaver 集成的按钮。

插入 Flash 按钮时，可通过菜单【插入记录】>【媒体】>【Flash 按钮】，打开【插入 Flash 按钮】对话框。在【插入 Flash 按钮】对话框中可以选择按钮的样式、显示的文本、链接、背景色等属性。设置好然后单击【应用】或【确定】按钮，将 Flash 按钮插入窗口中。如果单击“应用”按钮，则对话框会保持打开状态，并可以在文档中预览按钮。如图 4-21 所示。

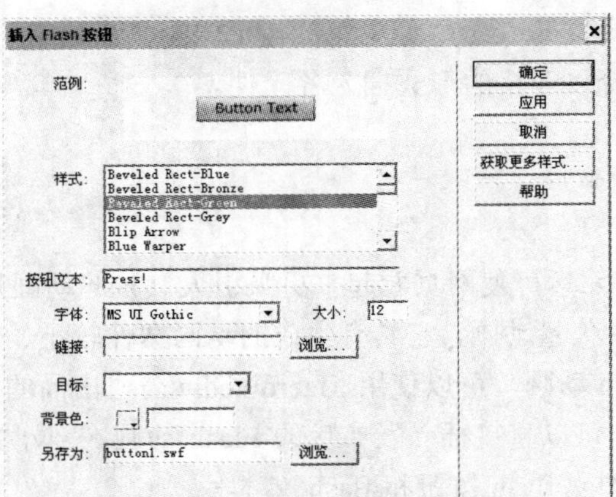

图 4-21 【插入 Flash 按钮】对话框

可以通过属性检查器或【插入 Flash 按钮】对话框来修改 Flash 按钮对象的属性和内容。属性检查器会显示 Flash 按钮属性。您可以使用属性检查器指定按钮的 HTML 物理属性，例如宽度、高度和背景颜色（单击右下角的展开箭头可以看到更多的属性），如图 4-22 所示。若要修改 Flash 按钮的其他内容属性（例如按钮文本和颜色以及单击按钮时浏览器打开的 URL），则可以使用【插入 Flash 按钮】对话框。

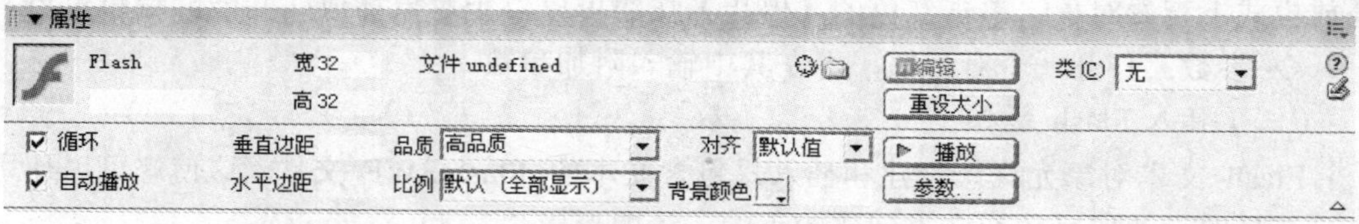

图 4-22 属性检查器

其中主要属性说明如下。

◇ 名称：指定用来标识按钮以进行脚本撰写的名称。在属性检查器最左侧的未标记文本框中输入名称。

◇ 宽和高：指定对象的宽度和高度（以像素为单位）。在设计视图中，通过使用调整大小控制点可以很容易地调整对象的大小。也可以通过在属性检查器中单击【重设大小】按钮，将该对象恢复为其原始大小。

◇ 文件：指定指向 Flash 对象文件的路径。单击文件夹图标可浏览查找所需文件，或者键入路径。

◇ 编辑：单击此按钮打开【Flash 对象】对话框，可以对选定的 Flash 对象进行编辑。

◇ 重设大小：单击此按钮将选定的对象重设为原始大小。

◇ 垂直边距和水平边距： 指定按钮上、下、左、右空白的像素数。

◇ 品质： 设置用于定义按钮的 object 和 embed 标记的 quality 参数。设置越高，Flash 内容的显示效果就越好；但这要求更快的处理器以使内容在屏幕上正确显示。【低品质】设置意味着更看重显示速度而非外观，而【高品质】设置意味着更看重外观而非显示速度。【自动低品质】意味着首先看重显示速度，但如有可能则改善外观。【自动高品质】意味着首先看重外观，但根据需要可能会因为显示速度而影响外观。

◇ 比例：设置用于定义按钮或文本对象的 object 和 embed 标记的 scale 参数。此参数定义 Flash 内容在由 width 和 height 值为该 SWF 文件定义的区域内显示的方式。选项有【默认（全部显示）】、【无边框】和【严格匹配】。全部显示会使在指定区域中可以看到整个 .swf 文件，同时保持.swf 文件的纵横比并避免扭曲；背景颜色的边框可以出现在.swf 文件的两侧。无边框方式近似于全部显示方式，只是 .swf 文件的某些部分可能会被裁剪掉。使用“严格匹配”，整个 .swf 文件将填充指定区域，但不保持 .swf 文件的纵横比，并且可能会出现扭曲。

◇ 对齐：定义对象在页面上的对齐方式。

◇ 背景颜色：指定对象的背景颜色。

◇ 播放/停止：在【文档】窗口中预览 Flash 对象。单击绿色的【播放】按钮可在播放模式下查看对象：单击红色的【停止】按钮可以停止对象播放，并能够编辑对象。

◇ 参数：打开一个对话框，可在其中输入附加参数。

（三）插入 Flash 文本

Flash 文本对象允许您创建和插入只包含文本的 Flash SWF 文件。这使您可以使用自己选择的设计器字体和文本创建较小的矢量图形影片。

插入 Flash 文本时，可通过菜单【插入记录】>【媒体】>【Flash 文本】，打开【插入 Flash 文本】对话框。

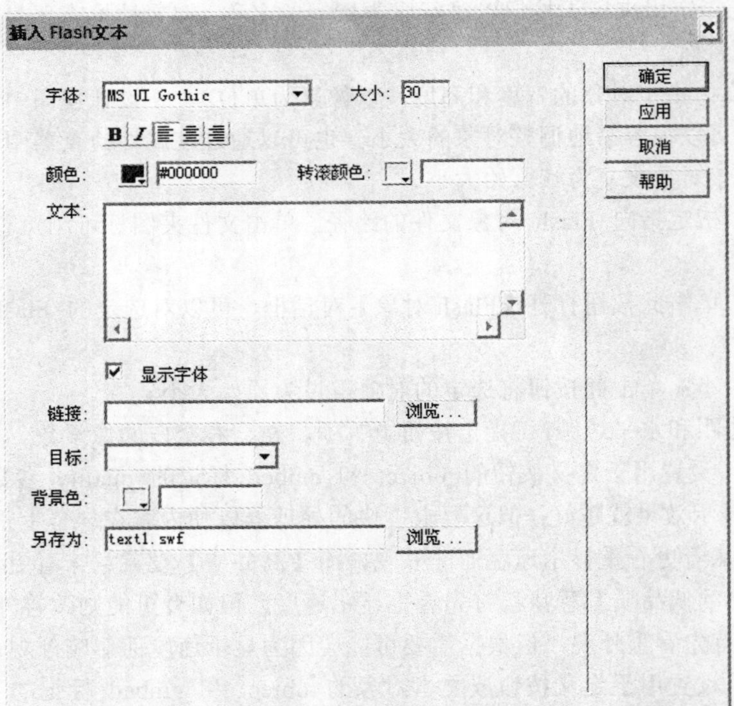

图 4-23 【插入 Flash 文本】对话框

填好【插入 Flash 文本】对话框，然后单击【应用】或【确定】按钮，将 Flash 文本插入窗口中。如果单击【应用】按钮，则对话框会保持打开状态，并可以在文档中预览文本。

若要修改或播放 Flash 文本对象，所采用的步骤与对 Flash 按钮进行修改或播放所采用的步骤相同。

（四）插入 Flash 视频

插入 Flash 视频时，可通过菜单【插入记录】>【媒体】>【Flash 视频】，打开【插入 Flash 视频】对话框。

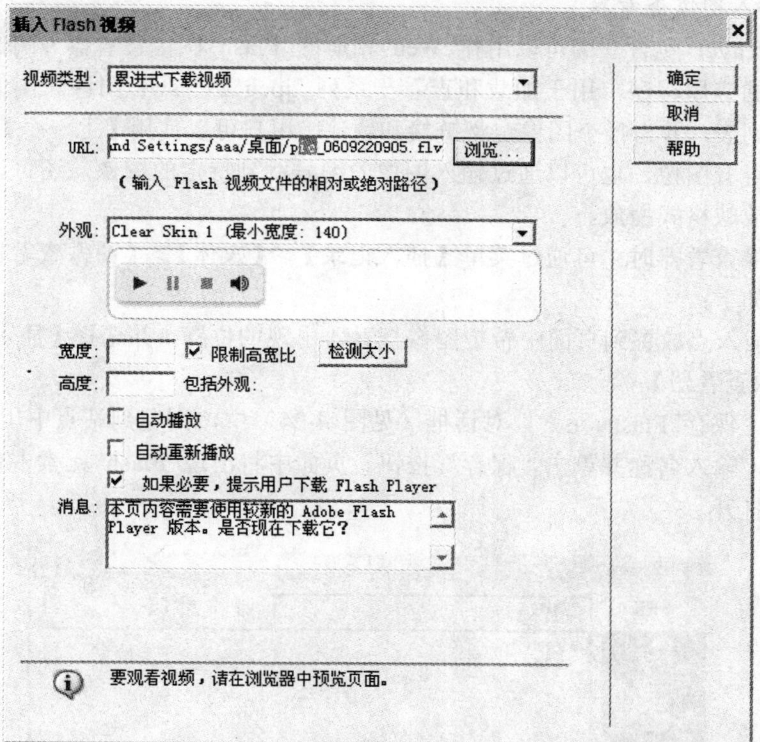

图 4-24 【插入 Flash 视频】对话框

Dreamweaver 提供了以下视频类型选项，用于将 Flash 视频传送给站点访问者。

◇ 累进式下载视频：将 Flash 视频（FLV）文件下载到站点访问者的硬盘上，然后播放。但是，与传统的“下载并播放”视频传送方法不同，累进式下载允许在下载完成之前就开始播放视频文件。

◇ 流视频：对 Flash 视频内容进行流式处理，并在一段可确保流畅播放的很短的缓冲时间后在 Web 页面上播放该内容。若要在网页上启用流视频，必须具有访问 Adobe Flash Media Server 的权限，必须有一个经过编码的 Flash 视频（FLV）文件，然后才能在 Dreamweaver 中使用它。可以插入使用以下两种编码/解码器（压缩/解压缩技术）创建的视频文件：Sorenson Squeeze 和 On2。

插入 Flash 视频命令生成一个视频播放器 .swf 文件和一个外观 .swf 文件，它们用于在 Web 页面上显示 Flash 视频内容。这些文件与 Flash 视频内容所添加到的 HTML 文件存储在同一目录中。当上传包含 Flash 视频内容的 HTML 页面时，Dreamweaver 将以相关文件的形式上传这些文件。

（五）插入图像查看器

Dreamweaver 包含一个可以用作 Web 相册的 Flash 图像查看器。图像查看器是可以调整大小的应用程序，用于加载和查看一系列 .jpeg 或 .swf 图像。图像查看器可以定义图像的列表，并为每个图像定义链接和题注。用户可以使用【上一个】和【下一个】按钮按顺序查看图像，也可以通过输入图像的编号跳到特定的图像，还可以将图像设置为用幻灯片放映格式播放。

插入图像查看器时，可通过菜单【插入记录】>【媒体】>【图像查看器】进行，主要操作流程如下：

（1）将插入点放置到页面中希望图像查看器出现的位置，并选择【插入记录】>【媒体】>【图像查看器】。

（2）在“保存 Flash 元素”对话框（见图 4-25）中，浏览到站点中用于保存 Flash 元素的位置，输入名称并单击“保存”按钮。页面中将出现 Flash 元素占位符，并且标记检查器将打开。

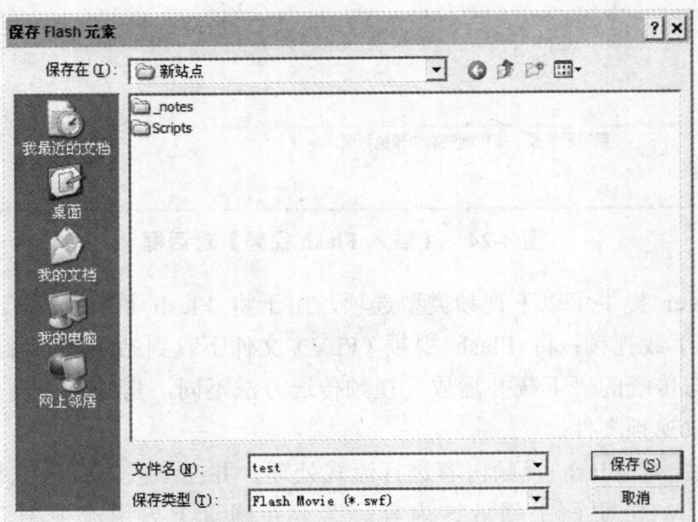

图 4-25 【保存 Flash 元素】对话框

注：最好将 Flash 元素保存到与要添加图像查看器的页面所在的站点相同的 Dreamweaver 站点中。

（3）如果尚未选择 Flash 元素占位符，请将其选定。

（4）在标记检查器中，单击 imageURLs 参数旁边的字段，然后单击行尾的“编辑数组值”按钮，打开对话框进行编辑，如图 4-26 所示。

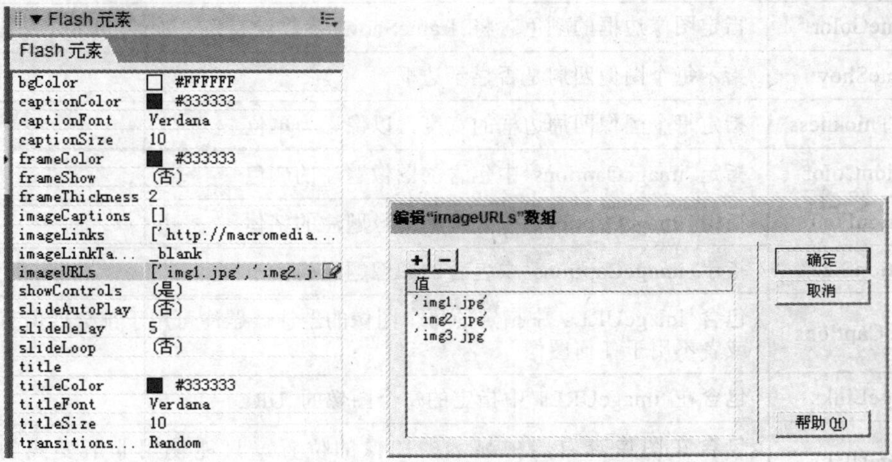

图 4-26 修改 imageURLs

（5）在【编辑 imageURLs 数组】对话框中，单击减号按钮可删除占位符元素；若要添加图像，请单击加号按钮，并单击出现的空值行旁边的文件夹图标，然后选择要添加的图像。您可以添加 .jpeg 或 .swf 文件。

（6）单击【确定】按钮关闭【编辑 imageURLs 数组】对话框。

（7）（可选）使用标记检查器设置图像查看器的其他参数，也可以在属性检查器中设置图像查看器的属性。有关更多信息，请选择该 Flash 元素，然后单击属性检查器中的【帮助】按钮。

（8）选定图像查看器占位符后，单击展开的属性检查器中的【播放】按钮以启动图像查看器，并使用以下图像查看器控件查看图像：

◇ 单击【下一个】或【上一个】按钮查看顺序图像。

◇ 在文本框中输入一个数字以跳到特定的图像。

◇ 单击【播放】按钮以按照幻灯片放映格式查看图像。

◇ 单击【停止】按钮以停止幻灯片放映格式。

（9）单击展开的属性检查器中的【停止】按钮以停止播放图像查看器。

其他常用属性如表 4.1 所示。

表 4.1　　图像查看器属性表

参数	说　明
bgColor	指定背景颜色
frameColor	指定图像边框的颜色。将 frameShow 参数设置为“Yes”可显示边框
frameShow	指示每个图像四周是否显示边框
frameThickness	指定每个图像四周边框的宽度，以像素为单位
captionColor	指定 imageCaptions 中包含的图像题注的颜色
captionFont	指定 imageCaptions 中包含的图像题注的字体
captionSize	指示 imageCaptions 中包含的图像题注的大小
imageCaptions	包含 imageURLs 中指定的每个图像的题注。题注可用于部分或所有图像，或者不用于任何图像
imageLinks	包含在 imageURLs 中指定的每个图像的 URL
imageURLs	包含在图像查看器中显示的图像的位置。只能使用非渐变式的 .jpeg 或 .swf 文件
imgLinkTarget	指定浏览器窗口，将在其中加载在 linkURLs 中指定的 URL。可以将此参数设置为 _blank、_self、_top 或 _parent
showControls	指示在用户播放 Flash 元素时是否出现图像查看器控件
slideAutoPlay	确定是否以幻灯片放映形式播放图像。如果设置为 true，则在第一幅图像加载完毕后，图像就开始以幻灯片形式播放
slideDelay	指示在按下【播放】按钮或启用 autoPlay 时，每两个图像之间等待的时间长度（以秒为单位）。如果图像需要更长的时间进行加载，则图像的更改频率可以小于此参数指定的时间
slideLoop	指定图像幻灯片放映以连续循环方式进行播放
title	指定在图像查看器顶部显示的标题
titleColor	指定 title 中包含的图像查看器标题的颜色
titleFont	指定 title 中包含的图像查看器标题的字体
titleSize	指示 title 中包含的图像查看器标题的大小
transitionsType	指示图像在图像查看器中的显示方式，可从几种加载选项中进行选择

（六）设置 Flash 背景透明

有时为了提高网页视觉效果，可在网页中插入背景图像，然后再在该网页中插入

Flash 影片，这时需要将 Flash 影片设置为背景透明，否则就看不见下面的背景图像。

使插入的 Flash 处于选择状态，单击属性面板中的【参数】，在随即弹出的参数表（见图 4-27）中添加一行，参数名为“wmode”，值为“transparent”。使用此方法时注意，若页面中有人工输入的 Flash ID，此 ID 将被删除，请在添加完参数后重新输入 ID。

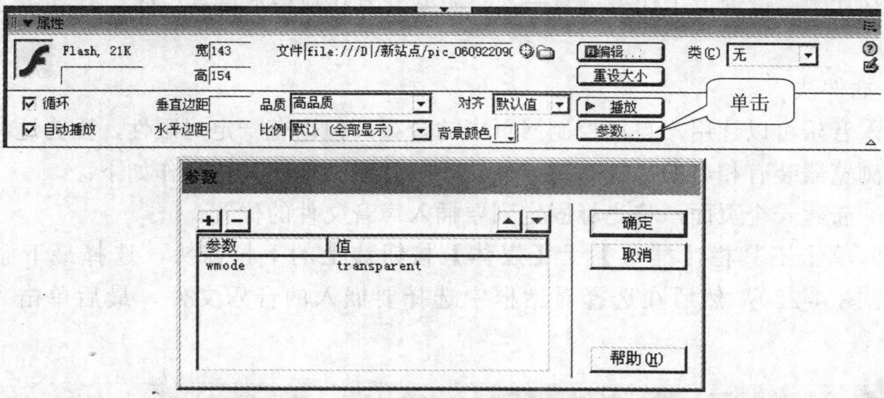

图 4-27 Flash 透明背景设置

四、插入音频和视频

（一）插入音频

音效在网页动画中有画龙点睛的作用，可以使网页给访问者留下深刻的印象。Dreamweaver 提供了多种在网页中插入声音的方法，比如直接插入法、代码法以及插件法等。既可以把声音作为不受控制的背景音乐，也可以由用户自己控制插入的声音。

网页中常用的音频格式较多，通常使用的音频文件格式有 .mp3、.wav、.wma、.midi、.rm 以及.aif 等。其中，.midi 文件一般只用来做网页的背景音乐。

1. 代码法

背景音乐是在浏览器中打开网页时听到的声音，它一般不需要去控制，播放的方式为循环播放。直接插入法是利用<bgsound>标记来实现的。一般直接把< bgsound >标记添加到网页文件中的<head></head>之间，并设置好背景音乐的存放路径就可以了。如果声音文件过大，为防止影响网页下载速度，也可以放置在网页结束标记</body>之前。

例如以下代码：

```
<head>
<title>背景音乐</title>
<bgsound src="xxxx.mp3" loop="1" />
</head>
```

```
<body>
</body>
</html>
```

其中 src 是做为背景音乐的音频文件路径，填写网络上的 URL 地址即可，loop 设置的是循环次数，设置为 1 代表重复一次，如果改为 0 则是不重复，设置为–1 就是无限重复。

2. 插件法

嵌入音乐可以让用户自己控制网页中的音频，但也有一定局限性，因为这种音频要求网页浏览器装有相应的插件。以插件法插入音频文件的具体操作如下：

（1）新建一个页面，将光标固定到要插入声音文件的位置。

（2）单击工具栏【插入】上【媒体】按钮边上的下拉箭头，选择最下面的【插件】（见图 4-28），然后在选择对话框中选择要嵌入的音乐文件，最后单击“确定”按钮。

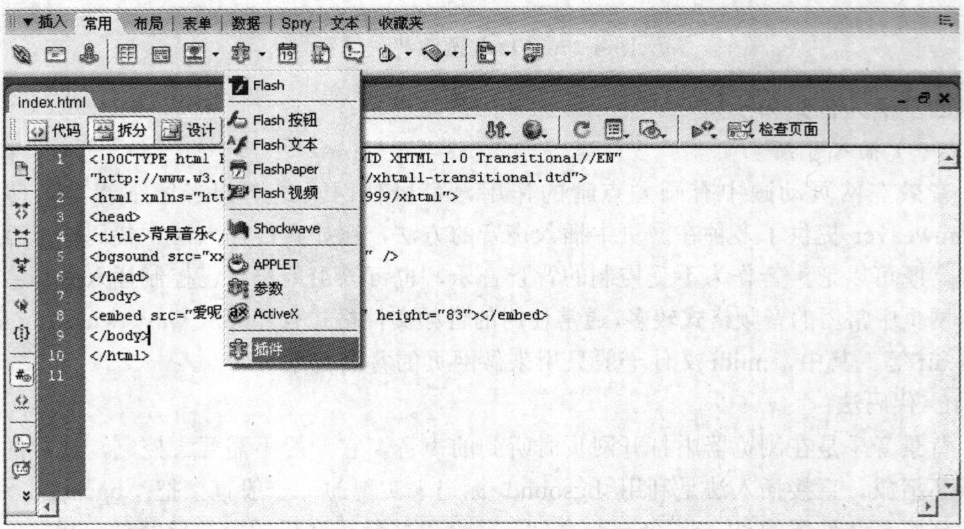

图 4-28　插件使用

这样插入的音频是一个 32×32 像素的小图标，如果需要让它显示出开始、暂停按钮、声音控制和进度条，需要将它的尺寸改大一些，例如 300×100 像素就差不多了，将属性面板（见图 4-29）中宽、高设置为 300 和 100，保存后按 F12 键预览将会看到网页中调用相应插件播放选定的音频。

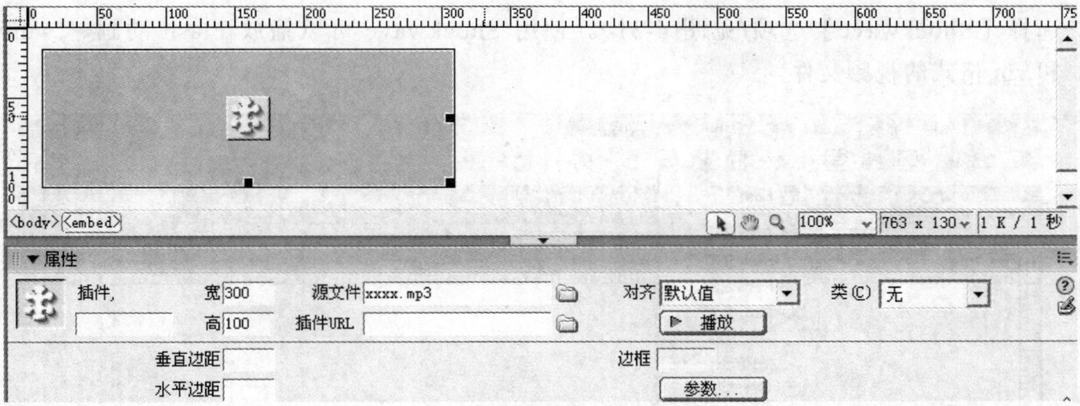

图 4-29 插入音频属性设置

默认音频在打开网页时自动播放，如果不需要声音自动播放，单击已经嵌入的音频文件图标，在属性面板（见图 4-30）中单击“参数”，单击参数下的框框，在 autostart 值处填写 false 即可。如需要自动播放，则可以设置 autostart 值为 true。如果需要循环播放，加入参数 loop=true。

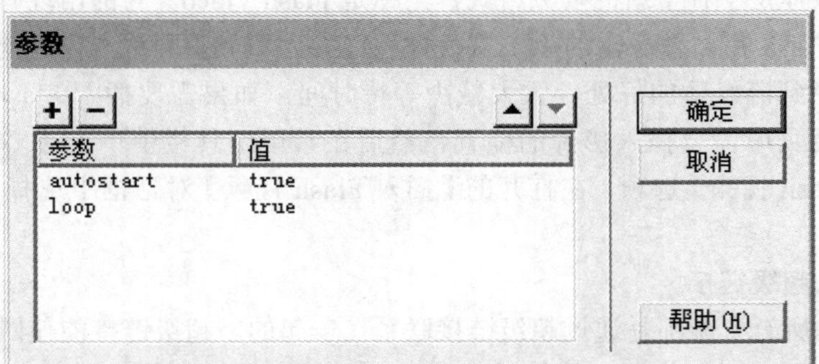

图 4-30 自动播放音频设置

（二）插入视频

1. 插件法

具体操作跟插入音频里的插入法完全一致。但通常只能支持 Windows Media Player 支持的格式，例如.wma、.wmv、.asf、.mpg、.avi 等。

2. 利用 Shockwave 插入影片

Shockwave 影片是网上交互多媒体的标准，是一种允许用 Director 软件创建的媒体文件，能够快速下载并能被大多数流行的浏览器播放。如果需要插入 Shockwave 影片，把光标放在网页中需要插入影片的位置，然后在常用工具栏中单击【多媒体】下拉箭头，选择【Shockwave】选项(见图 4-31)。使用 Shockwave 可以播放 Flash 动画、.wmv 和.rm 格式的视频文件。

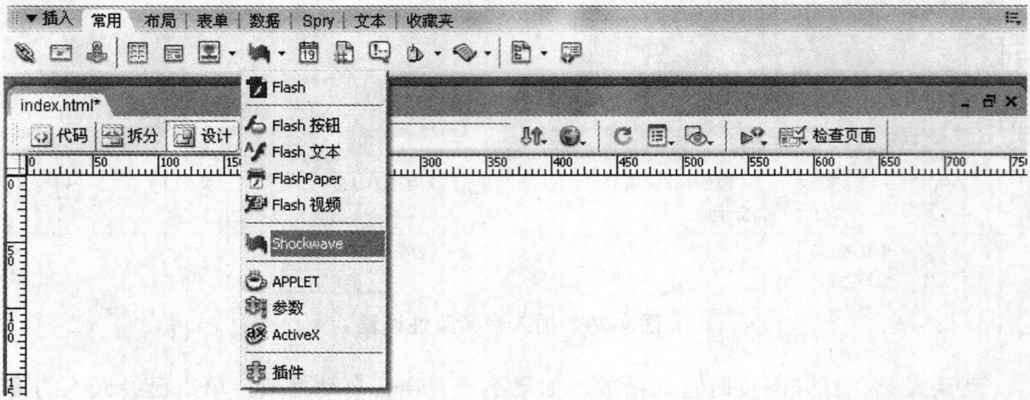

图 4-31 插入 Shockwave 影片

3. 插入 Flash Vidio 视频

FLV 流媒体是一种全新的视频格式，全称是 Flash Video。它的出现有效解决了视频文件导入到 Flash 后，使导出的.swf 文件体积庞大，不能在网络上很好使用等缺点，使我们可以享受到流媒体的好处，大大减少等待时间。如果需要插入 Flash Video 影片，把光标放在网页中需要插入影片的位置，然后在常用工具栏中单击【多媒体】下拉箭头，选择【Flash 视频】选项，在打开的【插入 Flash 视频】对话框中选择.flv 文件即可。

五、插入超级链接

网络中的所有资源都是通过超级链接联系在一起的。超级链接能使网页从一个页面跳转到另一个页面。成功地运用超级链接可以使网页变得更方便、更清晰和更富有灵性。

所谓超级链接，就是当鼠标移动到某些文字或者图片上时，单击就会跳转到其他的页面。这些文字或者图片称为热点，跳转到的目标称为链接目标，热点和链接目标相联系就是链接路径。链接路径分为绝对路径和相对路径。

绝对路径就是提供链接页面完整的 URL 地址以及所要用到的协议，比如从一个网站跳转到另一个网站。

相对路径就是在站点中创建的本地链路的路径，比如同一个网站中的不同网页之间的链接。

超级链接是一个网站的基本功能，也是与其他网站联系的桥梁。无论是何种形式的超级链接，其载体都是图像或者文本。

（一）超级链接载体

1. 设置文本超级链接

如果要为文本设置超级链接，应先在页面中输入文字，并选中此文字，然后执行菜单【插入记录】>【超级链接】，系统将会弹出对话框，如图 4-32 所示。

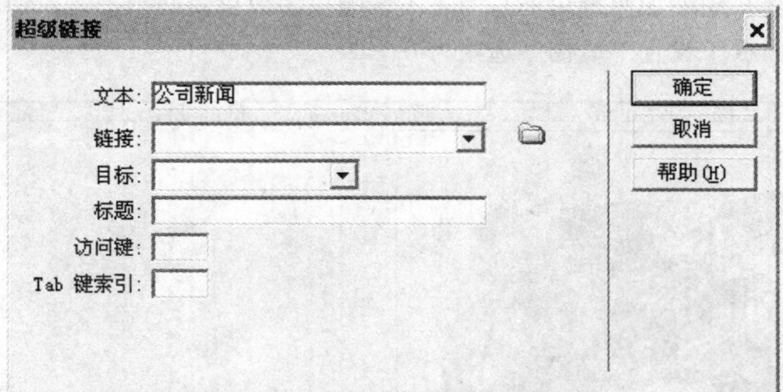

图 4-32 【超级链接】对话框

其中各参数含义如下。

◇ 文本：显示要设置超级链接的文本。

◇ 链接：显示超级链接的文件路径，单击后面的文件夹图标按钮，可以从打开的对话框中选择要链接的文件。

◇ 目标：单击其后面的向下箭头，在弹出的下拉列表中可以选择链接到的目标框架，有四个选项，各选项的含义如下：

- _blank 将链接的文件加载到一个未命名的新浏览器窗口中。
- _parent 将链接的文件加载到含有该链接的框架的父框架集或父窗口中。如果包含链接的框架不是嵌套的，则链接文件加载到整个浏览器窗口中。
- _self 将链接的文件加载到该链接所在的同一框架或窗口中。此目标是默认的，所以通常不需要指定它。
- _top 将链接的文件加载到整个浏览器窗口中，因而会删除所有框架。

◇ 访问键：在其中设置键盘等价键，以便在浏览器中选择该超级链接。

◇ Tab 键索引：设置 Tab 键顺序的编号。

设置好各参数后，单击“确定”按钮就成功为文字添加了超级链接。可以看到文字颜色发生改变，并且下面也添加了一条下划线。

另外，通过在【插入】栏的【常用】类别中单击【超级链接】按钮，或在文字的【属性】面板中的【超级链接】项等方法也可以设置超级链接。

2. 设置图像超级链接

网页中的图像除了装饰效果外，也可以有添加超级链接的作用。

图片的链接方法简单，只要选中插入的图像后，在【属性】面板（见图 4-33）中单击“链接”文本框右侧的“浏览文件”按钮，选择要链接的文件即可。为图像添加超级链接后，图像会自动添加蓝色边框。为了不影响拼图效果，必须把蓝色边框删除，方法是在【属性】面板中设置“边框”选项为 0。

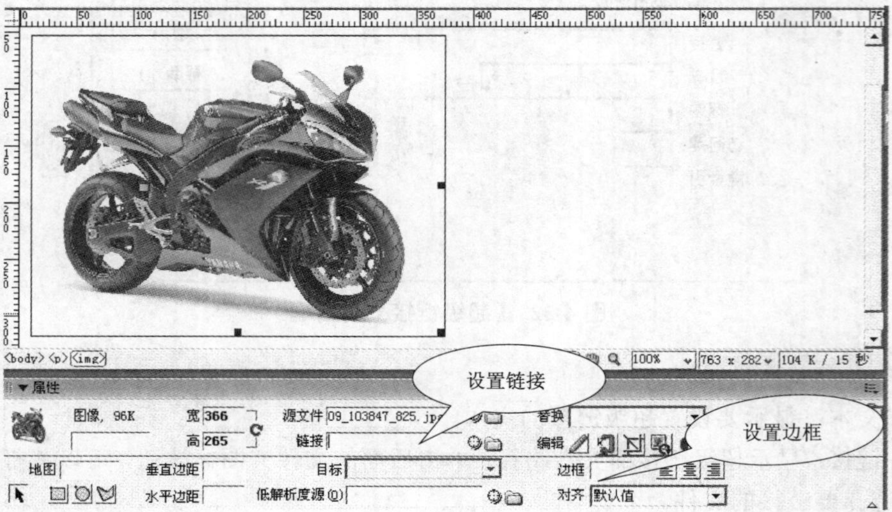

图 4-33 “链接”及“边框”设置

（二）超级链接方式

虽然网页中的超级链接载体为文本和图像，但是链接文件不同，其链接方式也会有所不同。比如在同一个网页中实现链接，或者在一幅图像中实现局部链接，以及常见的邮件链接。

1. 锚点链接

创建锚点链接（简称锚点）就是在文档中设置标记，并在该位置设置一个名称以便引用。通过创建锚点，可以使链接指向当前文档或不同文档的指定位置。锚点常常被用来实现到特定的主题或者到文档顶部的跳转链接，使访问者能够快速浏览到指定的位置，加快信息检索速度。

创建锚点链接时，首先要设置一个命名锚点，该命名锚点就是链接目标，方法是将插入点放在需要命名锚记的地方，单击【常用】工具栏的【命名锚记】按钮，并设置【锚记名称】选项（见图 4-34），即可在光标处看到锚点图标。设置好后，插入点处并没有显示锚记图标，可以选择菜单命令【查看】>【可视化助理】>【不可见元素】查看。

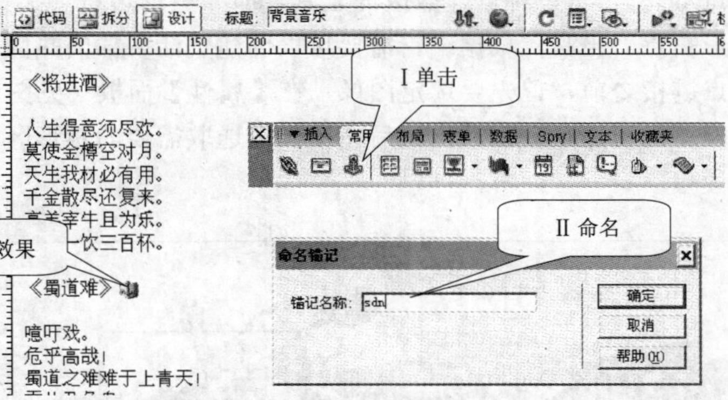

图 4-34 添加及设置锚点标记

创建命名锚记后，就可以添加指向锚记的链接。在文档窗口中选中要为其添加锚记链接的文字或图片，在其【属性】面板中的【链接】文本框中输入符号“#”和锚记名称。例如图 4-34 设置的锚点名为“sdn”，所以在【链接】中应输入“#sdn”，如图 4-35 所示。如果需要链接到另一文档内的锚点，可在“#”号前添加文档名称，形如“xxxx.html#sdn”。

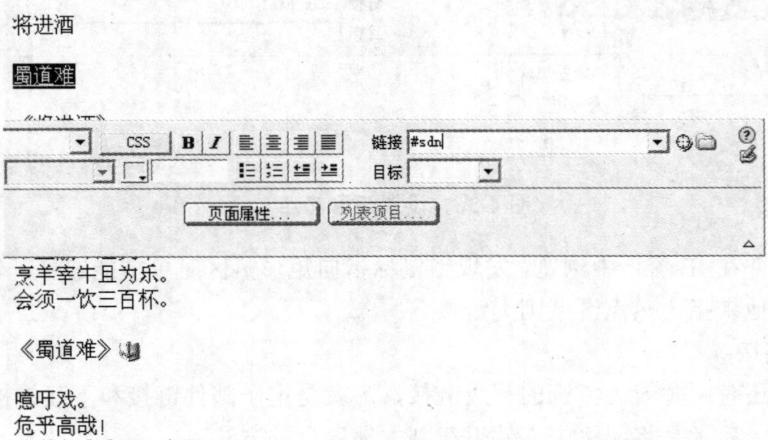

图 4-35 创建锚点链接

2. 热点链接

普通的超级链接只能在一幅图像中添加一个链接。而要想在一幅图像中打开不同的网页，就需要在一幅图像中同时添加多个不同的超级链接，这时就会用到热点链接。热点链接的原理就是利用 HTML 语言在图片上定义出一些带有形状的区域，然后给这些区域加上链接，这些区域一般称为热区。

Dreamwaver 提供了三种创建热区的工具，即“矩形热点”工具、“椭圆形热点”工具和“多边形热点”工具，根据编辑需要可以创建灵活多样的热区。

创建热点链接之前，首先要选定图像，在【属性】面板（见图 4-36）中启动一种热点工具，例如【矩形热点】工具，然后在图像中选取需要的矩形区域，并设置“链接”属性。

图 4-36　设置矩形热点

保存文档并在 IE 窗口中浏览，发现当鼠标指向矩形热区时单击能够打开链接，但鼠标指向图像其他未指定热点区域则无链接。

3. 特殊链接

在网络中还有两种较为特殊的超级链接，那就是电子邮件链接和下载链接。前者是一种联系方式，后者是将网络中文件下载到本地磁盘的方法。

（1）邮件链接

电子邮件已经是现代人最重要的联系方式之一，在网页中设置好邮件链接，当用户单击该邮件链接时，就会弹出邮件发送程序，并自动填写预定的联系人地址，用户只需填写标题及内容发送即可，给用户带来很多便利。

无论是文本还是图像，都可以作为电子邮件链接的载体，其创建方法也相同。也就是选中载体后，然后选择【插入】>【超级链接】，系统会弹出【超级链接】对话框，如图 4-37 所示。在【链接】文本框中输入 E-mail 地址，地址格式为“mailto:name@server.com”，其中 name@server.com 将作为邮件的收件人自动填写，因此应为实际存在的有效 E-mail 地址。

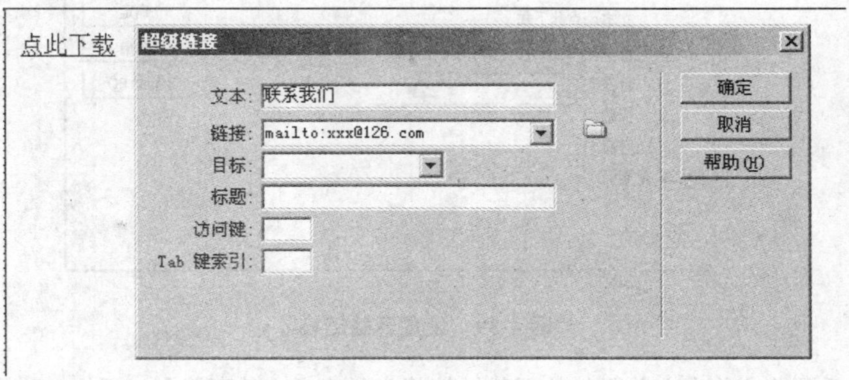

图 4-37 设置邮件链接

完成设置后保存文档并在 IE 中预览，单击邮件链接将自动打开【新邮件】对话框并设定好收件人（不允许修改），用户可以直接开始书写并发送邮件，如图 4-38 所示。

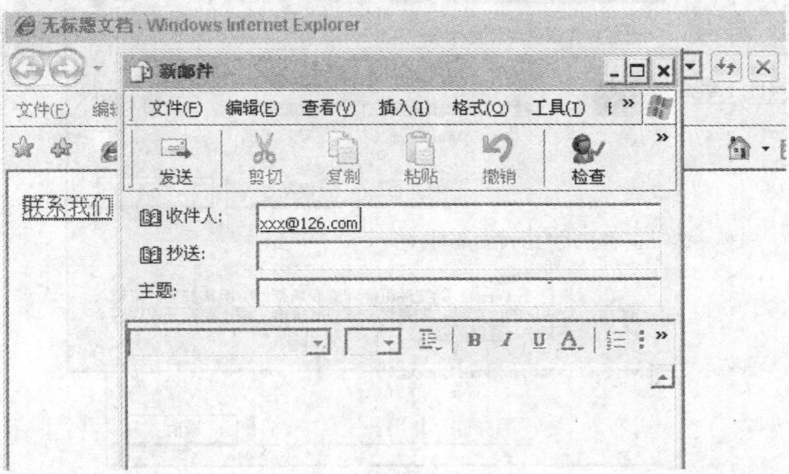

图 4-38 单击邮件链接效果

（2）下载链接

下载链接在软件下载网站和源代码下载网站应用得比较多，一般文件下载多是压缩文件格式。下载链接的创建方式与一般超级链接的创建方式相同，只是所链接到的内容是一个软件文件或压缩文件，而不是一般的图像或网页。如图 4-39 所示的超级链接的链接目标为一个压缩文件。

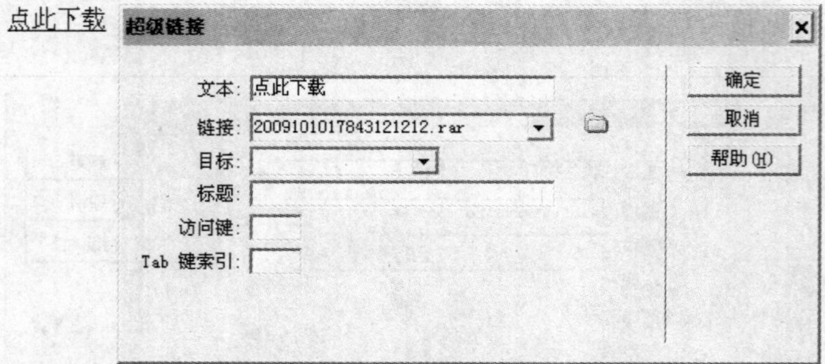

图 4-39　设置下载链接

保存后预览，单击之前添加的下载链接将会弹出【文件下载】对话框，如图 4-40 所示。

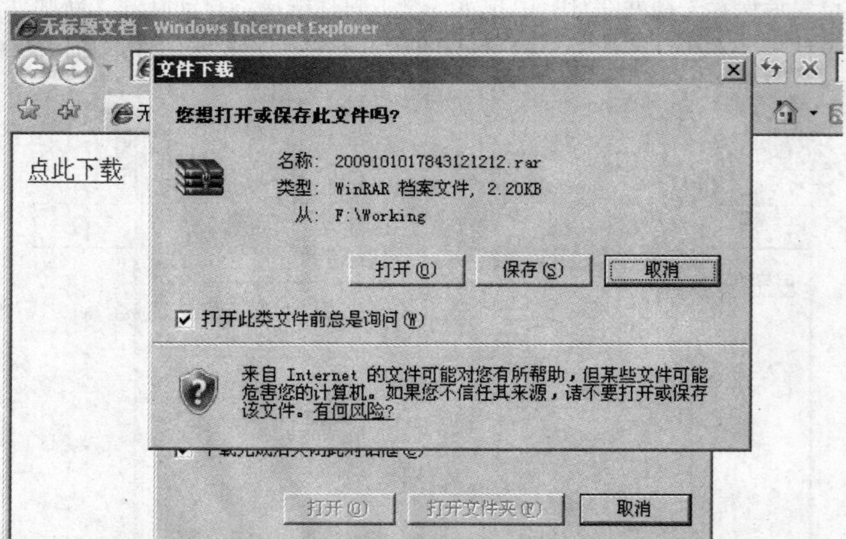

图 4-40　单击下载链接效果

第四节 CSS 样式表的使用

CSS 样式是 Cascading Style Sheets（层叠样式表）样式的简称，也可以称为“级联样式表”，它是一种网页制作的新技术，利用它可以对网页中的文本进行精确的格式化控制。

在 CSS 样式之前，HTML 样式被广泛应用，HTML 样式用于控制单个文档中某范围内文本的格式。而 CSS 样式与之不同，它不仅可以控制单个文档中的多个范围内文本的格式，而且可以控制多个文档中文本的格式。

层叠样式表（CSS）是一组格式设置规则，用于控制 Web 页内容的外观。通过使用 CSS 设置页面的格式，可将页面的内容与表示形式分离开。页面内容（即 HTML 代码）存放在 HTML 文件中，而用于定义代码表示形式的 CSS 规则存放在另一个文件（外部样式表）或 HTML 文档的另一部分（通常为文件头部分）中。将内容与表示形式分离可使得从一个位置集中维护站点的外观变得更加容易，因为进行更改时无须对每个页面上的每个属性都进行更新。将内容与表示形式分离还会可以得到更加简练的 HTML 代码，这样将缩短浏览器加载时间。

使用 CSS 可以非常灵活并更好地控制页面的确切外观。使用 CSS 可以控制许多文本属性，包括特定字体和字大小，粗体、斜体、下划线和文本阴影，文本颜色和背景颜色，链接颜色和链接下划线等。通过使用 CSS 控制字体，可以确保在多个浏览器中以更一致的方式处理页面布局和外观。

除设置文本格式外，还可以使用 CSS 控制 Web 页面中块级元素的格式和定位。块级元素是一段独立的内容，在 HTML 中通常由一个新行分隔，并在视觉上设置为块的格式。例如， h1 标记、p 标记和 div 标记都在网页上生成块级元素。可以对块级元素执行以下操作：为它们设置边距和边框、将它们放置在特定位置、向它们添加背景颜色、在它们周围设置浮动文本等。对块级元素进行操作的方法实际上就是使用 CSS 进行页面布局设置的方法。

一、CSS 基础知识

（一）CSS 格式

CSS 格式设置规则由两部分组成：选择器和声明（大多数情况下为包含多个声明的代码块）。选择器是标识已设置格式元素的术语（如 p、h1、类名称或 ID），而声明块则用于定义样式属性。在下面的示例中，h1 是选择器，介于大括号（{}）之间的所有内容都是声明块：

```
h1 {
font.size: 16 pixels;
font.family: Helvetica;
font.weight: bold;
}
```

各个声明由两部分组成：属性（如 font.family）和值（如 Helvetica）。在前面的 CSS 规则中，已经为 h1 标记创建了特定样式：所有链接到此样式的 h1 标记的文本将为 16 像素大小的 Helvetica 粗体。

（二）样式

样式（由一个规则或一组规则决定）存放在与要设置格式的实际文本分离的位置（通常在外部样式表或 HTML 文档的文件头部分中）。因此，可以将 h1 标记的某个规则一次应用于许多标记（如果在外部样式表中，可以将此规则一次应用于多个不同页面上的许多标记）。通过这种方式，CSS 可提供非常便利的更新功能。若在一个位置更新 CSS 规则，使用已定义样式的所有元素的格式设置将自动更新为新样式，示例如图 4-11 所示。

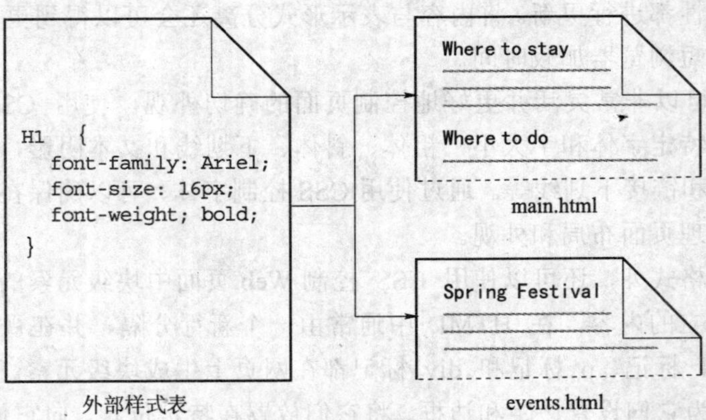

图 4-41　样式应用于多个标记

在 Dreamweaver 中可以定义以下样式类型。

◇ 类样式：可让您将样式属性应用于页面上的任何元素。

◇ HTML 标记样式：重新定义特定标记（如 h1）的格式。创建或更改 h1 标记的 CSS 样式时，所有用 h1 标记设置了格式的文本都会立即更新。

◇ 高级样式：重新定义特定元素组合的格式，或其他 CSS 允许的选择器表单的格式（例如，每当 h2 标题出现在表格单元格内时，就会应用选择器 td h2）。高级样式还可以重定义包含特定 id 属性的标记的格式（例如，由 #myStyle 定义的样式可以应用于所有包含属性/值对 id="myStyle" 的标记）。

（三）样式存放位置

CSS 规则可以位于以下位置。

◇ 外部 CSS 样式表：存储在一个单独的外部 CSS（.css）文件（而非 HTML 文件）中的若干组 CSS 规则。此文件利用文档头部分的链接或@import 规则链接到网站中的一个或多个页面。

◇ Internal（或嵌入式）CSS 样式表：若干组包括在 HTML 文档头部的 style 标记中的 CSS 规则。

◇ 内联样式：在整个 HTML 文档中的特定标记实例内定义。（不建议使用内联样式）

Dreamweaver 可识别现有文档中定义的样式（只要这些样式符合 CSS 样式准则）。Dreamweaver 还会在设计视图中直接呈现大多数已应用的样式。（不过，在浏览器窗口中预览文档将使您能够获得最准确的页面“动态”呈现）有些 CSS 样式在 Microsoft Internet Explorer、Netscape Navigator、Opera、Apple Safari 或其他浏览器中呈现的外观不相同，因此不同浏览器中 CSS 样式显示效果可能会有显著差异，而有些 CSS 样式目前不受任何浏览器支持。

（四）层叠样式

术语“层叠”是指浏览器最终为网页上的特定元素显示样式的方式。影响最终网页显示效果的因素可能有 3 个方面：

（1）由页面的作者创建的样式表。

（2）用户的自定义样式。

（3）浏览器本身的默认样式。

作为网页及附加到该页的样式表的作者，可以创建网页的样式，但是，浏览器本身也具有它们自己的默认样式。除此之外，浏览器用户还可以通过选择来调整网页的显示对浏览器进行自定义。网页的最终外观是由所有这三种源的规则共同作用（或者“层叠”）的结果，最后以最佳方式呈现网页。

一个常见标记（段落标记，即 <p> 标记）可说明此概念。默认情况下，浏览器自带有为段落文本（即位于 HTML 代码中 <p> 标记之间的文本）定义字体和字体大小的样式表。例如在 Internet Explorer 中，包括段落文本在内的所有正文文本都默认显示为 Times New Roman 中等字体。

但是作为网页的作者，您可以为段落字体和字体大小创建能覆盖浏览器默认样式的样式表。例如，可以在样式表中创建以下规则：

```
p {
font.family: Arial;
```

```
font.size: small;
}
```

当用户加载页面时，作者创建的段落字体和字体大小设置将覆盖浏览器的默认段落文本设置。

用户可以选择以最佳方式自定义浏览器显示，以方便他们自己使用。例如在 Internet Explorer 中，如果用户认为页面字体太小，则他们可以选择【查看】>【文字大小】>【最大】将页面字体扩展到更易辨认的大小。最终（至少在这种情况下），用户的选择将覆盖段落字体大小的浏览器默认样式和网页作者创建的段落样式。

继承性是层叠的另一个重要部分。网页上大多数元素的属性都是继承而来。例如，段落标记从 body 标记中继承某些属性，项目列表标记从段落标记中继承某些属性等。因此，如果在样式表中创建以下规则：

```
body {
font.family: Arial;
font.style: italic;
}
```

网页上的所有段落文本（以及从段落标记继承属性的文本）都会是 Arial 斜体，因为段落标记从 body 标记中继承了这些属性。但是，您可以使规则更具体地创建一些能覆盖标准继承公式的样式。例如，如果在样式表中创建以下规则：

```
body {
font.family: Arial;
font.style: italic;
}
p {
font.family: Courier;
font.style: normal;
}
```

最终显示效果中，所有正文文本将是 Arial 斜体，但段落（及其继承的）文本除外，它们将显示为 Courier 常规（非斜体）。从技术上来说，段落标记首先继承为 body 标记设置的属性，但是随后将忽略这些属性，因为它具有本身已定义的属性。换句话说，虽然页面元素通常从上级继承属性，但是直接将属性应用于标记时始终会导致覆盖标准继承公式。

二、CSS 样式具体应用

(一) 在空白网页中创建 CSS 规则

在 Dreamweaver 中，可以创建一个 CSS 样式，然后将其应用于文档的某个部分，完成文本的格式化。

1. 创建 CSS 规则

要快速创建 CSS 样式，可在文档编辑窗口中单击鼠标右键，在弹出的快捷菜单中选择【CSS 样式】>【新建】命令（见图 4-42），打开【新建 CSS 规则】对话框，如图 4-43 所示。

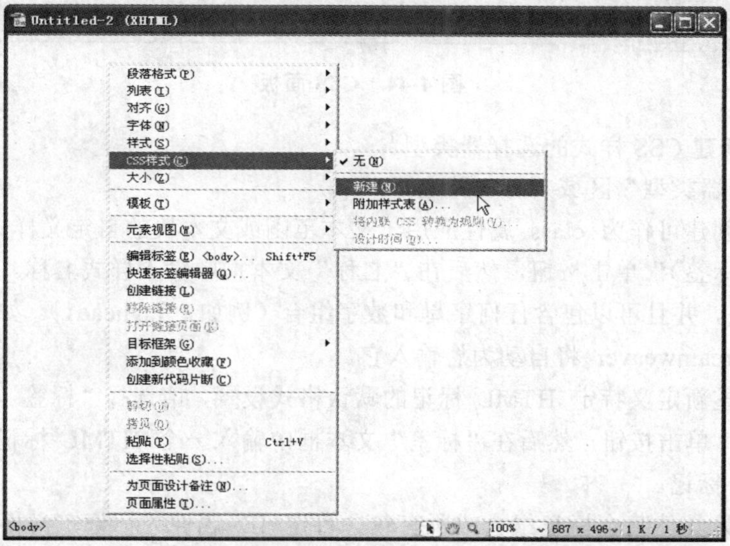

图 4-42 新建 CSS 样式

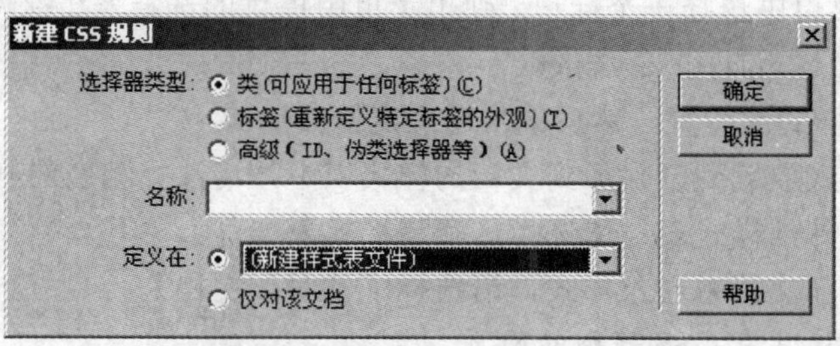

图 4-43 【新建 CSS 规则】对话框

而在网页中正规创建和管理 CSS 规则是在【CSS 面板】中进行的。单击【属性】面板中的【CSS】按钮（见图 4-44），然后在【新建 CSS 规则】对话框中设置具体的参数，也能够打开相应的 CSS 规则定义对话框。

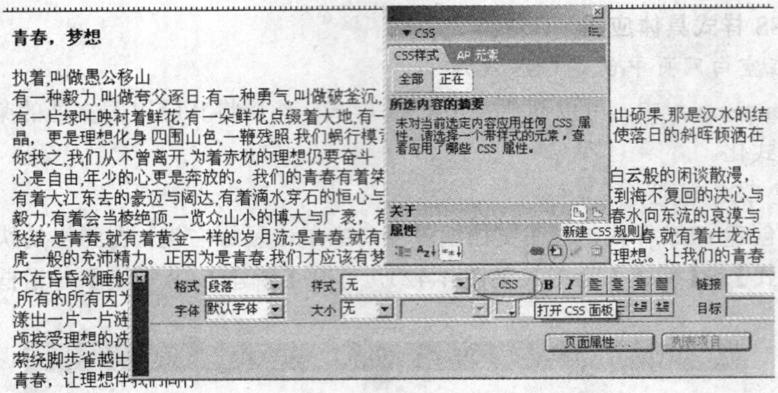

图 4-44 CSS 面板

2. 选择新建 CSS 样式的选择器类型

在“选择器类型”区域共有三种选择：

◇ 若要创建可作为 class 属性应用于文本范围或文本块的自定义样式，请选择“类（可用于任何标签）”单击按钮，然后在“名称”文本框中输入样式名称。注意：名称必须以句点开头，并且可以包含任何字母和数字组合（例如，.myhead1）。如果没有输入开头的句点，Dreamweaver 将自动为您输入它。

◇ 若要重新定义特定 HTML 标记的默认格式设置，请选择“标签（重新定义特定标记的外观）”单击按钮，然后在“标签”文本框中输入一个 HTML 标记，或从弹出菜单中选择一个标记。

◇ 若要为具体某个标记组合或所有包含特定 ID 属性的标记定义格式设置，请选择“高级（ID 伪类选择器等）”单击按钮，然后在“选择器”文本框中输入一个或多个 HTML 标记，或从弹出菜单中选择一个标记。弹出菜单中提供的选择器（称为伪类选择器）有：a:active、a:hover、a:link 和 a:visited。

3. 选择定义样式的位置，然后单击【确定】按钮：

◇ 若要将样式放置到已附加到文档的样式表中，请选择相应的样式表。

◇ 若要创建外部样式表，请选择【新建样式表文件】。

◇ 若要在当前文档中嵌入样式，请选择【仅对该文档】。

（二）直接创建具有 CSS 规则的网页

在 Dreamwaver 中，除了可以在空白网页中创建 CSS 规则外，还可以创建具有 CSS 样式的网页，操作步骤如下：

（1）选择菜单【文件】>【新建】，打开【新建文档】对话框，如图 4-45 所示。

（2）选择【空白页】类别，并选择要创建的【页面类型】，可以通过不同【布局】创建一个已包含 CSS 布局的页面。Dreamwaver 提供了 30 多个可供用户选择的不同 CSS 布局。

注意：必须为布局选择 HTML 页面类型。例如，可以选择 HTML、ColdFusion、JSP 等。不能使用 CSS 布局创建 ActionScript、CSS、库项目、JavaScript、XML、XSLT 或 ColdFusion 组件页面。【新建文档】对话框中的“其他”类别中的页面类型也不包括 CSS 页面布局。

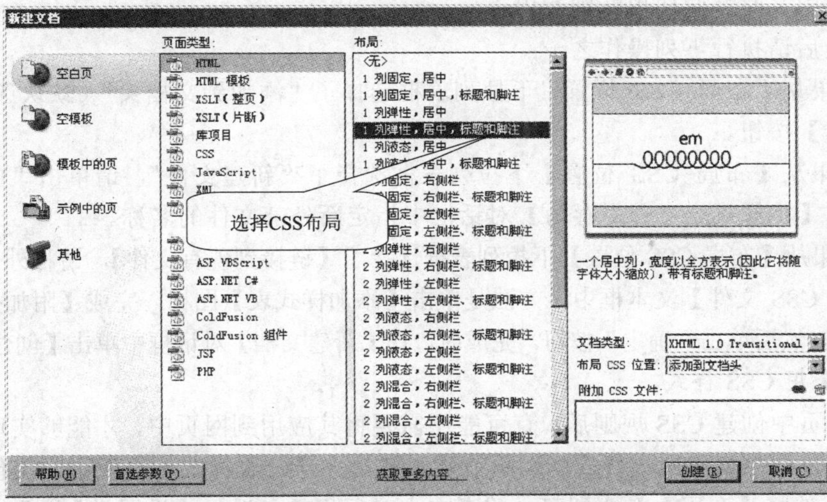

图 4-45　在【新建文档】对话框中选择 CSS 布局

说明：图 4-45 中“预览”窗口显示选中的布局，并给出所选布局的简短说明。预设计的 CSS 布局提供了下列类型的列。

◇ 固定：列宽是以像素为单位指定的。列的大小不会根据浏览器的大小或站点访问者的文本设置来调整。

◇ 弹性：列宽是以相对于文本大小的度量单位指定的。如果站点访问者更改了文本设置，该设计将会进行调整，但不会基于浏览器窗口的大小来更改列宽度。

◇ 液态：列宽是以站点访问者的浏览器宽度的百分比形式指定的。如果站点访问者将浏览器变宽或变窄，该设计将会进行调整，但不会基于站点访问者的文本设置来更改列宽度。

◇ 混合：用上述三个选项的任意组合来指定列类型。例如，可能存在两列混合的形式：左侧栏布局有一个根据浏览器大小缩放的主列，右侧有一个根据站点访问者的文本设置大小缩放的弹性列。

（3）从【文档类型】下拉式列表框中选择文档类型。

（4）从“布局 CSS 位置”下拉式列表框中选择布局 CSS 的位置。

◇ 添加到文档头：将布局的 CSS 添加到要创建的页面头中。

◇ 新建文件：将布局的 CSS 添加到新的外部 CSS 样式表，并将这一新样式表添加到将要创建的页面。

◇ 链接到现有文件：可以通过此选项指定已包含布局所需的 CSS 规则的现有 CSS 文件。当您希望在多个文档上使用相同的 CSS 布局（CSS 布局的 CSS 规则包含在一个文件中）时，此选项特别有用。

（5）最后请执行下列操作之一：

◇ 如果从“布局 CSS 位置”下拉列表框选择了“添加到文档头”（默认选项），请单击【创建】按钮。

◇ 如果从【布局 CSS 位置】下拉列表框选择了“新建文件”，请单击“创建”按钮，然后在【将样式表文件另存为】对话框中指定新外部文件的名称。

◇ 如果从【布局 CSS 位置】下拉列表框选择了【链接到现有文件】，请将外部文件添加到【附加 CSS 文件】文本框中，方法是单击【添加样式表】图标，完成【附加外部样式表】对话框，然后单击“确定”按钮。完成时，在【新建文档】对话框中单击【创建】按钮。

（三）套用 CSS 样式

当在网页中创建 CSS 规则后，有可能还需要将其应用到网页中，才能够实现该样式效果。方法是选中要应用该样式的网页元素，然后在【CSS 样式】面板中右击创建好的 CSS 样式，选择【套用】命令即可；或者右击对象标签，选择【设置类】>【CSS 样式名称】命令。这里为文本应用 CSS 样式，如图 4-46 所示。

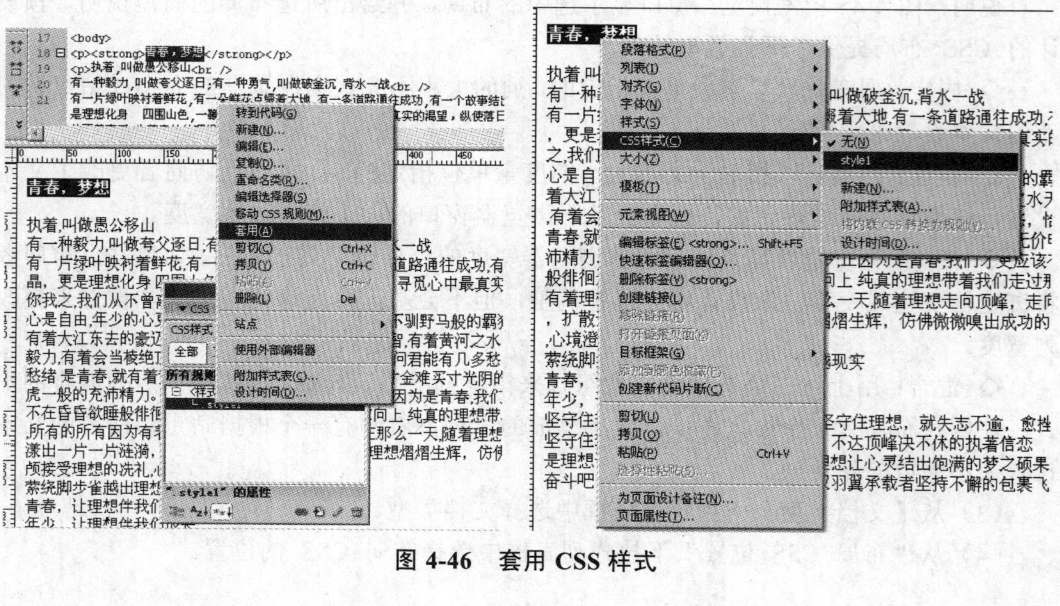

图 4-46　套用 CSS 样式

（四）链接外部 CSS 样式

外部 CSS 样式表是一个独立的 CSS 文件，当在网页中直接创建外部 CSS 样式时，该样式自动应用到网页中；当在创建空白网页时，通常可以附加已经存在的外部样式表。如果 CSS 样式文件已经存在，制作网页时可以通过【CSS 样式】面板中的【附加样式表】按钮来链接，具体操作如下：

（1）单击【附加样式表】按钮，在打开的【链接外部样式表】对话框（见图 4-47）中选择外部 CSS 文件后，可以通过“链接”或“导入”方式将其应用到当前网页中。

（2）在【添加为】中选择其中的一个选项：

◇ 若要创建当前文档和外部样式表之间的链接，请选择【链接】单击按钮。该选项在 HTML 代码中创建一个 <link>标记，并引用已发布的样式表所在的 URL。<link>标记必须放在页面的<head>区域。Internet Explorer 和 Netscape Navigator 都支持此方法。

◇ 如果希望导入而不是链接到外部样式表，请选择【导入】单击按钮。导入外部样式表是指在内部样式表的<style>里导入一个外部样式表，导入时用@import。

注意：不能使用【链接】标记添加从一个外部样式表到另一个外部样式表的引用。如果要嵌套样式表，必须使用【导入】指令。大多数浏览器还能识别页面中（而不仅仅是样式表中）的导入指令。当在链接到页面与导入到页面的外部样式表中存在重叠的规则时，不同浏览器解决冲突属性的方式具有细微的差别。

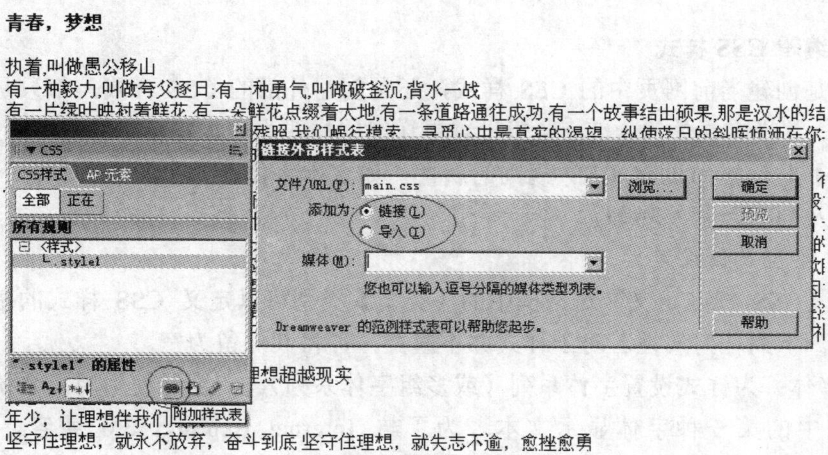

图 4-47　链接外部样式表

（五）浏览器兼容性检查

要执行“浏览器兼容性检查（BCC）”功能，选择【文件】>【检查页】>【浏览器兼容性】命令即可。

“浏览器兼容性检查”功能可以帮助您定位在某些浏览器中有问题的 HTML 和 CSS 组合。当您在打开的文件中运行 BCC 时，Dreamweaver 扫描文件，并在【结果】面板中报告所有潜在的 CSS 呈现问题。信任评级由四分之一、二分之一、四分之三或完全填充的圆表示，指示了错误发生的可能性（四分之一填充的圆表示可能发生，完全填充的圆表示非常可能发生）。对于它找到的每个潜在的错误，Dreamweaver 还提供了指向有关 Adobe CSS Advisor 错误的文档的直接链接，详述已知浏览器呈现错误的 Web 站点以及修复错误的解决方案。浏览器兼容性检查不会以任何方式更改您的文档。

默认情况下，BCC 功能对下列浏览器进行检查：Firefox 1.5、Internet Explorer（Windows）6.0 和 7.0、Internet Explorer（Macintosh）5.2、Netscape Navigator 8.0、Opera 8.0 和 9.0 以及 Safari 2.0。

兼容性检查可能产生三个级别的潜在浏览器支持问题：

（1）错误。表示 CSS 代码可能在特定浏览器中导致严重的、可见的问题，例如导致页面的某些部分消失。（错误默认情况下表示存在浏览器支持问题，因此在某些情况下，具有未知作用的代码也会被误标记为错误。）

（2）警告。表示一段 CSS 代码在特定浏览器中不受支持，但不会导致任何严重的显示问题。

（3）告知。此类信息表示代码在特定浏览器中不受支持，但是没有可见的影响。

三、编辑 CSS 样式

无论是创建当前网页中的 CSS 样式，还是创建外部的 CSS 样式，都只是创建了一个空样式，并没有具体的内容。要想设置更详细的样式内容，需要在创建样式后的【CSS 规则定义】对话框中设置 CSS 规则的属性，如文本字体、背景图像和颜色、间距和布局属性以及列表元素外观等。

（一）类型属性设定

使用【CSS 规则定义】对话框中的【类型】类别可以定义 CSS 样式的基本字体和类型设置。下列任何属性若对于样式并不重要，可将其保留为空。

◇ 字体：为样式设置字体系列（或多组字体系列）。浏览器使用用户系统上安装的字体系列中的第一种字体显示文本。为了与 Internet Explorer 3.0 兼容，首先列出 Windows 字体。两种浏览器都支持“字体”属性。

◇ 大小：定义文本大小。可以通过选择数字和度量单位选择特定的大小，也可以选择相对大小。使用像素作为单位可以有效地防止浏览器扭曲文本。两种浏览器都支持“大小”属性。

◇ 样式：指定“正常”、“斜体”或“偏斜体”作为字体样式。默认设置是“正常”。

两种浏览器都支持“样式”属性。

◇ 行高：设置文本所在行的高度。习惯上将该设置称为行高。选择“正常”自动计算字体大小的行高，也可输入一个确切的值后选择一种度量单位。两种浏览器都支持“行高”属性。

◇ 修饰：向文本中添加下划线、上划线或删除线，或使文本闪烁。常规文本的默认设置是“无”。链接的默认设置是“下划线”。将链接设置为“无”时，可以通过定义一个特殊的类去除链接中的下划线。两种浏览器都支持“修饰”属性。

◇ 粗细：对字体应用特定或相对的粗体量。“正常”等于 400；“粗体”等于 700。两种浏览器都支持“粗细”属性。

注：CSS 规范把绝对粗细定义为九级，对应于整数值 100（最细）到 900（最粗），每级相差 100。实际中由这些数字表示的粗细程度随字体的不同而不同，但这种尺度保证了大值比小值粗或一样粗。因此 500 比 400 粗或一样粗。

◇ 变体：设置文本的小型大写字母变体。Dreamweaver 不在【文档】窗口中显示此属性。Internet Explorer 支持【变体】属性，但 Netscape Navigator 不支持。

◇ 大小写：将所选内容中的每个单词的首字母大写或将文本设置为全部大写或小写。两种浏览器都支持“大小写”属性。

◇ 颜色：设置文本颜色。两种浏览器都支持“颜色”属性。

【CSS 规范定义】对话框中【类型】选项卡如图 4-48 所示，设置 CSS 样式并应用于所选文字后，能够快速批量改变文字的各种字体属性。

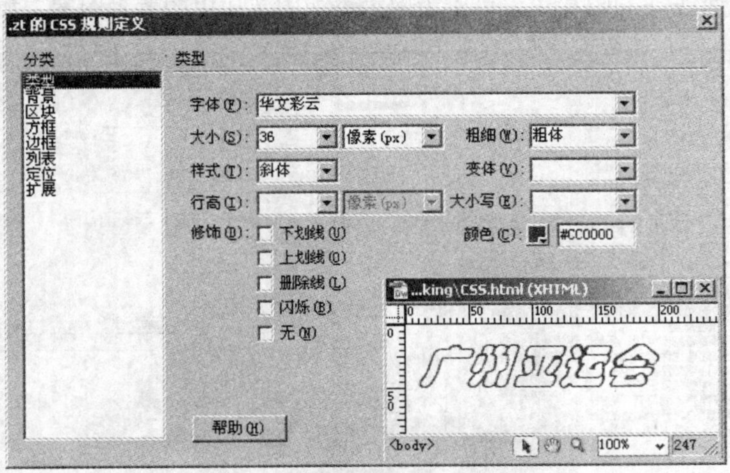

图 4-48 【类型】选项卡

（二）背景属性设定

使用【CSS 规则定义】对话框的【背景】选项卡可以定义 CSS 样式的背景设置。可以对网页中的任何元素应用背景属性。例如，创建一个样式，将背景颜色或背景图像添加到任何页面元素中，比如添加在文本、表格、页面等的后面。还可以设置背景图像的位置。下列任何属性若对于样式并不重要，可将其保留为空。

◇ 背景颜色：设置元素的背景颜色。两种浏览器都支持“背景颜色”属性。

◇ 背景图像：设置元素的背景图像。两种浏览器都支持“背景图像”属性。

◇ 重复：确定是否以及如何重复背景图像。两种浏览器都支持重复属性。

- “不重复”只在元素开始处显示一次图像。
- “重复”在元素的后面水平和垂直平铺图像。
- “横向重复”和“纵向重复”分别显示图像的水平带区和垂直带区。图像被剪辑以适合元素的边界。

注：使用“重复”属性重定义 body 标记并设置不平铺、不重复的背景图像。

◇ 附件：确定背景图像是固定在其原始位置还是随内容一起滚动。注意，某些浏览器可能将“固定”选项视为“滚动”。Internet Explorer 支持该选项，但 Netscape Navigator 不支持。

◇ 水平位置和垂直位置：指定背景图像相对于元素的初始位置。这可以用于使背景图像与页面中心垂直和水平对齐。如果附件属性为“固定”，则位置相对于“文档”窗口而不是元素。Internet Explorer 支持该属性，但 Netscape Navigator 不支持。

切换到【背景】选项卡，选定背景图片，并设定为固定、不重复、水平居中，将其应用于整个页面或<body>标记，可以为网页添加固定居中的背景图案，如图 4-49 所示。

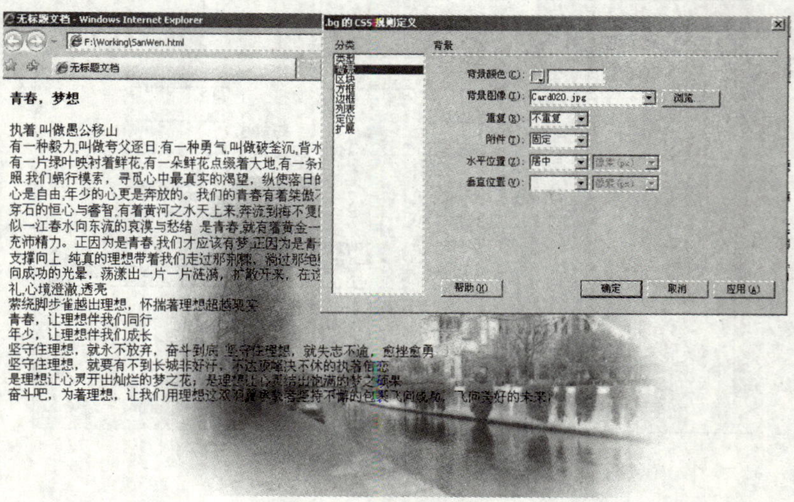

图 4-49 【背景】选项卡

（三）区块属性设定

使用【CSS 规则定义】对话框的“区块”选项卡可以定义标记和属性的间距及对齐方式。

下列任何属性若对于样式并不重要，可将其保留为空。

◇ 单词间距：设置字词的间距。若要设置特定的值，请在下拉列表框中选择“值”，然后输入一个数值。在第二个下拉列表框中，选择度量单位（例如像素、点等）。

注：可以指定负值，但显示方式取决于浏览器。Dreamweaver 不在【文档】窗口中显示此属性。

◇ 字母间距：增加或减小字母或字符的间距。若要减小字符间距，请指定一个负值（例如–4）。字母间距设置覆盖对齐的文本设置。Internet Explorer 4 和更高版本以及 Netscape Navigator 6 支持“字母间距”属性。

◇ 垂直对齐：指定应用此属性的元素的垂直对齐方式。Dreamweaver 仅在将该属性应用于 <img> 标记时，才在【文档】窗口中显示它。

◇ 文本对齐：设置文本在元素内的对齐方式。两种浏览器都支持“文本对齐”属性。

◇ 文字缩进：指定第一行文本缩进的程度。可以使用负值创建凸出，但显示方式取决于浏览器。仅当相应的标记应用于块级元素时，Dreamweaver 才会在“文档”窗口中显示此属性。两种浏览器都支持“文字缩进”属性。

◇ 空格：确定如何处理元素中的空格。从三个选项中进行选择：“正常”，收缩空白；“保留”，其处理方式与文本被括在 pre 标记中一样（即保留所有空白，包括空格、制表符和回车）；“不换行”，指定仅当遇到 br 标记时文本才换行。Dreamweaver 不在【文档】窗口中显示此属性。Netscape Navigator 和 Internet Explorer 5.5 支持“空白”属性。

◇ 显示：指定是否以及如何显示元素。“无”指定到某个元素时，它将禁用该元素的显示。

打开【CSS 规则定义】对话框的【区块】选项卡，按图 4-50 设置各项参数，并应用于所选诗词，能够设定诗词的对齐方式、字符缩进、间距等。

（四）方框属性设定

使用【CSS 规则定义】对话框的【方框】选项卡可以为用于控制元素在页面上的放置方式的标记和属性定义设置。可以在应用填充和边距设置时将设置应用于元素的各个边，也可以使用【全部相同】设置将相同的设置应用于元素的所有边。下列任何属性若对于样式并不重要，可将其保留为空。

◇ 宽和高：设置元素的宽度和高度。

◇ 浮动：设置其他元素（如文本、AP Div、表格等）在围绕元素的哪个边浮动。其他元素按通常的方式环绕在浮动元素的周围。两种浏览器都支持“浮动”属性。

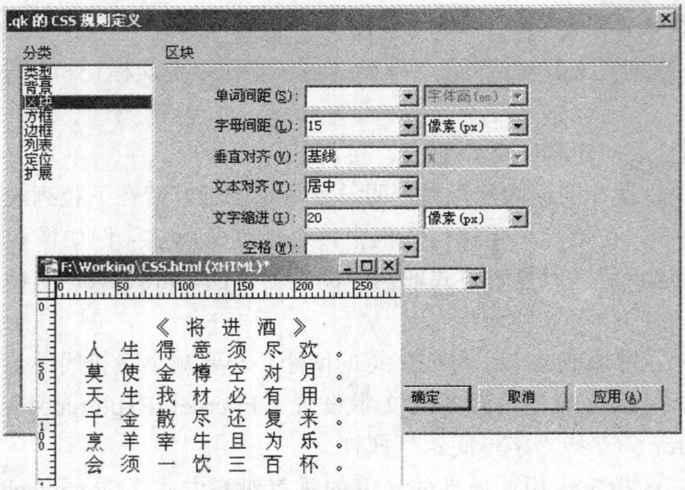

图 4-50 【区块】选项卡

◇ 清除：定义不允许 AP 元素的边。如果清除边上出现 AP 元素，则带清除设置的元素将移到该元素的下方。两种浏览器都支持“清除”属性。

◇ 填充：指定元素内容与元素边框之间的间距（如果没有边框，则为边距）。取消选择“全部相同”选项可设置元素各个边的填充。

◇ 边界：指定一个元素的边框与另一个元素之间的间距（如果没有边框，则为填充）。仅当该属性应用于块级元素（段落、标题、列表等）时，Dreamweaver 才会在【文档】窗口中显示它。取消选择【全部相同】复选框可设置元素各个边的边距。

◇ 全部相同：为应用此属性的元素的“上”、“右”、“下”和“左”设置相同的填充或边距属性。

在空网页文档中添加一个一行一列的表格，在表格中再嵌套一个一行一列的内表格。然后为内表格套用如图 4-51 所示的 CSS 样式规则，将限制内表格的大小、边框宽度及对齐方式，详细效果见图 4-51。

（五）边框属性设定

使用【CSS 规则定义】对话框的“边框”选项卡可以定义元素周围的边框的设置（如宽度、颜色和样式）。下列任何属性若对于样式并不重要，可将其保留为空。

◇ 样式：设置边框的样式外观。样式的显示方式取决于浏览器。Dreamweaver 在【文档】窗口中将所有样式呈现为实线。两种浏览器都支持“样式”属性。取消选择【全部相同】复选框可设置元素各个边的边框样式。

◇ 宽度：设置元素边框的粗细。两种浏览器都支持“宽度”属性。取消选择“全部相同”复选框可分别设置元素各个边的边框宽度。

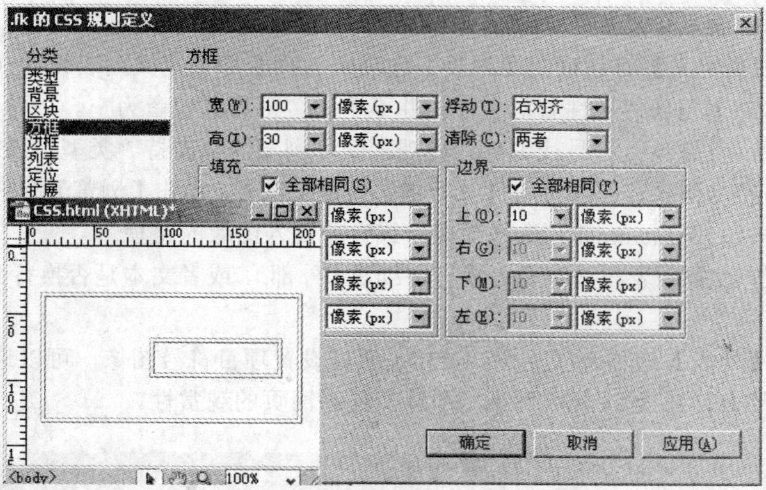

图 4-51 “方框”选项卡

◇ 颜色：设置边框的颜色。可以分别设置每条边的颜色，但显示方式取决于浏览器。取消选择“全部相同”复选框可分别设置元素各个边的边框颜色。

◇ 全部相同：为应用此属性的元素的“上”、“右”、“下”和“左”设置相同的边框样式、边框宽度或边框颜色属性。

打开【边框】选项卡，设置参数如图 4-52 并应用于选定对象，可为选定对象添加橙色中等宽度虚线边框。

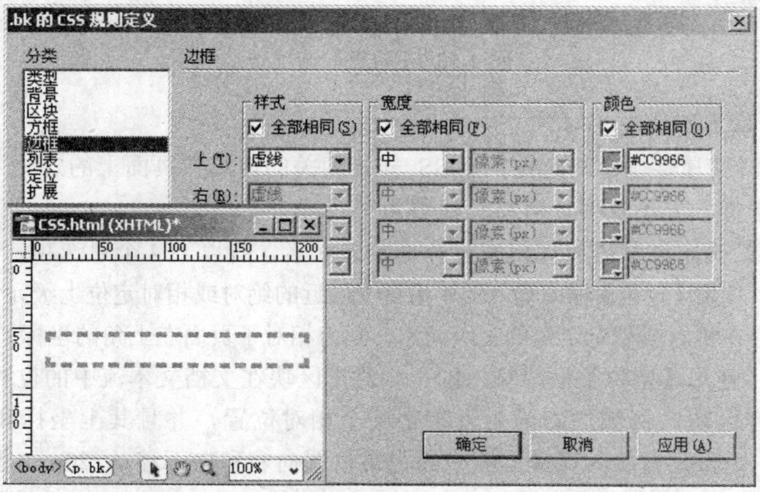

图 4-52 “边框”选项卡

（六）列表属性设定

【CSS 规则定义】对话框的【列表】选项卡为列表标记定义列表设置（如项目符号大小和类型）。下列任何属性若对于样式并不重要，可将其保留为空。

◇ 类型：设置项目符号或编号的外观。两种浏览器都支持“类型”属性。

◇ 项目符号图像：可以为项目符号指定自定义图像。单击【浏览】按钮（Windows）或“选择”按钮（Macintosh）选择图像，或直接键入图像的路径。

◇ 位置：设置列表项文本是否换行并缩进（外部），或者文本是否换行到左边距（内部）。

切换到【列表】选项卡（见图 4-53），通过设置项目符号图像，可以选定更美观的外部图片代替 HTML 默认的项目符号图标，提高网页的观赏性。

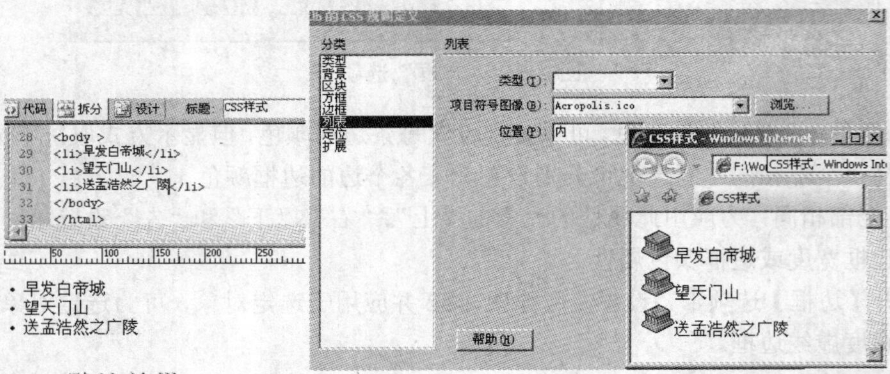

默认效果 CSS效果

图 4-53 【列表】选项卡

（七）定位属性设定

“定位”样式属性确定与选定的 CSS 样式相关的内容在页面上的定位方式。下列任何属性若对于样式并不重要，可将其保留为空。

◇ 类型：确定浏览器应如何来定位选定的元素，有以下 4 个可选项。

- 绝对：使用【定位】框中输入的、相对于最近的绝对或相对定位上级元素的坐标（如果不存在绝对或相对定位的上级元素，则为相对于页面左上角的坐标）来放置内容。
- 相对：使用【定位】框中输入的、相对于区块在文档文本流中的位置的坐标来放置内容区块。例如，若为元素指定一个相对位置，并且其上坐标和左坐标均为 20px，则将元素从其在文本流中的正常位置向右和向下移动 20px。也可以在使用（或不使用）上坐标、左坐标、右坐标或下坐标的情况下对元素进行相对定位，以便为绝对定位的子元素创建一个上下文。

- 固定：使用【定位】框中输入的坐标（相对于浏览器的左上角）来放置内容。当用户滚动页面时，内容将在此位置保持固定。
- 静态：将内容放在其在文本流中的位置。这是所有可定位的 HTML 元素的默认位置。

◇ 显示：确定内容的初始显示条件。如果不指定显示属性，则默认情况下内容将继承父级标记的显示属性值。body 标记的默认显示是可见的。可以选择以下显示选项之一：

- 继承：（默认）继承内容的父级可见性属性。
- 可见：将显示内容，而与父级的可见性无关。
- 隐藏：将隐藏内容，而与父级的可见性无关。

◇ Z 轴：确定内容的堆叠顺序。Z 轴值较高的元素显示在 Z 轴值较低的元素（或根本没有 Z 轴值的元素）的上方。值可以为正，也可以为负。如果已经对内容进行了绝对定位，则可以轻松使用“AP 元素”面板来更改堆叠顺序。

◇ 溢出：确定当容器（如 DIV 或 P）的内容超出容器的显示范围时的处理方式。这些属性按以下方式控制扩展。

- 可见：将增加容器的大小，以使其所有内容都可见。容器将向右下方扩展。
- 隐藏：保持容器的大小并剪辑任何超出的内容，不提供任何滚动条。
- 滚动：将在容器中添加滚动条，而不论内容是否超出容器的大小。明确提供滚动条可避免滚动条在动态环境中出现和消失所引起的混乱。该选项不显示在【文档】窗口中。
- 自动：将使滚动条仅在容器的内容超出容器的边界时才出现。该选项不显示在【文档】窗口中。

◇ 定位：指定内容块的位置和大小。浏览器如何解释位置取决于【类型】设置。如果内容块的内容超出指定的大小，则将改写大小值。 位置和大小的默认单位是像素。还可以指定以下单位：pc（皮卡）、pt（点）、in（英寸）、mm（毫米）、cm（厘米）、em（全方）、（ex）或%（父级值的百分比）。缩写必须紧跟在值之后，中间不留空格。例如，3mm。

◇ 剪辑：定义内容的可见部分。如果指定了剪辑区域，可以通过脚本语言（如 JavaScript）访问它，并操作属性以创建像擦除这样的特殊效果。使用“改变属性”行为可以设置擦除效果。

切换至【定位】选项卡，按图 4-54 设定相应参数，可以把选定的文字限定在指定长宽、坐标的矩形区域内显示，并添加双滚动条进行拖动浏览。

（八）扩展属性设定

扩展属性包括滤镜、分页和指针选项。

注：Dreamweaver 中提供了许多其他扩展属性，但必须使用【CSS 样式】面板才能访问这些属性。您可以轻松查看 Dreamweaver 提供的扩展属性的列表，方法是：打开【CSS

样式】面板（【窗口】>【CSS 样式】），单击该面板底部的【显示类别视图】按钮，然后展开【扩展】类别。

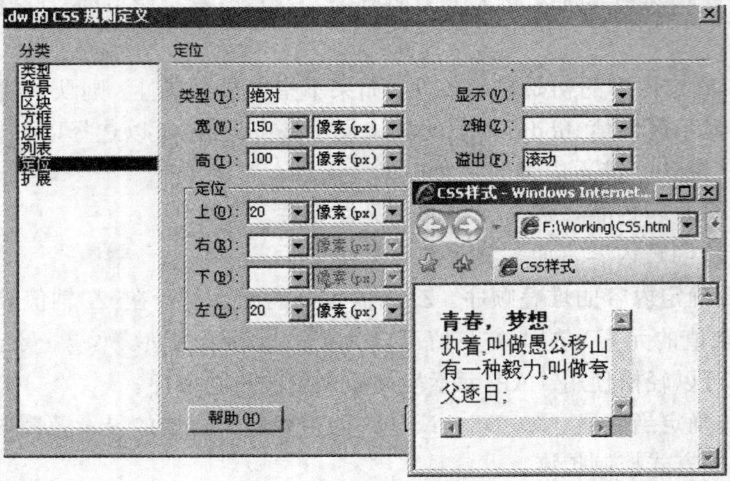

图 4-54 “定位”选项卡

下列任何属性若对于样式并不重要，可将其保留为空。

◇ 分页：在打印期间在样式所控制的对象之前或者之后强行分页。在下拉列表框中选择要设置的选项。此选项不受任何 IE4.0 版本浏览器的支持，但可能受未来的浏览器的支持。

◇ 光标：当指针位于样式所控制的对象上时改变鼠标指针图像。在下拉列表框中选择要设置的选项（见表 4.2）。Internet Explorer 4.0 和更高版本以及 Netscape Navigator 6 支持该属性。

表 4.2　　光标效果说明

光标名称	功　能	视觉效果
crosshair;	十字准心	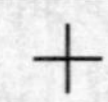
text;	文字/编辑	
wait;	等待/沙漏	
default;	系统默认	
help;	帮助	

续表

光标名称	功　　能	视觉效果
e-resize;	向右改变大小（East）	↔
ne-resize;	向上右改变大小（North East）	⤢
n-resize;	向上改变大小（North）	↕
nw-resize;	向上左改变大小（North West）	⤡
w-resize;	向左改变大小（West）	↔
sw-resize;	向下左改变大小（South West）	⤢
s-resize;	向下改变大小（South）	↕
se-resize;	向下右改变大小（South East）	⤡
auto;	自动	

◇ 过滤器：对样式所控制的对象应用特殊效果（包括模糊和反转）。从下拉列表框中选择一种效果，可选效果如表 4.3 所示。

表 4.3　　　　常用滤镜名称及效果说明

名称	功能	语法	参 数 说 明
Alpha	指定各种不同范围的透明度	ALPHA（opacity=opacity，finishopacity=finishopacity，style=style，startx=startx，starty=starty，finishx=finishx，finishy=finishy）	opacity：透明度，默认的范围是从 0 到 100，它们其实是百分比的形式。也就是说，0 代表完全透明，100 代表完全不透明。 finishopacity：是一个可选参数，如果想要设置渐变的透明效果，就可以使用它们来指定结束时的透明度。范围也是 0 到 100。 style：指定透明区域的形状特征： 0 代表统一形状 1 代表线形 2 代表放射状 3 代表矩形 startx：渐变透明效果开始处的 x 坐标 starty：渐变透明效果开始处的 y 坐标 finishx：渐变透明效果结束处的 x 坐标 finishy：渐变透明效果结束处的 y 坐标

续表

名称	功能	语法	参数说明
Blur	产生类似高速移动产生的模糊效果	blur （ add=add ，direction=direction，strength=strength）	add：它指定图片是否被改变成印象派的模糊效果。模糊效果是按顺时针的方向进行的，这是一个布尔值：ture（默认）或 false direction：该参数用来设置模糊的方向。0 度代表垂直向上，每 45 度为一个单位，默认值是向左的 270 度 strength：只能使用整数来指定，代表有多少像素的宽度将受到模糊影响，默认是 5 个像素
Chroma	设置指定的颜色为透明色	chroma（color=color）	
DropShadow	为指定对象添加阴影效果	dropshadow（color=color，offx=ofx，offy=offy，positive=positive）	color：代表投射阴影的颜色 offx：x 方向阴影的偏移量 offy：y 方向阴影的偏移量 positive：布尔值，如果为 true（非 0），就为任何的非透明像素建立可见的投影；如果为 fasle（0），就为透明的像素部分建立透明效果
FlipH	水平反转	filph	
FlipV	垂直反转	filpv	
Glow	为对象添加边沿发光效果	glow（color=color，strength）	color：指定发光的颜色 strength：强度，值为 1 到 255 之间的任何整数，指定发光色力度和范围
Gray	灰度化图像	gray	
Invert	把对象的可视化属性全部翻转，包括色彩、饱和度和亮度值	invert	

续表

名称	功能	语法	参 数 说 明
Light	模拟光源的投射效果	light	为对象定义了“light”滤镜属性，那么就可以调用它的“方法（method）”来设置或者改变属性。“light”可用的方法有： AddAmbient：加入包围的光源 AddCone：加入锥形光源 AddPoint：加入点光源 Changcolor：改变光的颜色 Changstrength：改变光源的强度 Clear：清除所有的光源 MoveLight：移动光源 我们可以定义光源的虚拟位置，以及通过调整 x 轴和 y 轴的数值来控制光源焦点的位置，还可以调整光源的形式（点光源或者锥形光源），指定光源是否模糊边界、光源的颜色、亮度等属性。如果动态地设置光源，可能会产生一些意想不到的效果
Mask	在对象上创建透明掩膜，其效果类似戴着有色眼镜看物体	mask（color=color）	
Shadow	在指定的方向建立物体的投影	shadow（color=color，direction=direction）	color：投影色； direction：设置投影的方向。其中 0 度代表垂直向上，然后每 45 度为一个单位。它的默认值是向左的 270 度
Wave	把对象按垂直的波形样式打乱	wave（add=add，freq=freq，lightstrength=strength，phase=phase，strength=strength）	add：是否要把对象按照波形样式打乱，默认是 true（非 0） freq：波纹的频率，也就是指定在对象上一共需要产生多少个完整的波纹 lightstrength：可以对于波纹增强光影的效果，范围 0-100 phase：设置正弦波的位相 strength：振幅大小
Xray	轮廓加亮，类似 X 光照射效果	xray	

切换到【扩展】选项卡，通过在下拉列表框中选择，修改光标为 help 和滤镜参数为 FlipV，可以做出如图 4-55 所示的颠倒字及问号鼠标效果。

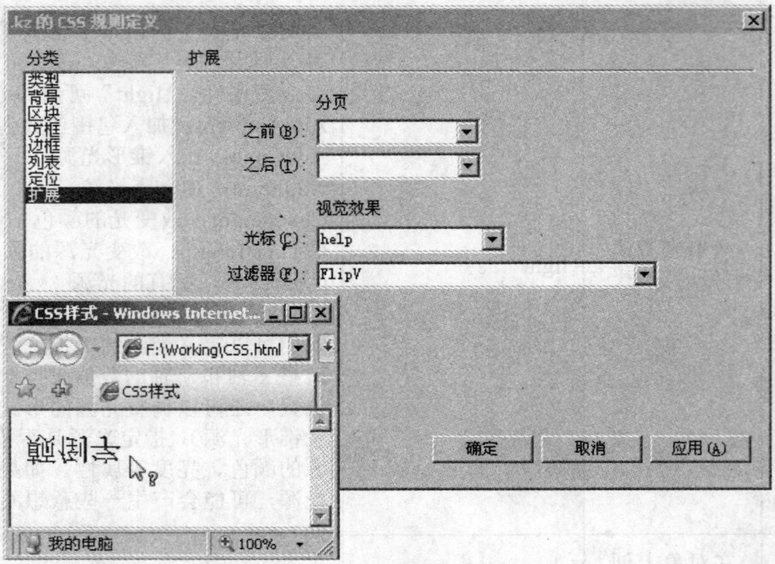

图 4-55 【扩展】选项卡

本章核心概念

网页元素、CSS 样式表。

本章小结

1. 本章从实用角度出发介绍了 Dreamweaver 网页制作软件的工作环境设置、网页元素和 CSS 样式表等概念。

2. 从实际操作的角度，重点讲述了最常用的网页元素添加和 CSS 样式表的使用。

3. 本章的概念和知识都是今后网页制作常用到的，是一定要熟练掌握的内容。

思考题

1. 如何设置文字的对齐方式？

2. 项目列表的作用是什么？有哪几种方式？怎样改为自定义图片？
3. 在网页中插入 Flash Video 视频的优势有哪些？
4. 邮件链接的目标格式是什么？
5. 网页中怎样才能输入连续的多个空格？
6. 在没有选中文本的情况下是否可以创建超级链接？
7. 如何输入化学符号 H_2O?
8. 在网页中插入背景音乐有几种方式？分别是什么？
9. 怎样才能为一张图片上的不同区域设置 2 个不同的超级链接？

上机练习

1. 准备两幅尺寸相同的图片，通过【插入】>【图像】>【鼠标经过图像】命令，在网页中插入具有鼠标经过效果的动画图片。效果类似图 4-56。

图 4-56 鼠标经过图像

2. 制作如图 4-57 所示的项目列表。

I. 早发白帝城
II. 送孟浩然之广陵
III. 望天门山

图 4-57 数字列表

3. 在网页中添加文字内容、锚点及锚点链接，要求锚点名为 end 且置于该页面最下端，锚点链接位于页面顶端，单击锚点链接跳到命名锚点 end 位置。

4. 使用 Flash 文本制作网页导航条。可以任意设置文本颜色，这样就不必担心因为文本添加链接而使文本颜色与整个网页色调不符。制作与图 4-58 类似的 Flash 文本导航条效果。

图 4-58　Flash 文本导航条

5. 制作如图 4-59 所示的竖排诗歌效果。要制作竖排效果，除设置 CSS【类型】、【区块】选项外，还需要手工在源代码中加入参数 writing-mode:tb-rl。

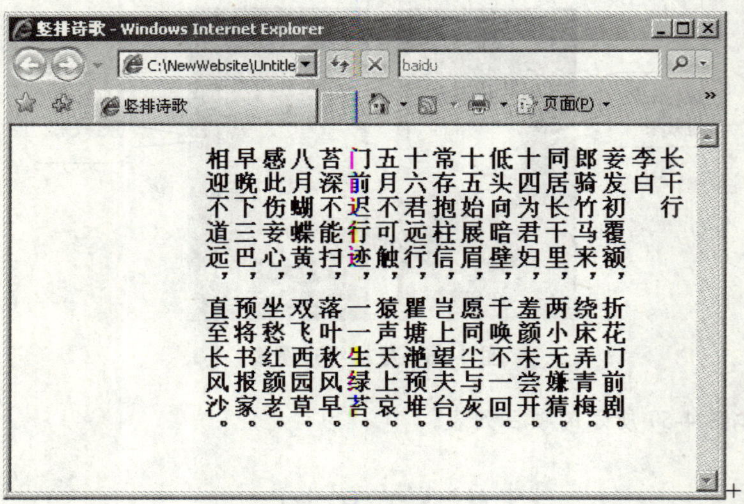

图 4-59　竖排诗歌

源代码如下：

```
<head>
<meta http-equiv="Content-Type" content="text/html; charset=utf-8" />
<title>竖排诗歌</title>
<style type="text/css">
.sp{
```

```
    writing-mode:tb-rl;
    font-size: 18px;
    font-weight: bold;
    text-align: left;
</style>
</head>
<body>
<p class="sp"> 长干行<br />李白<br />
  <strong>妾发初覆额，折花门前剧。 <br />
  郎骑竹马来，绕床弄青梅。 <br />
  同居长干里，两小无嫌猜。 <br />
  十四为君妇，羞颜未尝开。 <br />
  低头向暗壁，千唤不一回。 <br />
  十五始展眉，愿同尘与灰。 <br />
  常存抱柱信，岂上望夫台。 <br />
  十六君远行，瞿塘滟预堆。 <br />
  五月不可触，猿声天上哀。 <br />
  门前迟行迹，一一生绿苔。 <br />
  苔深不能扫，落叶秋风早。 <br />
  八月蝴蝶黄，双飞西园草。 <br />
  感此伤妾心，坐愁红颜老。 <br />
  早晚下三巴，预将书报家。 <br />
  相迎不道远，直至长风沙。</strong><br />
</p>
</body>
</html>
```

6. 重新定义网页中的所有链接效果，使链接不显示下划线，颜色为黑色。（提示：使用 CSS 样式表重新定义链接标记 a:link，a:visited，a:hover 的显示效果）

7. 在网页中使用样式表制作空心（边沿发光）文字特效，效果如图 4-60 所示。（提示：把文字颜色设置为背景色，然后用特效

图 4-60 空心文字特效

shadow 设置边沿阴影效果即可）。

源代码如下：

```
<html>
<head>
<meta http-equiv=content-type content="text/html; charset=gb2312">
<title>HTML/CSS 字体特效</title>

<style type="text/css">
.tx{
   color: #FFFFFF;
   FONT-SIZE: 40pt;
   WIDTH: 100%;
   LINE-HEIGHT: 150%;
   FONT-FAMILY: 华文彩云;
   FILTER: Shadow (Color=Green， Direction=120) ;
}
</style>
</head>
<body>
<p class="tx">空心文字<p>
</body>
</html>
```

第五章

Dreamweaver 网页制作进阶

本章重点

1. 知道表单的使用。
2. 掌握行为的使用。
3. 掌握模板的使用。
4. 掌握 Div+CSS 布局网页。
5. 掌握网站的发布与维护。

案例导入

Dreamweaver 维护功能

Dreamweaver 并不仅仅用于网页的编辑排版，它对于大型网站的构建具有更大的意义。

虽然可以通过简单地复制、粘贴来建立大量具有类似风格的页面，但是想想看，某一天当人们需要调整网站风格时会发生什么？可能需要修改成百上千的网页，而目的仅仅是调整配色方案、背景图片或网页的布局。Dreamweaver 提供的模板功能可以帮助我们快速设计、修改具有同一风格的页面。我们只需要调整某个模板文件，就能影响大量由该模板文件生成的网页。

虽然使用简单易学的表格也能设计出灵活多样的网页布局，但是某一天，当人们需要对布局进行调整时，表格又变成了噩梦。也许仅仅是为某个栏目增加 10 个像素的宽度，你就需要逐个去调整成百上千的页面。层叠样式表 (CSS)虽然初学起来不像表格那么容易，甚至可以说有些繁琐，但是对于大型网站设计来说，它却是页面布局的最佳解决方案，基于层叠样式表的大型网站在今天的互联网中已经成为主流。而 Dreamweaver 可以帮助我们快速建立、管理层叠样式表。

虽然可以依靠记忆力和细心来管理数目众多的网页文件和它们之间的链接，但是在一个页面成百上千、链接成千上万的网站中，完全没有链接错误恐怕也是不可能的。而使用人力在其中查找出可能存在的错误，也绝不会是一个轻松愉快的工作。Dreamweaver 提供的网站维护功能将使这个工作轻松很多，至少对于常见的错误是这样。

除了基本的网页编辑排版功能，Dreamweaver 还提供很多高级功能，帮助使用者更方便更快捷地建立和管理网页。

Dreamweaver 可以定义表单，可以结合服务器技术（如 CFML、ASP.NET、ASP、JSP 和 PHP）生成由数据库支持的动态 Web 应用程序；Dreamweaver 还提供了模板功能帮助我们快速创建统一风格的网页；Dreamweaver 提供了站点管理和发布功能,帮助我们创建和管理站点；Dreamweaver 提供了功能全面的编码环境，其中包括代码编辑工具，以及有关层叠样式表（CSS）、JavaScript 等的语言参考资料，我们可以利用行为建立动态网页效果，使用 CSS 进行网页布局设置；Dreamweaver 甚至可以完全自定义，我们可以创建自己的对象和命令，修改快捷键，甚至编写 JavaScript 代码，用新的行为、属性检查器和站点报告来扩展 Dreamweaver 的功能。

第一节　表单的使用

表单是网页与浏览者的一种交互界面。有了表单，才能够输入会员资料，提供站点的反馈资料、调查报告等信息，从而使服务器端能够处理表单输入的数据。表单的目的是让用户输入数据，这些数据传送到页面服务器供查询或者登录。单纯的表单页面只是一个输入数据的前端界面，实际的数据处理是由运行在网页服务器的相关服务器端脚本或数据库，如 ASP、PHP、JSP、ASP.NET 等完成。

一、表单概述

表单由表单域及很多的表单对象组成。如用于输入用户名的文本域、用于输入密码的密码域、用于提交表单的“提交”按钮、用于上传文件的文件域等。

在 Internet 上存在大量的表单。用户可以利用表单收集信息，也可以实现搜索。表单是在 Internet 中实现用户同服务器进行信息交流的主要方式。例如，想要通过登录 Web 页面收发 E-mail 邮件，就需要先注册，并在登录邮箱表单输入用户名、密码等，如图 5-1 所示。

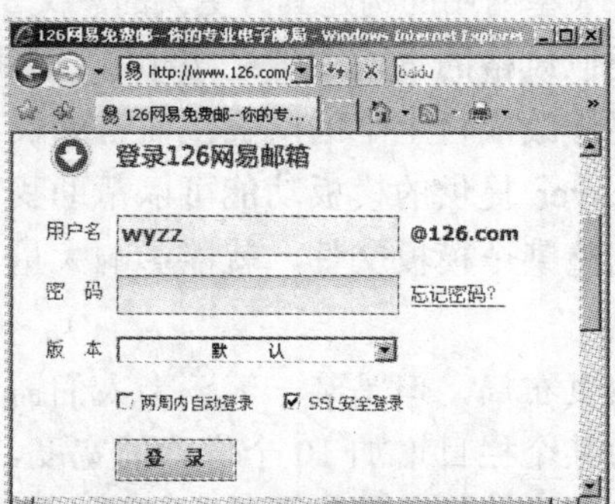

图 5-1　登录邮箱表单

二、创建表单

（一）插入表单

在 Dreamweaver 中，可以将整个页面创建成一个表单网页，也可以在网页的部分区域中添加表单，其方法都相同。要插入表单，在【插入】工具栏中选择【表单】选项卡，单击最左边的【表单】按钮（见图 5-2）即可。

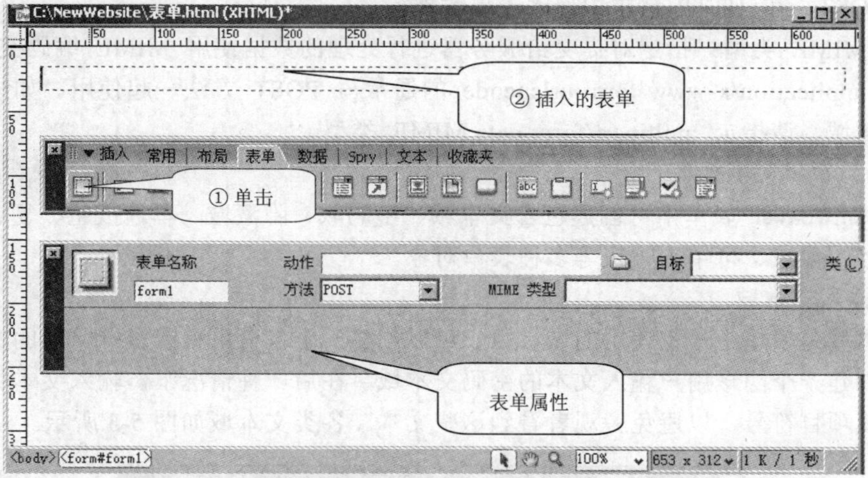

图 5-2　插入表单

插入表单后，在文档页中显示一个红色虚线框，并弹出该表单的【属性】面板，用户可以设置表单的一些参数，如表单名称、动作、方法等。

【属性】面板中各参数含义如下：

◇ 表单名称：标识该表单的惟一名称。命名表单后，就可以使用脚本语言（如 JavaScript 或 VBScript）引用或控制该表单。如果不命名表单，Dreamweaver 将使用语法 formn 生成一个名称，并为添加到页面中的每个表单递增 n 的值。

◇ 动作：键入路径或者单击文件夹图标导航到相应的页面或脚本，以指定将处理表单数据的页面或脚本。

◇ 目标：指定一个窗口来显示被调用程序返回的数据。如果命名的窗口尚未打开，则打开一个具有该名称的新窗口。可设置以下任一目标值：

■ _blank：在未命名的新窗口中打开目标文档。

■ _parent：在显示当前文档的窗口的父窗口中打开目标文档。

■ _self：在提交表单时所在的同一窗口中打开目标文档。

■ _top：在当前窗口的窗体内打开目标文档。此值可用于确保目标文档占用整个窗口，即使原始文档显示在框架中时也是如此。

◇ 方法：指定将表单数据传输到服务器的方法。可设置以下任一选项：

■ 默认值：使用浏览器的默认设置将表单数据发送到服务器。通常，默认值为 GET 方法。

■ GET：将值附加到请求该页面的 URL 中。

■ POST：在 HTTP 请求中嵌入表单数据。

◇ MIME 类型：指定对提交给服务器进行处理的数据使用 MIME 编码类型。 默认设置 application/x-www-form-urlencode 的通常与 POST 方法一起使用。如果要创建文件上传域，请指定 multipart/form-data MIME 类型。

（二）添加表单对象

Dreamweaver 表单中可创建包含文本域、密码域、隐藏域、单选按钮、复选框、弹出菜单、图像域、可单击按钮等多种表单对象。

1. 插入文本域

文本域是表单中最常使用的域。用户可以创建一个包含单行或多行文本的文本域，也可以创建一个隐藏用户输入文本的密码文本域，在后一种情况下，输入文本将被替换为星号或项目符号，以避免旁观者看到这些文本。各类文本域如图 5-3 所示。

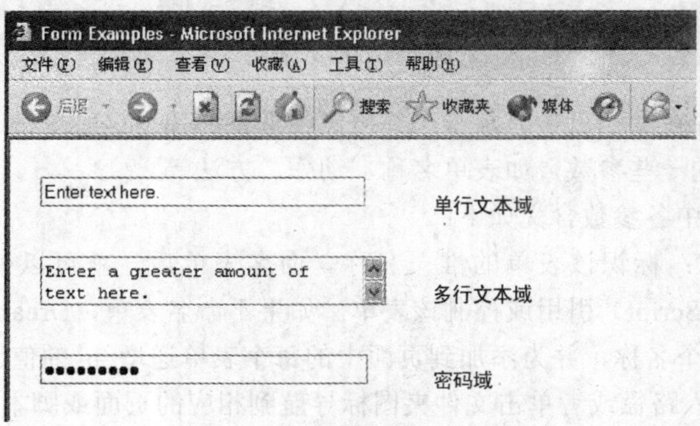

图 5-3 文本域分类

选择菜单命令【插入】>【表单】>【文本字段】，在弹出的【输入标签辅助功能属性】对话框中输入【标签文字】为“用户名”，并单击【确定】按钮。如图 5-4 所示。

通过文本域【属性】面板，可以设置文本域相关参数及功能。例如，将文本域调整为单行或多行，各属性含义如下所示。

◇ 字符宽度：指定域中最多可显示的字符数。此数字可以小于【最多字符数】，【最多字符数】指定在域中最多可输入的字符数。例如，如果【字符宽度】设置为 20（默认

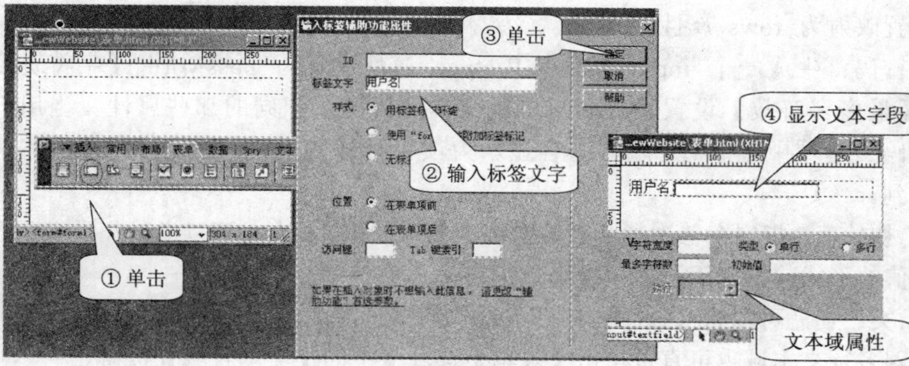

图 5-4 添加文本字段

值），而用户输入了 100 个字符，则在该文本域中只能看到其中的 20 个字符。虽然在该域中无法看到这些字符，但域对象可以识别它们，而且它们会被发送到服务器进行处理。

◇ 最多字符数：指定用户在单行文本域中最多可输入的字符数。可以使用【最多字符数】将密码限制为 10 个字符等。如果将【最多字符数】框保留为空白，则用户可以输入任意数量的文本。如果文本超过域的字符宽度，文本将滚动显示。如果用户的输入超过了最多字符数，则表单会发出警告声。

◇ 行数：（在选中了【多行】选项时可用）设置多行文本域的域高度。

◇ 换行：（在选中了【多行】选项时可用）指定当用户输入的信息较多以至无法在定义的文本域内显示时，如何显示用户输入的内容。换行选项如下所示：

- 关或默认：禁止将文本换行到下一行来显示。当用户输入的内容超过文本域的右边界时，文本将向左侧滚动。用户必须按 Return 键才能将插入点移动到文本域的下一行。
- 虚拟：设置在文本域中自动换行。当用户输入的内容超过文本域的右边界时，文本换行到下一行。当提交数据进行处理时，自动换行并不应用于数据。数据作为一个数据字符串进行提交。
- 实体：设置在文本域自动换行，以及设置在提交数据进行处理时对这些数据自动换行。

◇ 类型：指定域为单行、多行还是密码域。

- 单行：生成一个 input 标记且其 type 属性设置为 text。【字符宽度】设置映射为 size 属性，【最多字符数】设置映射为 maxlength 属性。
- 多行：生成一个 textarea 标记。【字符宽度】设置映射为 cols 属性，【行数】设置映射为 rows 属性。

■ 密码：生成一个 input 标记且其 type 属性设置为 password。【字符宽度】和【最多字符数】设置映射到与单行文本域情况下相同的那些属性。当用户在密码文本域中键入时，输入内容显示为项目符号或星号，以保护它不被其他人看到。

◇ 初始值：指定在首次加载表单时域中显示的值。例如，可以通过在域中包含说明或示例值的形式，指示用户在域中输入信息。

◇ 类：使您可以将 CSS 规则应用于对象。

插入多行文本域也可直接单击【表单】选项卡中的【文本区域】按钮。

2. 插入复选框

当需要用户从一组选项中选择多个选项时可以使用复选框。表单中的复选框如同一个开关，可以决定是否选取该选项。如需插入复选框，可使用菜单命令【插入】>【表单】>【复选框】。插入后选中该复选框，显示的【属性】面板如图 5-5 所示。

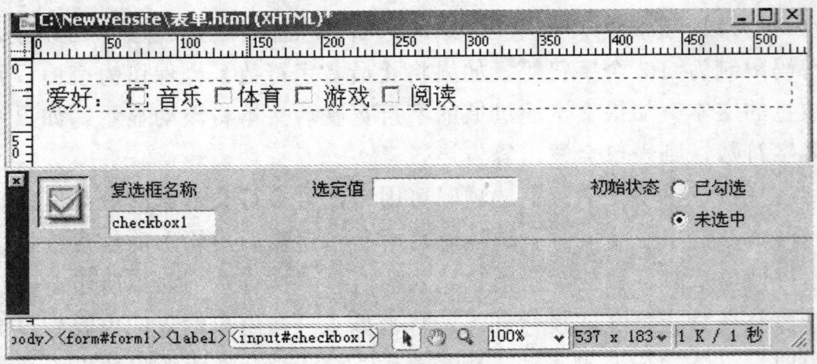

图 5-5 复选框属性

【属性】面板中相关属性说明如下。

◇ 选定值：设置在该复选框被选中时发送给服务器的值。例如，在一项调查中，可以将值 4 设置为表示非常同意，将值 1 设置为表示强烈反对。

◇ 初始状态：确定在浏览器中加载表单时，该复选框是否处于选中状态。

3. 插入单选按钮

单选按钮代表互相排斥的选择。在某单选按钮组（由两个或多个共享同一名称的单选按钮组成）中选择一个按钮，就会取消选择该组中的所有其他按钮。

如需插入单选按钮，可使用菜单命令【插入】>【表单】>【单选按钮】。插入后选中该单选按钮，显示的【属性】面板如图 5-6 所示。

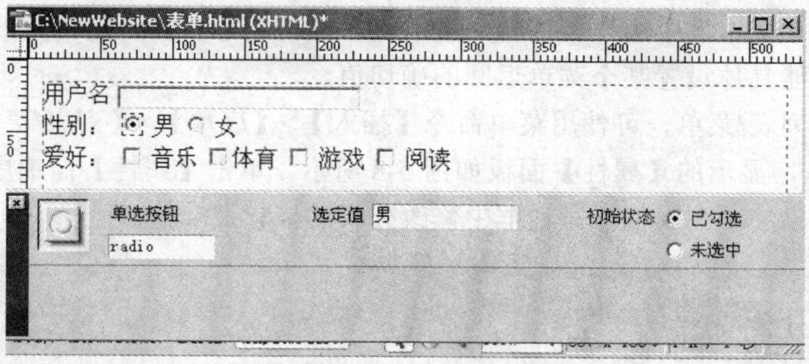

图 5-6 单项按钮属性

注意："男"、"女" 两个单选按钮必须设置为相同的名字，如 "radio"，才能设置为只能二选一。

【属性】面板中主要属性说明如下。

◇ 选定值：设置在该单选按钮被选中时发送给服务器的值。例如，可以在"选定值"文本框中键入滑雪，指示用户选择滑雪。

◇ 初始状态：确定在浏览器中加载表单时，该单选按钮是否处于选中状态。

如需插入的单项按钮较多，也可以使用菜单命令【插入】>【表单】>【单选按钮组】，在弹出的【单项按钮组】对话框（见图 5-7）中进行设置。

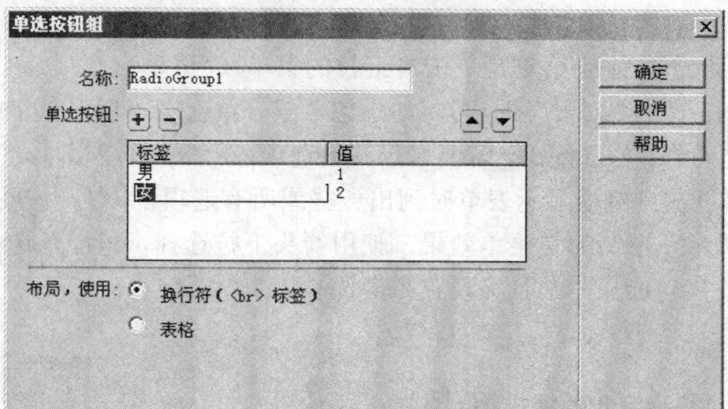

图 5-7 【单项按钮组】对话框

4. 插入列表/菜单

列表/菜单，在一个滚动列表中显示选项值，用户可以从该滚动列表中选择多个选项。"列表" 选项在一个菜单中显示选项值，用户只能从中选择单个选项。在下列情况下使用菜单：只有有限的空间但必须显示多个内容项，或者要控制返回给服务器的值。菜单与文本域不同，在文本域中用户可以随心所欲键入任何信息，甚至包括无效的数据，对于菜单而言，只能具体设置某个菜单返回的确切值。

如需插入列表/菜单，可使用菜单命令【插入】>【表单】>【列表/菜单】。插入后选中该列表/菜单，显示的【属性】面板如图 5-8 所示。单击【属性】面板中的【列表值】按钮，并在弹出的“列表值”对话框中修改列表的标记及取值。

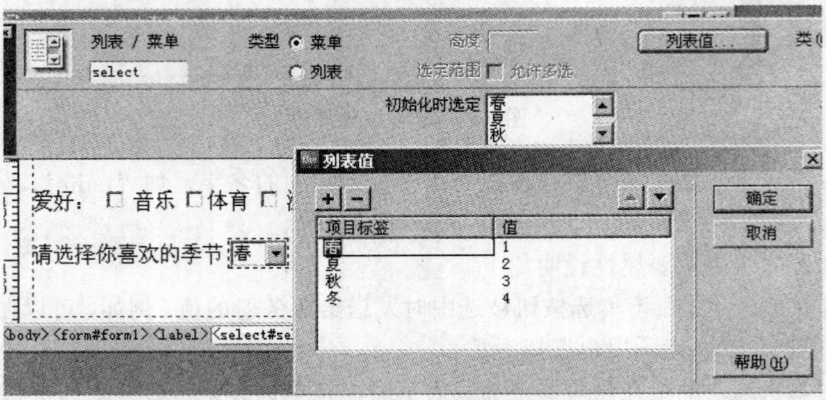

图 5-8 【列表/菜单】属性

【属性】面板中主要属性说明如下。

◇ 列表/菜单：为该菜单指定一个名称。该名称必须是惟一的。

◇ 类型：指定该列表/菜单是单击时下拉的菜单（“菜单”选项），还是显示一个列有项目的可滚动列表（“列表”选项）。如果您希望表单在浏览器中显示时仅有一个选项可见，则选择【菜单】单选按钮。若要显示其他选项，用户必须单击向下箭头。选择【列表】单选按钮可以在浏览器显示表单时列出一些或所有选项，以便用户可以选择多个项。

如图 5-9 所示，左侧的是菜单效果，使用箭头下拉选择，只能单选；右侧是列表效果，使用滚动条拖动选择，并且可设置为多选。

图 5-9 列表、菜单对比

◇ 高度：（仅“列表”类型）设置菜单中显示的项数。

◇ 选定范围：（仅“列表”类型）指定用户是否可以从列表中选择多个项。

◇ 列表值：单击该按钮到打开一个对话框，可通过它向表单/菜单添加项：

（1）使用加号（+）和减号（–）按钮添加和删除列表中的项。

（2）输入每个菜单项的标签文本和可选值。列表中的每项都有一个标签（在列表中显示的文本）和一个值（选中该项时，发送给处理应用程序的值）。如果没有指定值，则改为将标签文字发送给处理应用程序。

（3）使用向上和向下箭头按钮重新排列列表中的项。

菜单项在菜单中出现的顺序与在【列表值】对话框中出现的顺序相同。在浏览器中加载页面时，列表中的第一个项是选中的项。

如果菜单或列表中的选项需要添加链接，可使用菜单命令【插入】>【表单】>【跳转菜单】，打开如图 5-10 所示的【插入跳转菜单】对话框进行设置。跳转菜单实质上是为菜单或列表添加了相应的行为，以实现选择选项后即自动跳转，其他属性大致相同。

5. 插入隐藏域

隐藏域对于用户是不可见的，它的主要作用是在网页间传递一些隐秘的信息，方便网页对数据的处理。如果在登录表单中添加一个隐藏域，并赋予一个值，当表单提交后，网页就会首先查找是否有这个隐藏域字段，其值是否是设置的值，如果是则进行处理，否则自动跳转到登录页面要求用户重新进行登录。

如需插入隐藏域，可使用菜单命令【插入】>【表单】>【隐藏域】。

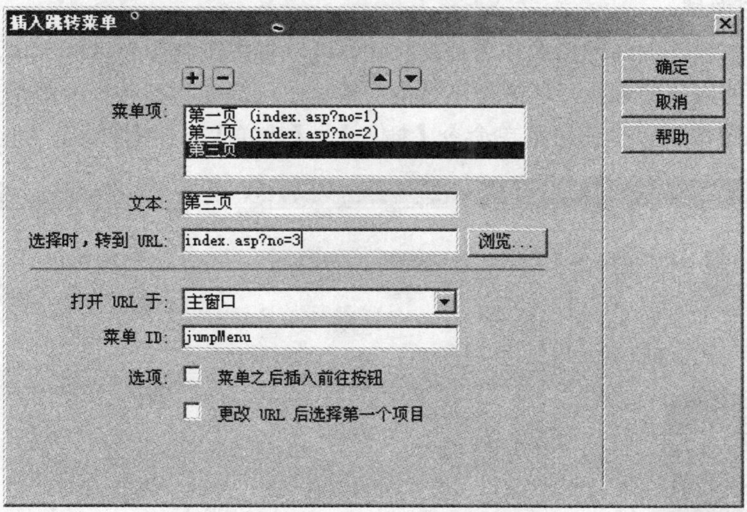

图 5-10　【插入跳转菜单】对话框

6. 插入文件域

文件上传域使用户可以选择其计算机上的文件（如字处理文档或图形文件），并将该文件上传到服务器。文件域的外观与其他文本域类似，只不过，文件域还包含一个【浏览】按钮。用户可以手动输入要上传的文件的路径，也可以使用【浏览】按钮定位并选择该文件，如图 5-11 所示。

必须要有服务器端脚本或能够处理文件提交操作的页面，才可以使用文件上传域。文件域要求使用 POST 方法将文件从浏览器传输到服务器。该文件被发送到表单的【动作】框中所指定的地址。

如需插入文件上传域，可使用菜单命令【插入】>【表单】>【文件域】。

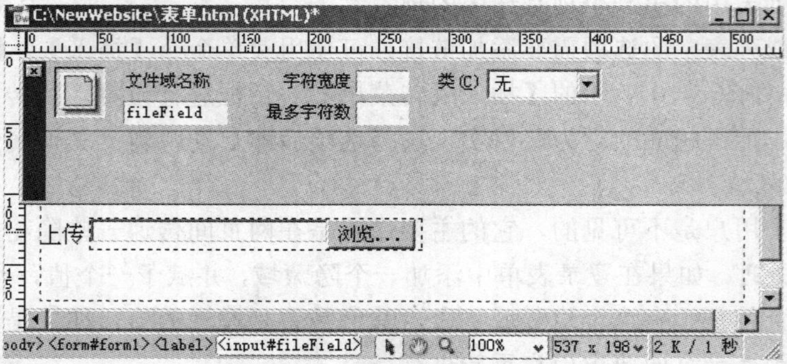

图 5-11　文件域及属性

7. 插入图像域

图像域是将自己制作的图像作为提交按钮，可以将按钮制作为多种形状，体现个性化的需求。如果使用图像来执行任务而不是提交数据，则需要将某种行为附加到表单对象。

如需插入图像域，可使用菜单命令【插入】>【表单】>【图像域】，如图 5-12 所示。

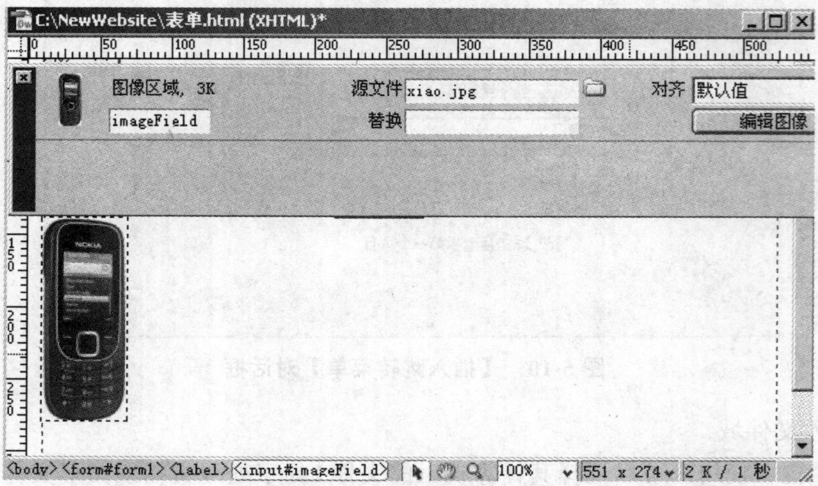

图 5-12　图像域及属性

【属性】面板中主要属性说明如下。

◇ 图像区域：为该按钮指定一个名称。“提交”和“重置”是两个保留名称，“提交”通知表单将表单数据提交给处理应用程序或脚本，而“重置”则将所有表单域重置为其原始值。

◇ 源文件：指定要为该按钮使用的图像。

◇ 替换：用于输入描述性文本，一旦图像在浏览器中加载失败，将显示这些文本。

◇ 对齐：设置对象的对齐方式。

◇ 编辑图像：单击该按钮启动默认的图像编辑器并打开该图像文件以待编辑。

8. 插入按钮

按钮是表单中最重要的对象之一。使用按钮可将表单数据提交到服务器，或者重置表单，还可以指定其他已在脚本中定义的处理任务。例如，可能会使用按钮根据指定的值计算所选商品的总价。

如需插入按钮，可使用菜单命令【插入】>【表单】>【按钮】，如图 5-13 所示。

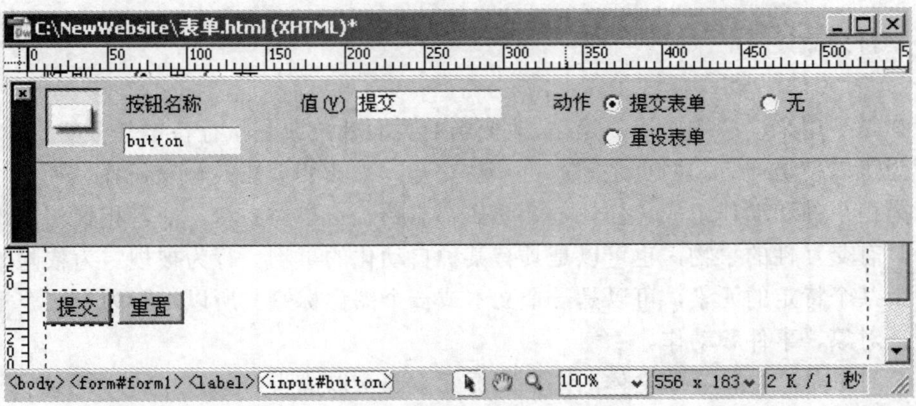

图 5-13　按钮及属性

【属性】面板中主要属性说明如下。

◇ 按钮名称：为该按钮指定一个名称。“提交”和“重置”是两个保留名称，“提交”通知表单将表单数据提交给处理应用程序或脚本，而“重置”则将所有表单域重置为其原始值。

◇ 值：确定按钮上显示的文本。

◇ 动作：确定单击该按钮时发生的动作。

■ 提交表单：在用户单击该按钮时提交表单数据以进行处理。该数据将被提交到在表单的【动作】属性中指定的页面或脚本。

- 重置表单：在单击该按钮时清除表单内容。
- 无：由用户自行指定单击该按钮时要执行的动作。例如，您可以添加一个 JavaScript 脚本，使得当用户单击该按钮时打开另一个页面。

第二节 添加行为

在制作网页时，为了丰富网页内容，可以为网页添加特殊效果。这样制作出来的网页，不但新颖，而且别具一格。制作网页特效主要是应用 Dreamweaver 自带的行为及在网页中添加客户端脚本来实现。行为丰富了网页的交互能力，它允许访问者通过与页面的交互来改变网页内容，或者让网页执行某个动作。

Dreamweaver 自带的行为种类多样、功能强大，而且这些行为都是开放的，使用非常方便。在 Dreamweaver 中，行为代码是客户端 JavaScript 代码；即它运行在浏览器中，而不是服务器上。

一、行为概述

（一）行为的概念

行为是被用来动态响应用户操作、改变当前页面效果或是执行特定任务的一种方法。使用行为可以使访问者和网页之间产生一种交互，来改变页面或触发任务。

行为由事件和动作组成。任何一个动作都需要一个事件激活，两者相辅相成。事件是一个具有交互性的事物，也可以是具有某种自动化的事物。行为被规定为依附于访问者页面上某个特定的元素，可以是一个文本或一个图像标签。所以，行为有三个重要组成部分：对象、事件和动作。

（1）对象是产生行为的主体，许多网页元素都可以成为对象，如图片、文字、多媒体文件等。

（2）事件是触发动态效果的条件，它可以被添加到各种对象，即页面元素中，也可以被添加到 HTML 标记中。不同的浏览器支持的事件种类和数量是不同的，通常高版本的浏览器支持的事件更多。

（3）行为通过动作来完成动态效果，如设置文本、改变属性、显示一隐藏层等都是动作。动作是一段 JavaScript 代码，在 Dreamweaver 中使用内置行为，系统会自动往页面中添加 JavaScript 代码，用户不必自己编写。

将事件和动作组合起来就构成了行为。例如，将 OnClick 事件与一段 JavaScript 代码相关联，当单击这个对象的时候，就执行相对应的 JavaScript 代码。一个事件可以执行多个动作，为实现需要的视觉效果，还可以指定动作发生的顺序。

Dreamweaver 内置了很多动作行为，形成了一个 JavaScript 程序库。除此之外，还可以在其他网站下载并安装更多的行为。如果熟悉 JavaScript 语言，也可以修改这些行为，或设计自己的动作行为。

（二）【行为】面板

Dreamweavert 提供了一个专门管理和编辑行为的工具，即【行为】面板。通过【行为】面板，可以方便地为对象添加行为，还可以修改以前设置过的行为参数。添加过行为之后，行为将以事件的字母顺序在面板中显示。如果同一事件引发不同的行为，这个行为将按执行顺序在【行为】面板中显示。

在 Dreamweaver 中，行为的添加和控制主要通过【行为】面板来实现。如果要打开【行为】面板，执行菜单命令【窗口】>【行为】，或按 Shift+F4 组合键，即可打开如图 5-14 所示的【行为】面板。

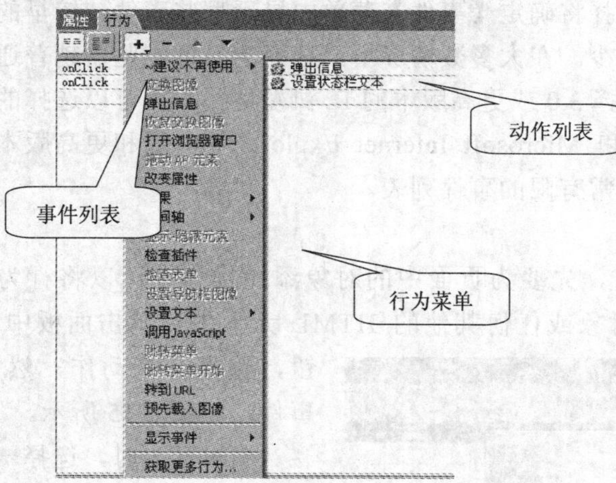

图 5-14 【行为】面板

【行为】面板中各按钮名称及其功能描述如下。

◇ 显示设置事件：仅显示附加到当前文档的那些事件。事件被分别划归到客户端或服务器端类别中。每个类别的事件都包含在可折叠的列表中。显示设置事件是默认的视图。

◇ 显示所有事件：按字母顺序显示属于特定类别的所有事件。

◇ 添加动作（+）：显示特定菜单，其中包含可以附加到当前选定元素的动作。当从该列表中选择一个动作时，将出现一个对话框，您可以在此对话框中指定该动作的参数。如果菜单上的所有动作都处于灰显状态，则表示选定的元素无法附加任何事件。

◇ 删除（–）：从行为列表中删除所选的事件和动作。

◇ 向上箭头和向下箭头按钮：在行为列表中上下移动特定事件的选定动作。对于不能在列表中上下移动的动作，箭头按钮将处于禁用状态。

◇ 事件：显示一个弹出菜单，其中包含可以触发该动作的所有事件，此菜单仅在选中某个事件时可见（当单击所选事件名称旁边的箭头按钮时显示此菜单）。根据所选对象的不同，显示的事件也有所不同。如果未显示预期的事件，请确保选择了正确的页面元素或标签（若要选择特定的标签，请使用【文档】窗口左下角的标签选择器。），同时确保您在【显示事件】子菜单中选择了正确的浏览器。

注：括号中的事件名称只用于链接；选择其中的一个事件名称后将向所选的页面元素自动添加一个空链接，并将行为附加到该链接而不是元素本身。在 HTML 代码中，空链接以 href="javascript：;" 表示。

◇ 显示事件：指定当前行为在哪个浏览器中起作用（这是【事件】菜单的子菜单）。在此菜单中进行的选择将确定【事件】菜单中显示哪些事件。较早的浏览器比新版本的浏览器支持的事件要少。在大多数情况下，选择的目标浏览器越普通，所显示的事件就越少。例如，如果选择 3.0 或更高版本的 IE 浏览器，那么可以选择的事件仅限于那些在 Netscape Navigator 和 Microsoft Internet Explorer 3.0 版和更高版本的浏览器中可用的事件，这将是一个非常有限的事件列表。

（三）编辑行为

在编辑行为之前，先要为页面中的对象添加行为，可以将行为添加到整个文档、链接、图像、表单对象或任何其他的 HTML 元素中。单击面板中的【添加行为】按钮，选择一个动作，然后编辑触发动作的事件，如图 5-15 所示。

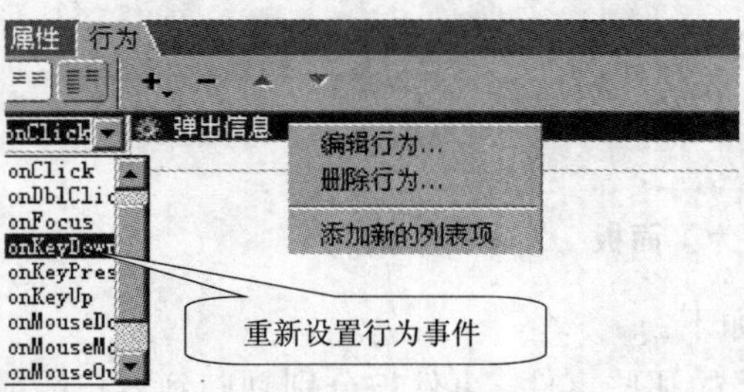

图 5-15 编辑行为

编辑行为时，选择一个添加了行为的对象，如果要改变动作参数，可以选中该行为，然后单击鼠标右键，在弹出的菜单中，重新进行编辑。如果要改变动作的事件，可以在事件列表中单击该事件，然后在下拉事件列表中进行选择。

如果要改变动作的参数，还可以双击行为或选中行为后按回车键，在弹出的对话框中进行修改。不同的浏览器支持的事件不一样，表 5-1 列出了较常见的事件及其说明。

表 5-1 常用行为事件列表

事件	事件含义
onAbort	当访问者中断浏览器正在载入图像的操作时产生
onAfterUpdate	当前表单中某项内容更新时产生该事件
onBeforeUpdate	当前表单中某项内容已经改变并且即将失去焦点时产生该事件
onBlur	当指定元素不再被访问者交互时产生
onBounce	当 marquee（选取框）中的内容移动到该选取框边界时产生
onChange	当访问者改变网页中的某个值时产生
onClick	当访问者在指定的元素上单击时产生
onDblClick	当访问者在指定的元素上双击时产生
onError	当浏览器在网页或图像载入产生错位时产生
onFinish	当 marquee（选取框）中的内容完成一次循环时产生
onFocus	当指定元素被访问者交互时产生
onHelp	当访问者单击浏览器的 Help（帮助）按钮或选择浏览器菜单中的 Help（帮助）菜单项时产生
onKeyDown	当按下任意键时产生
onKeyPress	当按下并松开任意键时产生。此事件相当于把 onKeyDown 和 onKeyUp 这两事件合在一起
onKeyUp	当按下的键松开时产生
onLoad	当一图像或网页载入完成时产生
onMouseDown	当访问者按下鼠标时产生
onMouseMove	当访问者将鼠标在指定元素上移动时产生
onMouseOut	当鼠标从指定元素上移开时产生
onMouseOver	当鼠标第一次移动到指定元素时产生
onMouseUp	当鼠标弹起时产生
onMove	当窗体或框架移动时产生
onReadyStateChange	当指定元素的状态改变时产生

续表

事件	事 件 含 义
onReset	当表单内容被重新设置为默认值时产生
onResize	当访问者调整浏览器或框架大小时产生
onRowEnter	当前数据源的数据发生变化并且有新的有效数据时触发的事件
onRowExit	当前数据源的数据将要发生变化时触发的事件
onScroll	当访问者使用滚动条向上或向下滚动时产生
onSelect	当访问者选择文本框中的文本时产生
onStart	当 Marquee（选取框）元素中的内容开始循环时产生
onSubmit	当访问者提交表单时产生
onUnload	当访问者离开网页时产生

二、应用行为

Dreamweaver 预定义有 20 多种行为，在网页中适当地添加行为可以实现动态效果，并使用户和网页间具有交互性。例如之前介绍的鼠标经过图像功能也包含行为中的事件。

（一）文本信息行为

在【行为】面板中，【设置文本】行为包括 4 种：设置容器的文本；设置文本域文本；设置框架文本；设置状态栏文本。其中某些文本设置需要有一定的条件，有些则不需要。

1. 设置容器的文本

【设置容器的文本】行为是将页面上的现有容器中的内容和格式替换为指定内容。方法是选中页面中的 AP 元素，单击【行为】面板中的【添加行为】按钮，然后选择【设置文本】>【设置容器的文本】命令。最后在弹出的对话框内选择容器名称并在【新建 HTML】文本框中输入要显示的文本即可，如图 5-16 所示。

由于 onFocus 为对象获取焦点时的触发事件，所以打开网页时初始状态为 AP 元素默认的文本，单击该文本后变成行为设置的文本。

2. 设置状态栏的文本

【设置状态栏的文本】行为可以设置浏览器窗口状态栏中显示当前状态的提示信息，就好像是鼠标经过一个链接时，状态栏显示链接地址一样。

不用选择任何对象，直接在【行为】面板中单击【添加行为】按钮，选择【设置文本】>【设置状态栏的文本】命令，在【消息】文本框中输入文本即可，如图 5-17 所示。

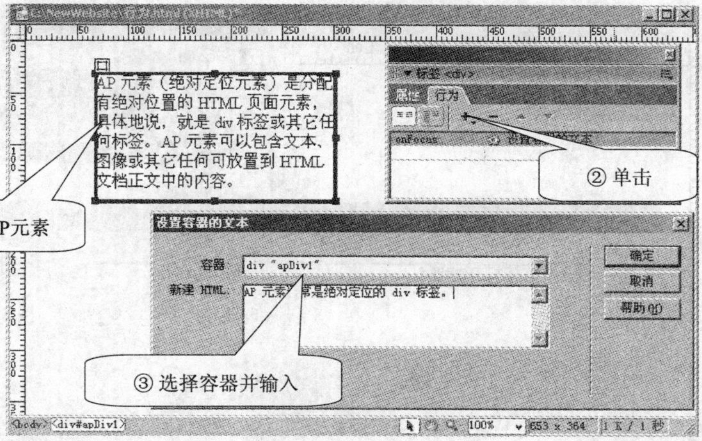

图 5-16 设置容器的文本

由于利用【设置状态栏的文本】行为可以重新设置当前事件触发时状态栏上的提示信息，所以当页面上存在具有超级链接的网页元素时，浏览器窗口状态栏中仍然显示行为中定义的文本信息，而不是链接信息。

图 5-17 设置状态栏文本

3. 设置文本域文本和框架文本

跟前面 2 种类似，但是必须先选定文本域对象才能添加【设置文本域的文本】行为，必须先选定框架对象才能添加【设置框架的文本】行为。

（二）弹出信息

【弹出信息】行为用于弹出一个显示指定信息的 JavaScript 警告框。由于 JavaScript 警告框只有一个按钮，所以使用这个动作只能提供信息，而不允许用户选择。选中一个对象后，单击【行为】面板中的【添加行为】按钮，然后在菜单中选择【弹出信息】命令，在【消息】文本框输入文字即可，如图 5-18 所示。

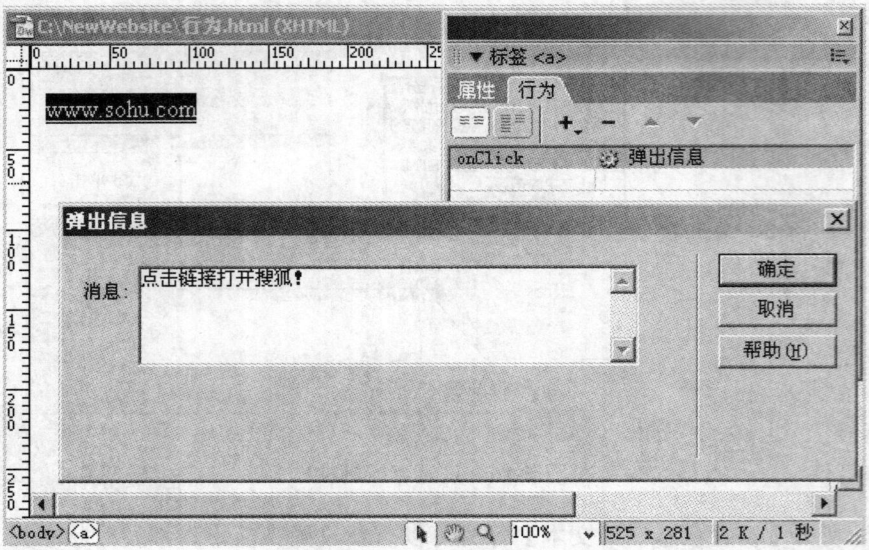

图 5-18 【弹出信息】对话框

添加完成后保存文档，按 F12 键打开 IE 窗口即可预览。当单击链接对象后，首先弹出警告框（见图 5-19），单击【确定】按钮后，关闭该对话框页面跳转到链接页面。

图 5-19 运行效果

（三）打开浏览器窗口

使用“打开浏览器窗口”行为可以打开一个新的窗口，用来显示链接目标文件。这个窗口的属性可以由用户设置，例如窗口大小、是否有状态栏以及窗口的名字等。

“打开浏览器窗口”行为主要用于浏览大的图像。如果网页上要显示很多让访问者浏览的图像，可以先将这些图像制作成尺寸较小的预览图标，以便让访问者能够看到图片效果，当访问者单击某一个图片时，会在一个新窗口中触发该动作，以显示原文件。

在网页中选择一个对象后，单击【行为】面板中的【添加行为】按钮，然后在菜单中选择【打开浏览器窗口】命令。在打开的【打开浏览器窗口】对话框（见图 5-20）中设置想要显示的窗口信息以及要显示的文件或网页即可。

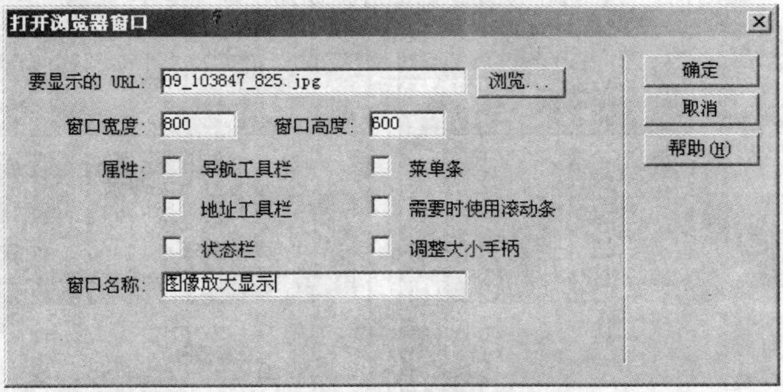

图 5-20 【打开浏览器窗口】设置

（四）交换图像

前面介绍的鼠标经过图像效果也可以使用【行为】面板中的【交换图像】命令来完成，而"交换图像"行为既可以将一个图像与另一个图像交换，也可以交换多个图像。

与"鼠标经过图像"命令不同的是，使用"交换图像"之前，必须先插入一个图像并将其选中作为行为的对象，然后单击【行为】面板中的【添加行为】按钮，再在菜单中选择【交换图像】命令，打开【交换图像】对话框。在【图像】列表中选择要更换的图像，可单击【浏览】按钮选择新图像，如图 5-21 所示。

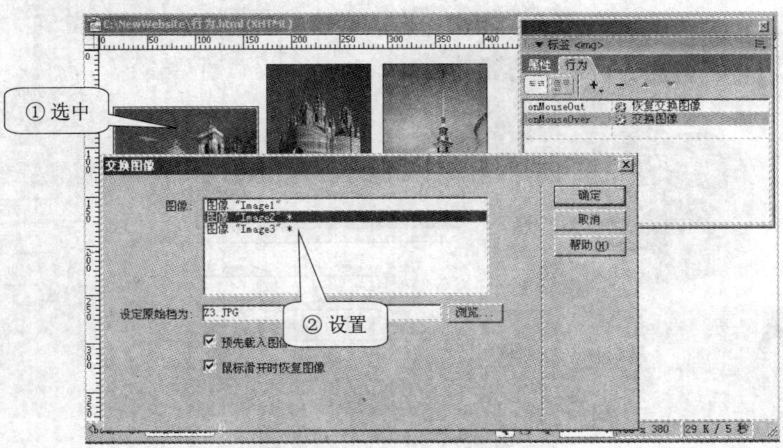

图 5-21 设置交换图像

这里选定第一幅图像添加“交换图像”行为，并为除第一幅图像以外的另外两张图像设置了交换图像，保存并预览，当鼠标未指向第一幅图像时，所有图像保持不变；当鼠标指向第一幅图像后，后 2 幅图像变换为其他图像，如图 5-22 所示。

图 5-22　交换图像效果

（五）改变属性

“改变属性”行为用来动态地改变某个对象的属性，例如改变 AP 元素背景与图像大小。要添加该行为，必须先选定一个对象，并且为该对象设置 ID。添加该行为后，设置所选元素的类型、ID、要改变的属性以及新的数值即可完成操作，如图 5-23 所示。

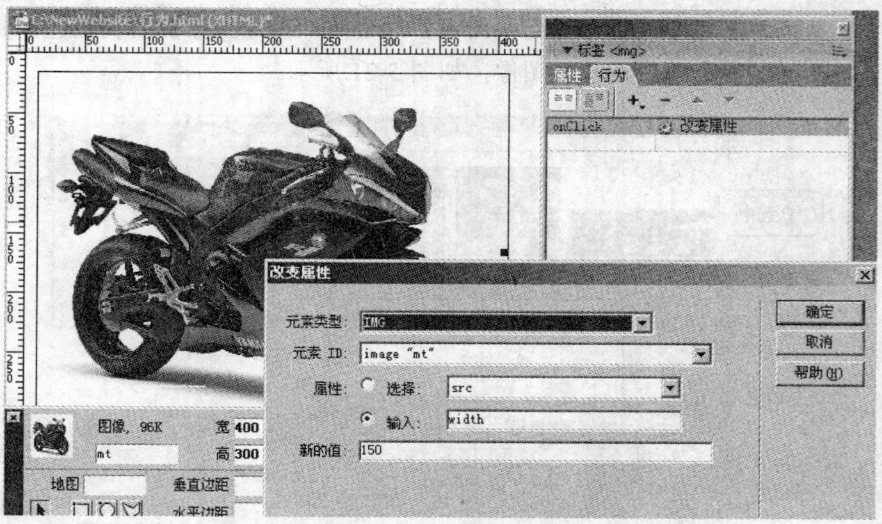

图 5-23　改变属性设置

选定【元素 ID】为“mt”的图片，添加“改变属性”行为，在弹出对话框中选择【元素类型】为“img”，【元素 ID】为“mt”，【属性】输入“width”，新的值为 150，完成设置后保存并预览。初始图像宽度为 300，单击该图像后，图像宽度变为 150，如图 5-24 所示。

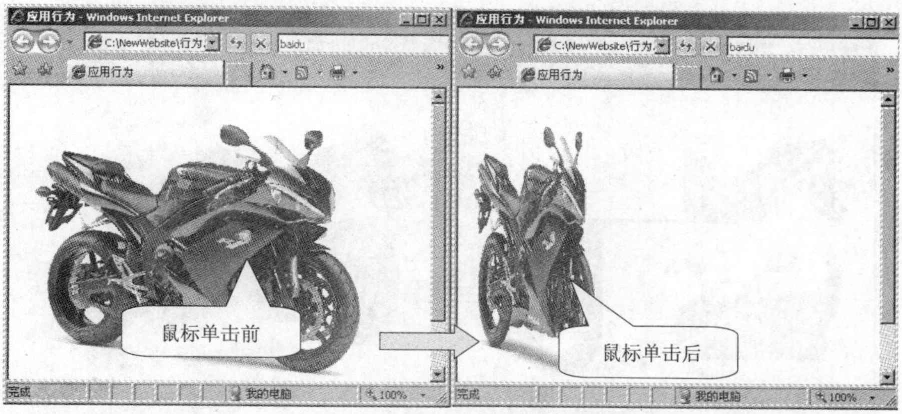

图 5-24 改变属性效果

（六）拖动 AP 元素

“拖动 AP 元素”行为可让访问者拖动绝对定位的 AP 元素。使用此行为可以创建拼图游戏、滑块控件或其他可移动的界面元素。在添加该行为之前，需要在网页中创建 AP 元素，并在其中插入图像或者文本，然后选定 body 标记，并单击【行为】面板中的【添加行为】按钮，接下来在菜单中选择【拖动 AP 元素】命令，打开【拖动 AP 元素】对话框（见图 5-25），设置其中的【放下目标】与【靠齐距离】选项即可。

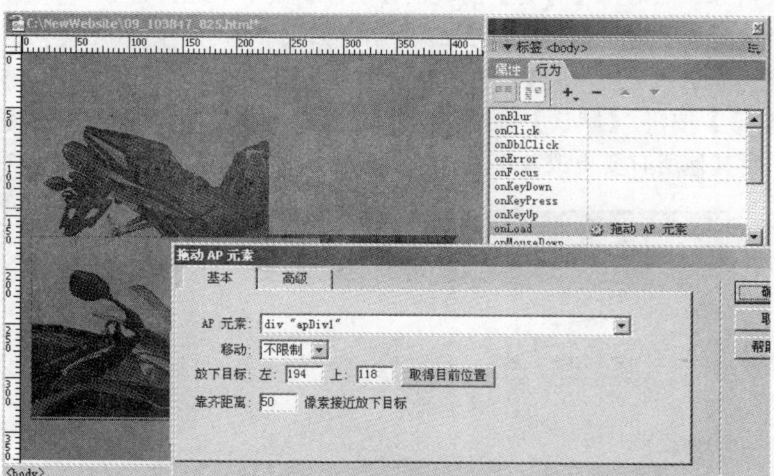

图 5-25 拖动 AP 元素设置

保存文档后按 F12 键打开 IE 窗口，单击并拖动 AP 元素中的图像可以随意移动该图像，这里将该图像拖动到右上角，使其形成完整图像，如图 5-26 所示。

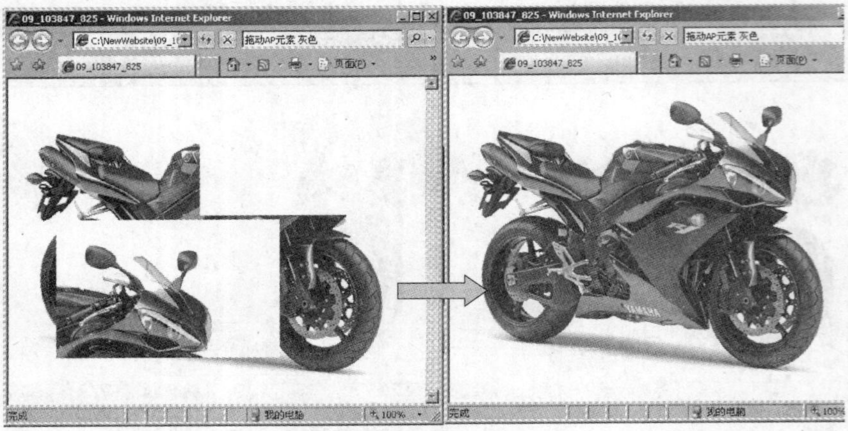

图 5-26　拖动 AP 元素效果

（七）显示–隐藏元素

“显示–隐藏元素”行为可显示、隐藏或恢复一个或多个页面元素的默认可见性。此行为用于在用户与页面进行交互时显示信息。例如，当用户将鼠标指针移到一个植物图像上时，可以显示一个页面元素，给出有关该植物的生长季节和地区、需要多少阳光、可以长到多大等详细信息。此行为仅显示或隐藏相关元素，它不会从页面中实际删除元素。

选择一个对象，然后从【行为】面板的【动作】菜单中选择【显示—隐藏元素】，打开【显示—隐藏元素】对话框，如图 5-27 所示。如果“显示—隐藏元素”不可用，则您可能已选择了一个 AP 元素。从【元素】列表中选择要显示或隐藏的元素，然后单击【显示】按钮、【隐藏】按钮、【默认】按钮，恢复默认可见性。可以通过单个行为更改多个元素的可见性，对其他所有要更改其可见性的元素重复上一步骤即可。

图 5-27　【显示–隐藏元素】对话框

（八）转到 URL

“转到 URL”行为可以在当前窗口或指定的框架中打开一个新页面。利用此行为可以通过一次单击更改多个框架的内容，非常方便。

“转到 URL”行为的实际效果与给对象添加超级链接类似，但是鼠标指针移动到文本上时不会变形。

选择一个对象，从【行为】面板的【动作】菜单中选择【转到 URL】，打开【转到 URL】对话框（见图 5-28）。然后从【打开在】列表中选择 URL 的目标。(【打开在】列表自动列出当前框架集中所有框架的名称以及主窗口。如果没有任何框架，则主窗口是惟一的选项。)。最后单击【浏览】按钮选择要打开的文档，或在【URL】文本框中输入该文档的路径和文件名。

图 5-28 【转到 URL】对话框

（九）调用 JavaScript

“调用 JavaScript”行为在事件发生时执行自定义的函数或 JavaScript 代码行。可以自己编写 JavaScript 代码，也可以使用 Web 上各种免费的 JavaScript 库中提供的代码。

选择对象，然后从【行为】面板的【动作】菜单中选择【调用 JavaScript】，打开【调用 JavaScript】对话框（见图 5-29）。准确键入要执行的 JavaScript 代码，或键入函数的名称。例如，若要创建一个【后退】按钮，您可以键入：

if（history.length > 0）{history.back()};

若要实现提示信息，可以键入：

confirm（“确实要删除吗？”）

如果您已将代码封装在一个函数中，则只需键入该函数的名称（例如 hGoBack()）。单击【确定】按钮，验证默认事件是否正确。如果不正确，请选择另一个事件或在“显示事件”子菜单中更改目标浏览器。

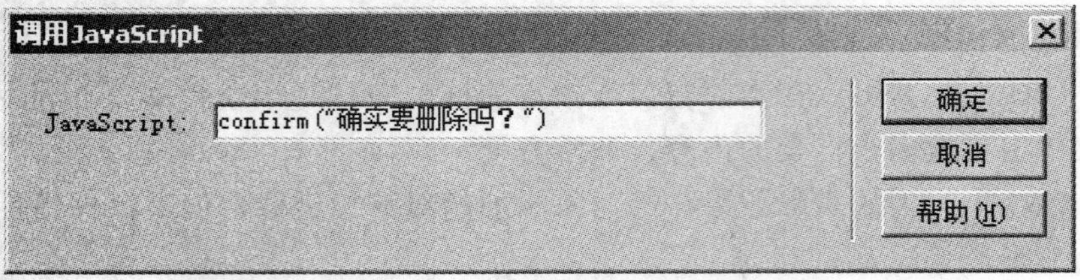

图 5-29 【调用 JavaScript】对话框

（十）Spry 效果行为

Spry 效果是视觉增强功能，几乎可以将它们应用于使用 JavaScript 的 HTML 页面上所有元素中。Spry 效果通常用于在一段时间内高亮显示信息、创建动画过渡或者以可视方式修改页面元素。可以将效果直接应用于 HTML 元素，而无需其他自定义标签。

要向某个元素应用 Spry 效果，该元素当前必须处于选定状态，或者它必须具有一个 ID。例如，如果要向当前未选定的 DIV 标记应用高亮显示效果，该 DIV 必须具有一个有效的 ID 值。如果该元素尚没有有效的 ID 值，您将需要向 HTML 代码中添加一个 ID 值。Spry 效果可以修改元素的不透明度、缩放比例、位置和样式属性（如背景颜色）。可以组合两个或多个属性来创建有趣的视觉效果。由于这些效果都基于 Spry，因此，当用户单击应用了 Spry 效果的对象时，只有对象会进行动态更新，不会刷新整个 HTML 页面。

Spry 效果中，对象为图像时显示效果较明显，比如增大或者收缩、挤压、显示或渐隐与晃动等效果。

1. 增大/收缩效果

选择要应用效果的内容或布局对象，在【行为】面板（选择【窗口】>【行为】命令打开）中，单击加号（+）按钮，并从弹出菜单中选择【效果】>【增大/收缩】命令，然后在对话框中设置其选项，如图 5-30 所示。

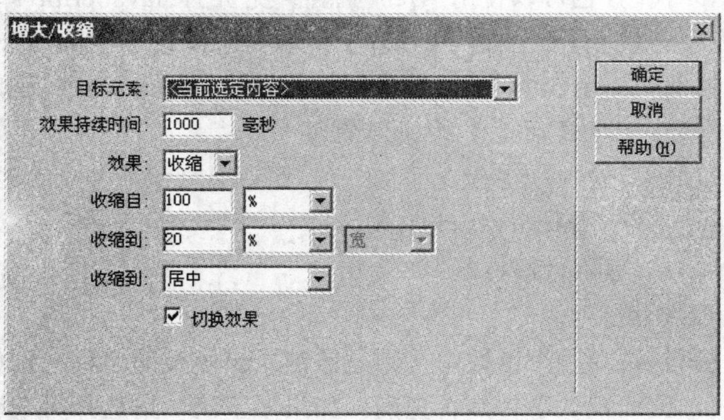

图 5-30 【增大/收缩】对话框

对话框中各选项含义如下。

◇ 目标元素：选择某个对象的 ID。如果已经选择了一个对象，会显示“<当前选定内容>”。

◇ 效果持续时间：出现此效果所需的时间，用毫秒（ms）表示。

◇ 效果：选择要应用的效果：“增大”或“收缩”。

◇ 收缩自：定义对象在效果开始时的大小。该值为百分比大小或像素值。

◇ 收缩到：定义对象在效果结束时的大小。该值为百分比大小或像素值。

◇ 宽/高：如果在“增大自/收缩自”或“增大到/收缩到”框选择单位为像素值，则“宽/高”域就会可见。元素将根据您选择的选项相应地增大或收缩。

◇ 收缩到：选择元素增大或收缩到页面的左上角还是页面的中心。

◇ 切换效果：如果希望该效果是可逆的（即，连续单击即可增大或收缩），可以启用“切换效果”复选框。

完成设置后预览效果，单击窗口中的图像后，该图像向中心位置收缩，直至缩小为该图像的 20%为止（见图 5-31），由于启用了“切换效果”复选框，再次单击还可以放大还原为原始尺寸。

图 5-31　增大/收缩效果

2. 挤压效果

挤压效果是使元素从页面的左上角消失。因为是固定的过渡效果，所以只需要添加该效果即可，不需要设置参数。

选择要应用效果的内容或布局对象，在【行为】面板中，单击加号（+）按钮，并从弹出菜单中选择【效果】>【挤压】命令，然后在对话框中设置其中的对象 ID 即可，效果如图 5-32 所示。

图 5-32　挤压效果

3. 显示/渐隐效果

显示/渐隐效果是使网页元素显示或渐隐的行为。

选择要应用该效果的内容或布局对象，在【行为】面板中，单击加号（+）按钮，并从弹出菜单中选择【效果】>【显示/渐隐】命令，然后在对话框中设置其选项（见图 5-33）。该对话框中的选项与增大/收缩效果基本相同，只是【效果】选项中显示的是“显示/渐隐”。

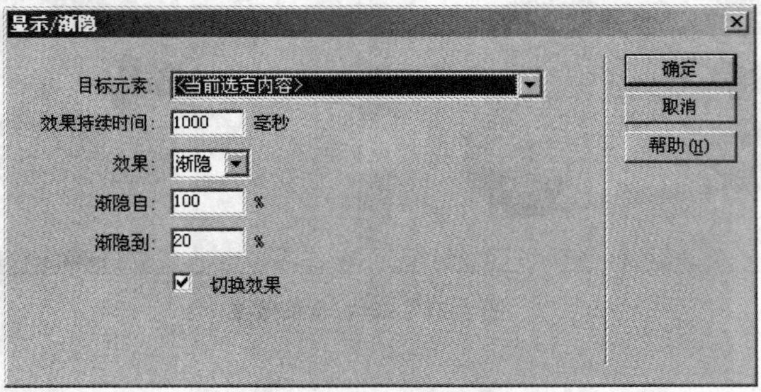

图 5-33　【显示/渐隐】对话框

完成设置后预览效果，单击窗口中的图像，该图像会逐渐变透明，直至不透明度的 20%为止（见图 5-34），由于启用了“切换效果”复选框，再次单击还可以恢复到百分之百显示效果。

图 5-34　显示/渐隐效果

4. 滑动效果

滑动效果行为可以使 AP 元素中的网页元素由固定位置下滑，或者向该位置上滑。方法是在页面中创建 AP 元素，并在其中插入图像。然后选中该 AP 元素，在【行为】面板中，单击加号（+）按钮，并从菜单中选择【效果】>【滑动】，打开【滑动】对话框（见图 5-35）。

完成设置后预览效果，单击窗口中的图像，该图像会往上方浮动，直至剩余 20%（见图 5-36），由于启用了“切换效果”复选框，再次单击还可以恢复到百分之百显示效果。

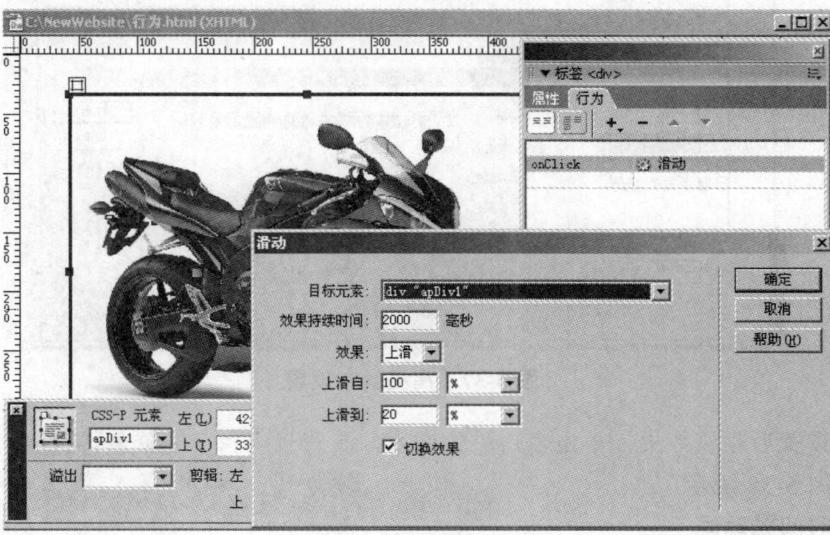

图 5-35　滑动设置

图 5-36 滑动效果

5. 高亮颜色效果

高亮颜色效果更改的是元素的背景颜色，一般用于表格与 AP 元素。这里是为 AP 元素添加高亮颜色效果行为，参数设置如图 5-37 所示。

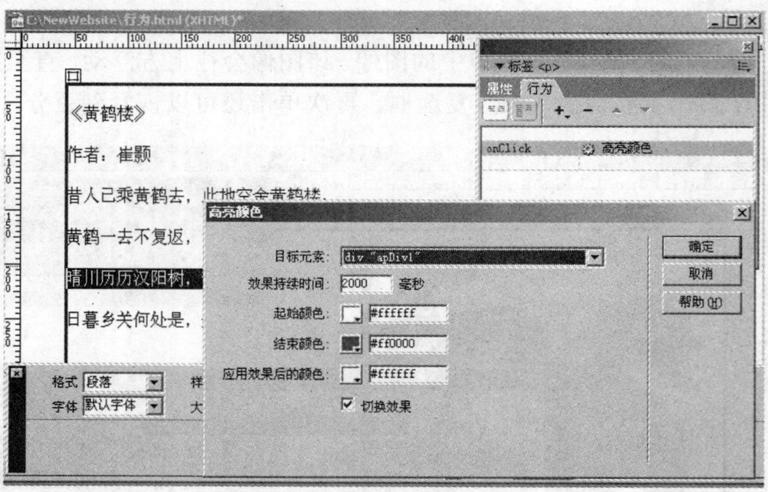

图 5-37 高亮颜色设置

完成设置后预览效果，单击窗口中的文本，其背景由白色变红色，再到白色，逐步渐变，如图 5-38 所示。

三、时间轴动画

动态 HTML（即 DHTML）是指 HTML 与一种脚本撰写语言的组合，可以使用该

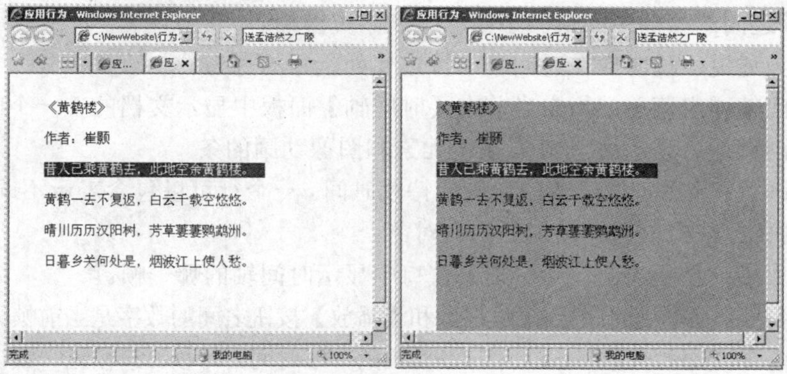

图 5-38 高亮颜色效果

脚本撰写语言更改 HTML 元素的样式或定位属性。在 Dreamweaver 中，时间轴使用动态 HTML 来更改 AP 元素和图像在一段时间内的属性。使用时间轴可创建不需要任何 ActiveX 控件、插件或 Java Applet（但需要 JavaScript）的动画。利用时间轴，您可以更改 AP 元素的位置、大小、可见性和堆叠顺序。对于要在页面加载后执行的其他操作，时间轴也非常有用。例如，时间轴可以更改<img>标记的源文件，因此一段时间内有不同的图像出现在页面上。

（一）【时间轴】面板

【时间轴】面板显示 AP 元素和图像的属性如何随时间更改。选择【窗口】>【时间轴】命令打开【时间轴】面板，如图 5-39 所示。

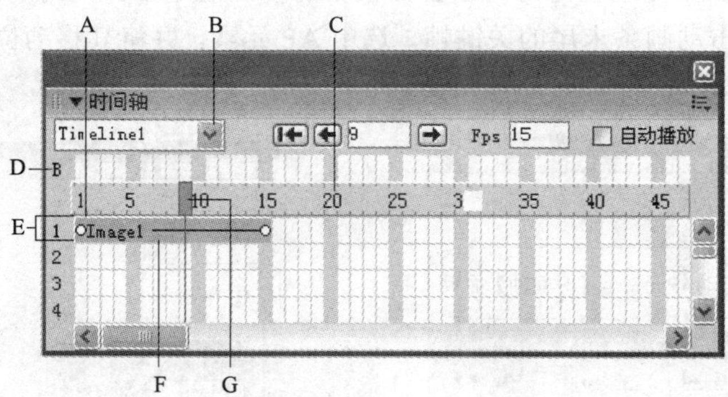

A. 关键帧 B. 时间轴弹出菜单 C. 帧编号 D. 行为通道 E. 动画通道 F. 动画条 G. 播放栏

图 5-39 【时间轴】面板

面板各部分功能说明如下。

◇ 关键帧：定义动画条中已经为对象指定属性（如位置）的帧。Dreamweaver 会计算关键帧之间的帧的中间值。小圆标记表示关键帧。

◇ 行为通道：说明应在时间轴中特定帧处执行的行为。

◇ 时间轴弹出菜单：指定当前在【时间轴】面板中显示文档的哪一个时间轴。

◇ 动画通道：显示用于制作 AP 元素和图像动画的条。

◇ 动画条：显示每个对象的动画的持续时间。一个行可以包含表示不同对象的多个条。不同的条无法控制同一帧中的同一对象。

◇ 播放栏：显示当前在【文档】窗口中显示时间轴的哪一帧。

◇ 帧编号：指示帧的序号。【后退】和【播放】按钮之间的数字是当前帧编号。可以通过设置帧的总数和每秒帧数（fps）来控制动画的持续时间。每秒 15 帧这一默认设置是比较适当的平均速率，可用于在通常的 Windows 和 Macintosh 系统上运行的大多数浏览器。

注：较快的帧速率可能不会提高性能。浏览器始终会播放动画的每一帧，即使它们无法达到指定的帧速率。如果帧速率超过浏览器可以支持的速率，则将被忽略。

在【时间轴】面板右击，会弹出快捷菜单，该菜单中包括了所有与时间轴有关的命令。另外，单击【时间轴】面板右上角的☰按钮，也可以打开同一个菜单，利用菜单中的命令，可以快速地对【时间轴】面板进行操作。

（二）创建时间轴

要创建时间轴，首先在页面中添加一个 AP 元素，在 AP 元素中插入图片或者文本，然后将 AP 元素拖动到动画开始时所处的位置。在页面中选中 AP 元素，并将其拖入【时间轴】面板内部，创建动画帧，如图 5-40 所示。

这时一个动作条显示在【时间轴】面板中的动画通道中，同时动画条中显示了 AP 元素的名称。单击动画条末尾的关键帧，选中 AP 元素，并将其移动位置，释放鼠标后，显示 AP 元素移动路径，如图 5-41 所示。

图 5-40 拖动 AP 元素到【时间轴】面板

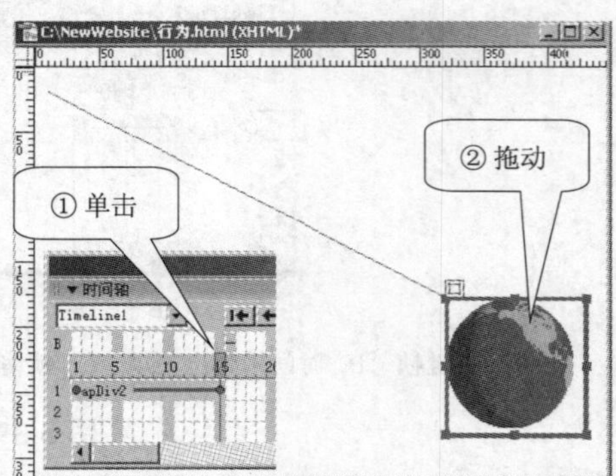

图 5-41 在末尾帧处改变 AP 元素位置

在【时间轴】面板中单击并按住“播放”按钮，可以看到 AP 元素沿拖放路径移动，这与浏览器中预览的效果相同。

如果要用复杂的轨迹来创建动画，更为有效的方法是记录 AP 元素经过的轨迹。方法是选中 AP 元素后右击，选择“记录路径”命令，然后拖动 AP 元素并形成轨迹，面板中将自动添加动画帧，如图 5-42 所示。

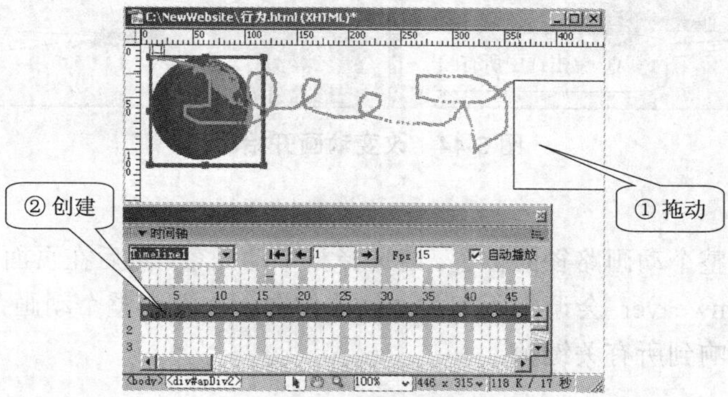

图 5-42 创建复杂轨迹

（三）修改时间轴

创建时间轴动画后，还可以在【时间轴】面板中重新设置参数，比如添加和删除帧、更改动画开始时间、改变动画路径等。

1. 延长动画时间

如果要使动画的播放时间更长，请将结束帧标记向右拖动（见图 5-43）。动画中的所有关键帧都会移动，以保持它们的相对位置不变。若要阻止其他关键帧移动，请按住 Ctrl 键拖动结束帧标记。

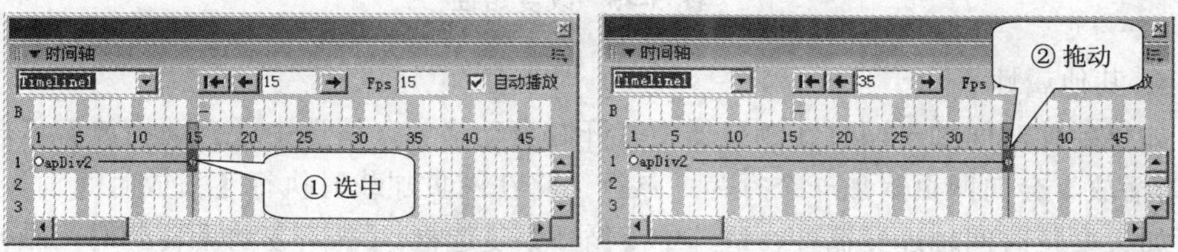

图 5-43 延长动画时间

2. 改变到达关键帧的速度

如果要使 AP 元素更早或更晚地到达某一关键帧位置，请在动画条中将该关键帧向左或向右移动。往左拖动加快到达速度，往右拖动减慢到达速度。

3. 改变动画开始时间

如果要更改动画的开始时间，请选择一个或多个与该动画关联的动画条（按 Shift 键可一次选择多个动画条），然后向左或向右移动（见图 5-44）。

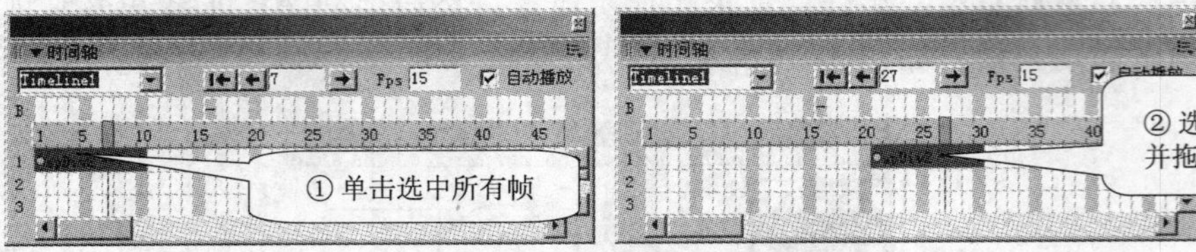

图 5-44 改变动画开始时间

4. 改变路径

如果要移动整个动画路径的位置，请选择整个动画条，然后在页面上拖动该对象（见图 5-45）。Dreamweaver 会调整所有关键帧的位置。在选定整个动画条的情况下所做的任何更改都将影响到所有关键帧。

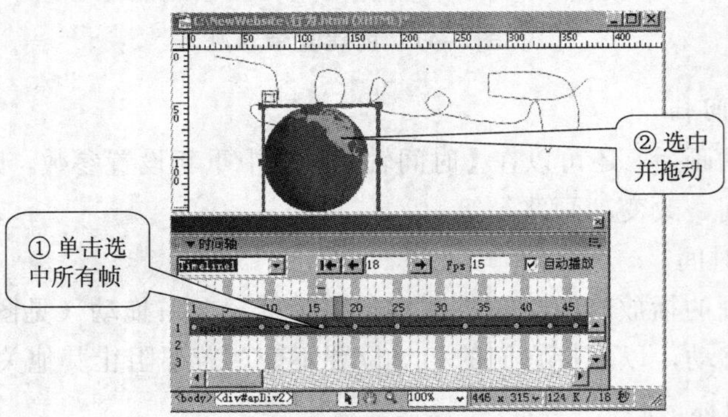

图 5-45 改变路径

5. 其他属性

如果要使时间轴于网页在浏览器中打开时自动播放，请选中【自动播放】复选框。“自动播放”会向网页附加一个行为，该行为将在网页加载时执行【播放时间轴】动作。

如果要使时间轴连续循环，请选中【循环】复选框。【循环】将【转到时间轴帧】操作插入到动画最后一帧后的“行为”通道。可以编辑此行为的参数以定义循环的次数。

如果要添加或删除帧，首先在动作条中单击要添加或删除帧的位置，右击后在弹出的快捷菜单中选择【添加帧】或【删除帧】即可。

第三节　使用模板

同一个网站中的所有网页一般使用统一的风格，即采用大致相同的网页布局结构、同样的版式、导航条和 LOGO 等。如果在制作每一个网页时都重复制作这些内容，不仅会增加工作量，而且也不能统一对版式进行修改，在这种情况下使用模板就可以很好地解决这个问题。对于相同的部分只制作一次，而不同的部分则根据需要进行制作即可。

模板是一种特殊类型的文档，用于设计“固定的”页面布局；然后便可以基于模板创建文档，创建的文档会继承模板的页面布局。设计模板时，可以指定在基于模板的文档中哪些内容是用户“可编辑的”，使模板创作者控制哪些页面元素可以由模板用户（如作家、图形艺术家或其他 Web 开发人员）进行编辑。模板创作者可以在文档中包括数种类型的模板区域。

使用模板可以一次更新多个页面。从模板创建的文档与该模板保持连接状态（除非您以后分离该文档）。可以修改模板并立即更新基于该模板创建的所有文档。

一、创建模板

模板实际上也是文档，它的扩展名是.dwt，Dreamweaver 自动将它们存放在网站根目录下的 Templates 文件夹中。可以基于现有文档（如 HTML、Macromedia ColdFusion 或 Microsoft Active Server Pages 文档）创建模板，也可以基于新文档创建模板。

（一）将现有文档保存为模板

打开要另存为模板的文档，选择菜单命令【文件】>【另存为模板】，在弹出的【另存为模板】对话框（见图 5-46）中从【站点】下拉列表框中选择一个用来保存模板的站

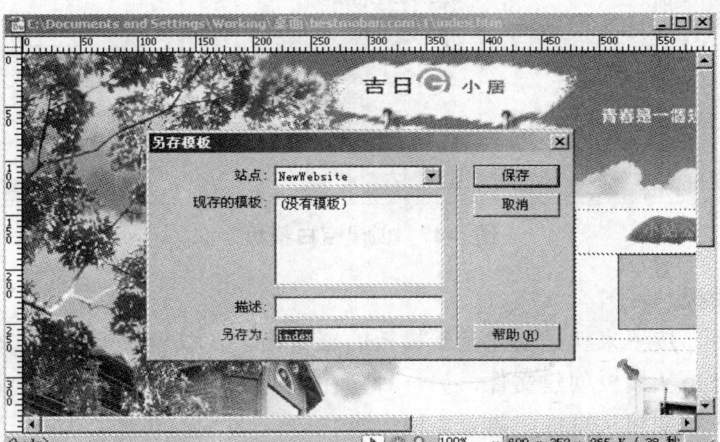

图 5-46　将现有网页另存为模板

点，然后在【另存为】文本框中为模板输入一个惟一的名称。Dreamweaver 自动将模板文件存放在网站根目录下的 Templates 文件夹中。如果该 Templates 文件夹不存在，将会在保存模板文档时自动创建。

注意：不能将 Templates 文件夹移动到网站根文件夹之外，否则将会引起模板中的路径错误。此外，也不要将模板文件移动到 Templates 文件夹以外。

（二）创建空白模板

空白模板就如同空白网页一样，只是创建的模板文件扩展名为.dwt。创建好空白模板文件后，可以像编辑普通网页一样编辑模板内容，然后再指定可编辑区域，保存模板文件后就可以用该模版创建其他网页了。

执行【文件】>【新建】命令，在打开的【新建文档】对话框（见图 5-47）中选择“空模板”选项卡，然后从【模板类型】列表中选择“HTML 模板”，从【布局】列表中选择需要的布局，最后单击【创建】按钮就可以创建一个空白模板了。

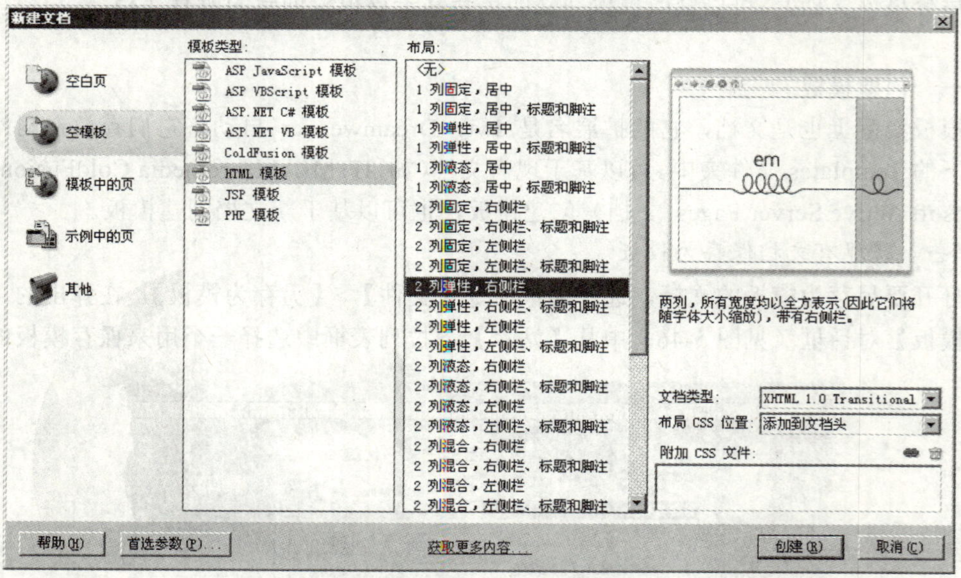

图 5-47 创建空白模板

二、应用模板

创建模板后，接下来就是创建基于模板的新文档了。以模板为基础创建新的文档有两种方法：一种是从模板创建文件，另一种是在现有文档中应用模板。当然还可以将基于模板创建完成的文档从模板中再分离出来。

（一）从模板创建文件

创建模板之后，就可以把模板作为新文档的基础，创建带有模板的新网页。

如果需要从任意站点的模板创建新网页，其方式是执行【文件】>【新建】命令，打开【新建文档】对话框，在其中选择【模板中的页】选项卡，在【站点】列表框中选择需要的站点，在可选模板列表中选择需要的模板文档，最后单击【创建】按钮即可，如图 5-48 所示。

如果只需要使用当前站点的模块，可以直接在【资源】面板中选择。首先使用菜单命令【窗口】>【资源】打开【资源】面板，单击面板左侧的【模板】按钮，然后可以在列表中看到当前站点的所有模板文件，选中需要的模板文件，在右键快捷菜单中选择【从模板新建】即可，如图 5-49 所示。

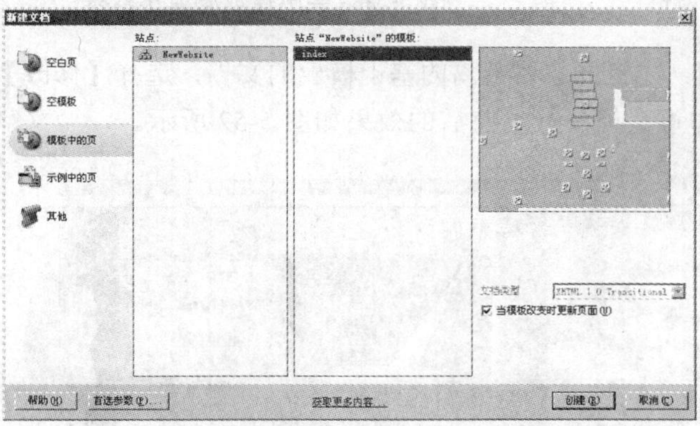

图 5-48 从模板创建文件

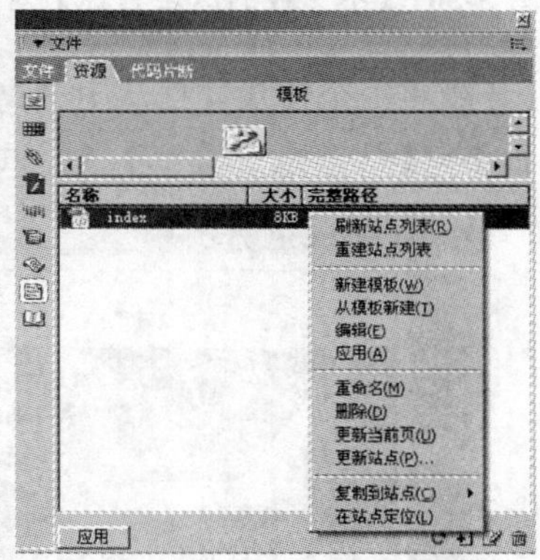

图 5-49 从【资源】面板创建新网页

（二）为当前网页应用模板

要为当前网页应用模板，首先打开将要应用模板的文件，然后执行菜单命令【修改】>【模板】>【应用模板到页】，即会出现【选择模板】对话框，从列表中选择一个模板并单击“选择”按钮即可。当然，也可以在【资源】面板中找到需要应用的模板文件，然后在右键菜单中选择【应用】命令。

如果文档中存在不能自动指定到模板区域的内容，将出现【不一致的区域名称】对话框（见图 5-50）。如果有未解析的内容，可以为该内容选择一个目标，然后单击【确定】按钮。例如：下例选择把文档 body 部分放置在模板 Main 区域中，head 部分放置在模板 doctitle 区域中，效果如图 5-51 所示。

（三）从模板中分离文档

基于模板创建的文档，若要更改基于模板的文档的锁定区域，必须将该文档从模板分离。将文档分离之后，整个文档都将可编辑。但是，当模板更新时，被分离的文档将不再随之更新。

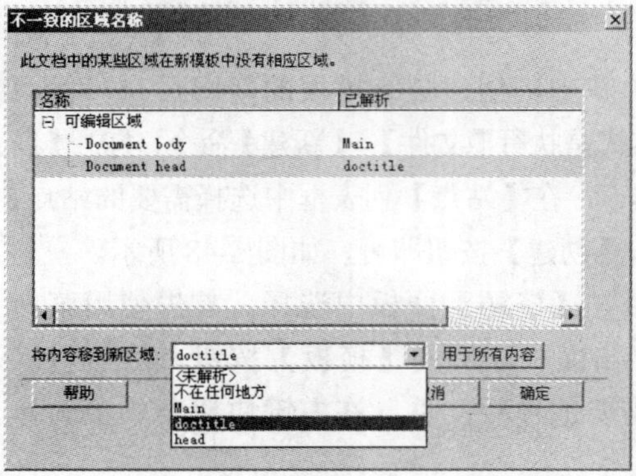

图 5-50 【不一致的区域名称】对话框

图 5-51 套用模板后显示效果

要想将一个模块文档从中分离，先打开想要分离的基于模板的文档，选择【修改】>【模板】>【从模板中分离】命令即可。模板分离前后的效果如图 5-52 所示。

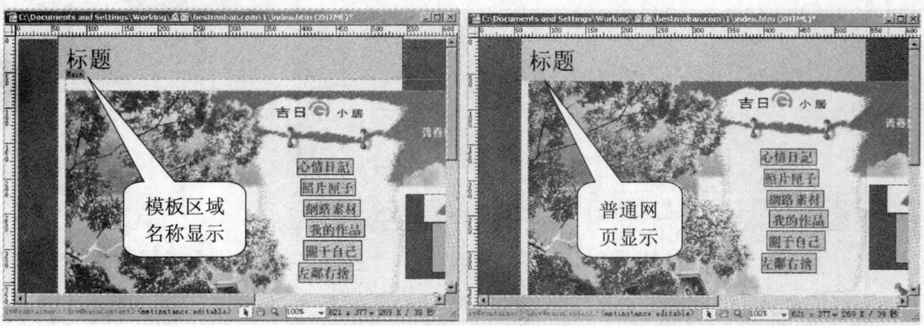

图 5-52 模板分离前后的效果

三、设置模板属性

模板中有些区域是不能编辑的，称为锁定区；有些区域则是可以编辑的，称为可编辑区。通过编辑可编辑区中的内容，可以得到与模板类似但又有所不同的新网页。使用模板创建网页的最大好处是，当修改模板时使用该模板创建的所有网页可以一次自动更新，这就大大提高了网页更新维护的效率。

Dreamweaver 中共有四种类型的模板区域，下面分别介绍。

◇ 可编辑区域：基于模板的文档中未锁定的区域，也就是模板用户可以编辑的部分。模板创作者可以将模板的任何区域指定为可编辑的。要使模板生效，其中至少应该包含一个可编辑区域；否则基于该模板的页面是不可编辑的。

◇ 重复区域：文档布局的一部分，设置该部分可以使模板用户必要时在基于模板的文档中添加或删除重复区域的副本。例如，可以设置重复一个表格行。重复部分是可编辑的，这样，模板用户可以编辑重复区域中的内容，而设计本身则由模板创作者控制。可以在模板中插入的重复区域有两种：重复区域和重复表格。

◇ 可选区域：模板中放置内容（如文本或图像）的部分，该部分在文档中可以出现，也可以不出现。在基于模板的页面上，模板用户通常控制是否显示内容。

◇ 可编辑标签属性：用于对模板中的标签属性解除锁定，这样便可以在基于模板的页面中编辑相应的属性。例如，可以“锁定”出现在文档中的图像，而允许模板用户将对齐方式设置为左对齐、右对齐或居中。

（一）在模板中定义可编辑区域

可编辑区域是基于模板的文档中未锁定的区域，也就是模板用户可以编辑的部分。模板的创建者可以将模板的任意区域指定为可编辑的。在默认情况下，新创建的模板中所有区域都处于被锁定状态，要让模板生效，必须将模板中某些区域设置为可编辑的，即使模板至少包含一个可编辑区域，否则应用该模板的网页将无法作任何改动。

要定义现有模板的可编辑区域，首先在模板文档中选择需要转变成可编辑区域的文本或者内容，然后在【插入】栏的【常用】选项卡中，单击【模板】按钮，从弹出菜单中选择【可编辑区域】；或者选择【插入】>【模板对象】>【可编辑区域】，打开【新建可编辑区域】对话框，在该对话框的【名称】文本框中输入可编辑区域的名称，单击【确定】按钮就可以将所选的文本或者内容设置为模板的可编辑区域，如图 5-53 所示。

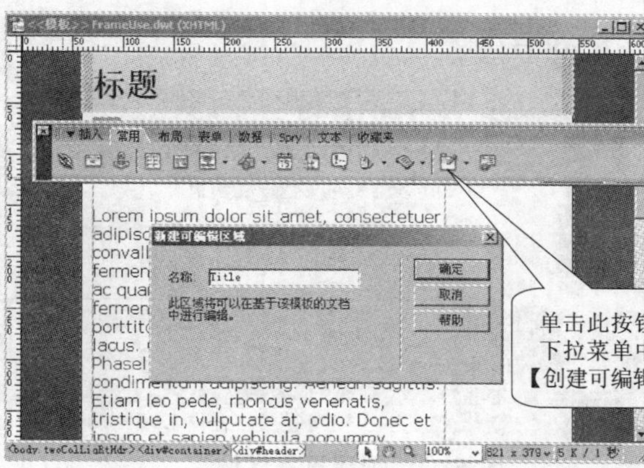

图 5-53 创建可编辑区域

要想将可编辑区域再次锁定，可以右击可编辑区域标记，在快捷菜单中选择【模板】>【删除可编辑区域】命令。

注意：可以将整个表格或单独的表格单元格标记为可编辑的，但不能将多个表格单元格标记为单个可编辑区域。如果选定 <td> 标记，则可编辑区域中包括单元格周围的区域；如果未选定，则可编辑区域将只影响单元格中的内容。另外，AP 元素和 AP 元素内容也是不同的元素；将 AP 元素设置为可编辑便可以更改 AP 元素的位置和该元素的内容，而使 AP 元素的内容可编辑则只能更改 AP 元素的内容，不能更改该元素的位置。

（二）在模板中定义重复区域

重复区域是模板的一部分，这一部分可以在基于模板的页面中重制多次。重复区域通常与表格一起使用，但也可以为其他页面元素定义重复区域。使用重复区域，可以通过重复特定项目来控制页面布局，例如目录项、说明布局或者重复数据行（如项目列表）。有两个重复区域模板对象可供使用：重复区域和重复表格。重复区域不是可编辑区域，要将重复区域中的内容设置为可编辑，必须在重复区域中插入可编辑区域。

如果要在模板中创建重复区域，方法是首先选择想要设置为重复区域的文本或内容，然后选择【插入】>【模板对象】>【重复区域】；或者在【插入】栏的【常用】选项卡中，单击【模板】按钮，然后从弹出菜单中选择【重复区域】。在弹出的【新建重复区域】对话框中为重复区域指定一个名称，设置完成后单击【确定】按钮，如图 5-54 所示。

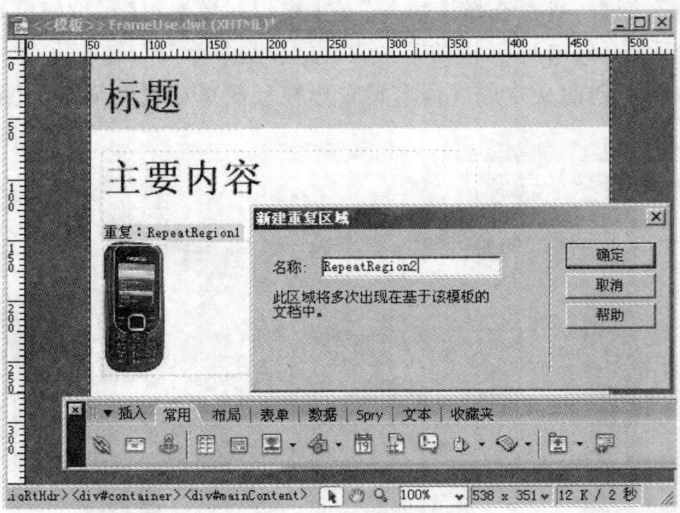

图 5-54　创建重复区域

重复表格和重复区域的创建方法类似，只是在打开的“插入重复表格”对话框中除了设置区域名称外，还需要设置插入重复表格的行数、列数、宽度、边框、单元格边距和单元格间距，以及重复表格行的起始行和结束行，如图 5-55 所示。

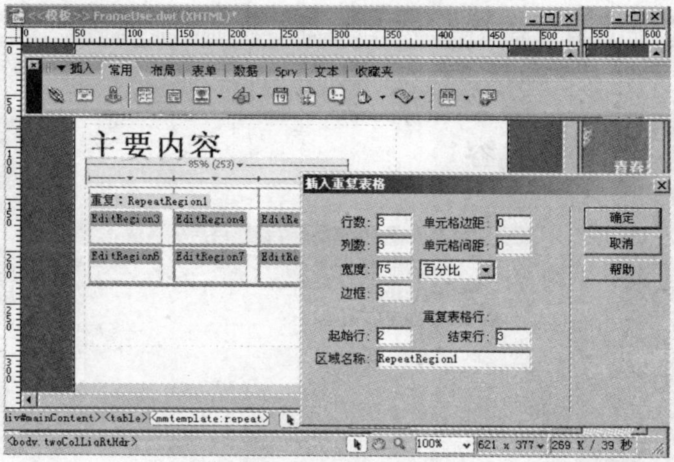

图 5-55 创建重复表格

（三）在模板中定义可选区域

可选区域是模板中的区域，用户可将其设置为在基于模板的文档中显示或隐藏。当想要为在文档中显示内容设置条件时，请使用可选区域。

插入可选区域以后，既可以为模板参数设置特定的值，也可以为模板区域定义条件语句（if...else 语句）。可以使用简单的真/假操作，也可以定义比较复杂的条件语句和表达式。如有必要，可以在以后对这个可选区域进行修改。模板用户可以根据您定义的条件在其创建的基于模板的文档中编辑参数并控制是否显示可选区域。还可以将多个可选区域与一个已命名的参数链接起来，这几个可选区域将作为一个整体显示或隐藏。例如，可以显示销售产品的“出清存货”图像和销售价格文本区域。

可选区域分为两类：

◇ 不可编辑的可选区域。使模板用户能够显示和隐藏特别标记的区域但却不允许编辑相应区域的内容。 可选区域的模板选项卡在单词 if 之后。根据模板中设置的条件，模板用户可以定义该区域在他们所创建的页面中是否可见。

◇ 可编辑可选区域。使模板用户能够设置是显示还是隐藏区域并能够编辑相应区域的内容。例如，如果可选区域中包括图像或文本，模板用户即可设置该内容是否显示，并根据需要对该内容进行编辑。可编辑区域是由条件语句控制的。

如果要插入不可编辑的可选区域，可在【插入】栏的【常用】选项卡中，单击【模板】按钮，然后从弹出菜单中选择【可选区域】；如果要插入的是可编辑可选区域，则可在【插入】栏的【常用】选项卡中，单击【模板】按钮，然后从弹出菜单中选择“可编辑的可选区域”。如图 5-56 所示。

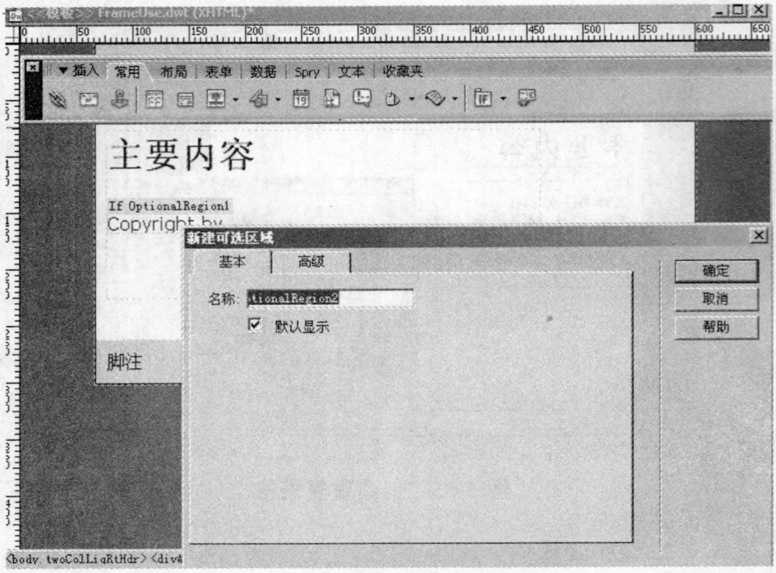

图 5-56 定义可选区域

下面介绍如何使用模板的可选区域。首先使用如图 5-56 所示的模板文档新建文档，该模板文档中包含可选区域，可以通过修改模板的属性来选择是否显示可选区域的内容。方法是执行【修改】>【模板属性】命令，弹出【模板属性】对话框。禁用【显示 OptionRegion1】复选框，在属性列表中名称是 OptionRegion1 的值变为“假”，单击【确定】按钮，这样就可以使可选区域不在文档中显示。效果如图 5-57 所示。

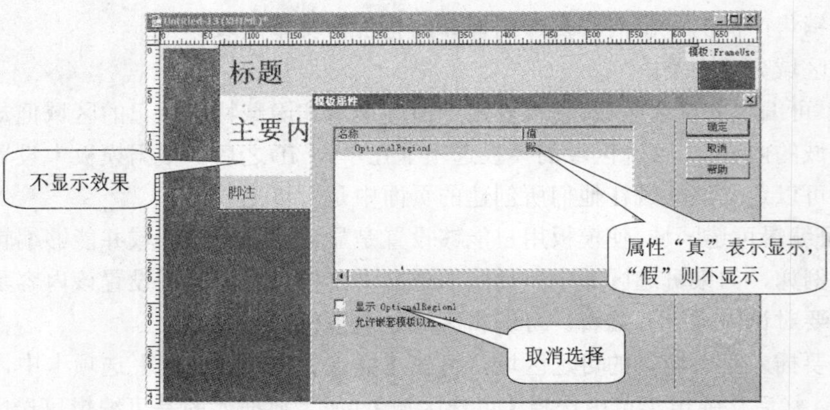

图 5-57 禁用“显示 OptionRegion1”效果

（四）在模板中定义可编辑标签属性

可编辑标签允许模板用户在根据模板创建的文档中修改指定的标签属性。例如可以在模板文档中设置背景颜色，但仍允许为创建的页面设置不同的背景颜色；还可以在页面中设置多个可编辑属性，这样，模板用户就可以在基于模板的文档中修改这些属性。支持的数据类型如下：文本、布尔值（true/false）、颜色和 URL。

创建可编辑标签属性时，将在代码中插入一个模板参数。该属性的初始值在模板文档中设置；当创建基于模板的文档时，它将继承该参数。模板用户便可以在基于模板的文档中编辑该参数。

要创建可编辑标签，首先在【文档】窗口中，选择想要为其设置可编辑标签属性的项目，选择【修改】>【模板】>【令属性可编辑】命令，在弹出的【可编辑标签属性】对话框（见图 5-58）内的“属性”文本框中输入名称，并确保【令属性可编辑】复选框被选定。

【可编辑标签属性】对话框内主要参数说明如下。

◇ 属性：选择想要使其可编辑的属性，可以在下拉列表框中选择。如果要设置为可编辑的属性没有在【属性】下拉列表框中列出，则先单击【添加】按钮，然后在打开的对话框中输入要添加的属性的名称，最后单击【确定】按钮。

◇ 令属性可编辑：确保此复选框被选定，否则无法使用可编辑标签属性。

◇ 标签：此文本框用来输入属性的惟一名称。这里需要填写易于记住含义的名称。

◇ 类型：在此下拉列表中选择该属性所允许具有的值的类型。若要让用户为属性输入文本值，可选择“文本”，例如，可以使用带有 align 属性的文本；然后，用户就可以将该属性的值设置为左对齐、右对齐或居中对齐；若要插入元素的链接（如图像的文

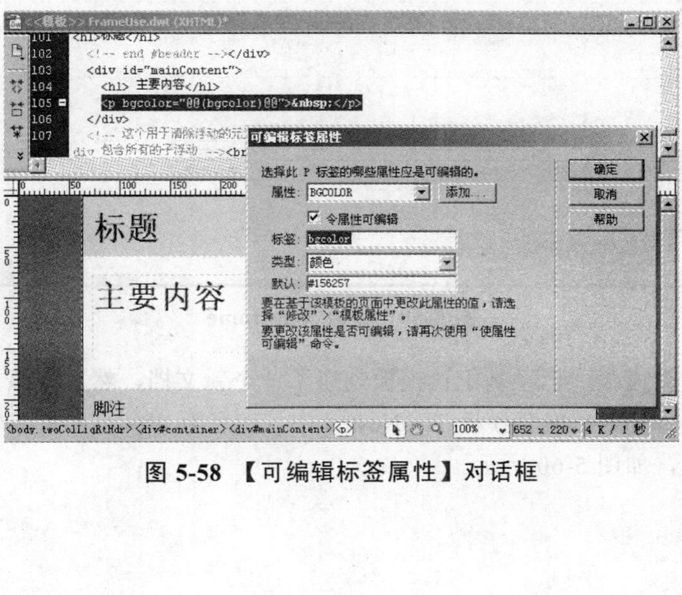

图 5-58 【可编辑标签属性】对话框

件路径），请选择“URL”，使用此选项可以自动更新链接中所用的路径，如果用户将图像移动到新的文件夹，则【更新链接】对话框将会出现；若要使颜色选择器可用于选择值，请选择“颜色”；若要让模板用户可以键入数值以更新属性（例如，更改图像的高度或宽度值），请选择“数字”。

◇ 默认：显示模板中所选标签属性的值。在此框中输入一个新值，以便为基于模板的文档中的参数设置另外一个初始值。

四、嵌套模板

嵌套模板是指其设计和可编辑区域都基于另一个模板的模板。嵌套模板对于控制共享许多设计元素的站点页面中的内容很有用，但在各网页之间有些差异。例如，基本模板中可能包含更宽广的设计区域，并且可以由站点的许多内容提供者使用，而嵌套模板可能进一步定义站点内特定部分的页面中的可编辑区域。

基本模板中的可编辑区域被传递到嵌套模板，并在根据嵌套模板创建的页面中保持可编辑，除非在这些区域中插入了新的模板区域。对基本模板所做的更改在基于基本模板的模板中自动更新，并在所有基于主模板和嵌套模板的文档中自动更新。

在图 5-59 所示的示例中，模板 trioHome 包含三个可编辑区域，名称分别为 Body、Nav Bar 和 Footer。

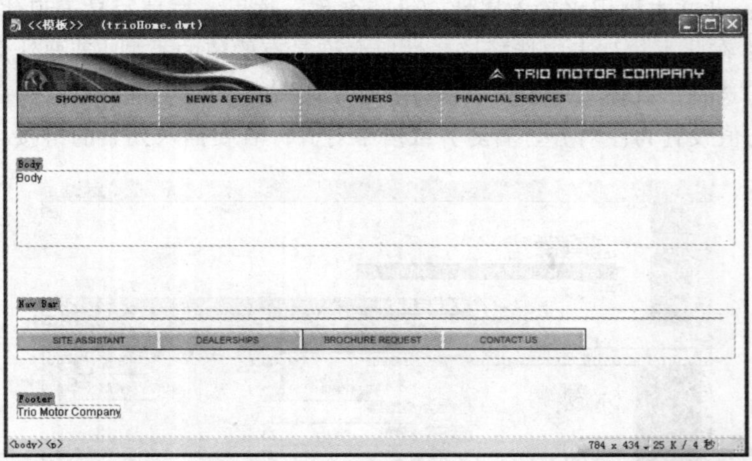

图 5-59 模板 trioHome

为了创建嵌套模板，已经基于该模板创建了一个新文档，然后将该文档保存为模板并命名为 TrioNested。在嵌套模板 TrioNested 中，在名为 Body 的可编辑区域中添加了两个可编辑区域，如图 5-60 所示。

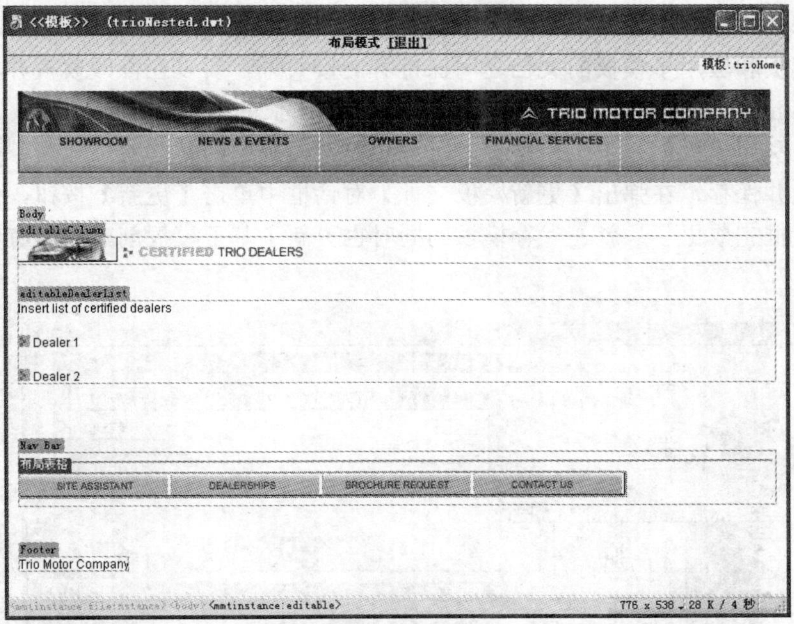

图 5-60 模板 TrioNested

在传递到嵌套模板的可编辑区域内添加新的可编辑区域时，该可编辑区域的高亮颜色将变为橙色。在可编辑区域外部添加的内容，如 editableColumn 中的图形，在基于该嵌套模板的文档中不再是可编辑的。蓝色的高亮显示可编辑区域（无论是添加到嵌套模板的还是从基本模板传递的）在基于该嵌套模板的文档中仍然是可编辑的。不包含可编辑区域的模板区域作为可编辑区域传递到基于模板的文档。

要创建嵌套模板，首先创建一个基于基本模板的文档，然后在该文档的可编辑区域单击，在【插入】工具栏【常用】选项卡中单击【创建嵌套模板】按钮，在弹出的【另存为模板】对话框中为模板输入名称，最后单击【确定】按钮即可。

在嵌套模板中，传递的可编辑区域具有蓝色边框。在可编辑区域内可以插入模板标记，这样它就不会作为可编辑区域在基于该嵌套模板的文档中传递。这种区域具有橙色的边框，而不是蓝色的边框。如果要防止可编辑区域传递到嵌套模板，可以在“代码”视图中，找到要阻止传递的可编辑区域（可编辑区域由模板注释标记定义），然后使用@@("")@@环绕可编辑区域（包括注释标记）。

如果在导出到其他站点的基于模板的文档中不想包含模板标记，可以选择【修改】>【模板】>【不带标记导出】命令。

五、修改模板并更新站点

因为模板和应用了模板的文档之间保持着链接关系，所以在修改模板并将它保存的时候，Dreamweaver 会提示是否更新所有应用了该模板的页面。

当已经利用模板创建了多个网页时，又想更改模板中的某些网页元素，可以直接在模板中更改并保存，在弹出【更新模板文件】对话框中单击【更新】按钮，打开【更新页面】对话框完成更新，就在保存模板的同时也更新了基于模板创建的所有网页，如图 5-61 所示。

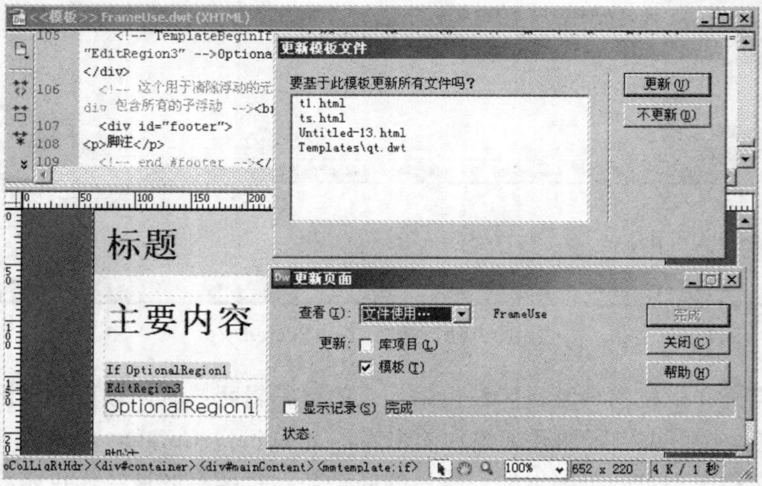

图 5-61　修改模板并更新站点

第四节　用 Div+CSS 布局网页

CSS 页面布局使用层叠样式表格式（而不是传统的 HTML 表格或框架）组织网页上的内容。CSS 布局的基本构造块是 Div 标签，它是一个 HTML 标记，在大多数情况下用作文本、图像或其他页面元素的容器。创建 CSS 布局时，会将 Div 标签放在页面上，向这些标签中添加内容，然后将它们放在不同的位置上。与表格单元格（被限制在表格行和列中的某个现有位置）不同，Div 标签可以出现在 Web 页上的任何位置。可以用绝对方式（指定 x 和 y 坐标）或相对方式（指定与其他页面元素的距离）来定位 Div 标签。

一、使用 CSS 布局创建页面

当使用 Dreamweaver 创建新页面时，可以创建一个已包含 CSS 布局的页面。

Dreamweaver 附带了 30 多个可供选择的不同 CSS 布局。另外，也可以创建自己的 CSS 布局，并将它们添加到配置文件夹中，以便它们在【新建文档】对话框中显示为布局选项。

（一）使用 CSS 布局创建新页面

要使用 CSS 布局创建页面，选择【文件】>【新建】命令，在【新建文档】对话框中，选择【空白页】类别；在【页面类型】列表中，选择要创建的页面类型；在【布局】列表中，选择要使用的 CSS 布局（可以从 30 多个不同布局中选择），预览窗口将显示该布局，并给出所选布局的简短说明。最后单击【创建】按钮即可。如图 5-62 所示。

注意：必须为【布局】选择 HTML 页面类型。例如，可以选择 HTML、ColdFusion、JSP 等。不能使用 CSS 布局创建 ActionScript、CSS、库项目、JavaScript、XML、XSLT 或 ColdFusion 组件页面。【新建文档】对话框中的【其他】类别中的页面类型也不包括 CSS 页面布局。

预设计的 CSS 布局提供了下列类型的列：

◇ 固定：列宽是以像素为单位指定的。列的大小不会根据浏览器的大小或站点访问者的文本设置来调整。

◇ 弹性：列宽是以相对于文本大小的度量单位（全方）指定的。如果站点访问者更改了文本设置，该设计将会进行调整，但不会基于浏览器窗口的大小来更改列宽度。

◇ 液态：列宽是以站点访问者的浏览器宽度的百分比形式指定的。如果站点访问者将浏览器变宽或变窄，该设计将会进行调整，但不会基于站点访问者的文本设置来更改列宽度。

◇ 混合：用上述三个选项的任意组合来指定列类型。例如，可能存在两列混合的形式：左侧栏布局有一个根据浏览器大小缩放的主列，右侧有一个根据站点访问者的文本设置大小缩放的弹性列。

（二）向【布局】列表添加自定义 CSS 布局

要向【布局】列表添加自定义 CSS 布局，首先创建一个 HTML 页面，该页面包含您希望添加到【新建文档】对话框的布局列表中的 CSS 布局（该布局的 CSS 必须驻留在 HTML 页面的头部），并使用扩展名.htm 保存到 Adobe Dreamweaver CS3\Configuration\BuiltIn\Layouts 文件夹中。

如果需要在预览中显示布局的预览图像，将布局的预览图像（例如 .gif 或 .png 文件）添加到 Adobe Dreamweaver CS3\Configuration\BuiltIn\Layouts 文件夹中。随 Dreamweaver 提供的默认图像是 227 像素宽、193 像素高的 .png 文件。应当使用之前保存的的 HTML 文件的文件名来命名预览图像，以便可以跟踪该图像。例如，如果 HTML 文件的名称为 myCustomLayout.htm，则将预览图像命名为 myCustomLayout.png。

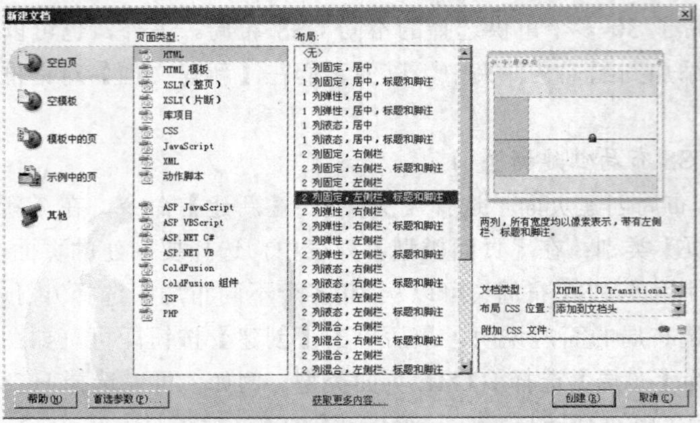

图 5-62 使用 CSS 布局创建页面

如果需要显示备注信息，打开 Adobe Dreamweaver CS3\Configuration\BuiltIn\Layouts_notes 文件夹，复制并粘贴该文件夹中的任意一个现有备注文件，然后针对您的自定义布局重命名该副本。例如，可以复制 oneColElsCtr.htm.mno 文件，将它重命名为 myCustomLayout.htm.mno。在为自定义布局创建备注文件后，可以打开该文件，指定布局名称、说明和预览图像。

二、插入 Div 标签进行布局

(一) 插入 Div 标签

可以通过手动插入 Div 标签并对它们应用 CSS 定位样式来创建页面布局。要添加 Div 标签，将插入点放置在要显示 Div 标签的位置，选择【插入】>【布局对象】>【Div 标签】，或在【插入】栏的“布局”选项卡中，单击【插入 Div 标签】按钮，打开【插入 Div 标签】对话框（见图 5-63）。如需指定类或 ID，以便应用对应 CSS 样式，可以在弹出的【插入 Div 标签】对话框中指定。

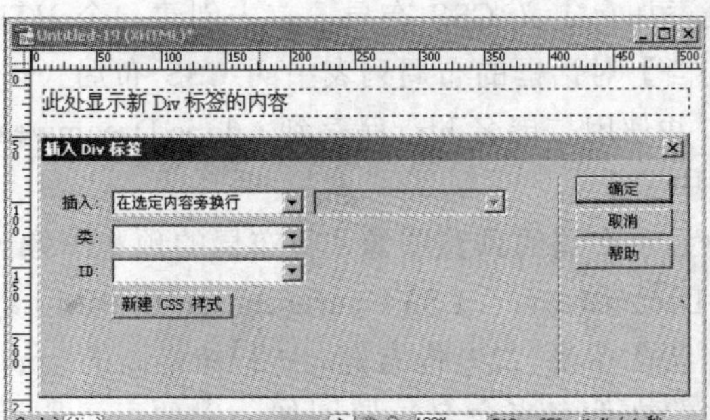

图 5-63 【插入 Div 标签】对话框

（二）编辑 Div 标签

新建样式.main，设置宽、高均为 100 像素，如图 5-64 所示，然后将样式.main 应用于如图 5-63 所示的新建 Div 标签，显示效果如图 5-65 所示。

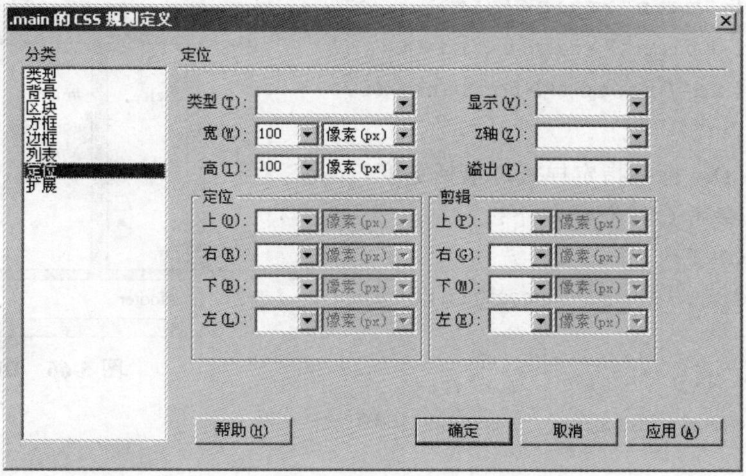

图 5-64 .main 样式的设置

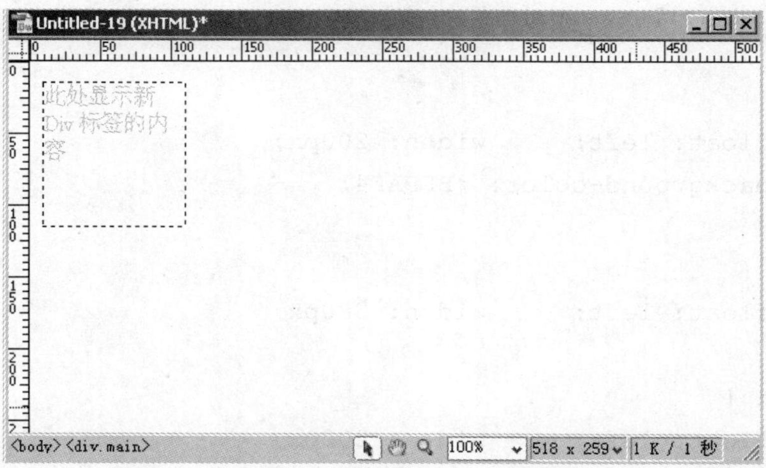

图 5-65 Div 标签应用.main 样式的效果

（三）使用 Div 标签进行布局

如果需要建立如图 5-66 所示的窗口布局，首先根据标签的顺序及相互嵌套关系，插入各个 Div 标签。参考代码如下：

```
<div id="container">container
```

```
    <div id="header">header</div>
    <div id="nav">nav</div>
  <div id="left">left</div>
  <div id="main">main</div>
  <div id="right">right</div>
    <div id="footer">footer</div>
  </div>
```

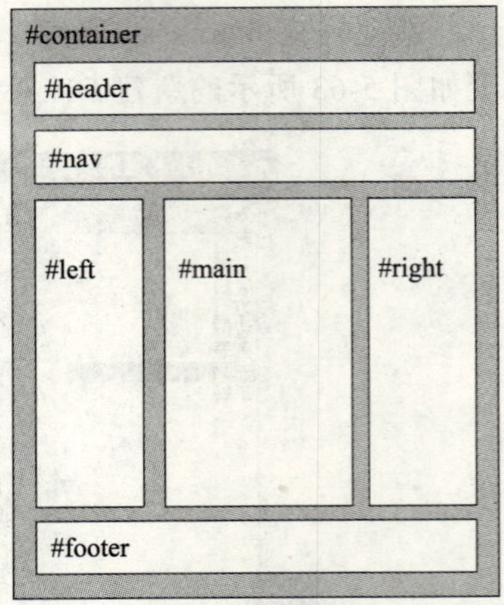

图 5-66　Div 标签

然后为各 Div 标签指定样式，包括宽度、高度、浮动、边框等。参考 CSS 代码如下：

```
#container{
    width:780px;   margin:0 auto;
}
#header {
   height: 70px;   width: 780px;
}
#nav {
   padding:10px 0px;
}
#left {
     float: left;      width: 200px;
     background-color: #BFDAF4;
}
#main {
     float: left;      width: 380px;
}
#right {
     float: left;      width: 200px;
     background-color: #BFDAF4;
}
#footer {
     clear: left;   height:80px;   width: 780px;   float: none;
}
```

（四）Div 标签浮动效果

如图 5-67 所示的 CSS 布局例中使用了 float 属性，用于定义 Div 标签的浮动效果，定义过程如图 5-67 所示。

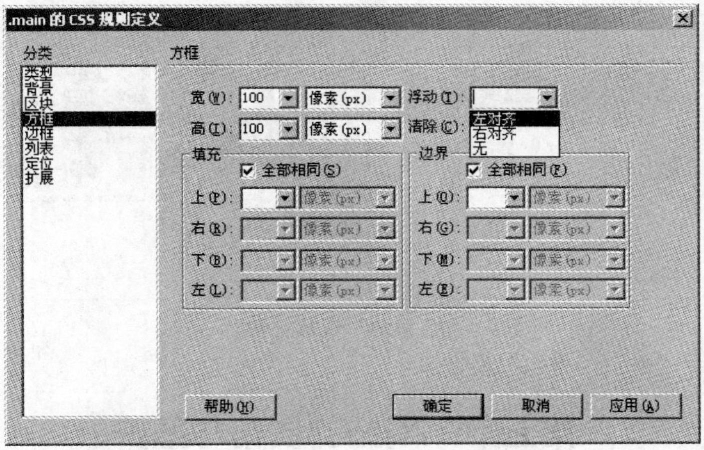

图 5-67 浮动属性设置

float 可以取三个可能的值：*left*：向左浮动；*right*：向右浮动；*none*：消除浮动

图 5-66 中 id 为“left”的 Div 标签只占据了 200px 的宽度，把 id 为“main”和“right”的标签对应的样式中添加 float:left 效果，使得 id 为“main”和“right”的标签往左上浮动，并占据 id 为“left”的 Div 标签空出的位置。从而生成 3 个 Div 标签并列的效果。id 为“footer”的 Div 标签不再需要浮动，因此在对应样式中设置 float:none 效果。

Div 标签浮动的规则如下：

（1）多个浮动元素不会相互覆盖，一个浮动元素的框碰到另一个浮动元素的框后便停止运动，如图 5-68 所示。

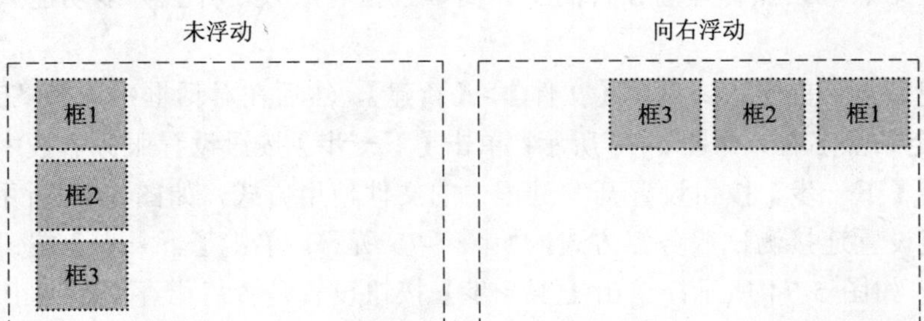

图 5-68 浮动效果

（2）若包含的容器太窄，无法容纳水平排列的三个浮动元素，那么其他浮动块向下移动。但如果浮动元素的高度不同，那么当它们向下移动时可能会被卡住，如图 5-69 所示。

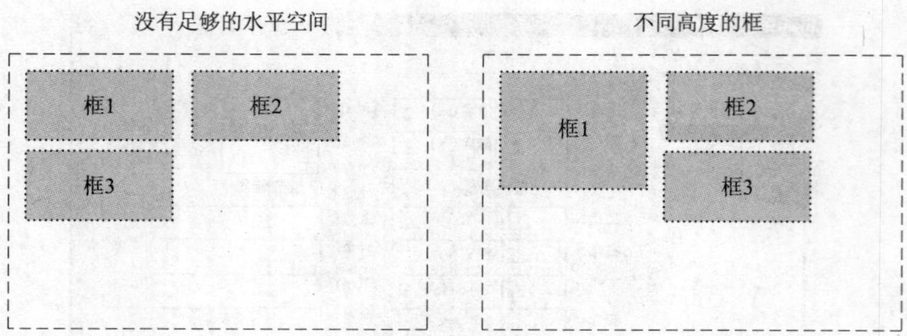

图 5-69　浮动效果

第五节　网站的发布与维护

Dreamweaver 最强大的功能就是站点管理。在 Dreamweaver 中制作网站，首先需要定义一个本地站点，因为只有本地站点中才可以利用模板等高级功能编辑更新网站。

利用【文件】面板可以解决多方面的问题，其优点包括：自动更新链接，自动复制文件到当前默认站点，自动生成站点映射并且可以保存输出，自动在整个站点中寻找坏的链接，利用自带 FTP 功能及时远程管理用户的站点，采用所见即所得的形式，完全支持鼠标拖放。

一、创建站点

站点管理是站点管理员的基本工作之一。如果你并不只是编辑单个页面，那么最好先建立一个站点，站点管理会让你的工作简单且富有成效，并且许多功能只有在站点中才能实现。

要新建站点，首先选择菜单【文件】>【新建】，然后在对话框中选择“Dreamweaver 站点”，指定站点名称，如图 5-70 所示；单击【下一步】按钮设置服务器技术，如图 5-71 所示；单击【下一步】按钮设置开发过程中的文件使用方式，如图 5-72 所示；单击【下一步】按钮设置连接测试服务器方式，如图 5-73 所示；单击【下一步】按钮设置站点根目录 URL，如图 5-74 所示；单击【下一步】按钮设置是否启用存回和取出，如图 5-75 所示。

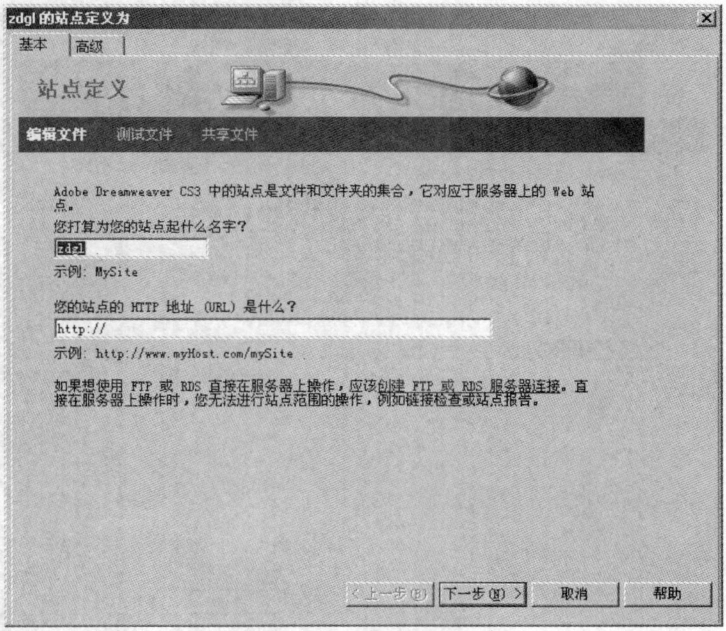

图 5-70 站点名称设置

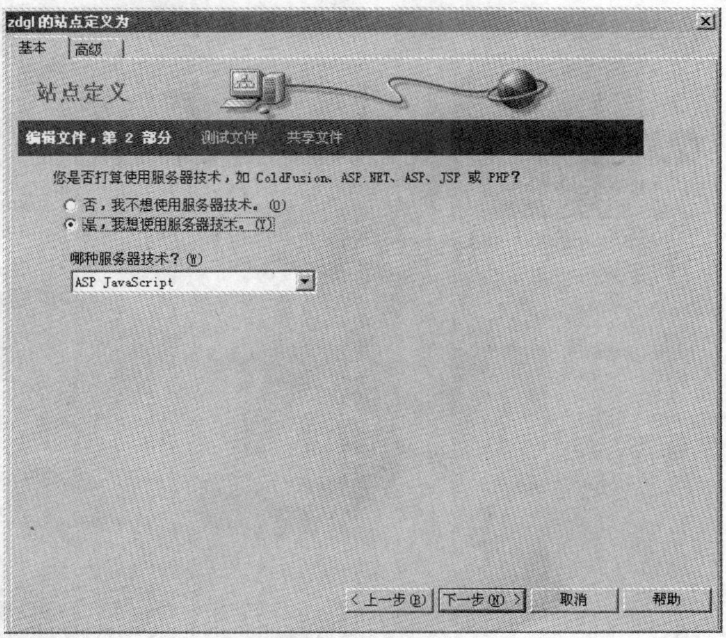

图 5-71 服务器技术设置

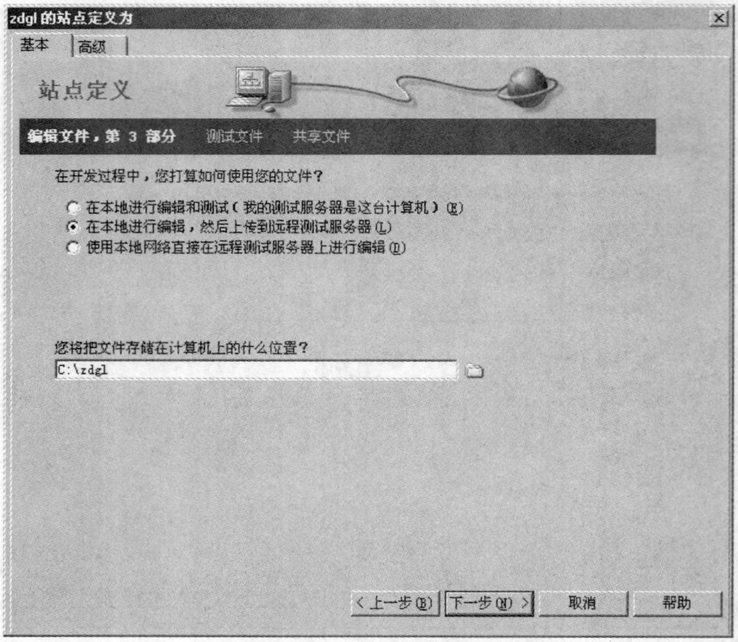

图 5-72　文件使用方式

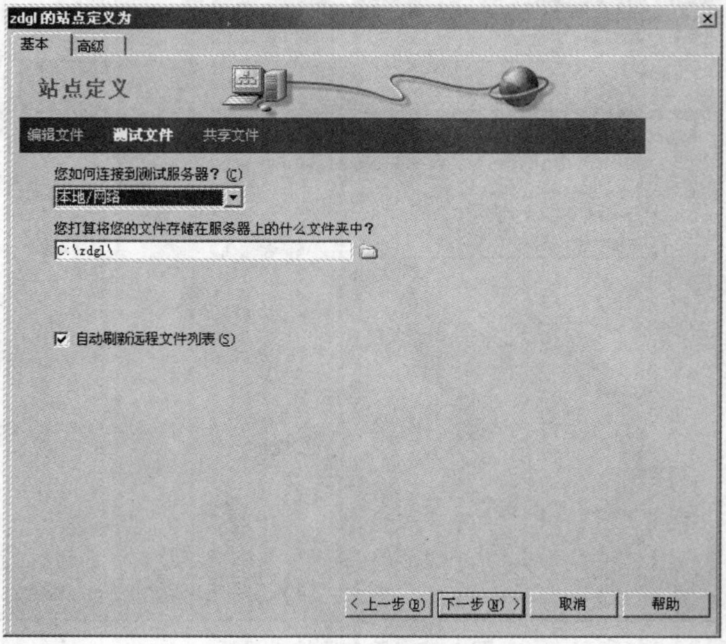

图 5-73　连接测试服务器

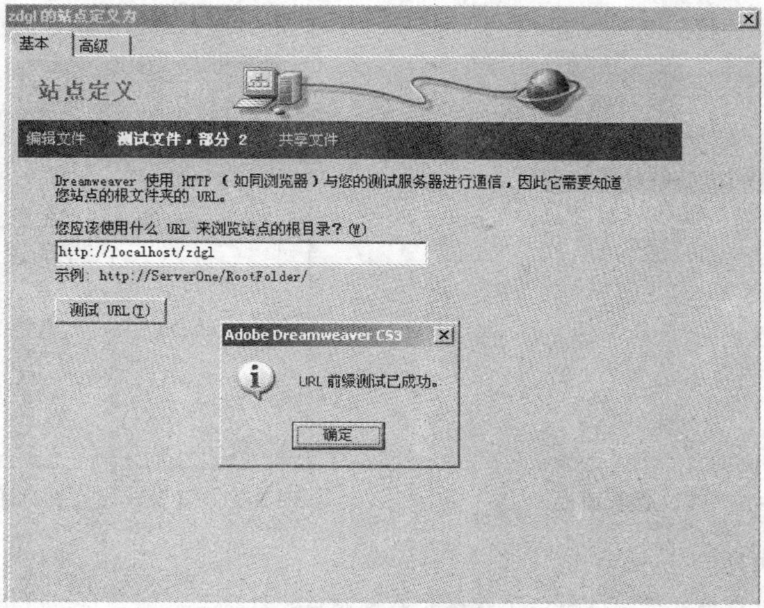

图 5-74 测试站点根目录 URL

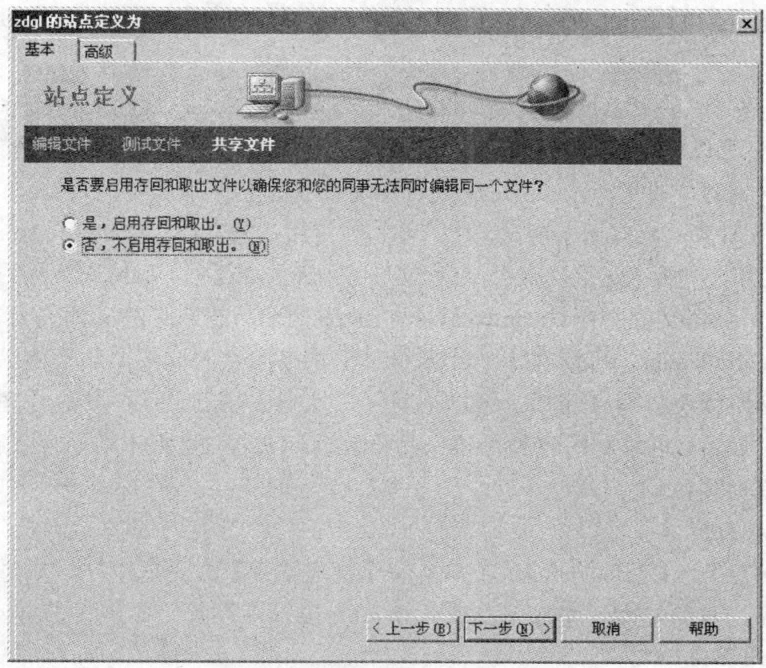

图 5-75 设置是否启用存回和取出

完成设置后我们可以在【文件】面板管理新建立的站点，如图 5-76 所示。

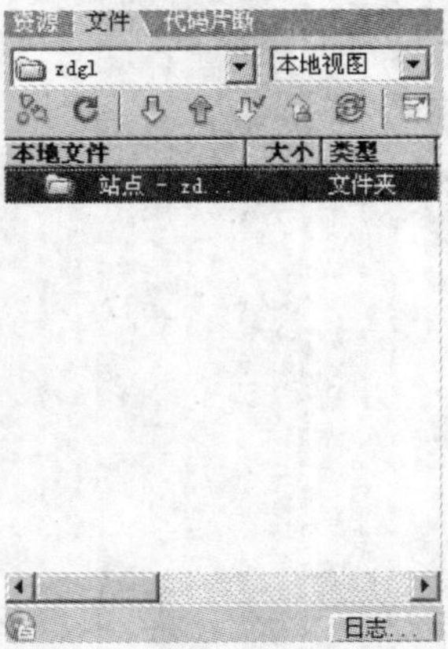

图 5-76 【文件】面板

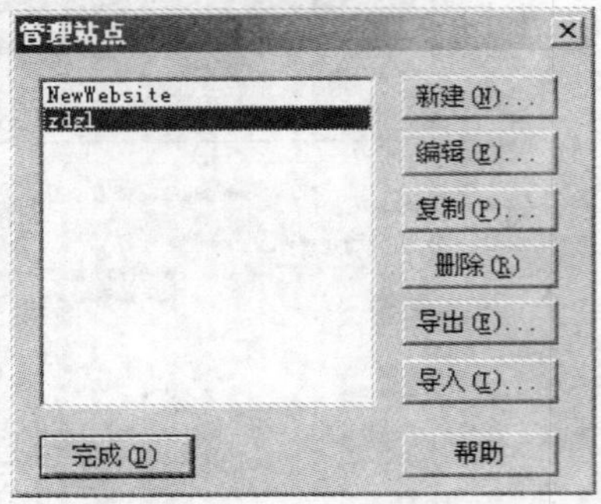

图 5-77 【管理站点】对话框

二、维护站点

在站点管理前，先来了解一下什么是本地站点，什么是远端站点。严格地说，站点是一种文档的磁盘存储形式，它同样是由文档和文档所在的文件夹组成的。

Dreamweaver 站点由三个部分（或文件夹）组成，具体取决于开发环境和所开发的 Web 站点类型：

◇ 本地根文件夹：存储正在处理的文件。Dreamweaver 将此文件夹称为“本地站点”。此文件夹可以位于本地计算机上，也可以位于网络服务器上。如果直接在服务器上工作，则每次保存文件时 Dreamweaver 都会将文件上传到服务器。

◇ 远程文件夹：存储用于测试、生产和协作等用途的文件。Dreamweaver 在【文件】面板中将此文件夹称为“远端站点”。远程文件夹通常位于运行 Web 服务器的计算机上。

◇ 测试服务器文件夹：Dreamweaver 在其中处理动态网页的文件夹。

利用 Dreamweaver，可以在本地计算机上构建出站点的框架，从整体上对站点进行全局把握。这时候没有网络连接，可以不受干扰地完成站点设计，并进行完善的测试。当站点设计完成后，可以利用各种上传工具（比如 FTP 程序）将本地站点上传到 Internet 服务器，形成远端站点。

（一）管理站点

选择【站点】>【管理站点】，在弹出的【管理站点】对话框中，可以进行创建新站点、编辑站点、复制站点、删除站点或者导入/导出站点设置。如图 5-77 所示。

（二）使用站点地图

可以将 Dreamweaver 站点的本地根文件夹视作链接的图标的视觉地图，此视觉地图称为站点地图。可以使用站点地图将新文件添加到 Dreamweaver 站点，或者添加、修改、删除链接。站点地图从主页开始显示两个级别深度的站点结构。在站点地图中，将页面显示为图标，并按在源代码中出现的顺序来显示链接。

必须先定义站点的主页才能显示站点地图。站点的主页是地图的起点，可以是站点中的任何页面。选中站点中要定为主页的文件，右击并在快捷菜单中选择【设成首页】命令，如图 5-78 所示。然后在【文件】面板中单击展开以显示本地和远端站点按钮，将会切换到【站点导航】对话框，单击【站点导航】按钮，即可显示站点地图，如图 5-79 所示。

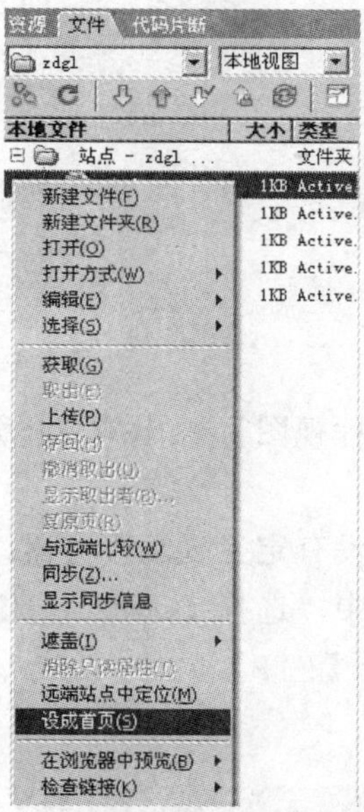

图 5-78 设成首页

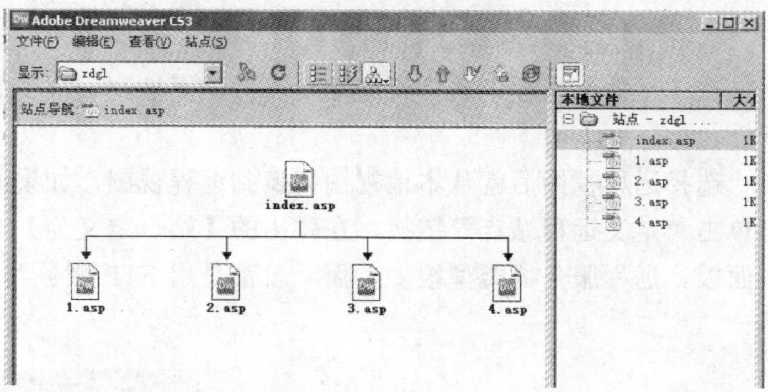

图 5-79 站点地图

当在站点地图中工作时，可以选择页、打开页进行编辑、向站点添加新页、创建文件之间的链接以及更改页标题，如图 5-80 所示。

三、上传和下载

资源从 Internet 服务器传到本地计算机这个过程称为下载，而资源从本地计算机传到 Internet 服务器上的这个过程称为上传。网站的编辑开发工作通常在本地站点进行，当网站开发完毕，通过一些工具（比如 FTP 工具）再上传到远端站点进行测试。有时候也希望将远端站点的文件下载回来，在本地编辑修改好后，再上传到远端站点。可以将整个站点上传到服务器，也可以只将部分文件上传。

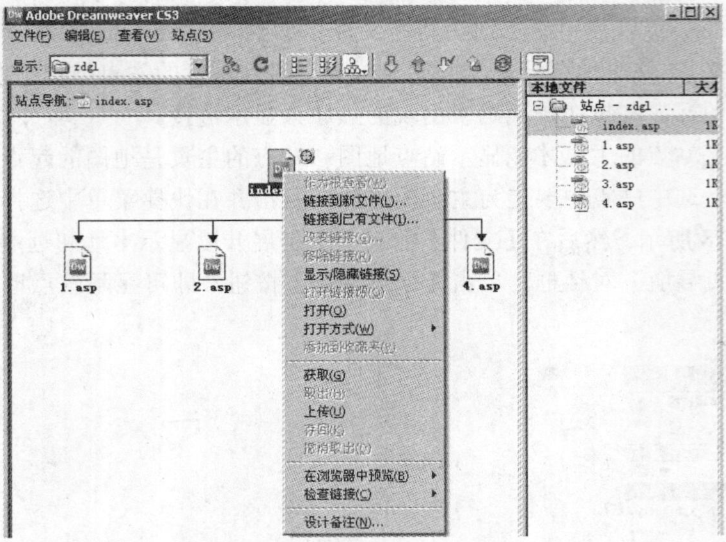

图 5-80 站点地图操作

（一）设置远端服务器和 FTP 属性

在【文件】面板中选择所定义站点后的下拉列表框中的【远程视图】，如图 5-81 所示。

选择远程视图后就从本地视图切换到远程视图，如果此时还没有定义远端服务器，可单击“定义远程站点”链接，在弹出的【站点定义为】对话框中，选择【远程信息】子面板。远程服务器类型很多，而一般都是用 FTP 服务器。选择【FTP】，如图 5-82 所示。

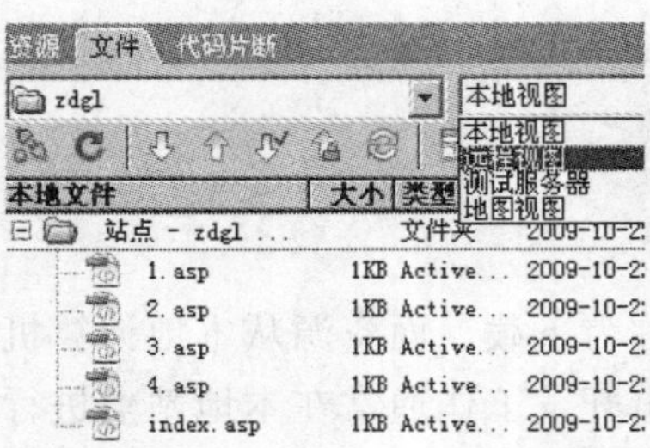

图 5-81 本地视图面板

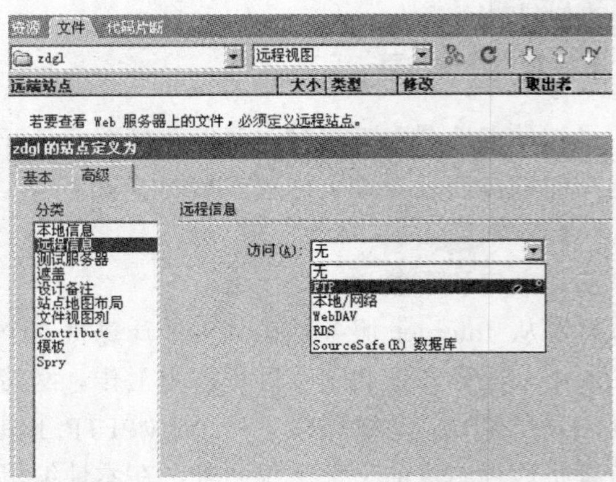

图 5-82 定义远程信息服务器

在“访问”下拉列表框中选择了 FTP 之后，【远程信息】子面板变为如图 5-83 所示的面板，需要填写的大部分信息在申请主页空间时由服务器提供方告知。

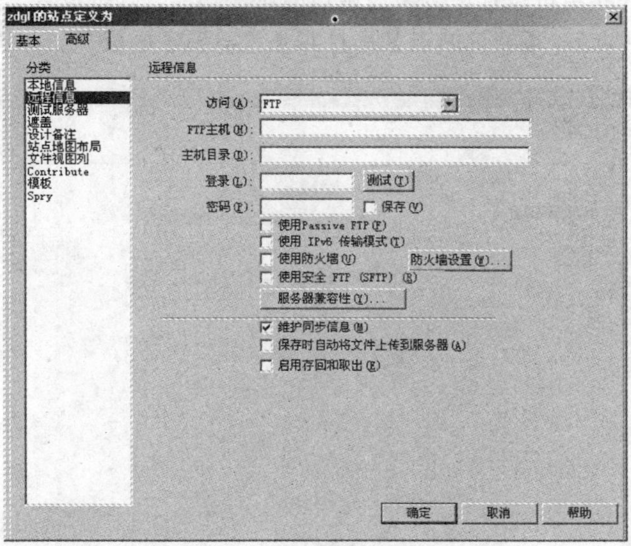

图 5-83 设置远程信息 FTP 服务器

（二）上传文件

在站点中选中要上传的文件，执行【站点】>【上传】命令，或是直接单击【文件】面板中的【上传文件】按钮。如果要上传的文件尚未保存，将会提示先保存才能上传。

如果要上传的文件包含其他位置的内容，会弹出对话框，询问是否包含相关文件。如果单击【确定】按钮，也将上传相关文件。

（三）下载文件

在远端站点中选中要下载的文件，执行【站点】>【获取】命令，或是直接单击【文件】面板中的【获取文件】按钮。如果要下载的文件包含其他位置的内容，也会提示是否包含相关文件。如果单击【确定】按钮，也将下载相关文件。

四、文件遮盖

在开发网站的过程中，有些文件属于中间文件，也就是这些文件只参与页面设计，而不必进行上传和下载。利用 Dreamweaver 的文件遮盖功能，就可以设置站点中的这些中间文件不参与上传和下载操作。

（一）文件遮盖影响及设置

Dreamweavr 中被遮盖的文件，除了不参与上传和下载外，几乎所有的站点开发操作控制都不能参与，比如：不参与生成站点报告，在选择本地较新文件和远程较新文件时不能选中被遮盖文件，一些站点范围检查操作也排除遮盖文件。

在 Dreamweaver 中可设置是否激活站点的遮盖功能，以及设置要遮盖哪些类型的文件。可以执行【站点】>【管理站点】来打开【遮盖】子面板，如图 5-84 所示。

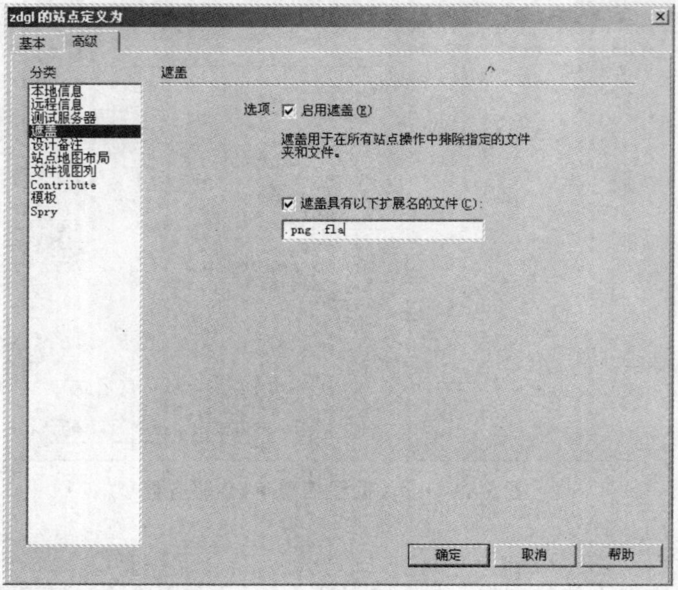

图 5-84 【遮盖】子面板

要设置遮盖文件类型，可选中“遮盖具有下列扩展名的文件”复选框，然后在其下方的文本框中输入希望遮盖的文件类型，多个扩展名之间用空格分开。

（二）激活和关闭文件遮盖

默认情况下，站点的遮盖功能是被激活的。如果关闭了遮盖功能，那么所有原来被遮盖的文件都将处于未遮盖状态。重新激活遮盖功能，又会恢复遮盖。

除了遮盖整个网站，还可以指定某个文件夹被遮盖，在被遮盖文件夹下所有符合被遮盖类型的文件都会被遮盖。方法是首先在【文件】面板选中要被遮盖的文件夹，然后在右键菜单中选择【遮盖】>【遮盖】命令。

五、站点测试

网站制作完成后，在没有上传之前，还要进行一项比较重要的工作，就是在本地对网站进行测试，以免上传后出现难以预料的错误，导致不必要的麻烦。本地测试包括链接测试、不同浏览器测试和不同分辨率测试等。

（一）检查文件间的链接

一个网站是由十几个甚至几百个网页组成的，而网页之间是通过超级链接来联系的。如果一个网页没有添加超级链接，或者超级链接错误，那么就无法找到该网页。所以在制作完成一个网站后，首先要检查网站中的超级链接是否正确。

首先打开网站中的一个网页，执行【文件】>【检查页】>【检查链接】命令，这时结果面板中的“链接检查器”选项卡被打开，在列表中出现断掉的链接文件或图片，如图5-85所示。

如果需要检查整个网站的链接，可在【结果】面板中单击【检查链接】按钮，选择弹出菜单中的【检查整个当前本地站点的链接】命令，如图5-86所示。

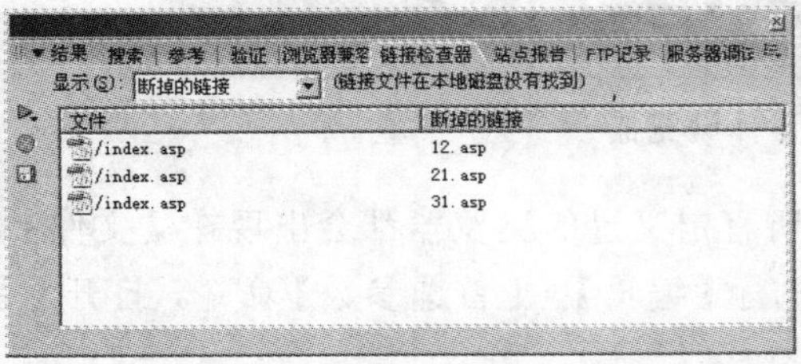

图5-85 选择页面链接检查

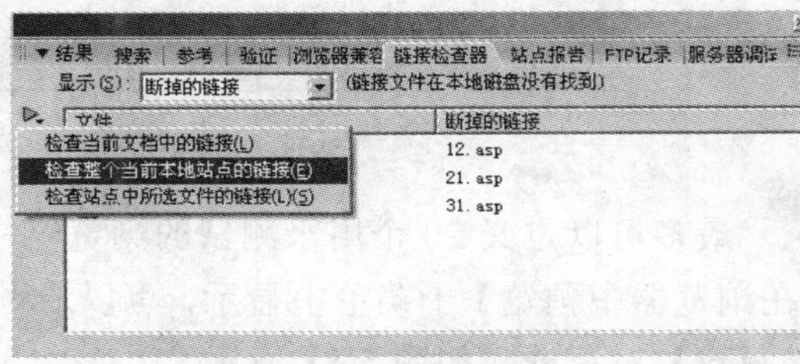

图5-86 整个站点链接检查

（二）修复损坏的链接

在使用检查链接后，【链接检查器】列表中会显示一个包括损坏的链接、外部链接以及孤立文件的列表（选择检查整个站点才能显示孤立文件）。可以直接在【链接检查器】列表中修复损坏的链接以及图片路径，或者从列表中将文件打开，然后在【属性】面板中修复。

要在【链接检查器】列表中修复链接，可以先选定损坏的链接，然后输入正确的路径以及文件名或者单击文件夹图标，浏览选定文件，修复完毕后按回车键即可。要想在【属性】面板中修复损害链接，可以先从【链接检查器】列表中双击将文件打开，在【属性】面板中输入路径及文件名即可。

链接修复后，此文件就会从【链接检查器】列表中消失。如果未消失，说明仍有问题。

（三）浏览器测试

不同浏览器的测试，就是在不同的浏览器和浏览器不同的版本下，测试页面的运行和显示情况。这项测试能将测试出来的错误或者可能出现的错误列出一个清单，然后根据该清单的提示进行修改和处理，解决可能出现的问题，以免在浏览页面时出错，而给浏览者留下不好的印象要进行浏览器测试，先打开需要测试的网页，执行【文件】>

【检查页】>【检查目标浏览器】命令，在【结果】面板中会列出一个清单，该清单列出了错误项和有可能的错误项，并且在清单下方列出了出现错误的具体行为和原因，如图 5-87 所示。可以根据该清单的提示，对该页面中的文档进行修改，直到没有错误为止。

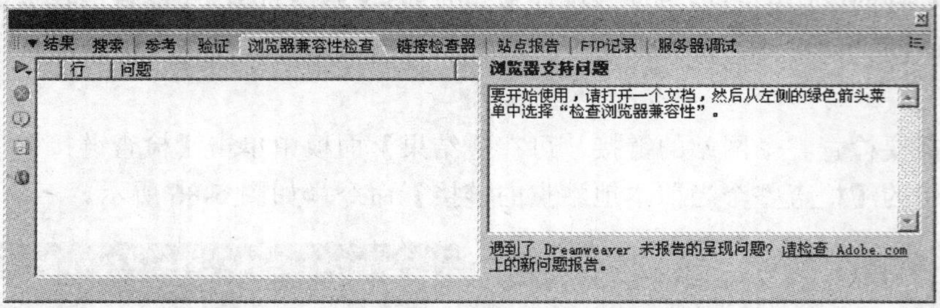

图 5-87 检查目标浏览器

最多可以定义 20 个用于测试的浏览器，所有定义过的浏览器都会出现在【文件】>【在浏览器中预览】子菜单中显示，可以通过执行【编辑】>【首选参数】命令，打开【首选参数】对话框，如图 5-88 所示。

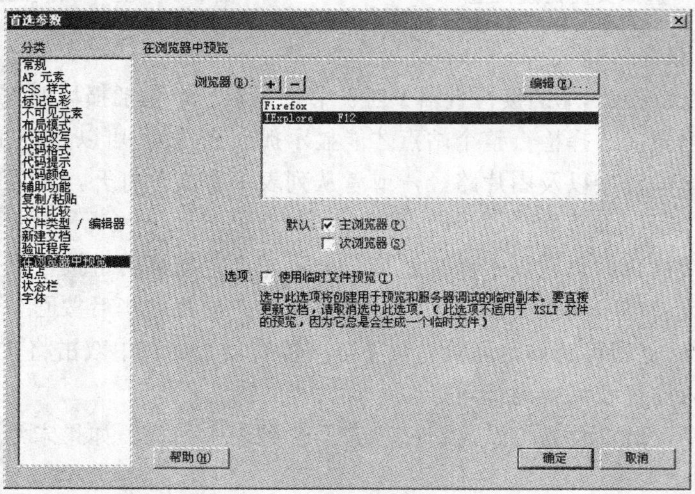

图 5-88 【首选参数】对话框

（四）其他测试

在 Dreamweaver 中完成上述测试并不意味着就可以高枕无忧了，有时还需要在 Dreamweaver 之外进行其他测试，例如不同操作系统的测试和不同分辨率的测试，就是在不同操作系统、不同分辨率的计算机中运行自己的网页，查看所出现的问题，并且进行解决。

本章核心概念

表单、行为、模板。

本章小结

1. 本章介绍了表单、行为和模板等概念，这些概念都是在网页制作中常用到的。

2. 从实际操作的角度讲述了表单的使用、行为的添加、模板的使用、Div+CSS 布局网页，及网站的发布和维护。

3. 本章的概念和知识是在第 4 章的基础上的进一步提高，应熟练掌握。

思考题

1. 表单有哪两个重要组成部分？表单在网页中的主要作用是什么？

2. 简要叙述如何选择网页表单传递方法。

3. 行为有哪几个组成部分？添加交换图像行为的前提条件是什么？如何制作图像渐隐效果？

4. 利用模板制作网页有什么优势？模板文件后缀名是什么？保存在什么位置？

5. 使用 Div 标签加 CSS 进行布局与用表格或框架布局有什么不同？有什么优势？

上机练习

1. 创建表单。新建 HTML 文件，保存并在其中添加如图 5-89 所示的表单。

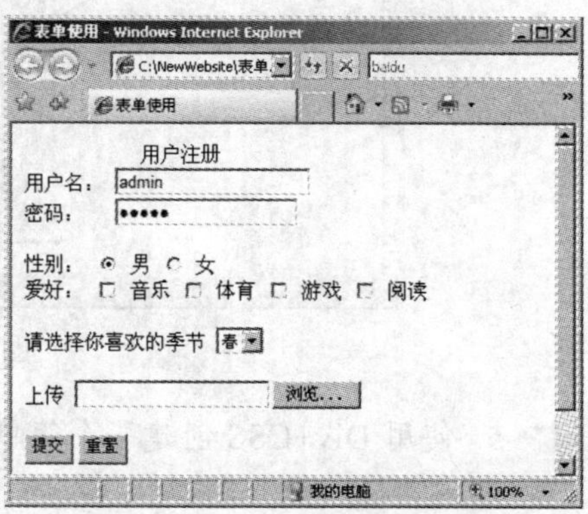

图 5-89 表单设计

2. 创建个人网站的本地站点。在制作网站之前，需要创建本地站点，这样在测试自己制作的网页时才不会混淆，也方便以后的管理。请根据第五节创建站点的基本步骤建立一个个人网站的本地站点。

3. 改变图像边框宽度行为。行为中的【改变属性】命令不仅可以改变图像的宽度，还可以改变图象边框的宽度。方法非常简单，只要在选中图像之前先设置图像的边框宽度，然后在【改变属性】对话框中选择 boderWidth 属性，最后设置宽度值即可如图 5-90 所示。

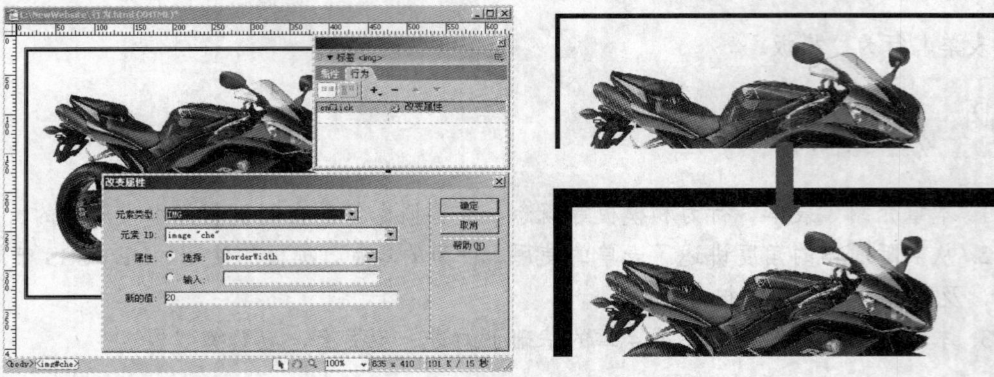

图 5-90　改变图像边框宽度

4. 在【资源】面板中创建一个空白模板。打开【资源】面板，单击左侧按钮切换到模板页，单击【新建模板】按钮，新建模板并且设置模板名称，然后单击【编辑】按钮即可打开该模板文档进行编辑，如图 5-91 所示。

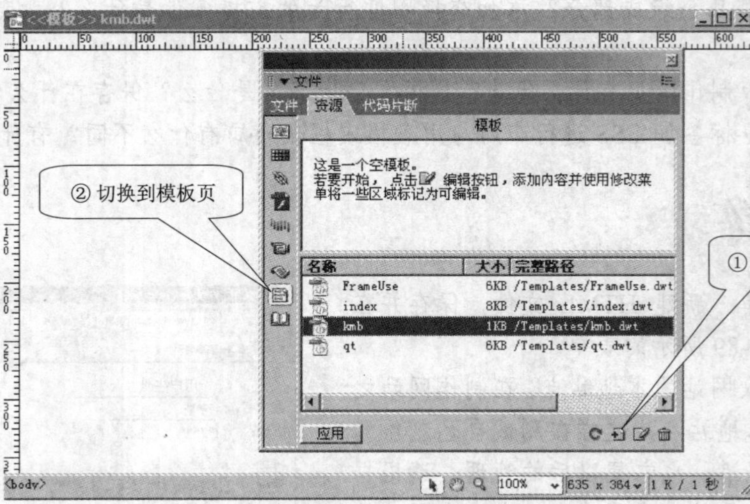

图 5-91　创建空白模板

5. 使用 Div+CSS 创建一个简单的布局页面。布局结构参考图 5-92。

图 5-92 布局结构

代码参考:

```
<!DOCTYPE html PUBLIC "-//W3C//DTD XHTML 1.0 Transitional//EN"
"http://www.w3.org/TR/xhtml1/DTD/xhtml1-transitional.dtd">
<html xmlns="http://www.w3.org/1999/xhtml">
<head>
<meta http-equiv="Content-Type" content="text/html; charset=utf-8"
/>
<title>Div+CSS 布局</title>
<style type="text/css">
<!--
#container{
   width:780px;margin:0 auto;
   background-color: #0000FF;
   font-size: large;color: #FFFFFF;
}
#header {
   height: 70px;width: 780px;
   background-color: #FF00FF;
}
#left {
   float: left;
```

```
    width: 400px;height: 300px;
    background-color: #BFDAF4;
    background-color: #00FF00;
}
#right {
      float: left;
      width: 380px;height: 300px;
      background-color: #BFDAF4;
}
#footer {
    clear: left;
    height:80px;width: 780px;
    background-color: #FF3366;
}
-->
</style>
</head>
<div id="container">
   <div id="header">header</div>
   <div id="left">left</div>
   <div id="right">right</div>
   <div id="footer">footer</div>
</div>
<body>
</body>
</html>
```

第六章

图形图像基础知识

本章重点

1. 掌握有关色彩的基础知识。
2. 知道常用图像的色彩模式。
3. 掌握位图和矢量图的基本概念。
4. 知道图形图像的常用格式。

案例导入

色 彩 模 式

学习图形设计软件，首先应该掌握一些图形图像的基本知识，如图 6-1 所示，我们可以运用 Photoshop CS3 中的色彩模式转换所需要的颜色模式，运用工具箱中“放大”工具观察图像局部像素，执行主菜单中的储存文件命令保存所需要的格式等。以此来掌握图形图像的基础知识。

图 6-1　色彩模式的转换与局部放大的效果

第一节 色彩基础知识

一幅图形设计作品的美感与创作者对色彩的认识和理解以及把握能力直接相关。而在数字技术中，不同的设备由于技术参数的差异，表现出来的色彩区域和色阶也会有所不同。例如，用打印机打印出来的颜色和显示器上看到的颜色往往会有差异。另外，同一幅图像，在不同的图形设计软件中，也可能呈现不同的颜色。不同的软件，对色彩模式进行转换的时候，采用的计算方法（或者采用的对照表）都不相同，这种色彩模式转变也往往会使色彩产生变化。色彩差异的产生有时是很难避免的，惟一所能做的是减少差异的程度。因此掌握一些与色彩有关的基础知识十分重要。

一、色彩的分类

色彩，可分为无彩色和有彩色两大类。

（一）无彩色

无彩色是指黑、白、灰等不含颜色的色彩，即反射白光的色彩。无彩色有明有暗，表现为白、黑，也称色调。

（二）有彩色

有彩色是指具备光谱上的某种或某些色相，亦统称为彩调，如红、橙、黄、绿、蓝、紫等都属于有彩色。

二、色彩的属性

人的色感可用色彩三属性——色相、彩度、明度表示。不过三属性毫无差异的同一色彩也会因所处位置与背景物的差异而给人截然不同的印象。

（一）色相

色相指色彩的本来面貌，如红、橙、黄、蓝、绿等色族。不同的颜色有不同的色相。最初的基本色相为：红、橙、黄、绿、蓝、紫。在各色中间加插一两个中间色之后，按光谱顺序为：红、橙红、黄橙、黄、黄绿、绿、绿蓝、蓝绿、蓝、蓝紫、紫、红紫。红和紫中间再加个中间色，可制出十二基本色相。如果进一步再找出其中间色，便可以得到二十四个色相。如果把光谱中的红、橙黄、绿、蓝、紫等诸色圈起来，构成环形的色相关系，便称为色相环。在色相环的圆圈里，各色族按不同角度排列，则十二色相环每一色相间距为 30 度。二十四色相环每一色相间距为 15 度（见图 6-2）。

（二）明度

明度是指颜色的明暗程度。无彩色的明度很好辩认。最亮是纯白色，最暗是纯黑色。

黑白之间不同程度的灰色，都具有明与暗强度的表现。有彩色即靠自身所具有的明度值，也靠加入黑色与白色来调节自身的明暗值。如绿色中加入黑色，得到深绿；绿色中加入白色，得到浅绿。深绿的明度高，而浅绿的明度低。

在数码技术中，用色阶（level）来表示一幅图的明暗关系。色阶是图像亮度强弱的指数标准，即所谓色彩指数。色阶并不是指色彩本身，而是指色彩的亮度，色阶可决定图像的色彩丰满度和精细度。在数字图像处理教程中，色阶指的是灰度分辨率（又称为灰度级分辨率或者幅度分辨率）。图像的色阶可用柱状图表示，即色阶图。如图 6-3 所示是一个基本的色阶图。

（三）彩度

彩度是指色彩的鲜艳程度，亦是纯度。拿正红来说，有鲜艳无杂质的纯红，也有较淡薄的粉红，它们的色相都相同，但强弱不一。彩度常用高低来表述，彩度越高，色越纯，越艳；彩度越低，色越涩，越浊。纯色是彩度最高的一级。有彩色中，三原色的纯度最高。

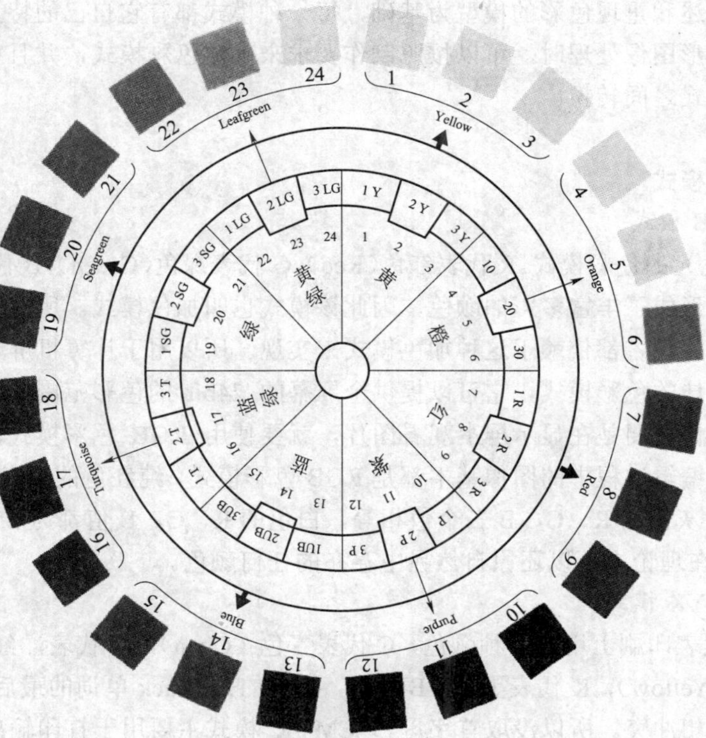

图 6-2　二十四色相环

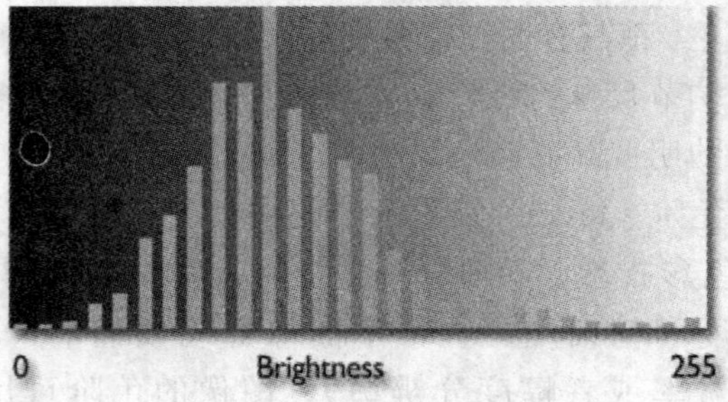

图 6-3　基本色阶图

第二节　图像的色彩模式与模式转换

由于成色原理的不同，决定了显示器、投影仪、扫描仪这类靠色光直接合成颜色的设备同打印机、印刷机这类靠使用颜料的印刷设备在生成颜色方式上的区别。色彩模式以建立好的描述和重现色彩的模型为基础，每一种模式都有它自己的特点和适用范围，用户在进行图形图像处理时，可以按照制作要求来确定色彩模式，并且可以根据需要在不同的色彩模式之间转换。

一、色彩模式

（一）RGB 模式

RGB 是色光的色彩模式。R 代表红色（Red），G 代表绿色（Green），B 代表蓝色（Blue），三种色彩叠加形成了丰富多彩的颜色，因此该模式也叫加色模式。所有显示器、投影设备以及电视机等设备都依赖于这种加色模式来实现。所以用于计算机屏幕显示时，RGB 色彩模式是最佳的色彩模式，它可以提供全屏幕的 24bit 的色彩范围，即真彩色显示。因此，以后我们只要是在显示屏上观看图片，就要使用 RGB 色彩模式，比如用于网页的图像和电脑编辑过程中的图像基本都是 RGB 色彩模式。纯红色的 R 值为 255，G 值为 0，B 值为 0。灰色的 R、G、B 三个值相等，白色的 R、G、B 值都为 255。黑色的三个值都是 0。它在理论上可以还原自然界中存在的任何颜色。

（二）CMYK 模式

CMYK 代表印刷上用的四种颜色，C 代表青色（Cyan），M 代表洋红色（Magenta），Y 代表黄色（Yellow），K 代表黑色（Black），K 取的是 Black 单词的最后一个字母。（为了避免与蓝色相冲突。所以没取首字母。）CMYK 模式主要用于打印输出，因此又有人称之为印刷模式。前面所述的 RGB 色彩不运用于印刷行业，因为它不能像 CMYK 色彩模式那样好地还原真实客观的自然色彩。

（三）Lab 色彩模式

Lab 颜色是以一个亮度分量 L 及两个颜色分量 a 和 b 来表示颜色的，L 的取值范围是 0～100，a 分量代表由绿色到红色的光谱变化，而 b 分量代表由蓝色到黄色的光谱变化。这种色彩模式通常运用于处理 Photo CD（照片光盘）图像、单独编辑图像中的亮度和颜色值、在不同系统中转换图像。

（四）Bitmap（位图）模式

BMP 是英文 Bitmap（位图）的简写，它是 Windows 操作系统中的标准图像文件格式，能够被多种 Windows 应用程序所支持。位图模式的每个像素用"位"来表示。"位"只有两种状态。0 表示有点，1 表示无点。颜色存储格式有 1 位、4 位、8 位及 24 位。随着 Windows 操作系统的流行与丰富的 Windows 应用程序的开发，BMP 位图格式被广泛应用。这种格式的特点是包含的图像信息较丰富，因而该格式文件比较大，且几乎不能压缩，只能应用在单机上，而未能在网络上应用。处理位图时，输出图像的质量决定于处理过程开始时设置的分辨率高低。若要最终输出的图像和屏幕上显示的一样，就需要了解图像的分辨率和不同设备分辨率之间的关系。

（五）灰度（GrayScale）模式

灰色也是彩色的一种。灰度模式最多使用 256 级灰度来表现图像，图像中的每个像素有一个 0～255 之间的亮度值。灰度值与可以用黑色油墨覆盖的百分比来表示。在将色彩模式的图像转换为灰度模式时，会丢掉原图像中所有的色彩信息。与位图模式相比，灰度模式能够更好地表现高品质的图像效果。需要注意的是，尽管 Photoshop 允许将一个灰度文件转换为彩色模式文件，但不可能将原来的色彩丝毫不变地恢复回来。所以，在将彩色图像转换为灰度模式的图像时，请记得保存好原件。

（六）索引色（Indexed color）模式

这种模式最多使用 256 种颜色。该模式把图像限制成不超过 256 种颜色，主要是为了使文件具有较小尺寸。图像转换为索引色彩模式时，通常会构建一个调色板存放并索引图像中的颜色。如果原图像中的一种颜色没有出现在调色版中，程序会选取已有颜色中最接近的颜色或使用已有颜色模拟该颜色。在索引色模式下，通过限制调色板中颜色的数目可以控制文件大小，同时保持视觉上的品质没有太大的变化。在网页设计中常需要使用索引色模式的图像。

（七）双色调（Duotone）模式

双色调模式采用 2～4 种彩色油墨来创建由双色调、三色调和四色调混合其色阶来组成图像。在将灰度模式的图像转换为双色调模式的过程中，可以对色调进行编辑，产生特殊的效果。使用双色调模式最主要的用途是，使用尽量少的颜色表现尽量多的颜色层次，这对于减少印刷成本是很重要的。因为在印刷时，每增加一种色调都需要投入更大的成本。

（八）HSB 模式

HSB 模式是以色相（H）、饱和度（S）、亮度（B）来描述颜色的基本特性的。在 HSB 模式中，S 和 B 的取值是百分比，H 的取值单位是度，即角度。如图 6.1 所示，从 0 度的红色开始，逆时针方向增加角度，60 度是黄色，180 度是青色等。HSB 模式是根据日常生活中人眼的视觉特征而直接制定的一套色彩模式。最接近人们对色彩辨认的思考方式。所以在选取颜色的时候，HSB 模式较为直观和方便。

（九）多通道（Multichannel）模式

多通道模式对有特殊打印要求的图像非常有用。例如，如果图像中只使用了一两种或两三种颜色时，使用多通道模式可以减少印刷成本并保证图像颜色的正确输出。

二、颜色模式的转换

为了在不同的场合正确输出图像，有时需要将图像从一种模式转换为另一种模式。在 Photoshop 中通过执行“Image/Mode（图像/模式）”子菜单中的命令，来转换需要的色彩模式。这种色彩模式的转换有时会永久性地改变图像中的颜色值。由于有些颜色在转换后会损失部分颜色信息，因此在转换前最好为其保存一个备份文件，以便在必要时恢复图像。

（一）将彩色图像转换为灰度模式

将彩色图像转换为灰度模式时，Photoshop 会丢掉原图中所有的颜色信息，而只保留像素的灰度级。灰度模式可作为位图模式和彩色模式间相互转换的中介模式。

（二）将其他模式的图像转换为位图模式

将其他模式图像转换为位图模式会使图像颜色减少到两种，这样就大大简化了图像中的颜色信息，并减小了文件大小。要将图像转换为位图模式，首先必须将其转换为灰度模式，这会去掉像素的色相和饱和度信息，而只保留亮度值。但是，由于只有很少的编辑选项能用于位图模式图像，所以最好是在灰度模式中编辑图像，然后再转换它。

在灰度模式中编辑的位图模式图像转换回位图模式后，看起来可能不一样。例如，在位图模式中为黑色的像素，在灰度模式中经过编辑后可能会变成灰色。如果像素足够亮，当转换回位图模式时，它将有可能成为白色。

（三）将其他模式转换为索引色模式

只有灰度模式和 RGB 模式的图像可以转换为索引色模式。将色彩图像转换为索引色图像时，会删除图像中的很多颜色，仅保留其中的 256 种颜色。由于灰度模式本身就是由 256 级灰度构成，因此转换为索引色后无论颜色还是图像大小都没有明显的差别。

但是将 RGB 模式的图像转换为索引色模式后，图像的尺寸将明显减小，但同时图像的视觉品质也将受损。

（四）将 RGB 模式的图像转换成 CMYK 模式

将 RGB 模式的图像转换成 CMYK 模式，图像中的颜色会产生分色，颜色的色域会受到限制。因此在通常情况下先用 RGB 模式进行编辑，在打印前再转换成 CMYK 模式，然后加入必要的色彩校正和整理后打印输出。这样可以在一定程度上减少图像失真。但要注意：虽然在 Photoshop 中可以对 RGB 模式和 CMYK 模式进行转换，但我们切记不要在编辑图像时多次来回转换，这样不仅会丢失图像的层次，而且也会使图像的饱和度下降。

（五）利用 Lab 模式进行模式转换

在 Photoshop 所使用的色彩模式中，Lab 模式的色域最宽，它包括 RGB 和 CMYK 色域中的所有颜色。所以使用 Lab 模式进行转换时不会造成任何色彩上的损失。Photoshop 便是以 Lab 模式作为内部转换模式来完成不同色彩模式之间的转换。例如，在将 RGB 模式的图像转换为 CMYK 模式时，系统首先会把 RGB 模式转换为 Lab 模式，然后再将 Lab 模式的图像转换为 CMYK 模式图像。

（六）将其他模式转换成多通道模式

多通道模式可通过转换色彩模式和删除原有图像的颜色通道得到。将 CMYK 图像转换为多通道模式，可创建由青、洋红、黄和黑色专色（专色是特殊的预混油墨，用来替代或补充印刷四色油墨；专色通道是可为图像添加预览专色的专用颜色通道）构成的图像。

将 RGB 图像转换成多通道模式，可创建由青、黄和洋红专色构成的图像。

从 RGB、CMYK 或 Lab 图像中删除一个通道，会自动将图像转换为多通道模式，原来的通道被转换成专色通道。

第三节　位图与矢量图

一、位图

位图（bitmap）也叫做点阵图或像素图。简单地说，位图就是最小单位由像素构成的图，缩放会失真。构成位图的最小单位是像素，位图就是由像素阵列的排列来实现其显示效果的，每个像素有自己的颜色信息，在对位图图像进行编辑操作的时候，可操作的对象是每个像素，我们可以改变图像的色相、饱和度、明度，从而改变图像的显示效果。

（一）像素

像素是构成位图图像的最小元素，是用来表现图像的亮度和色彩变换的一个点。当图像放大时，发现图像的边缘锯齿是由很小的正方形方格构成的，其中每个方格就是一个像素。将一幅跑步运动员的手局部放大就可看到呈方格状的像素，如图 6-4、图 6-5 所示。

图 6-4　跑步运动员

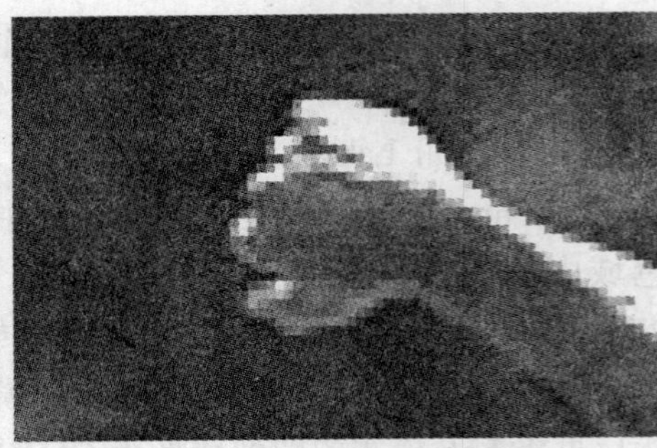

图 6-5　局部放大后运动员的手

同一幅图像的像素大小是固定的。图像质量的好坏与每英寸上有多少像素（分辨率）有关。像素的属性包括像素尺寸、颜色、位置和位深度。像素的尺寸与分辨率有关，即分辨率越小，单位面积内的像素越少，像素尺寸越大。

（二）分辨率

分辨率是指单位长度内含有组成图像的点或像素的数量，其单位是“点/英寸”或“像素/英寸”。图像编辑和输出时，一般要考虑以下三种分辨率。

（1）图像分辨率。在相同尺寸下，高分辨率的图像比低分辨率图像包含的像素多，更能细致地表现图像，即图像更清晰。高分辨率图像文件较大，处理图像时间也较长，对设备的要求也较高。图像采用何种分辨率，应视图像的用途而定。

（2）屏幕分辨率。屏幕分辨率即显示器屏幕上单位长度的像素或点的数目。屏幕分辨率取决于显示器屏幕大小及其像素位置。度量单位是“点/英寸（dpi）”。PC 显示器常用分辨率约为 96dpi，Mac 显示器常用分辨率为 72dpi。

（3）输出分辨率。输出分辨率是指输出设备在输出图像时每英寸产生的油墨点数。为获得最好的打印效果，所设置的图像分辨率应与打印机的分辨率成正比（但不相同）。如当打印机的输出分辨率为 300dpi 到 600dpi，图像分辨率为 72dpi 到 150dpi 时，则打印效果会较好。即使是高分辨率的图像，如果屏幕分辨率与输出分辨率低，也不会产生好的显示效果与打印效果。

二、矢量图

矢量图（vector）是一种缩放不失真的图像格式。它是通过多个对象的组合生成的，对其中的每一个对象的记录方式，都是以数学函数来实现的，也就是说，矢量图实际上并不是像位图那样记录画面上每一点的信息，而是记录了元素形状及颜色的算法，当你打开一幅矢量图的时候，软件将对图形对应的函数进行运算，将运算结果（图形的形状、颜色）在画面显示。无论显示画面是大还是小，画面上的对象对应的算法是不变的，所以，即使对画面进行倍数相当大的缩放，其显示效果仍然相同（不失真）。如由 CorelDraw、Adobe lllustrator 等一系列的图像软件产生的矢量图，无论放大或缩小多少位，其边缘都是清晰、平滑的。矢量图无论是用于名片、信纸，还是用于巨幅广告，效果都一样清晰，十分适合于标志的制作。

第四节　图形图像的常用格式

图形图像文件的存储格式，决定了文件存储时所能保留的文件信息与文件特征，存储格式也直接影响文件的大小和使用范围。用户在完成图形图像编辑后，可根据不同需要选择存储格式。不同图形程序也有各自内部设定的存储格式。现介绍几种常用文件存储格式。

一、BMP 格式

BMP 是 Bitmap 的缩写。BMP 是一种与硬件设备无关的图像文件格式，使用非常广，可用于 Windows 下的绝大多数应用程序。BMP 格式使用索引色彩，可以使用 1 600 万种色彩的渲染图像，因此这种格式的图像具有极丰富的色彩。存储 BMP 格式的图像文件时，进行的是无损压缩。因为要保存每个像素的信息，所以 BMP 文件所占用的空间较大，保存的图像质量不变。BMP 格式能够存储黑白图像、灰度图像和 1 600 万种色彩的 RGB 图像等，经常在多媒体演示和视频输出情况下使用此格式的图像。但因不支持文件压缩，文件所占用的空间较大，所以不适用于网络。

二、GIF 格式

GIF 是 Graphic Interchange Format 的缩写，是一种基于 LZW 算法的连续色调的无损压缩格式，其压缩率一般在 50%左右。GIF 格式不属于任何应用程序，但目前几乎所有相关软件都支持它。GIF 格式的图像比较小，它形成一种压缩的 8 位图像文件，是用于压缩具有单调颜色和清晰细节图像（如线状图、徽标或带文字的插图）的标准格式。由于压缩比高，磁盘空间占用较少，所以这种图像格式迅速得到了广泛的应用。

在 PhotoShop 中把对颜色数要求不高的图片变为索引色，再以 GIF 格式保存，使文件缩小后用更快的速度在网上传输。网络上传送图像文件时，使用 GIF 格式的图像文件要比其他格式的图像文件快得多。此外，考虑到网络传输中的实际情况，GIF 图像格式还增加了渐显方式，也就是说，在图像传输过程中，用户可以先看到图像的大致轮廓，然后随着传输过程的继续而逐步看清图像中的细节部分，从而适应了用户的“从朦胧到清楚”的观赏心理。目前 Internet 上大量采用的彩色动画文件多为这种格式的文件。

GIF 格式的另一个特点是其在一个 GIF 文件中可以存多幅彩色图像，如果把存于一个文件中的多幅图像数据逐幅读出并显示到屏幕上，就可构成一种最简单的动画。

由于 GIF 图像文件的数据是经过压缩的。最多只支持 256 种色彩的图像，详细的图片和写实摄影图像会丢失颜色信息，因此 GIF 格式很少用于照片级图像处理工作。

三、JPEG 与 JPEG2000 格式

JPEG（Joint Photographic Experts Group）格式既是 Photoshop 支持的一种图像格式，也是一种压缩方案，它是 Macintosh 系统常用的一种存储类型。

JPEG 格式具有很好的压缩比，压缩比率通常在 10:1 到 40:1 之间，能够将图像压缩在很小的储存空间。压缩后，图像中重复或不重要的资料会被丢失，因此易造成图像数据的损伤。尤其是使用过高的压缩比例，将使最终解压后恢复的图像质量明显降低，如果追求高品质图像，不宜采用过高的压缩比例。JPEG 压缩技术压缩的主要是高频信息，去除冗余的图像数据，对色彩的信息保留较好，也就是说可以用最少的磁盘空间得到较好的图像品质。应用于互联网，可减少图像的传输时间，可以支持 24bit 真彩色，也普遍应用于需要连续色调的图像。

JPEG2000 作为 JPEG 的升级版，其压缩率比 JPEG 高约 30%左右。与 JPEG 不同的是，JPEG2000 同时支持有损和无损压缩，而 JPEG 只支持有损压缩。无损压缩对保存一些重要图片是十分有用的。JPEG2000 的一个极其重要的特征在于它能实现渐进传输，这点与 GIF 的“渐显”相同，即先传输图像的轮廓，然后逐步传输数据，让图像由朦胧到清晰逐步显示，逐渐提高图像质量，而不是由上到下慢慢显示。

此外，JPEG2000 还支持所谓的“感兴趣区域”特性，可以任意指定影像上特定区域的压缩质量，还可以将指定的部分先解压缩。JPEG 2000 和 JPEG 相比优势明显，且向下兼容。JPEG2000 可应用于传统的 JPEG 市场，如扫描仪、数码相机等，亦可应用于新兴领域，如网络传输、无线通信等。

四、PSD 和 PDD 格式

PSD 和 PDD 格式是 Photoshop 软件自身的专用文件格式，能够支持从线图到 CMYK

的所有图像类型，但由于在一些图像处理程序中没有得到很好的支持，所以它并不通用。PSD 和 PDD 格式能够保存图像数据的细节部分，如图层、附加的遮罩、通道等和 Photoshop 对图像进行特殊处理的信息。在没有最终决定图像的存储格式之前，最好先以这两种格式存储。

由于 PSD 文件分层，因此修改较为方便，这也是该文件格式的最大优点。但 PSD 格式所包含的图像数据信息较多，因此比其他格式的图像文件要大得多。PSD 文件格式是惟一能够支持全部图像色彩模式的格式，它还支持网络、通道及图层等。但是，其他一些图形软件一般不能将它打开。

五、TIF 格式

TIF 或 TIFF（Tagged Image File Format）格式，即标记图像文件格式，该格式是印刷行业标准的图像格式，通用性很强，几乎所有的图像处理软件和排版软件都对其提供了很好的支持，是微机上使用最广泛的图像文件格式之一。因此，被广泛应用于程序之间和计算机平台之间的图像数据交换。

该格式的特点是图像格式复杂、存储信息多。由于它存储的图像细微层次的信息非常多，图像的质量高，因而非常有利于原稿的复制。TIFF 格式有压缩和非压缩两种形式，其中压缩可采用 LZW 无损压缩方案存储。

六、PNG 格式

PNG（Portable Network Graphics）是一种新兴的网络图像格式。PNG 是目前保证最不失真的格式，兼有 GIF 和 JPG 的色彩模式；它的另一个特点是能把图像文件压缩到极限以利于网络传输，但又能保留所有与图像品质有关的信息；它的第三个特点是显示速度很快，只需下载 1/64 的图像信息就可以显示出低分辨率的预览图像。PNG 同样支持透明图像的制作，透明图像在制作网页图像的时候很有用，可以把图像背景设为透明，用网页本身的颜色信息来代替设为透明的色彩，这样可让图像和网页背景很和谐地融合在一起。

Macromedia 公司的 Fireworks 软件的默认格式就是 PNG。现在，越来越多的软件开始支持这一格式，而且在网络上也越来越流行。PNG 格式的缺点是不支持动画应用效果。

七、SVG 格式

SVG（Scalable Vector Graphics）格式是一种开放标准的矢量图形语言，可任意放大图形显示，边缘异常清晰，而不会牺牲图像质量。可以用任何文字处理工具打开 SVG 图像，文字在 SVG 图像中保留可编辑和可搜寻的状态，没有字体的限制。通过改变部分代码来使图像具有互交功能，并且可以随时插入到 HTML 中通过浏览器来观看。它兼有目前网络流行格式 GIF 和 JPEG 的优势，比 JPEG 和 GIF 格式的文件要小很多，因而下载也很快，十分适合于设计高分辨率的 Web 图形页面，是目前较流行的图像文件格式。

八、PCX 格式

PCX 是 PC 画笔的图像文件格式。是一种经过压缩的格式，占用磁盘空间较少。PCX 是 Windows 与 DOS 之间进行图形文件交换的桥梁，在 DOS 下为 256 色，在 PhotoShop 中有 16 兆色。其强大的图像处理能力，使 PCX 同 GIF、TIFF、BMP 图像文件格式一起，被越来越多的图形图像软件工具所支持，也越来越得到人们的重视。但 PCX 格式不被 Web 浏览器支持。

九、EPS 格式

EPS（Encapsulated PostScript）是 PC 用户较少见的一种格式，而苹果机的用户则用得较多。它是用 PostScript 语言描述的一种 ASCII 码文件格式，主要用于排版、打印等输出工作。EPS 格式常用于位图与矢量图之间交换文件。在 PhotoShop 中打开 EPS 格式时，是通过【文件】菜单的【导入】命令来进行点阵化转换的。

十、DXF 格式

DXF（Autodesk Drawing Exchange Format）是 AutoCAD 中的矢量文件格式，它以 ASCII 码方式存储文件，在表现图形的大小方面十分精确。许多软件都支持 DXF 格式文件的输入与输出。

十一、CDR 格式

CDR 格式是著名绘图软件 CorelDraw 的专用图形文件格式。由于 CorelDraw 是矢量图形绘制软件，所以 CDR 文件可以记录文件的属性、位置和分页等属性。但它在兼容度上比较差，CorelDraw 应用程序中能够使用，但其他图像编辑软件难以打开此类文件。

本章核心概念

色彩模式、位图、矢量图、图像格式。

本章小结

1. 本章介绍了色彩、色彩模式概念，重点讲述位图与矢量图的概念。

2. 从实用角度介绍了常用的图形图像格式。

3. 本章的概念和知识都是今后处理图形时常用到的，要非常清楚它们在网页表现时的优劣。

思考题

1. 色彩有哪些属性？

2. 位图和矢量图有何区别？

3. 图像的 BMP 格式和 JPEG 格式，如果要用于网络，用哪种储存格式好？

上机练习

1. 用 Photoshop CS3 打开一个图像文件，放大到一定倍数，加深对像素的概念的理解。

2. 在 Photoshop CS3 的菜单【文件】中单击【新建】，查看对话框中的色彩模式，了解 Photoshop CS3 中常用的色彩模式。

第七章

Photoshop CS3 图像处理

本章重点

1. 知道 Photoshop CS3 的工作界面和常用工具。
2. 掌握 Photoshop CS3 的选区与图层的基本操作。
3. 知道 Photoshop CS3 的路径、通道、滤镜，并能运用于实践。
4. 能够综合以上操作进行较复杂的图像处理。

案例导入

Photoshop CS3 的功能

Photoshop CS3 是图像处理的最佳工具之一，可进行图像的编辑与合成、校色与调色以及一些特殊效果的制作，可给用户带来无限的创造空间和艺术享受。

Photoshop CS3 广泛应用于平面设计、图像编辑、网页设计、广告、出版、动画、摄影、多媒体制作和建筑设计等众多领域。图 7-1 就是根据 4 张素材图用 Photoshop CS3 设计的招贴广告。

图 7-1　招贴广告的素材与成品效果

我们可运用今后学习 Photoshop CS3 中的选择类工具、图层和图层样式、修饰类工具以及“图像的编辑、修饰与绘制”、“通道的分离与合并”、“路径、通道、蒙版”、“图像的编辑、修饰与绘制”、“滤镜”等功能，来完成此招贴广告作品的制作。

第一节 Photoshop CS3 工作界面

要熟练掌握并运用 Photoshop CS3 完成各项设计工作，首先应该对其工作界面有一个深入的认识，清楚界面的各功能项的部位和作用。

运行 Photoshop CS3，任意打开一个图像（单击【文件】>【打开】>【素材】>【荷花塘】），其工作界面如图 7-2 所示。

图 7-2 Photoshop CS3 工作界面

一、标题栏

标题栏用于显示当前 Photoshop 的版本号，右侧的三个按钮，分别用来“最小化”、“还原”和“关闭”工作界面。当 Photoshop 上的图像窗口以最大化方式显示时，标题栏中将显示正在编辑的图像名称、比例等各种属性。

二、菜单栏

菜单栏用于汇总各种命令，并把各种命令分类汇总在相似的分类中。菜单栏包含有

10 个不同功能的主菜单，从左至右依次为：【文件】、【编辑】、【图像】、【图层】、【选择】、【滤镜】、【分析】、【视图】、【窗口】和【帮助】，使用鼠标单击该菜单项（也可使用快捷键）即可执行命令。

如果某个菜单项呈暗灰色，表明该命令在当前编辑状态下不可用。如果某个菜单项后面有“…”符号（例如【滤镜】>【液化…】），表明选择该菜单命令可以打开二个对话框。如果某个菜单项有快捷键方式（例如【编辑】>【填充 Shift+F5】），表明可直接使用快捷键执行命令。如果某个菜单项有“▶”符号，表明此命令含有子菜单，如图 7-3 所示。

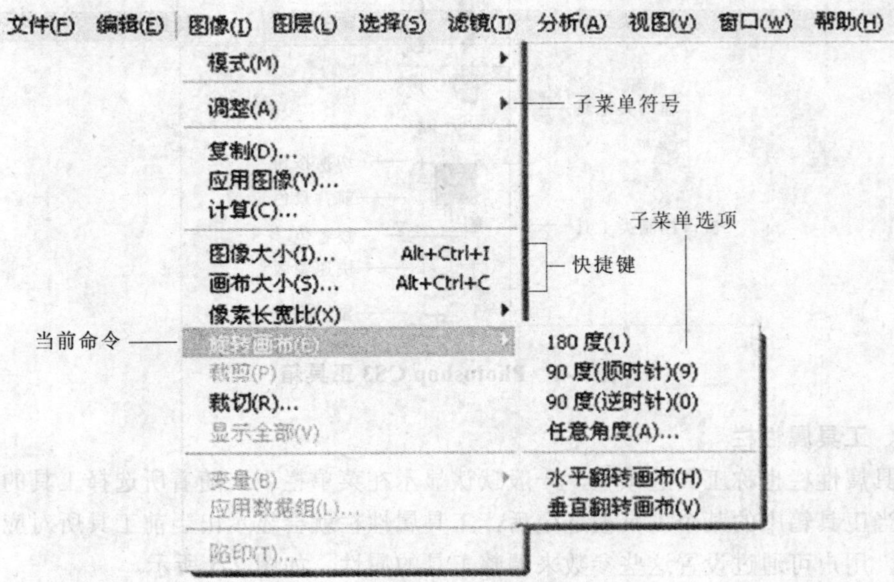

图 7-3 **Photoshop CS3 的菜单栏**

三、工具箱

工具箱一般显示在屏幕的左侧（可移动），顶部有一个折叠按钮“◀▶”，单击该按钮可以将工具箱中的工具进行“单列”与“双列”的排列切换。使用这些工具可以创建选区、修饰图像、绘制图像和调整图像显示比例等。如图 7-4 所示，工具箱中的各项工具按从上往下的顺序排列。需要选择工具箱中的工具时，单击对应的图标按钮即可。有的工具右下角有个黑色小三角“◢”，表明这是一个工具组，隐藏有一些同类的工具，在该工具的图标按钮上按住鼠标左键不放，或右击，可显示该工具组中所隐藏的工具。

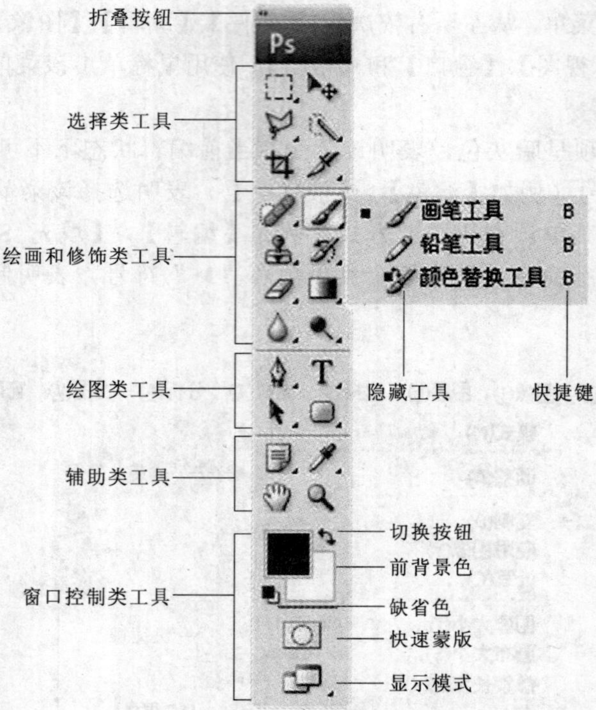

图 7-4 Photoshop CS3 工具箱

四、工具属性栏

工具属性栏也称工具选项栏，一般默认显示在菜单栏下，随着所选择工具的不同而变化。当工具箱中的某个工具被选定后，工具属性栏就会显示出当前工具所对应的属性和参数，用户可通过设置这些参数来调整工具的属性，如图 7-5 所示。

图 7-5 画笔工具的工具属性栏

五、功能调板组合窗口

功能调板用于帮助监视和修改图像，是工作界面中非常重要的一个组成部分。默认状态下，各调板以“组”的方式堆叠在一起，“组”并不是固定的，可对其进行任意拆分。

PS CS3 中可使用的功能调板不只是系统默认显示在界面中的 3 组控制面板，单击控制面板右上角的扩展按钮“◄◄”，可打开隐藏的控制面板，也可单击右上角的折叠按钮

“►►”，以最简洁的方式显示控制面板，避免控制面板遮盖住图像而给图像处理带来不便，如图 7-6 所示。

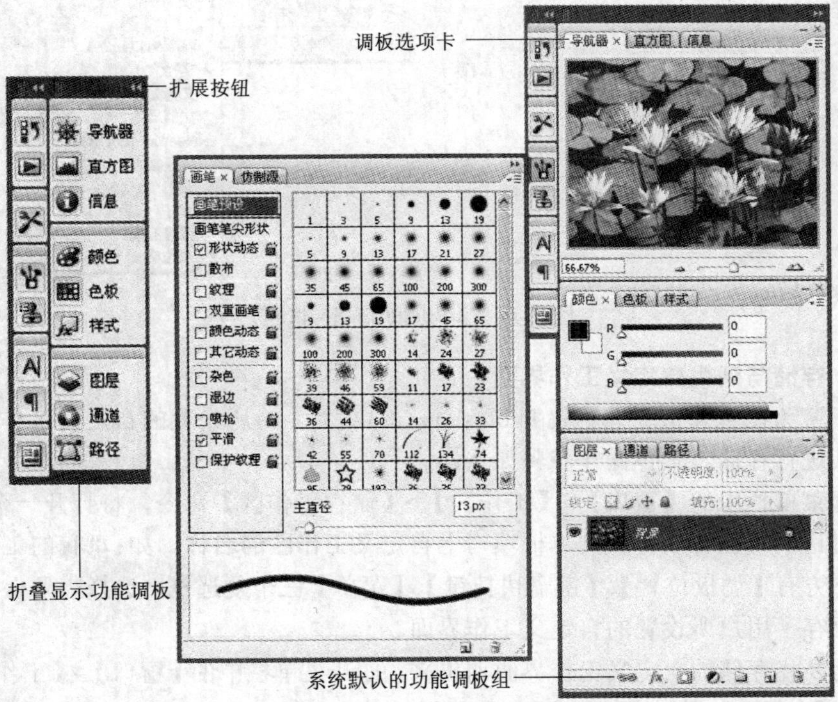

图 7-6　Photoshop CS3 功能调板组合窗口

六、图像窗口

图像窗口是用于对图像进行浏览和编辑操作的主要场所。图像窗口一般默认显示在视窗的中心，包含有标题栏和滚动条。图像窗口的标题栏主要显示当前图像文件的文件名、文件格式、显示比例、色彩模式等信息，如在图 7-2 中显示以下信息：“荷花塘 .jpg 61.1%（RGB/8）”。

用户可以打开多个图像窗口，但计算机的内存可能会限制图像文件的数量。

七、状态栏

状态栏位于图像窗口的底部，主要用于显示图像处理的各种信息。左端位置的“百分比”用于显示当前图像窗口的显示比例，在其中输入数值后按 Enter 键可以改变图像的显示比例。中间显示当前图像文件的大小。右端的三角按钮“►”表明从中可选择显示文件的不同信息，如图 7-7 所示。

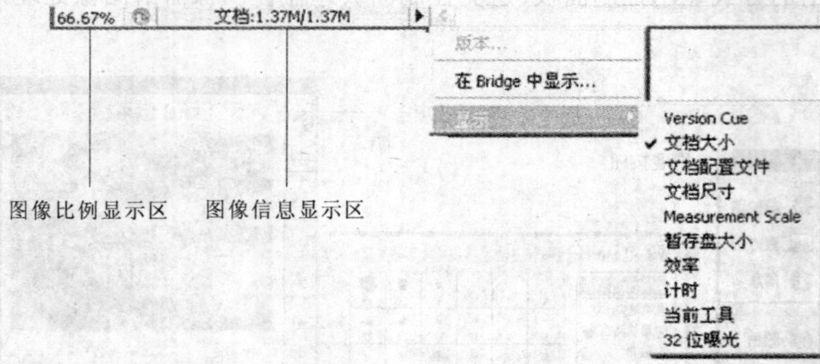

图 7-7　Photoshop CS3 状态栏

八、存储与调用自定义工作界面

为了避免在重装系统或重装 Photoshop CS3 之后，将所设置的自定义工作界面丢失，需要将其进行存储。具体操作步骤如下：

打开菜单栏中的【窗口】>【工作区】>【储存工作区】命令，将打开一个【储存工作区】对话框，在【名称】文本框填写上自定义工作区的名称，如：“我的工作区”。对话框的下方有【调板位置】、【键盘快捷键】、【菜单】三个复选框，选择需要保存的选项，这样就保存了用户所设置的自定义工作界面。

若需要将存储的自定义工作界面调出来，打开菜单栏中的【窗口】>【工作区】>【我的工作区】，就可将储存的工作界面调出来，如图 7-8 所示。

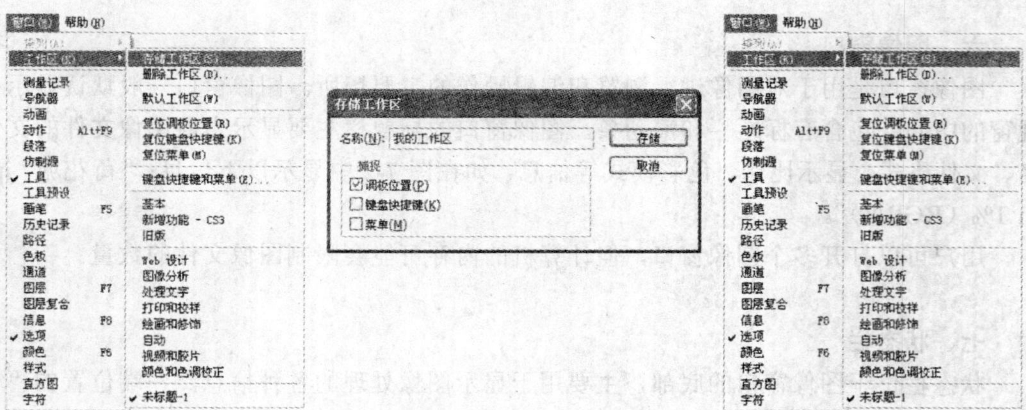

存储自定义工作界面 步骤一　　存储自定义工作界面 步骤二　　调用自定义工作界面

图 7-8　存储与调用自定义工作界面

上机练习

请将系统默认的工作界面进行优化处理，将功能调板中的“历史记录”与“图层”简化成图标状态，并紧贴工具箱。关掉其他的功能调板组合窗口，以最简洁的方式显示控制面板（如图 7-9 所示），并将这个自定义工作界面存储为“简化工作区”。

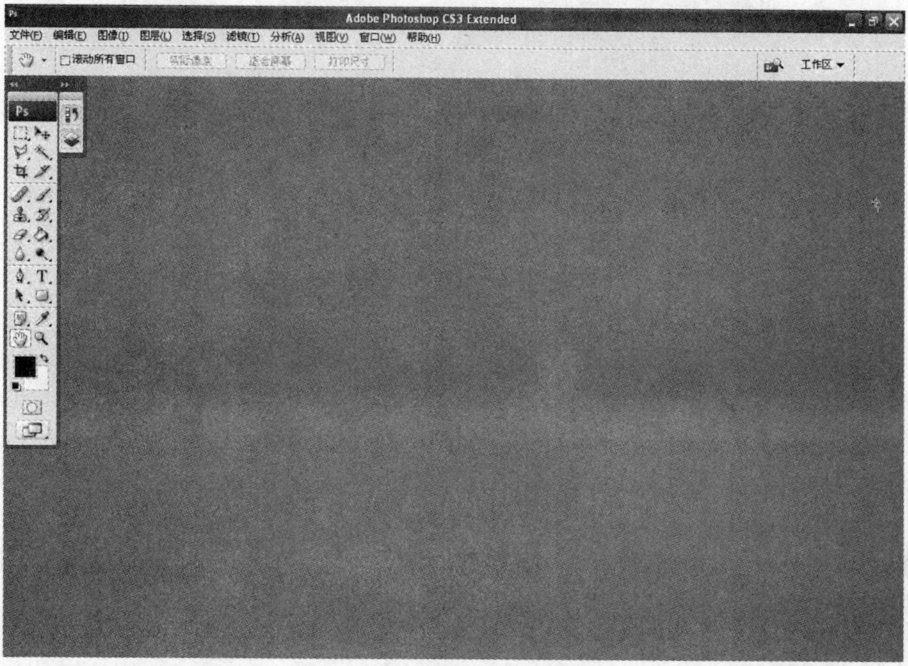

图 7-9 简化工作区

第二节 选区的创建和编辑

创建选区是指在用 PS CS3 编辑修改图像时，确定工作范围。在图像处理过程中，几乎所有的操作都是基于选区来进行的。通过选取选区，可以对图像中的某一特定部分进行处理而不影响到选区外的范围。

在一般情况下，选区的创建可通过工具箱中的工具，提取全部或部分图像区域。PS CS3 新增的“快速选择工具”功能非常强大，给用户提供了方便快捷的选区创建方案。另外，为了灵活、准确、高效地创建选区，还可使用快速蒙版、图层蒙版、通道、路径、滤镜等其他多种手段创建复杂的选区。本节主要讨论利用工具创建选区，其他方法将会在以后的学习中涉及到。

如图 7-10 所示，是用工具箱中的矩形选框工具在图像中建立的选区，选区是以流动状的虚线来显示的。

图 7-10　选区在图像中的显示效果

一、选区的创建

（一）使用选框工具创建选区

利用选框工具绘制选区是图像处理过程中最常用、最基本的方法。通过它们可绘制出规则的矩形或椭圆形选区。它们位于工具箱中，分别是：矩形选框工具、椭圆选框工具、单行选框工具、单列选框工具，如图 7-11 所示。

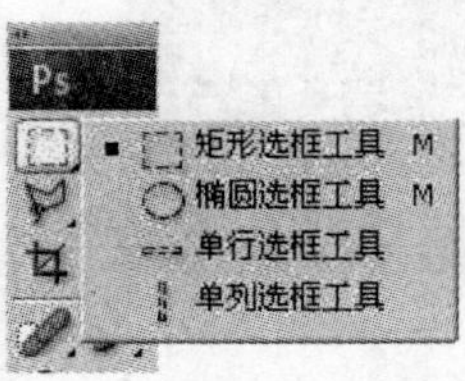

图 7-11　选框工具组

1. 创建矩形选区

选框工具组中的“矩形选框工具”用来绘制矩形选区。“矩形选框工具”所对应“工具属性栏”的“羽化”数值框，是用来控制选区边缘柔和程度的，其数值越大，所选择的区域边缘就越柔和。

（1）创建矩形选区的基本步骤

步骤 1：用鼠标单击“矩形选框工具”，在图像窗口中单击鼠标确定选区的起始位置。如图 7-12 所示。

步骤 2：拖动鼠标确定选区的大小，随后释放鼠标。这样得到的是一个自由绘制的具有任意长度和宽度的矩形选区，如图 7-13 所示。

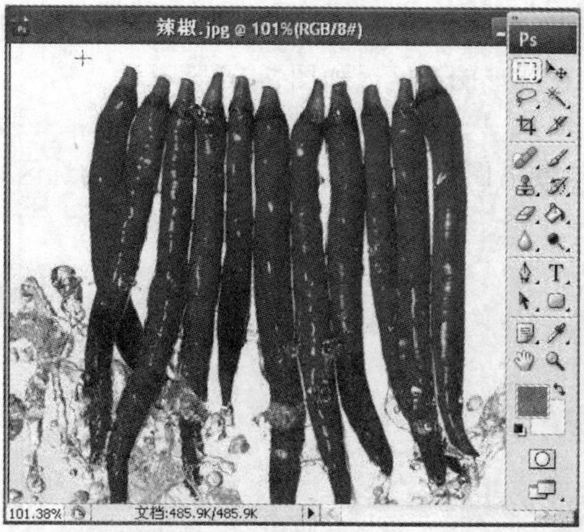

图 7-12　确定选区的起始位置

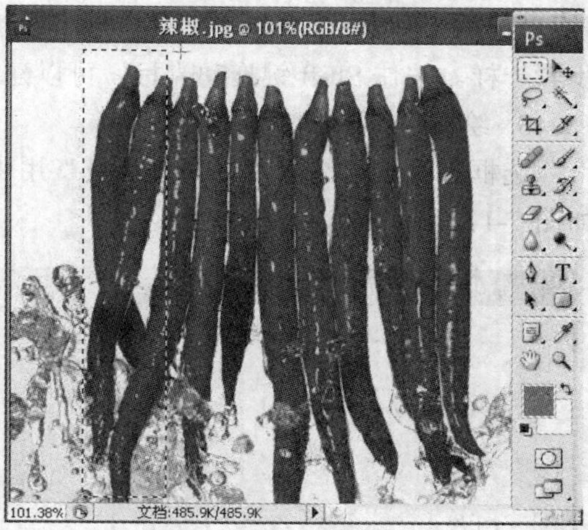

图 7-13　拖动鼠标确定选区的大小

若按下 Shift 键，再拖动光标，可以建立正方形的选区，如图 7-14 所示。

（2）创建具有固定大小的矩形选区

若要绘制具有固定大小的矩形选区，可以在选择“矩形选框工具”之后，在“工具属性栏”的“样式”下拉列表框中选择“固定长宽比”选项，并在“宽度”和“高度”的数值框中输入数值，效果如图 7-15 所示。

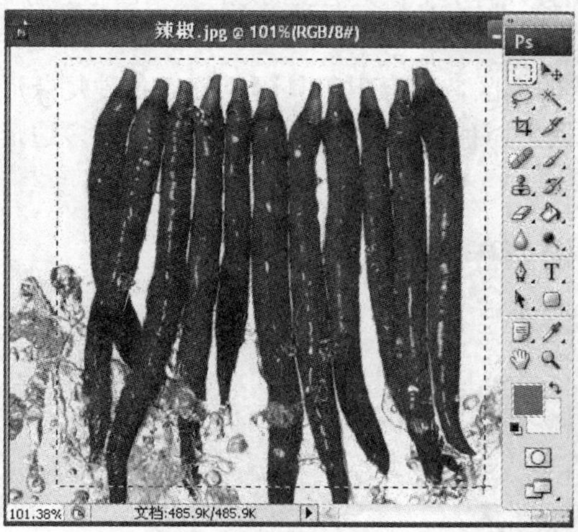

图 7-14　按 Shift 键绘制正方形选区

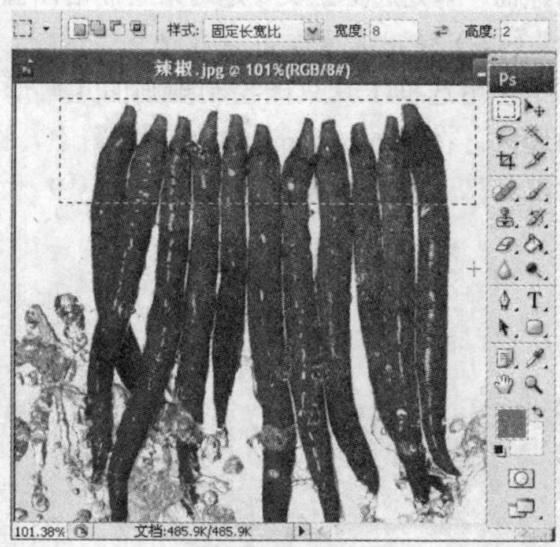

图 7-15　选区宽高比为 8:2

2. 创建椭圆选区

选框工具组中的“椭圆选框工具”用来绘制圆形或椭圆形选区。“椭圆选框工具”与

“矩形选框工具”的“工具属性栏”相同。绘制椭圆选区的操作步骤也与矩形选区的绘制步骤一样。按住 Shift 键拖动光标，可以建立正圆形的选区，如图 7-16 所示。

3. 绘制单行\单列选区

选框工具组中的“单行选框工具”用来绘制沿图像水平方向 1 个像素宽度的选区，如图 7-17 所示。

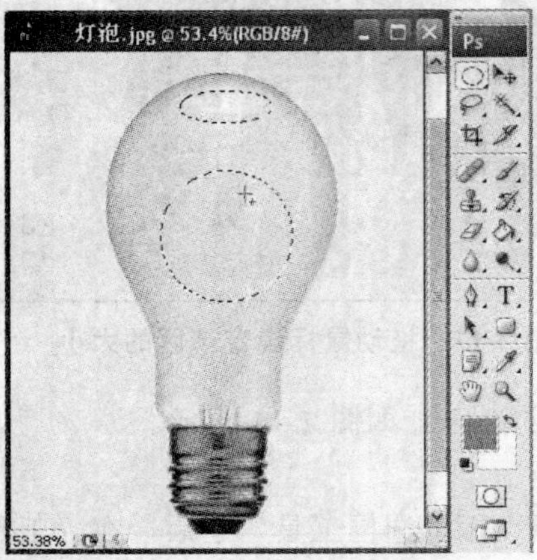

图 7-16　绘制椭圆与正圆选区

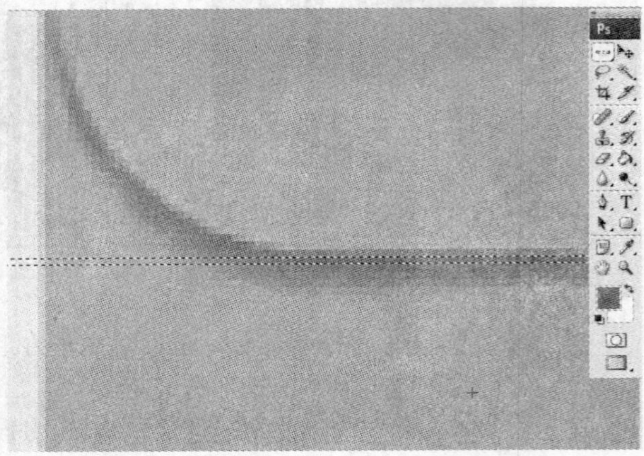

图 7-17　绘制单行选区

而“单列选框工具”是用来绘制沿图像垂直方向 1 个像素宽度的选区，如图 7-18 所示。

（二）使用套索工具创建选区

使用选框工具只能绘制规则的几何形状的选区，而套索工具可以创建各种复杂形状的选区。在 Photoshop CS3 的工具箱中，提供了 3 种套索工具：“套索工具”、“多边形套索工具”、“磁性套索工具”，如图 7-19 所示。

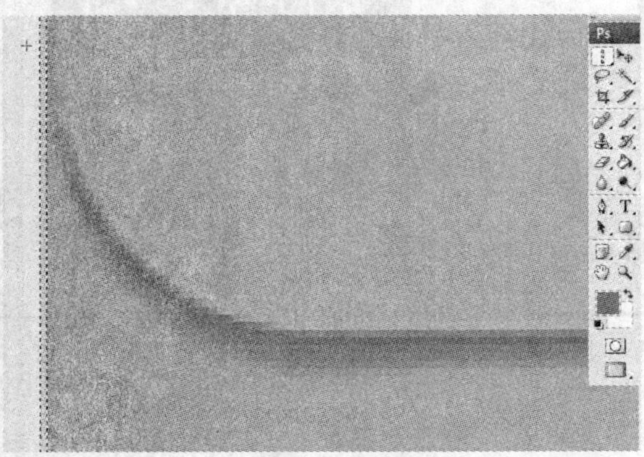

图 7-18　绘制单列选区

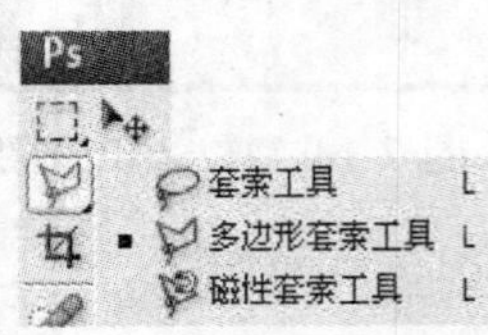

图 7-19　套索工具组

1. 套索工具的使用

使用套索工具选择对象，如同使用画笔在图纸上绘制线条一样的自由流畅。其操作步骤如下：

步骤 1：打开【素材】>【刺猬】图像，设定所选对象为“刺猬”。选择工具箱中的“套索工具”，在“工具属性栏”中设置羽化值为 30px，然后在要选择的对象上拖动绘制，如图 7-20 所示。

步骤 2：将要选择对象的整个轮廓勾勒一遍之后释放鼠标，就自动生成如图 7-21 所示的选区。

图 7-20　沿着刺猬的轮廓线绘制

图 7-21　绘制之后的选区

2. 多边形套索工具的使用

使用“多边形套索工具”可以将图像中不规则的直边对象从复杂的背景中扣选出来，比较适合选择一些边缘呈直线的对象。其操作步骤与使用“套索工具”绘制选区的步骤一样，只是在绘制时，需要在轮廓的转折处单击鼠标建立起连接点，如图 7-22 所示。

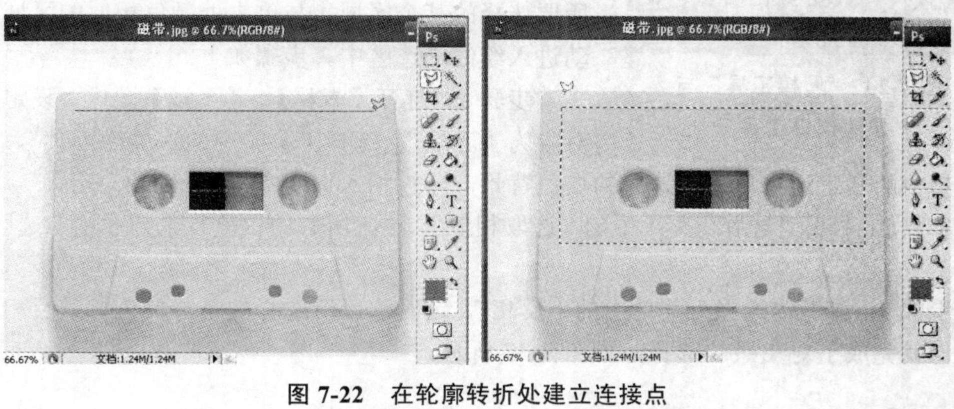

图 7-22　在轮廓转折处建立连接点

3. 磁性套索工具的使用

当需要选择的图像与周围颜色反差较大时，使用“磁性套索工具”是一个不错的方法，其操作步骤与使用“套索工具”绘制选区的步骤一样，系统会自动在选择对象的边界处建立连接点（注意：选择对象需与背景颜色有较大反差），如图 7-23 所示。

图 7-23　在边界处自动生成连接点

（三）使用魔棒与快速选择工具绘制选区

工具箱中的“魔棒工具”与“快速选择工具”可以快速地在图像中根据图像颜色来绘制选区，如图 7-24 所示。

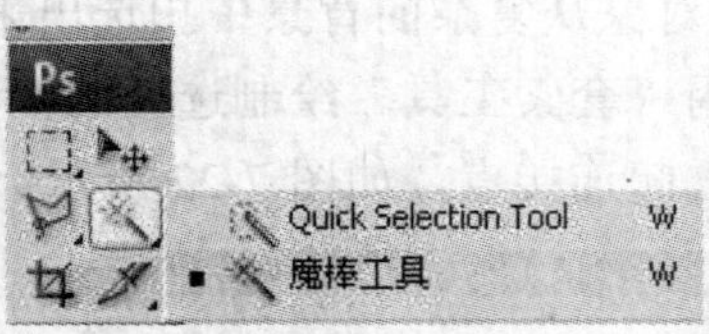

图 7-24 “魔棒工具”与“快速选择工具”

1. 使用魔棒工具绘制选区

使用“魔棒工具”绘制选区，只需要单击图像中所要选择的某个区域，与单击处颜色相似的区域会自动进入绘制的选区中。步骤如下：

步骤 1：打开【素材】>【飞蛾】图像，设定所选对象为“飞蛾”。选择工具箱中的“魔棒工具”，在白色背景中的任意地方单击，这时的白色背景部分被纳入选区中，如图 7-25 所示。

步骤 2：打开“选择”菜单中的“选取相似”，这时所有的白色背景都被纳入选区中，如图 7-26 所示。

步骤 3：打开“选择”菜单中的“反相”，这时选区所选择的是与白色背景反相的对象，也就完成了对飞蛾的选择，如图 7-27 所示。

图 7-25　单击白色背景的任意处

图 7-26　白色背景被纳入选区中

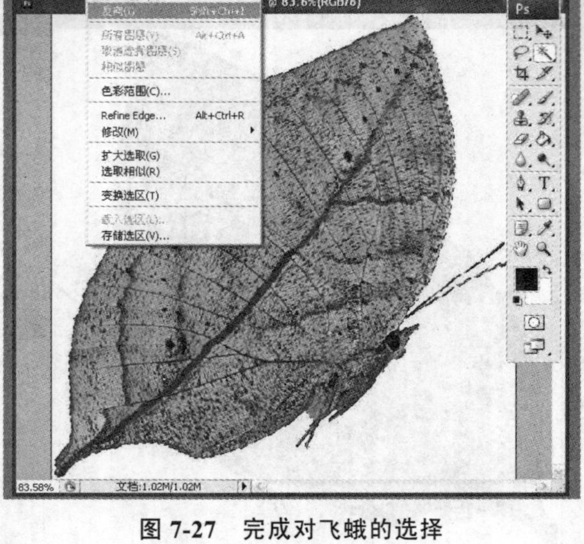

图 7-27　完成对飞蛾的选择

2. 使用快速选择工具创建选区

“快速选择工具”是 Photoshop CS3 新增加的一个选择工具，适合在反差强烈的图像中绘制选区。步骤如下：

步骤 1：打开【素材】>【木瓜】图像，设定所选对象为“木瓜”。选择工具箱中的“快速选择工具”，然后在图像中需要选择的区域拖动鼠标，鼠标拖动经过的区域会被纳入选区中，如图 7-28 所示。

步骤 2：在不释放鼠标的情况之下继续沿着需要选择的区域拖动鼠标，直到得到所需要的选区为止，如图 7-29 所示。

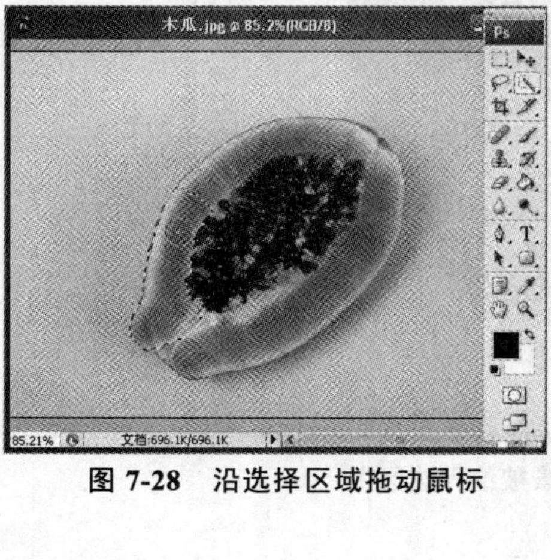

图 7-28　沿选择区域拖动鼠标

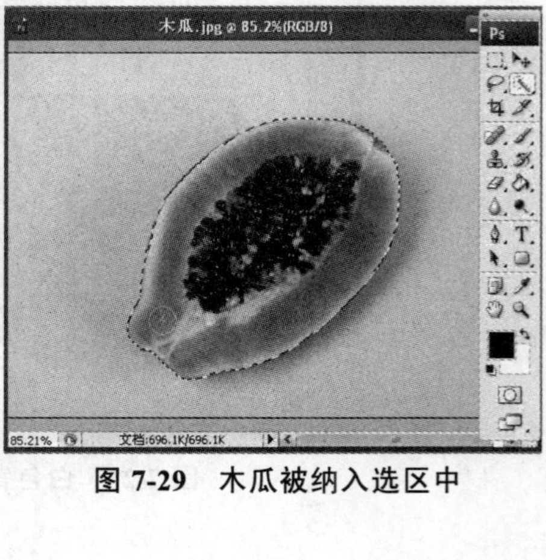

图 7-29　木瓜被纳入选区中

二、选区的编辑

（一）选区的修改

1. 选区的加法

选区的加法是将刚绘制的选区与已存在的选区进行合并。以矩形选区为例，其操作步骤如下：

步骤 1：用鼠标单击“矩形选框工具”，并在“工具属性栏”中选中“添加到选区”的图标按钮，在图像窗口绘制一个矩形选区，接着再绘制一个矩形选区（之前的选区仍然存在），如图 7-30 所示。

步骤 2：释放鼠标后，两个选区会自动合并到一起，如图 7-31 所示。

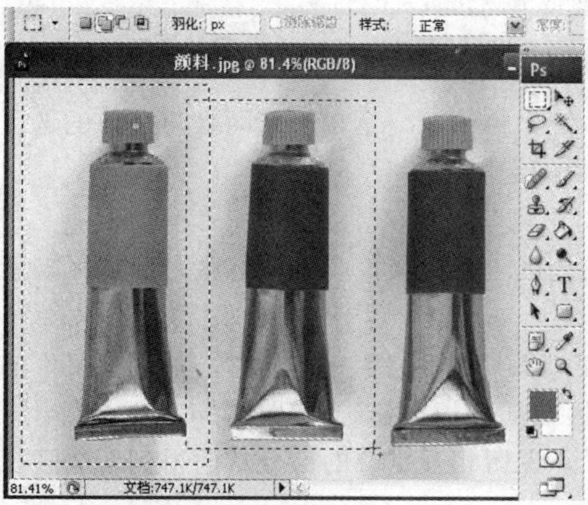

图 7-30　连续绘制两个选区

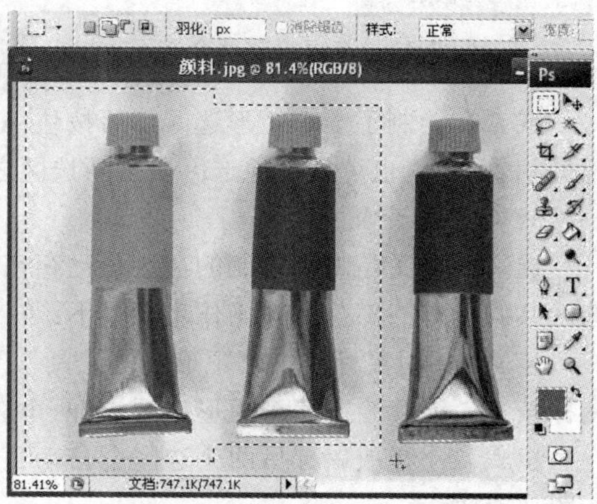

图 7-31　合并之后的选区

或者在绘制了一个矩形选区之后按住 Shift 键，接着再绘制一个矩形选区，两个选区也将自动合并到一块。

2. 选区的减法

选区的减法是将刚绘制的选区与已存在的选区进行相减，得到的是原选区减去新选区之后所得到的选区。其操作步骤如下：

步骤 1：用鼠标单击“矩形选框工具”，并在“工具属性栏”中选中“从选区减去”的图标按钮，然后在图像窗口绘制一个矩形选区，再绘制一个与之前的选区部分相重叠的矩形选区，如图 7-32 所示。

步骤 2：释放鼠标后，得到的是原选区减去新选区之后所得到的选区，如图 7-33 所示。

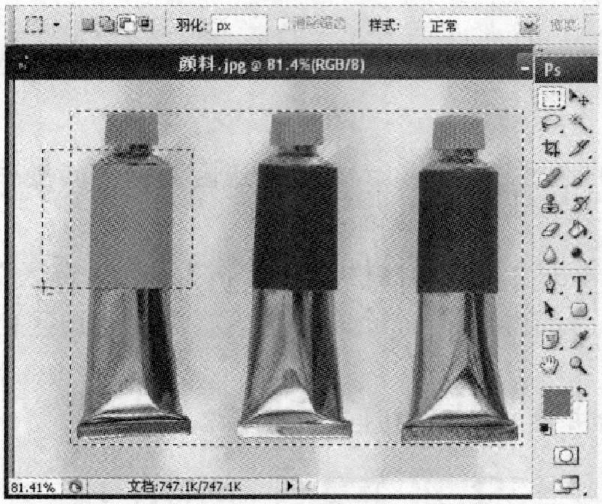

图 7-32　连续绘制两个选区

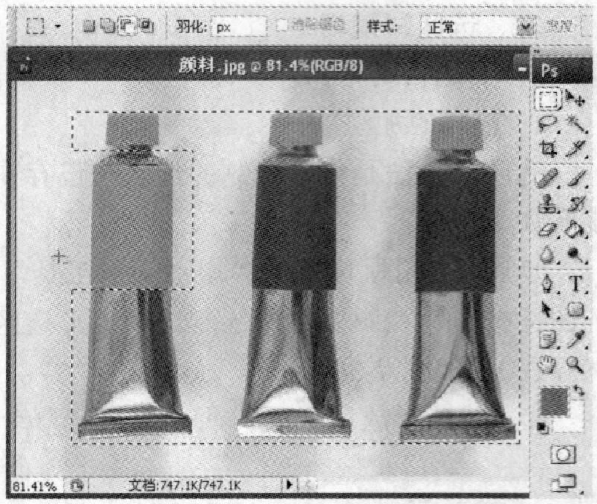

图 7-33　减去之后的选区

或者在绘制了一个矩形选区之后按住 Alt 键，再绘制一个矩形选区（与之前的选区部分相重叠），也可得到原选区减去新选区之后的选区。

3. 选区的交叉

选区的交叉是将刚绘制的选区与已存在的选区进行交叉，得到的选区是原选区与新选区共同拥有的部分。其操作步骤如下：

步骤 1：用鼠标单击“矩形选框工具”，在“工具属性栏”中选中“与选区交叉”的图标按钮，连续绘制两个矩形选区，（两个选区的局部相重叠），如图 7-34 所示。

步骤 2：释放鼠标后两个选区会自动交叉，保留相互重叠的部分从而得到新选区，如图 7-35 所示。

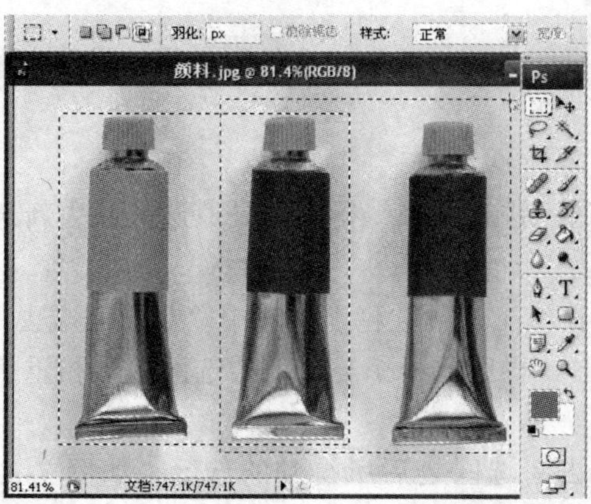

图 7-34　连续绘制两个选区

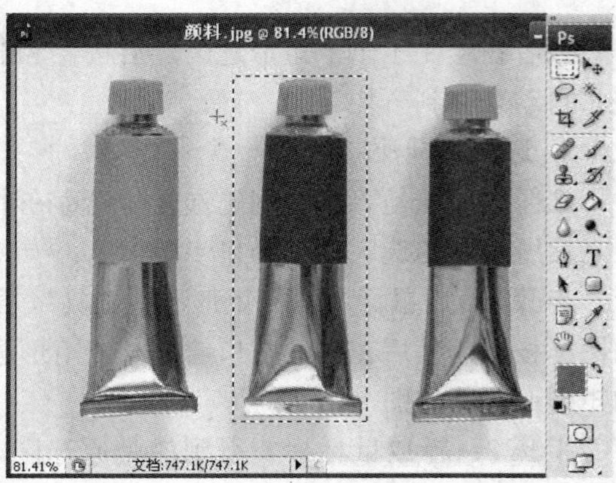

图 7-35 交叉之后的选区

（二）选区的拷贝与粘贴

在绘制好图像的选区之后，可执行【编辑】>【拷贝】命令，被选的区域就拷贝了，如图 7-36 所示。

再执行【编辑】>【粘贴】命令，被拷贝的选区就被复制粘贴于画面，并成为另一个图层，如图 7-37 所示。

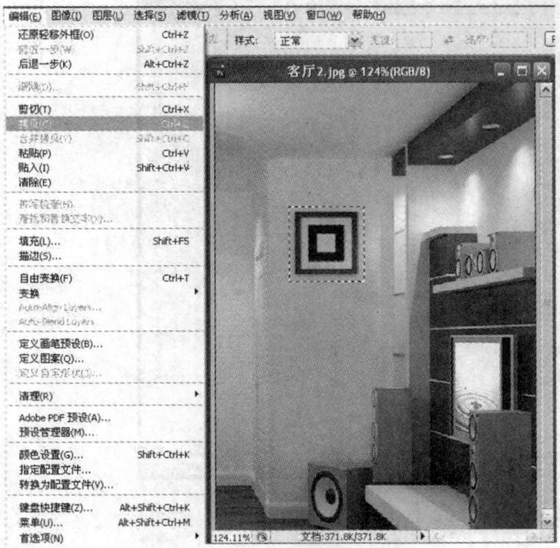

图 7-36 拷贝选区

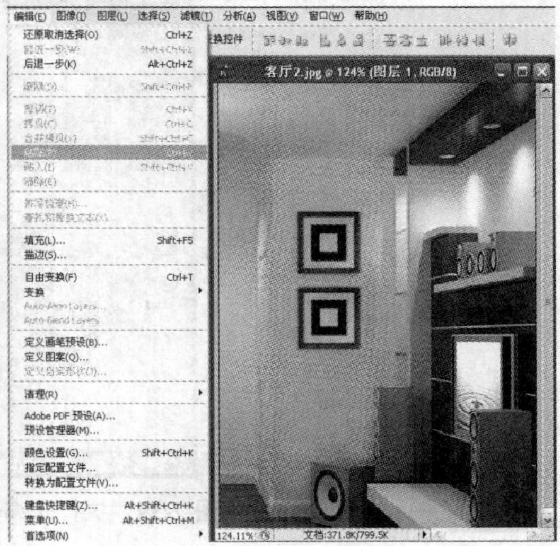

图 7-37 粘贴选区

（三）选区的拖移

也可将原图绘制的选区，用“移动工具”拖移到另一张图片上，如图 7-38 所示。

图 7-38 所选区域被拖移于另一画面

（四）选区的填充

执行选区的填充，可将选区不同的区域填充不同的颜色效果。绘制好选区之后，执行【编辑】>【填充】命令，如图 7-39 所示。

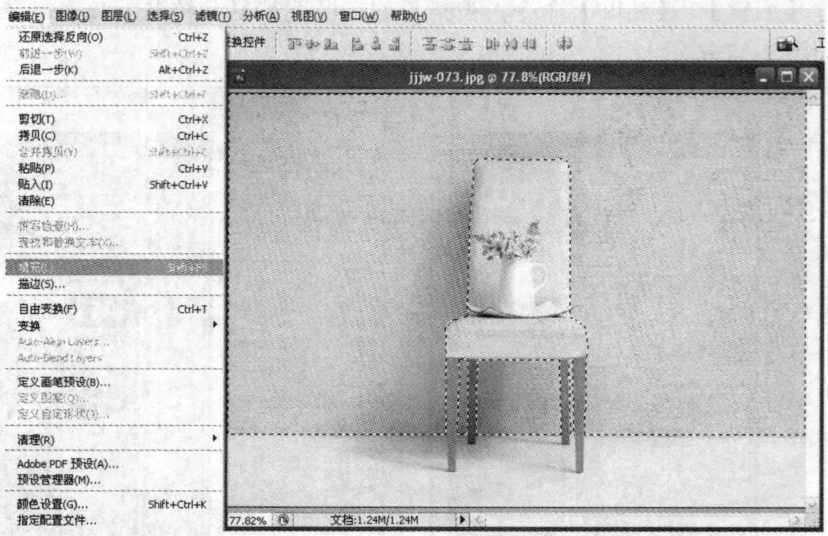

图 7-39　执行【编辑】>【填充】命令

打开【填充】对话框，在“使用”下拉列表框中选择所要填充的内容。如图 7-40 所示是使用“前景色”填充的效果。

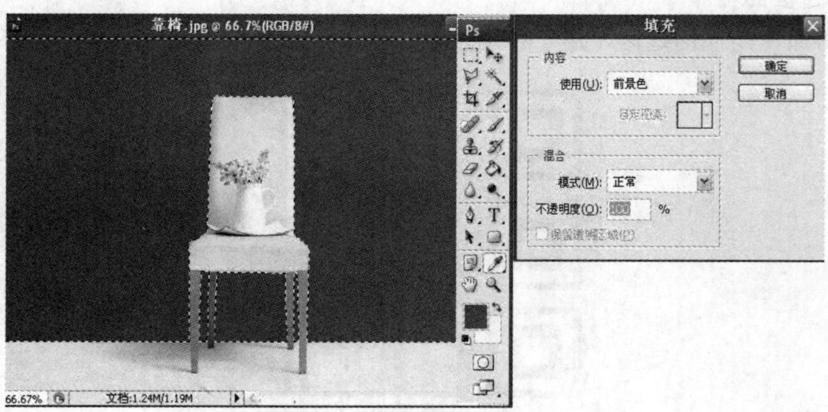

图 7-40　使用“前景色”填充

在“使用”下拉列表框中选择“图案”，在“自定图案”下拉列表框中选择用户所需要的图案，即可用 Photoshop CS3 自带的图案效果填充所选区域，如图 7-41 所示。

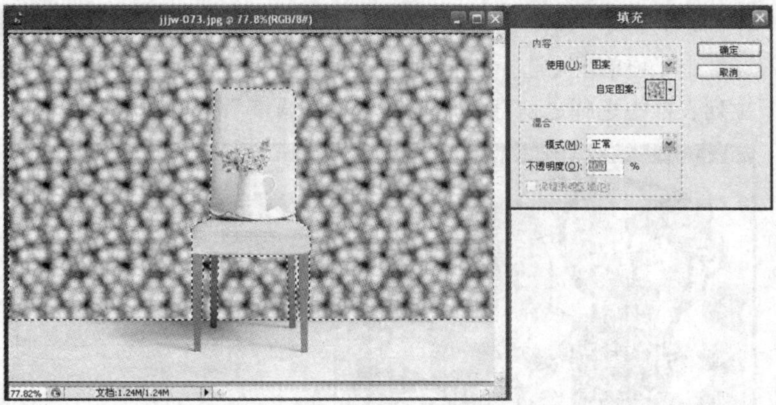

图 7-41 使用“自定图案”填充

（五）选区的储存与载入

进行图像处理时，用户可将所绘制的选区储存起来。以后需要时，可再将之前储存的选区调用回来，还可以进行选区之间的运算而得到新的选区。

这里以绘制“喜鹊”图片中的“梅花图案”选区为例，介绍选区的储存与载入，步骤如下：

步骤 1：打开【素材】>【喜鹊】图像，用“魔棒工具”或“套索工具”将“喜鹊”图案纳入选区中，单击【选择】菜单的【存储选区】命令，打开【存储选区】对话框，在【名称】文本框中输入选区的名称“粉红喜鹊”，单击【确定】按钮，如图 7-42 所示。

图 7-42 存储所选区域

步骤 2：用“魔棒工具”选中白色背景，再单击【选择】菜单中的【反相】命令，就把整个图案纳入选区中了；单击【选择】菜单的【载入选区】命令，打开【载入选区】对话框，在【通道】下拉列表框中选择之前存储的选区“粉红喜鹊”，如图 7-43 所示。

图 7-43 载入所存储的选区

步骤 3：在【载入选区】对话框的“操作”栏下选择“从选区中减去”单选按钮，单击【确定】按钮，系统将从纳入选区的整个图案中减去之前存储的选区“粉红喜鹊”。这样就实现了对“梅花图案”的选择，如图 7-44 所示。

图 7-44 减去所存储的选区从而选择“梅花图案”

上机练习

请打开【素材】>【练习本】图像，如图 7-45 所示。将练习本上的“金色桃心”再复制四个，并将作为背景的练习本，用 Photoshop CS3 自带的图案来填充。

图 7-45 练习素材

第三节 图像的编辑、修饰与绘制

本节主要介绍对图像或图像中的选区进行编辑、绘制与修饰等操作常用的一些命令和工具。

一、图像基本操作命令

(一) 对图像大小与画布大小的操作

图像的大小与画布的大小是两个不同的概念。图像大小是去除边框的画面尺寸，而画布大小则是包括了图像边框的总尺寸，图像大小总是等于或小于画布大小。

1. 图像大小

在 Photoshop CS3 中打开任意一幅图像，选择【图像】菜单中的【图像大小】命令，即可查看当前图像的大小；也可以用鼠标右击图像窗口顶部的标题栏，在弹出的快捷菜单中选择【图像大小】命令，或按快捷键 Ctrl+Alt+I 打开【图像大小】对话框，如图 7-46 所示。

如果需要调整图像的大小，可在【像素大小】与【文档大小】栏中的【高度】与【宽度】数值框中输入相应的数值即可。

2. 画布大小

画布大小表示的是当前图像周围工作空间的大小。在 Photoshop CS3 中打开任意一幅图像，选择【图像】菜单中的【画布大小】命令，即可查看当前画布的大小；也可以用鼠标右击图像窗口顶部的标题栏，在弹出的快捷菜单中选择【画布大小】命令，或按快捷键 Ctrl+Alt+C 打开【画布大小】对话框，如图 7-47 所示。

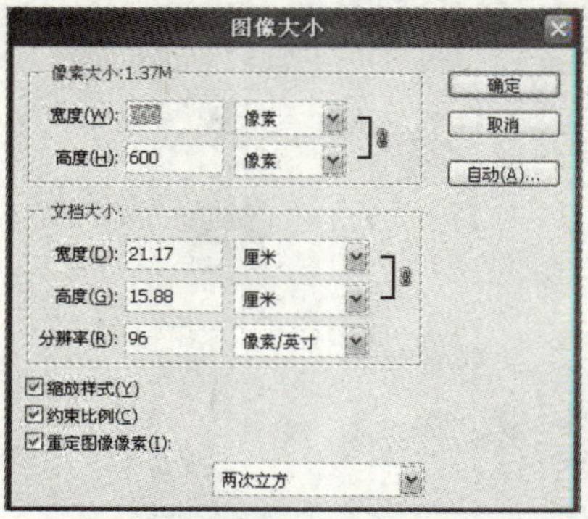

图 7-46 【图像大小】对话框

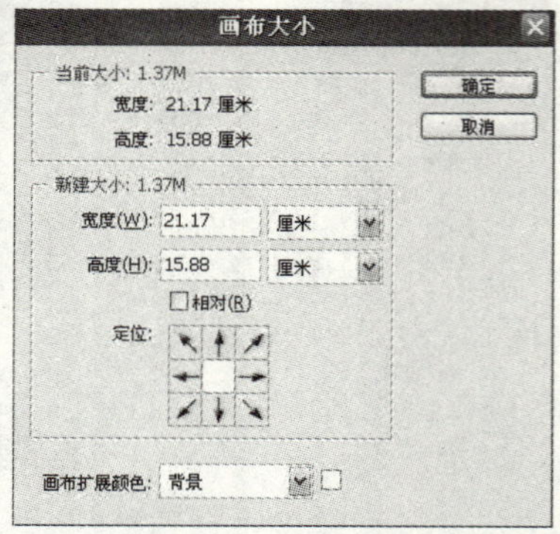

图 7-47 【画布大小】对话框

【画布大小】对话框中，【当前大小】区域内显示的是画布的原始大小。若要改变当前画布的大小，可先在【定位】栏中单击箭头指示按钮，确定画布扩展的方向，然后在【新建大小】栏中的【高度】与【宽度】数值框中输入相应的数值即可。

我们举一个实例，来深入理解调整图像大小与画布大小的重要性：将图像“冬天的丛林”向右扩展 1 倍，其操作步骤如下：

步骤 1：打开【素材】>【冬天的丛林】图像，选择【图像】菜单中的【画布大小】命令，打开【画布大小】对话框。在【定位】栏中将画布向右侧的宽度扩展 1 倍，高度不变，参数设置如图 7-48 所示。

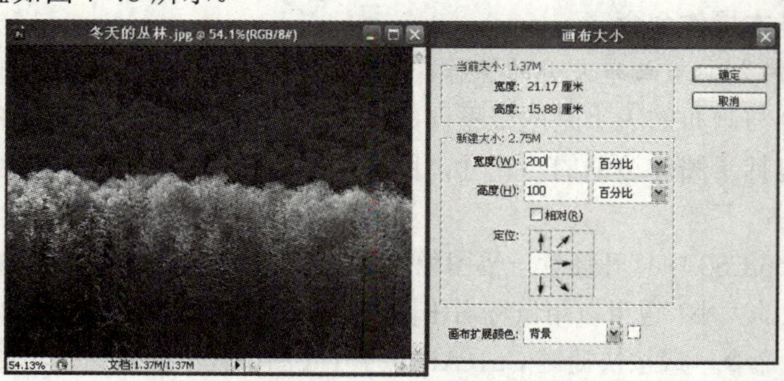

图 7-48 修改【画布大小】对话框

步骤 2：单击对话框中的【确定】按钮，画布向右扩展了 1 倍。用“矩形选框工具”框选图像，执行【编辑】>【拷贝】命令后再执行【编辑】>【粘贴】命令，如图 7-49 所示。

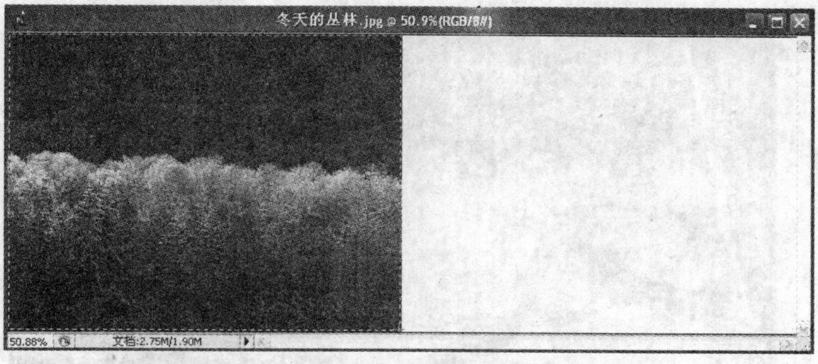

图 7-49　框选图像后复制图像

步骤 3：用“移动工具”向右侧的空白画布拖移刚刚复制的图像，则完成了对图像的扩展，如图 7-50 所示。

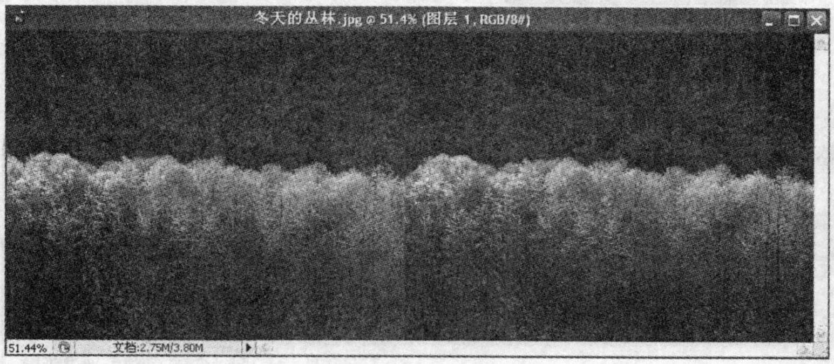

图 7-50　拖移所复制的图像

为使图像输出适合特定区域，往往需要重新定义图像尺寸。需要注意的是，图像本身的尺寸、分辨率与打印尺寸、打印分辨率及纸张会直接影响到打印输出的效果。

二、编辑图像常用的命令

（一）剪切、拷贝与粘贴

剪切、拷贝与粘贴是 Photoshop CS3 中最基本的编辑命令，操作简单但作用不小。我们列举一个简单的例子：

步骤 1：打开【素材】>【荷花】图像，用【放大工具】放大其中一朵荷花，并用套索工具选取此花，如图 7-51 所示。

图 7-51　用套索工具选取荷花

步骤 2：单击【调整边缘】按钮，打开【调整边缘】对话框，如图 7-52 所示。根据预览效果调整好参数，再单击【确定】按钮。

图 7-52　【调整边缘】对话框

步骤 3：执行【编辑】菜单中的【拷贝】命令。在合适的位置上，再单击【粘贴】命令，于是所选择的位置上又增添了一朵荷花，如图 7-53、图 7-54 所示。

图 7-53 执行“拷贝”、“粘贴”命令

图 7-54 “拷贝”与“粘贴”操作后的整个图像效果

补充说明：以上是使用【拷贝】>【粘贴】命令来增加一朵荷花。如果在选取荷花后，使用“剪切”命令，则会把图像上原有的荷花剪掉，而留下空白，致使原图被损坏，

如图 7-55 所示。因此，【剪切】与【粘贴】一般不在同一图层同一图像上进行。另外，使用【剪切】或【拷贝】命令将图像复制到剪贴板中后，可多次粘贴使用。

图 7-55 “剪切”与“粘贴”操作后的图像效果

（二）变换与自由变换

在 Photoshop CS3 中，使用【编辑】菜单中的【变换】与【自由变换】命令，即可对所选图像区域进行缩放、旋转、斜切、扭曲、透视与变形等操作。下面以“变形”功能为例，将图像“蓝色山脉”的局部进行变形处理。

步骤 1：打开“蓝色山脉”图像，用“矩形选框工具”在图像上选择任意一个区域，执行【编辑】>【变换】>【变形】命令，如图 7-56 所示。

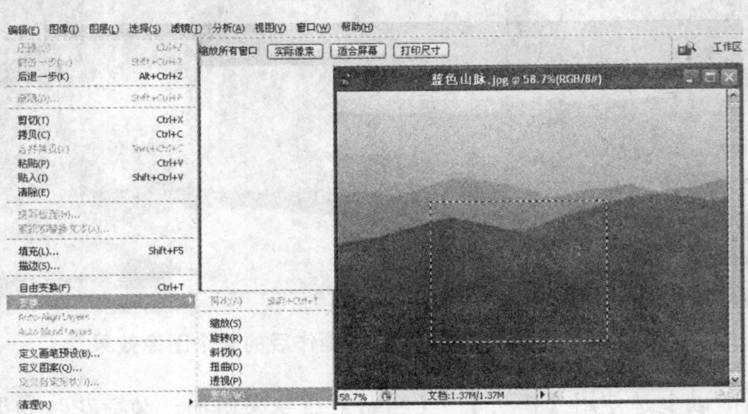

图 7-56 框选区域与执行【变形】命令

步骤 2：执行【变形】命令后，选区会出现一组网格线与 12 个节点，用鼠标单击、拖动网格线与节点，可调整所选区域中图像的形态，如图 7-57 所示。

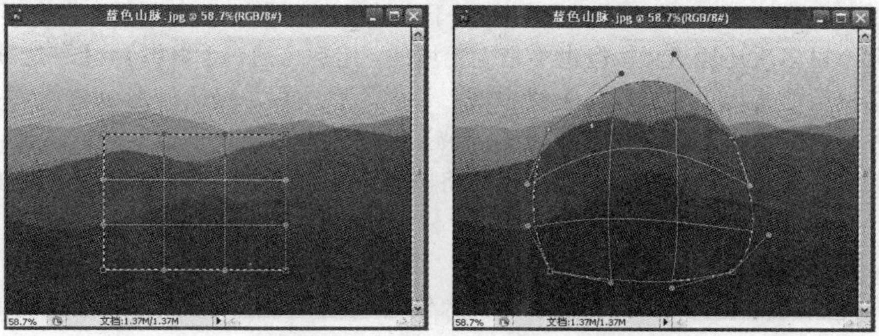

图 7-57 利用网格线与节点调整选区形态

步骤 3：依照画面需要调整好选区形态之后，按 Enter 键，则完成了对图像“蓝色山脉”的变形处理，如图 7-58 所示。

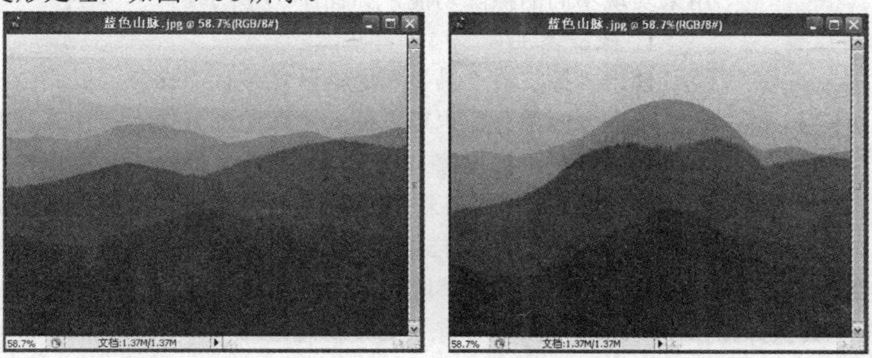

（a）变形前　　（b）变形后

图 7-58 变形前与变形后的“蓝色山脉”

补充说明：在 Photoshop CS3 中，除【编辑】菜单内有【变换】命令外，在【选择】菜单内还有【变换选区】命令，该命令只对选区进行缩放、旋转、斜切、扭曲、透视与变形等操作，而对图像不会产生任何变化影响。

（三）撤销与返回

在图像编辑过程中，常常要对编辑的内容进行多次重复的撤销返回。

1. 还原

在默认状态下，“还原”命令不可用。当进行一次操作后，该命令就会变成“还原×××”(×××表示还原某操作名称)，单击该命令则撤销原操作，返回上一次操作前的状态。一般在操作中，可使用快捷键 Ctrl+Z 进行还原操作。

2.“前进一步”和“后退一步”

“前进一步”和“后退一步”同样可用于撤销返回操作，与“还原”命令不同的是，前两个命令可多次还原重做，但也不是无止境的。用户可通过【编辑】>【首选项】>【性能】对话框中的【历史记录状态】文本框，设置还原次数，默认值是 20。

另外，在【窗口】菜单内有【历史记录】调板，每一操作步骤都会记录到“历史记录”调板中，通过“历史记录”调板也可将图像恢复到指定状态，撤销所做的操作。

三、修饰图像常用的工具

用户可以利用 PS CS3 提供的各类图像修饰工具来弥补图像上的某些不足或达到某些特殊的效果。

（一）使用擦除工具组

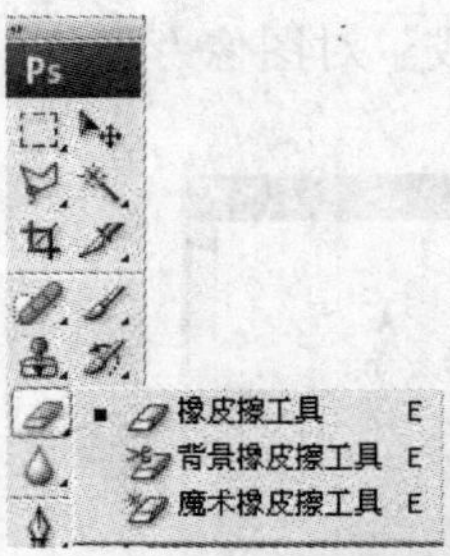

图 7-59 擦除工具

工具箱中，有橡皮擦工具、背景橡皮擦工具、魔术橡皮擦工具，用来实现不同的擦除功能，如图 7-59 所示。

1. 橡皮擦工具

使用“橡皮擦工具”在所选区域进行涂抹，可以完全擦除掉图像中不需要的部分，也可以擦除图像的部分像素，使其透明显示。

当选择了“橡皮擦工具”之后，对应的“工具属性栏”中会显示当前所选“橡皮擦工具”的一系列参数值，可根据画面需要调整“画笔”（设置擦除的样式）、“模式”（设置擦除笔头样式）、“不透明度”（擦除时的不透明度）、“流量”（设置擦除时的力度）中的参数值，如图 7-60 所示，用橡皮擦工具擦掉图像中的绿叶，图上方有“工具属性栏”。

图 7-60 用“橡皮擦工具”擦掉图像中的绿叶（注意属性栏中“不透明度”参数的变化）

2. 背景橡皮擦工具

使用“背景橡皮擦”工具可以擦掉图像中指定的颜色，使用方法与橡皮擦工具完全一样，只是在擦除过程中会不断吸取涂抹过的地方作为背景颜色。

3. 魔术橡皮擦工具

使用“魔术橡皮擦工具”可以快速擦掉选择区域内的图像，其使用方法同“魔棒工具”一样。所不同的是“魔棒工具”只用来创建选区，而“魔术橡皮擦工具”所单击过的颜色相似的区域将会被删掉。

（二）使用图章工具组

图章工具组由仿制图章工具与图案图章工具组成，如图 7-61 所示，可以使用颜色或图案来复制或替换图像中的选区。

图 7-61　图章工具组

1. 仿制图章工具

“仿制图章工具”可从已有图像中取样，然后将取得的样本用到其他图像或同一图像上。如下面的案例所示，使用仿制图章工具将“海鸥”图像中的两只海鸥进行复制。

步骤 1：打开“海鸥”图像，选择“仿制图章工具”，并在对应的“工具属性栏”中设置画笔为 90px，然后按住 Alt 键在所要复制的两只海鸥上单击取样，如图 7-62 所示。

图 7-62　取样图像

步骤 2：松开 Alt 键后，在所选择的空白区域内进行涂抹，两只海鸥的图像逐渐显示出来，如图 7-63 所示。

图 7-63　使用图章工具涂抹

步骤 3：在选区中继续涂抹，直到得到满意的效果为止，如图 7-64 所示。

图 7-64　最终效果

2. 图案图章工具

使用“图案图章工具”可以将 Photoshop CS3 自带的图案或自定义的图案填充到图像中。选择“图案图章工具”，单击“工具属性栏”中的下拉列表，在弹出的图案面板中选择一种图案，然后在所选区域中涂抹即可，效果如图 7-65 所示。

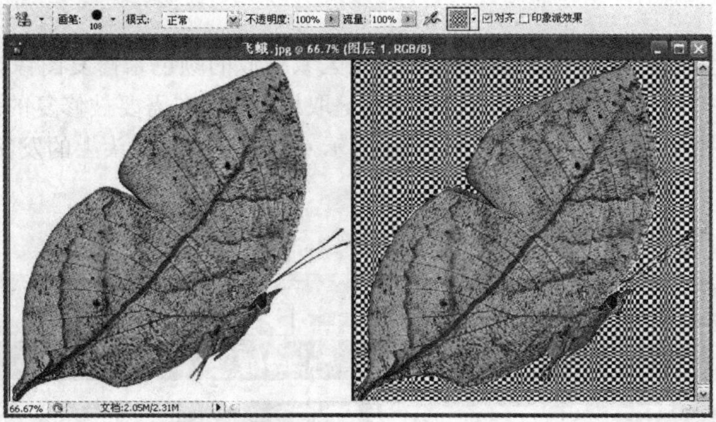

图 7-65 使用图案图章工具涂抹的效果对比

（三）使用修复工具组

使用图像修复工具组，可以将取样点的信息自然地复制到同一画面或另一画面中，修饰的部分与底色具有相互融合的效果，是一组快捷高效的图像修饰工具，如图 7-66 所示。

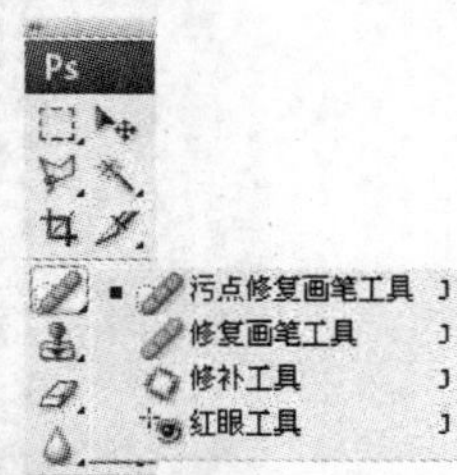

图 7-66 修复工具组

1. 污点修复画笔工具

“污点修复画笔工具”可以快速修复图像中的瑕疵。选择“污点修复画笔工具”，在对应的“工具属性栏”中设置直径大小适中的画笔，然后在想删除的瑕疵上单击，污点会立即消除，修复的部分也会自然地融合到周围环境中，如图 7-67 所示，左图人物脸部的皮肤不够光滑，并且有瑕疵。右图是用“污点修复画笔工具”给人物脸部进行美容后的效果。

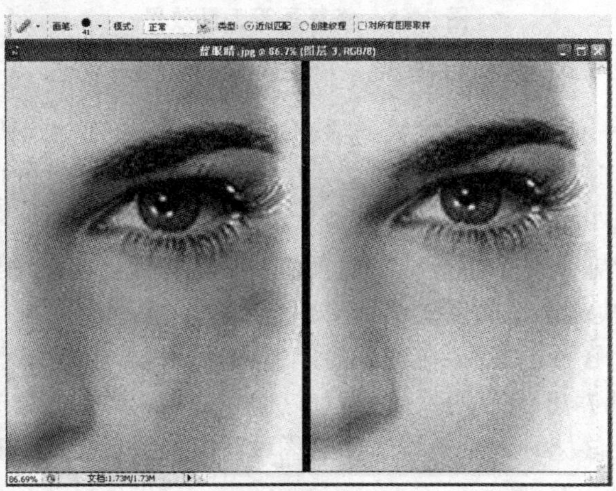

图 7-67 修复后的效果对比

2. 修复画笔工具

“修复画笔工具”可以用图像中与被修复区域相似的颜色来修复图像。其使用方法与“仿制图章工具”完全一样，也是先按住 Alt 键取样，然后在需要被修复的地方进行涂抹，直到完全被取样处的图像覆盖。如图 7-68 所示，左图里小女孩头上的发箍在使用修复画笔工具抹去了，得到右图的效果。

图 7-68 修复画笔工具效果

3. 修补工具

“修补工具”是一种使用最为频繁的修复工具，工作原理与“修复画笔工具”一样，只是其操作是基于区域的，因此首先要定义好一个区域（与选区相似）。下面列举一个案例：使用“修补工具”修复图像的划痕。

步骤 1：打开“蓝水晶”图像，发现画面左下角有两处明显的划痕。选择“多边形套索工具”，框住裂痕选区，如图 7-69 所示。

步骤 2：选择“修补工具”，在对应的“工具属性栏”中选择“源”，拖移选区到需要取样的区域，如图 7-70 所示。

步骤 3：当释放鼠标时，原来被选择的区域与取样区域取得一致，并且边缘与背景融合得很自然，如图 7-71 所示。

图 7-69　框住裂痕选区

图 7-70　拖移图像

图 7-71　修复后的效果

4. 红眼工具

“红眼工具”可以快速去除照片中人物眼睛由于闪光灯而发红的效果。具体操作时，选择“红眼工具”，在对应的“工具属性栏”中设置“变暗量”（用于设置瞳孔的暗度）的参数，将鼠标移动到眼睛发红处单击，即可去除红眼。

（四）使用模糊工具组

模糊工具组由模糊工具、锐化工具和涂抹工具组成，如图 7-72 所示。

模糊工具可以对图像局部进行模糊处理，减少细节、达到柔和的效果。锐化工具可以对图像进行锐化处理，用以提高图像的清晰度或聚焦程度。涂抹工具可以模拟手指涂抹图像时的流动效果，涂抹的形态会随着开始的位置沿着拖移方向而展开，很适合用于抹平物体的褶皱。

（五）使用减淡工具组

使用减淡工具、加深工具和海棉工具可以调整或修饰图像的亮度与饱和度，如图 7-73 所示。

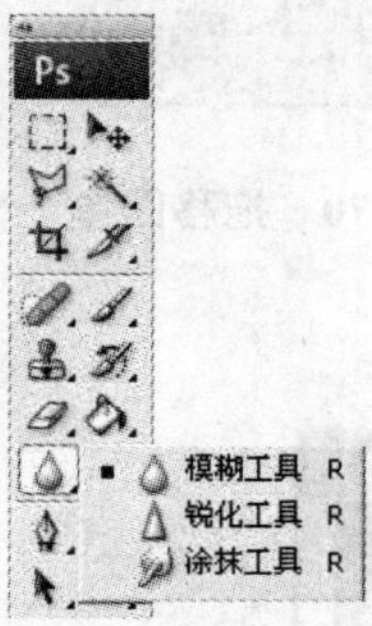

图 7-72　模糊工具组

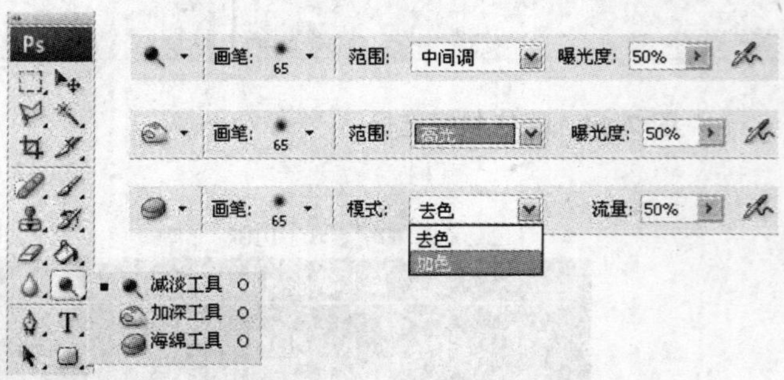

图 7-73　减淡工具组

四、绘制图像常用的工具

PS CS3 不但可以对图像进行编辑和处理，而且可以利用其绘画工具创建出各种绘画效果。

（一）画笔工具

绘制图像时，首先要对画笔进行设置。选择“画笔工具”之后，可以在对应的“工具属性栏”中设置画笔的样式和“主直径”、“硬度”、“模式”、“不透明度”、“流量”等参数，如图 7-74 所示。画笔工具一般使用前景色进行绘画。之前介绍过的图像擦除工具，可以在绘制时擦除掉图像中不必要的像素。

图 7-74　画笔工具的“工具属性栏”

1. 画笔的类型

PS CS3 内设置了多种样式的画笔，通过执行【窗口】>【画笔】命令，打开【画笔】面板，即可查看或创建各种类型的画笔，如图 7-75 所示。

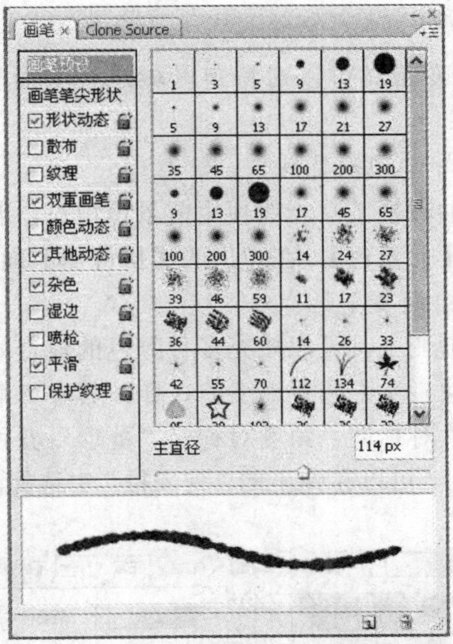

图 7-75 【画笔】面板

2. 创建画笔

绘画过程中，若想使用面板中的画笔，可在【画笔】面板内选择一种画笔式样，单击面板下方【创建新画笔】按钮，在弹出的“画笔名称”对话框内输入所选画笔的名称，如图 7-76 所示，即可使用该画笔。

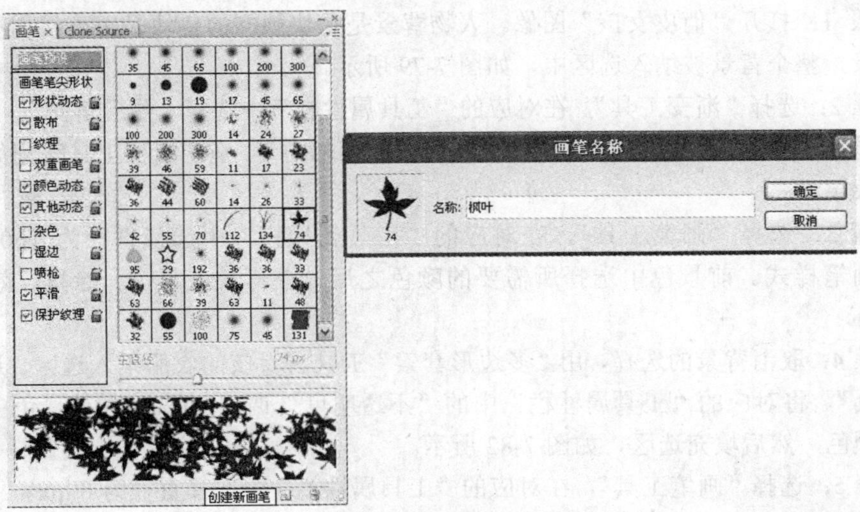

图 7-76 创建画笔

（二）填充工具

使用油漆桶工具和渐变工具可以对特定区域进行大面积的颜色填充，如图 7-77 所示。

图 7-77 填充工具

1. 油漆桶工具

油漆桶工具一般使用前景色填充，若想换成另一种颜色，只须双击【前景色】，在弹出的【拾色器】面板中选择需要的颜色即可。

2. 渐变工具

渐变工具可以填充多种颜色的混合效果。选择“渐变工具”之后，可在对应的“工具属性栏”中选择渐变的式样。其中“渐变样本显示框”的右侧分别列有“线性”、“径向”、“对称”、“角度对称”、“菱形”五种渐变方式。单击“渐变样本显示框”右角的三角按钮，可以在弹出的“列表框”中选择渐变样本，如图 7-78 所示。

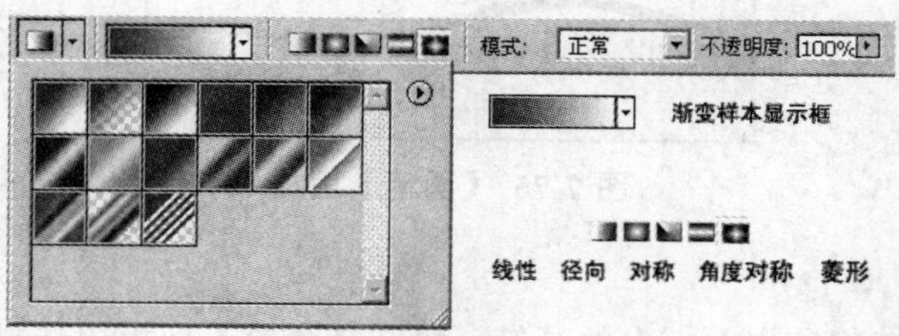

图 7-78 渐变的式样

下面列举一个实例：绘制图像“俏皮女孩”的人物背景和衣服上的花纹。

步骤 1：打开“俏皮女孩”图像。人物背景是一块独立的色块，可直接用魔棒工具单击背景，整个背景被纳入选区中，如图 7-79 所示。

步骤 2：选择“渐变工具”，在对应的“工具属性栏”中选择“菱形渐变”，并在“渐变样本显示框”中选择需要的渐变样式。从选区的顶部向下，拖动渐变工具得到如图 7-80 所示的效果。

步骤 3：选择“画笔工具”，在对应的“工具属性栏”中选择直径为 160px、“枫叶”的画笔样式。前景色中选择所需要的颜色之后，在背景上单击、涂抹，效果如图 7-81 所示。

步骤 4：取消背景的选择，用“多边形套索”工具将女孩的衣服纳入选区。选择“油漆桶工具”，将对应的“工具属性栏”中的“不透明度”调到 20%。在前景色中选择所需要的颜色，然后填充选区，如图 7-82 所示。

步骤 5：选择“画笔工具”，在对应的“工具属性栏”中选择直径为 80px、“五角星”的画笔样式。前景色中选择所需要的颜色之后在选区内单击，效果如图 7-83 所示。

图 7-79 魔棒工具选择背景

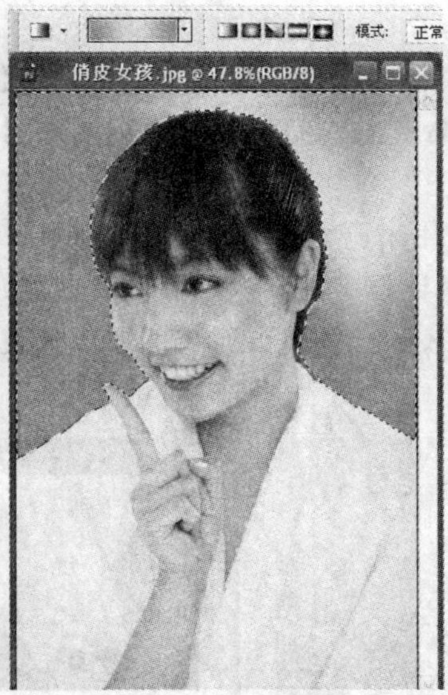

图 7-80 渐变填充效果

图 7-81 “枫叶”画笔绘制背景

图 7-82 油漆桶工具填充效果

图 7-83 “五角星”画笔绘制衣服纹理

五、调整图像色彩的工具

Photoshop CS3“图像”菜单的【调整】子菜单中，提供了色阶、曲线、色彩平衡、亮度/对比度、色相/饱和度等命令，它们可以快速实现对图像色彩的调整。

（一）色阶调整和曲线调整

【色阶】和【曲线】命令常用来调整图像的对比度与中间色。执行【图像】>【调整】>【色阶】命令，打开【色阶】对话框，见到内有黑色、灰色、白色 3 个滑块，其中黑色滑块代表最低亮度；白色滑块代表最高亮度，而灰色滑块代表中间调，滑块上方为直方图，如图 7-84 所示。

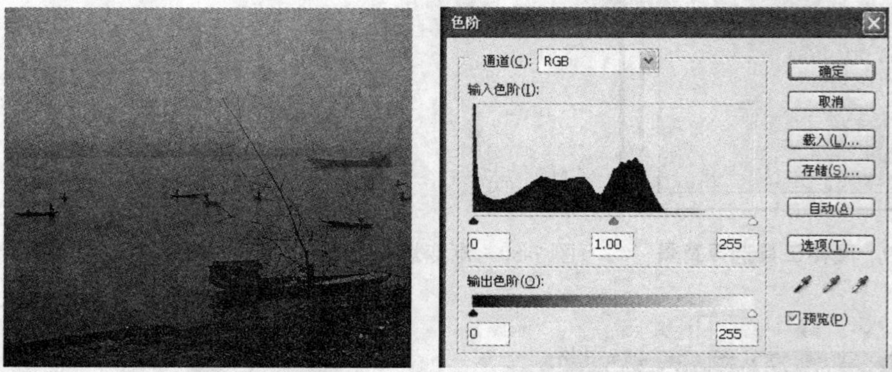

图 7-84 【色阶】对话框

上图是一幅曝光不足的图像。观察“色阶”对话框中的直方图，靠黑滑块一侧的低亮度和中亮度像素偏多，白滑块一侧高亮度像素偏少。单击对话框上的【自动】按钮，可自动调节到较好的图像效果，如图 7-85 的左侧图所示。还可用鼠标向左拖动白色滑块与灰色滑块（或在滑块下面的文本框中输入数值），即可提高画面的亮度，如图 7-85 右侧图所示。

图 7-85 “色阶”命令调整前后的效果对比

相比【色阶】命令，使用【曲线】命令可以更加精确地调整图像的亮度、对比度。执行【图像】>【调整】>【曲线】命令，打开【曲线】对话框，可单击对话框上的【自动】按钮，自动调节到合适的图像效果。还可在“调节线”上单击鼠标添加调节点，向上拖动调节点可增加画面的亮度，达到自己满意的艺术效果，如图 7-86 所示。

（二）色彩平衡

执行【图像】>【调整】>【色彩平衡】命令，打开【色彩平衡】对话框，如图 7-87 所示。可调整三色中的某个滑块，使图像倾向于某种颜色。

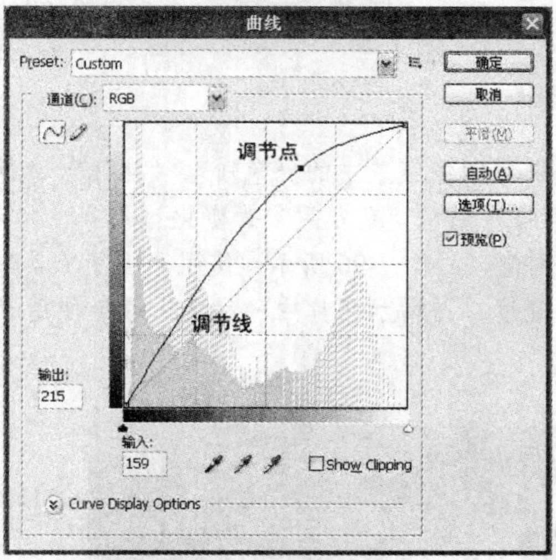

图 7-86 【曲线】对话框

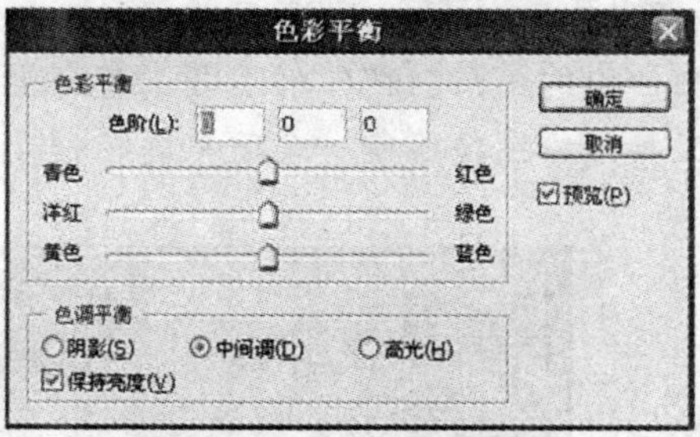

图 7-87 【色彩平衡】对话框

（三）亮度/对比度调整

【亮度/对比度】命令可以更加简便、直观地完成图像亮度与对比度的调整。执行【图像】>【调整】>【亮度/对比度】命令，打开【亮度/对比度】对话框，如图 7-88 所示。可以通过移动【亮度】与【对比度】下方的滑块位置或在文本框中输入数值达到调整画面的效果。

（四）色相/饱和度调整

执行【图像】>【调整】>【色相/饱和度】命令，打开【色相/饱和度】对话框。可以通过移动【色相】、【饱和度】、【明度】下方的滑块位置或在文本框中输入数值达到改变图像色彩的目的，如图 7-89 所示。

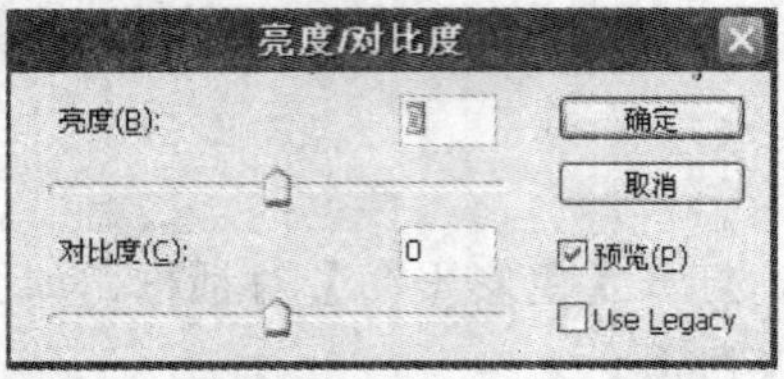

图 7-88 【亮度/对比度】对话框

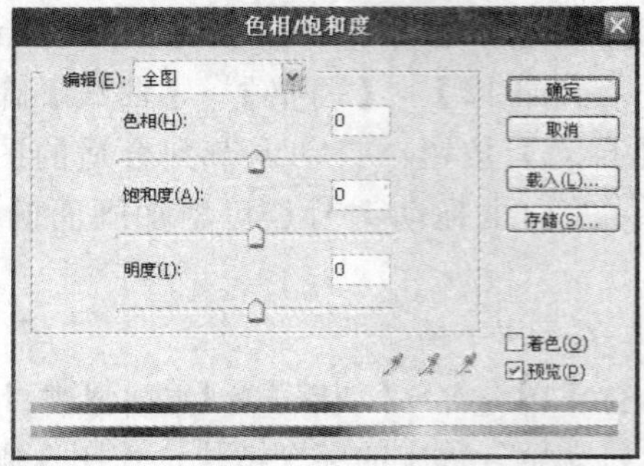

图 7-89 【色相/饱和度】对话框

上机练习

1. 用 Photoshop CS3 打开一幅图像，分别用图像菜单中的“色阶”、“曲线”、“色彩平衡”、“色相/饱和度”调整图像，观察图像的变化和“直方图”的变化。

2. 用 Photoshop CS3 打开“水中白鹅”图像，如图 7-90 所示。使用“修复工具”去掉画面中的一只白鹅；然后调高整个画面的亮度，并增加图片中的绿色；最后使用“画笔工具”给图像绘制一个简单的相框。

图 7-90 水中白鹅

第四节 图层和图层样式

一、图层的概念与控制面板

（一）图层的基本概念

对于 Photoshop CS3 来说，许多较为复杂的图像一般都是由多个图层组成的，即图层是可用来装载图像各部分的载体。如图 7-91 所示，左图是由右边 3 个有图像的图层组合而成的。

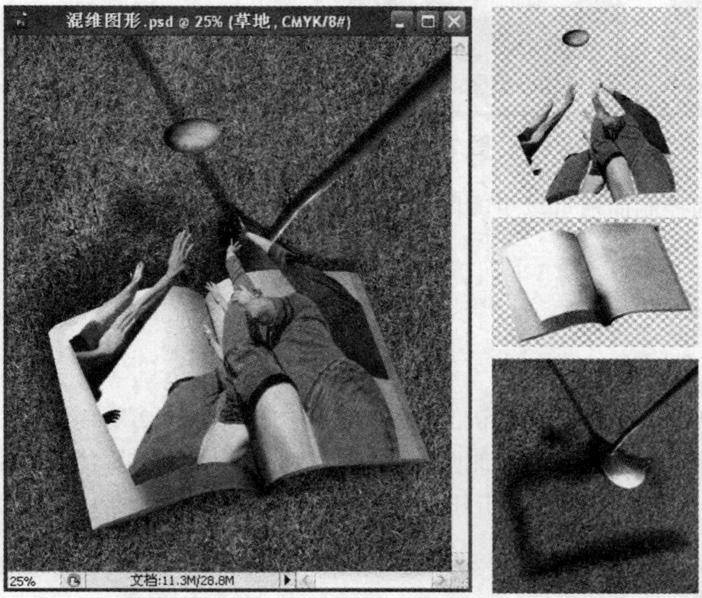

图 7-91 组成图像的各个图层

使用图层可以非常方便地管理和修改图像，还可创建各种特效。在多个图层中编辑其中的一个，不会对其他图层造成影响。

（二）图层的控制面板

图层的控制面板一般位于 Photoshop CS3 工作界面的右侧，用于创建、复制、删除等图层管理工作。打开图像“混维图形”（psd 格式），如图 7-92 所示。图层控制面板中最下方的图层称作“背景”图层，右边的锁形图标表示它被锁定，不可进行删除、移动等操作。其他图层位于“背景”图层的上面，右边没有锁形图标，表示它们可以进行删除、移动等操作。图 7-92 中“击球”与“书本”图层中灰白相间的地方表示该区域为透明区域，透过该区域可以见到下方图层中的图像。

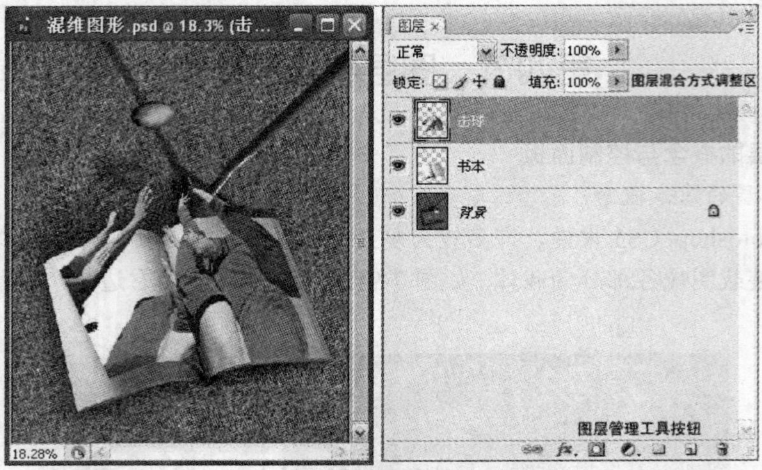

图 7-92　图层的控制面板

通过图层的控制面板可以更改图层名称，并实现对图层的创建、复制、删除、排序、合并等操作。

二、图层的基本操作

（一）图层名称的更改

图层的最初名称是由系统默认的，如：“图层 1”、“图层 2”。用户可以根据需要将其更改成指定名称。在需要重命名的图层名称上双击后，图层名称变为可编辑状态，输入所需要的名称，按 Enter 键或单击任意位置即可完成图层名称的更改，如图 7-93 所示。

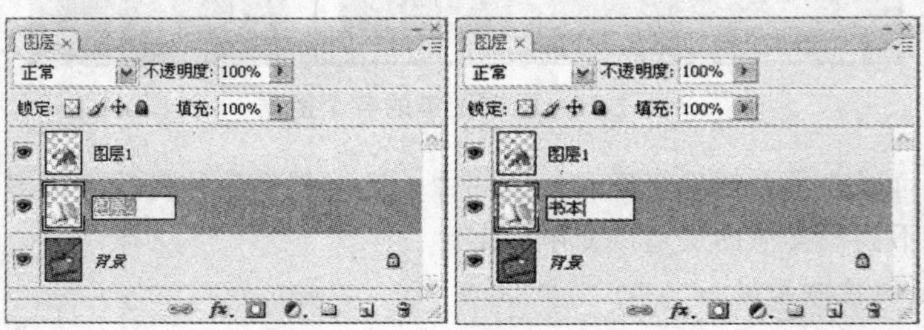

图 7-93　更改图层名称

（二）图层的新建

打开或新建一个图像文档，可以通过菜单命令或者图层的控制面板创建新图层。

1. 通过菜单命令创建图层

通过菜单命令创建图层，可以定义图层的名称、图层在控制面板中的显示颜色、图层混合模式、不透明度等。执行【图层】>【新建】>【图层】命令，即可打开【新建图层】对话框，如图 7-94 所示。

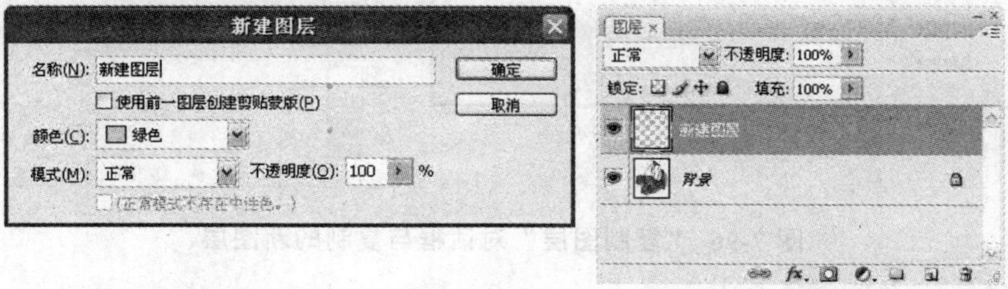

图 7-94 【新建图层】对话框与新建的图层

在【新建图层】对话框的【名称】文本框内输入所需要的图层名称，从【颜色】下拉列表框中选择所需要的颜色。单击【确定】按钮即可创建新图层。

2. 通过图层控制面板创建图层

通过图层控制面板可以快速创建图层。单击图层控制面板底部的“创建新图层”按钮即可，如图 7-95 所示。

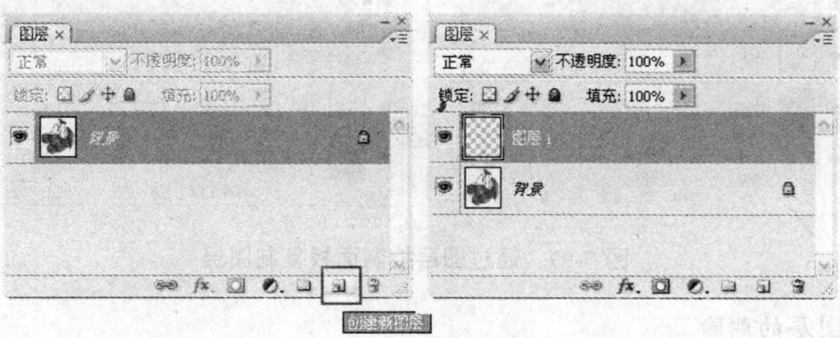

图 7-95 通过图层控制面板创建图层

（三）图层的复制

为已存在的图层创建图层副本，也可通过菜单命令或图层的控制面板进行。

1. 通过菜单命令复制图层

在图层控制面板中单击选择要复制的图层，执行【图层】>【复制图层】命令，打开【复制图层】对话框，输入新图层名称，单击【确定】按钮就完成了对所选图层的复制，如图 7-96 所示。

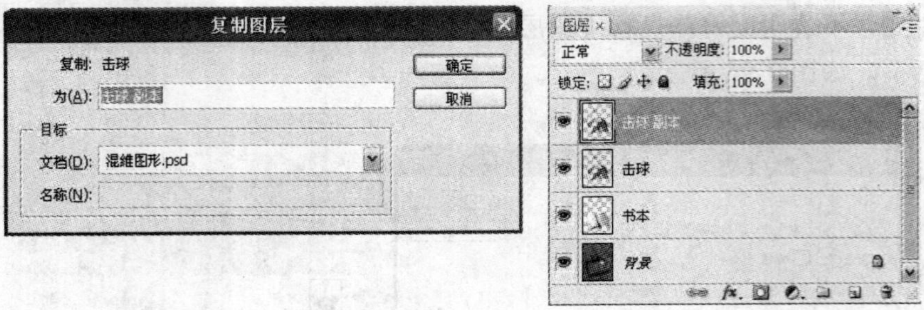

图 7-96 “复制图层”对话框与复制的新图层

2. 通过图层控制面板复制图层

在图层控制面板中单击选择要复制的图层，并将此图层拖动到底部的【创建新图层】按钮上，这时鼠标图标变成手形，松开鼠标即可复制生成新图层，如图 7-97 所示。

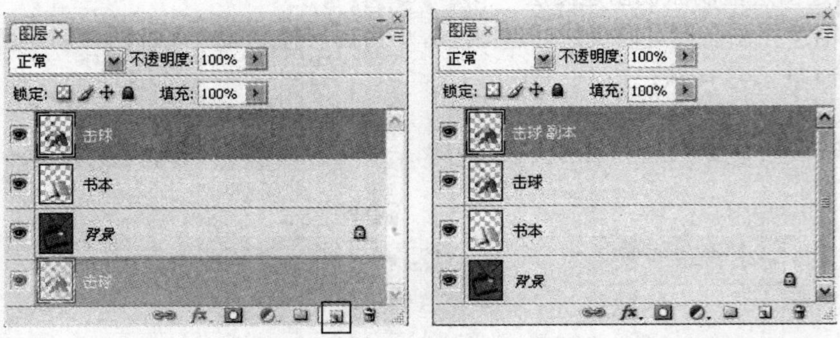

图 7-97 通过图层控制面板复制图层

（四）图层的删除

删除图层也可通过菜单命令与图层控制面板两种途径来执行，但图层删除之后该图层中的图像也随之被删除。

1. 通过菜单命令删除图层

在图层控制面板中选择要删除的图层，执行【图层】>【删除】>【图层】命令，即可完成所选图层的删除。

2. 通过图层控制面板删除图层

在图层控制面板中选择要删除的图层，单击图层控制面板底部的“删除图层”按钮即可，如图 7-98 所示。

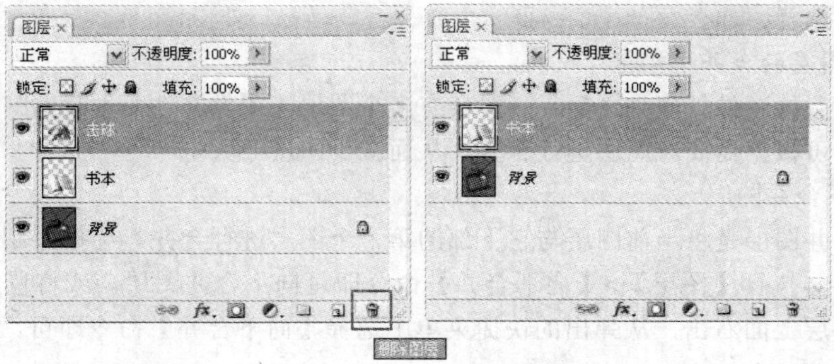

图 7-98 通过图层控制面板删除图层

（五）图层的排序

图层有上下覆盖的特点，调整好图层的顺序有利于制作或编辑更为复杂的图像。调整图层顺序的操作十分简单，用鼠标左键按住控制面板中要调整的图层，拖移到所需位置即可，如图 7-99 所示。

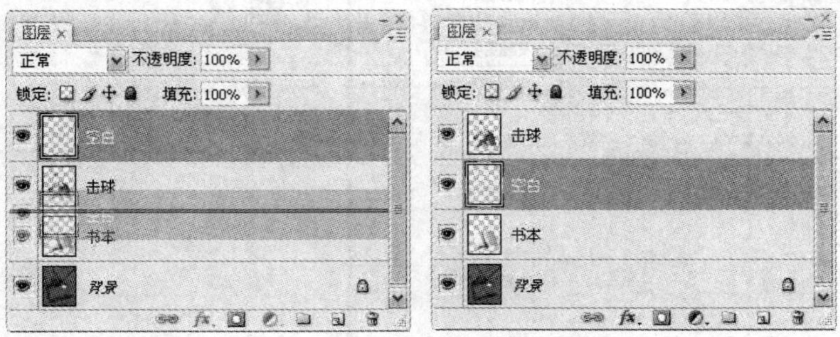

图 7-99 拖移图层调整顺序

（六）图层的选择

编辑含有多个图层的图像时，需要对图层进行准确的选择，才可执行下一步操作。

1. 选择单个图层

如果要选择某个图层，只需在图层控制面板中单击要选择的图层即可。

2. 选择多个连续图层

若要选择多个连续的图层，按住 Shift 键再单击所要选择的图层范围的第一个图层和最后一个图层，鼠标单击过的图层都会被选择。

3. 选择多个不连续图层

若要选择多个不连续的图层，按住 Ctrl 键再逐个单击所要选择的图层，鼠标单击过的图层将被选择。

（七）图层的合并

较为复杂的图像处理完之后，一般会有多个图层，图像文件变大后电脑处理速度会变慢，用户可根据需要对图层进行合并，从而减少图层的数量。

1. 向下合并图层

向下合并图层是将当前图层与它下部的第一个图层进行合并。选择控制面板中需要合并的图层，执行【图层】>【向下合并】命令即可向下合并图层。或将鼠标放置在需要合并的图层上面右击，从弹出的快捷菜单中选择【向下合并】命令即可，如图 7-100 所示。

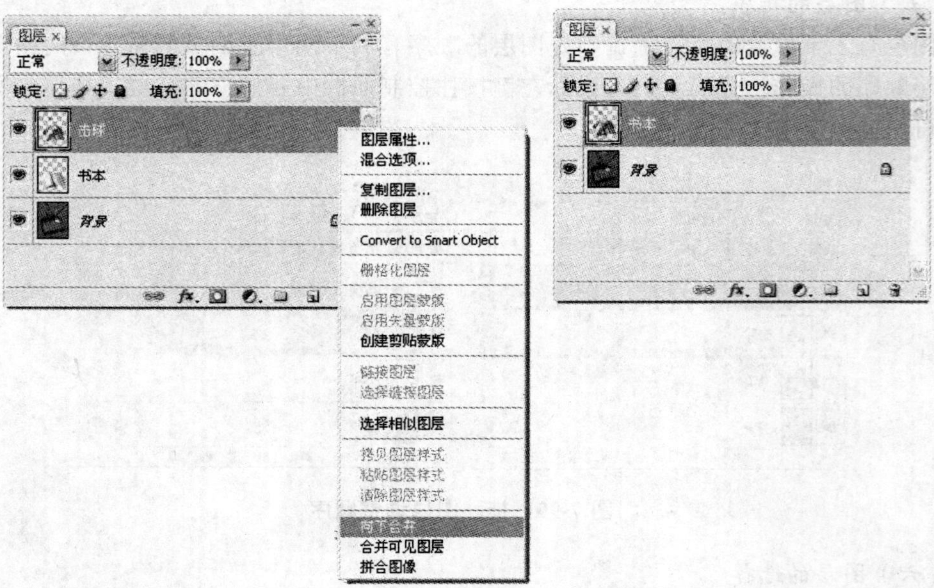

图 7-100　向下合并图层

2. 合并可见图层

合并可见图层是将当前图像中所有可见的图层(左侧显示有眼睛图标的为可见图层)合并成一个图层，执行【图层】>【合并可见图层】命令即可合并可见图层。或将鼠标放置在需要合并的可见图层上面右击，从弹出的快捷菜单中选择“合并可见图层”命令即可，如图 7-101 所示。

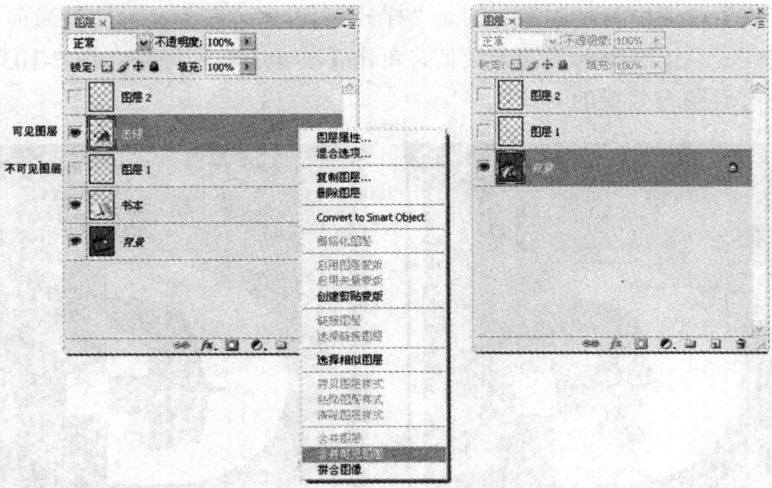

图 7-101　合并可见图层

三、图层样式

运用 PS CS3 中的图层样式，可以使图像中的图层呈现不同的艺术效果。其中包含了投影、内阴影、外发光、内发光、斜面和浮雕、光泽、颜色叠加、渐变叠加、图案叠加、描边等图层样式。

（一）投影

投影样式用于模拟物体受光后的投影效果，可以增强图像的层次感与立体感。选择需要编辑的图层，单击图层控制面板底部的【图层样式】按钮，在弹出的【图层样式】对话框中选择【投影】命令，如图 7-102 所示。

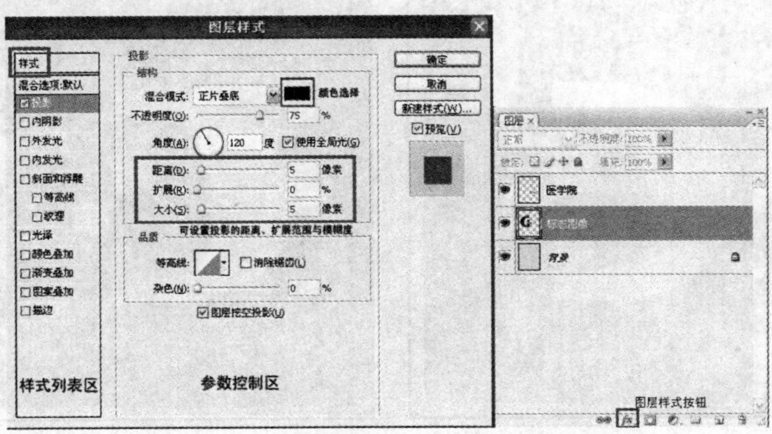

图 7-102 【图层样式】对话框

【图层样式】对话框的左侧显示的是“样式列表区”，右侧显示的是当前“图层样式”的“参数控制区”。按照需求设置参数值，单击【确定】按钮即可。图 7-103 所示为执行“投影”命令前后图像效果的对比。

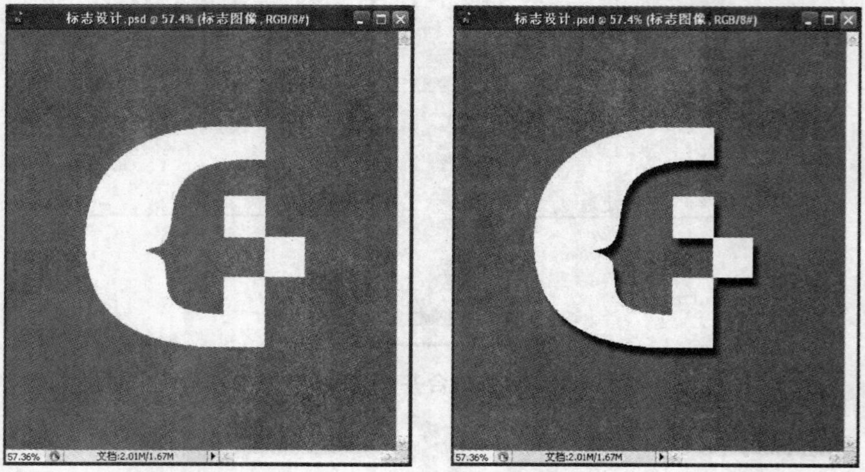

图 7-103 “投影”命令前后图像效果对比

（二）内阴影

内阴影的效果与投影效果方向相反，是沿着图像边缘向内产生的投影效果。其操作步骤、参数的设置，与“投影”效果大致相同。图 7-104 所示为执行“内阴影”命令前后图像效果的对比。

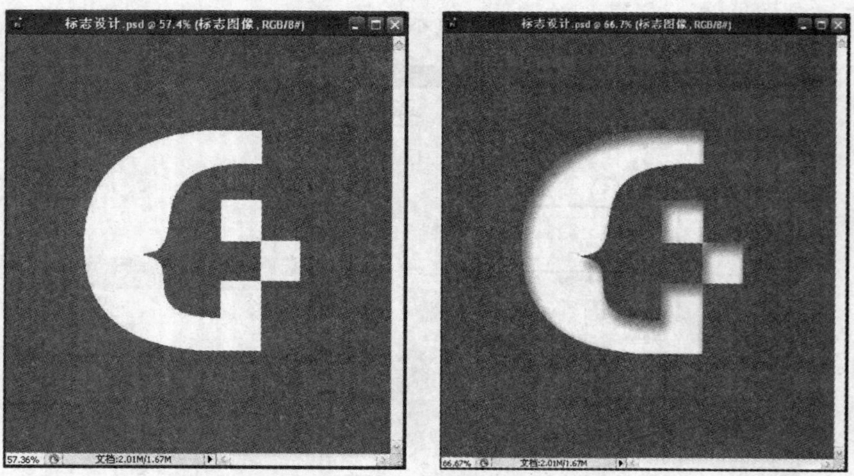

图 7-104 “内阴影”命令前后图像效果对比

（三）外发光和内发光

1. 外发光

外发光是沿着图像的边缘产生发光效果，从【图层样式】对话框中选择【外发光】，在“参数控制区”按照需求设置参数值，单击【确定】按钮即可，如图 7-105 所示。

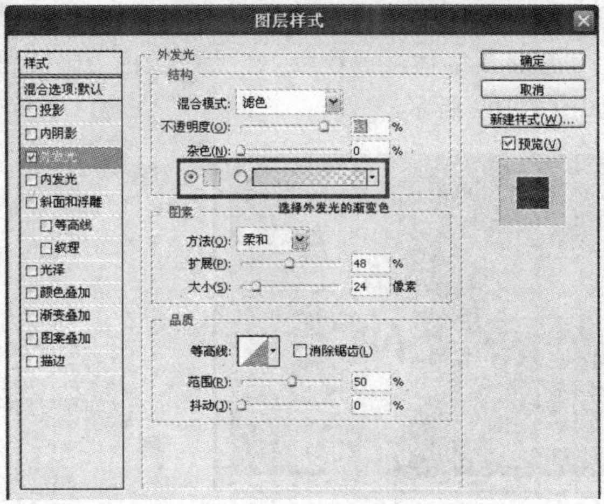

图 7-105 设置“外发光”参数值

使用外发光样式前后的效果对比如图 7-106 所示。

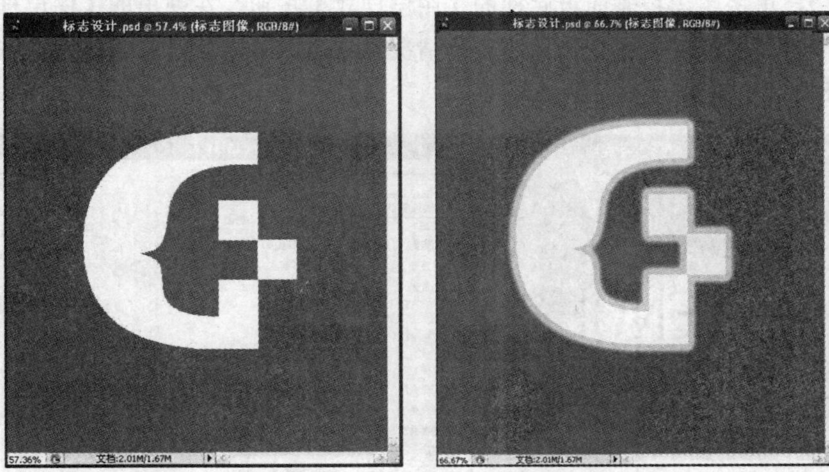

图 7-106 “外发光”命令前后图像效果对比

2. 内发光

内发光是沿着图像边缘内发光，与外发光样式产生的效果刚好相反，其操作步骤与参数值的设置方法也一样。

（四）斜面和浮雕

斜面和浮雕样式可以增加图像的明暗对比，使图像产生立体感。如将图像“科技.jpg”添加一排文字并制作出立体感，操作步骤如下。

步骤 1：打开【素材】>【科技.jpg】图像，选择工具箱中的“横排文字工具”，并在“工具属性栏”中选择“黑体”字体，字号为 225 点，颜色为暗红色。在背景图像上输入文字“SCIENCE”，如图 7-107 所示。

图 7-107　使用“横排文字工具”输入文字

步骤 2：单击图层控制面板底部的【图层样式】按钮，在弹出的【图层样式】对话框中选择“斜面与浮雕”命令，按照实际情况设置参数值，此时文字边缘产生立体感，如图 7-108 所示，单击【确定】按钮即可。

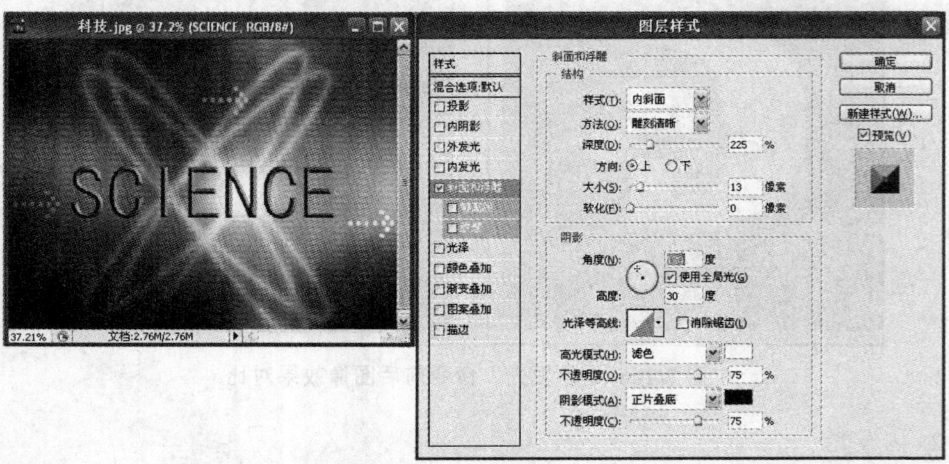

图 7-108　设置“斜面与浮雕”参数值与使用该样式后的文字效果

（五）光泽

光泽样式可以模拟磨光或金属的效果，其参数设置和使用后的效果如图 7-109 所示。

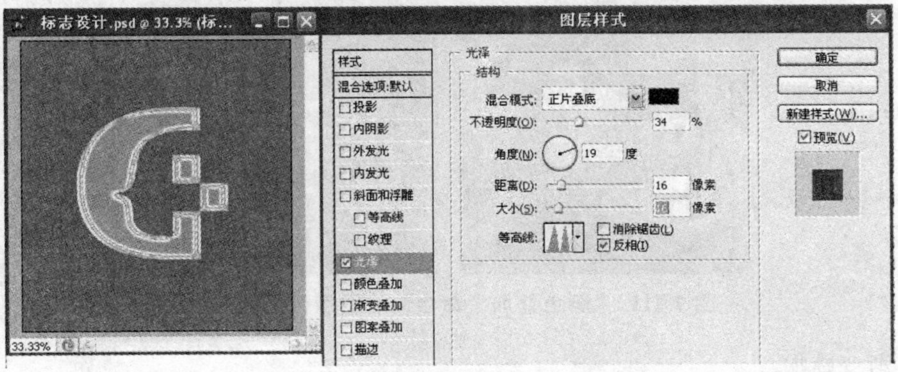

图 7-109　设置“光泽”样式参数值与使用该样式后的效果

（六）颜色叠加、渐变叠加与图案叠加

1. 颜色叠加

颜色叠加样式是将一种颜色覆盖在图像之上，如同用“画笔工具”或“填充工具”填充选区的效果一样。其参数设置如图 7-110 所示。

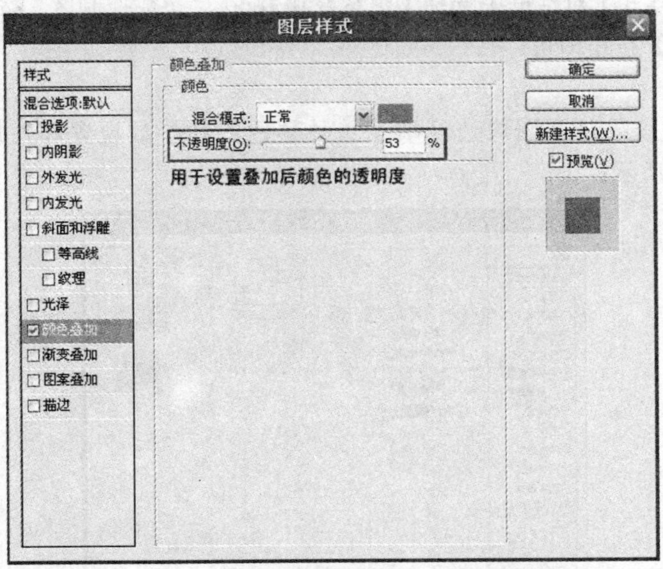

图 7-110　设置“颜色叠加”参数值

使用颜色叠加样式后的效果如图 7-111 所示。

图 7-111 “颜色叠加”命令前后图像效果的对比

2. 渐变叠加

渐变叠加样式是将一种渐变色覆盖在图像之上，如同用“渐变工具”填充选区的效果一样。从【图层样式】对话框中选择【渐变叠加】，在“参数控制区”按照需求设置参数值，单击【确定】按钮即可。

3. 图案叠加

图案叠加样式是将一种图案覆盖在图像上面，和使用图案图章工具填充选区的效果一样。从【图层样式】对话框中选择【图案叠加】，在“参数控制区”按照需求设置参数值，单击【确定】按钮即可。

（七）描边

描边样式的效果是在图像边缘填充一种颜色，其参数设置和使用后的效果如图 7-112、图 7-113 所示。

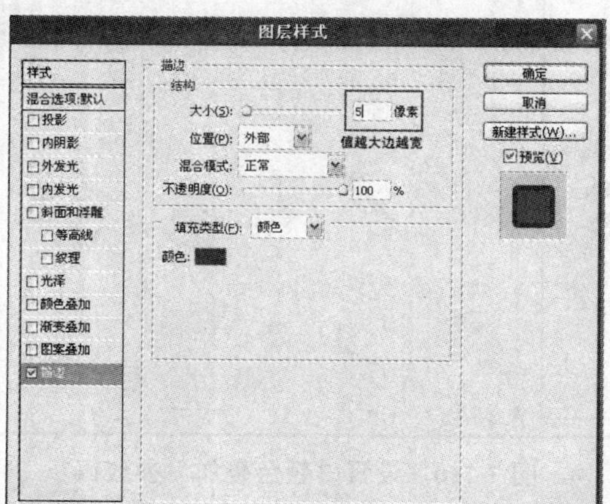

图 7-112 设置“描边”参数值

图 7-113　“描边”命令前后图像效果的对比

上机练习

打开“素材”>“平面设计”（psd 格式），如图 7-114 所示。利用图层控制面板复制一个文字图层“平面设计”。将复制后的文字根据画面需要改变字体的样式、颜色与大小，并利用图层样式增强字体的立体效果。完成以上任务之后将所有图层合并、保存。

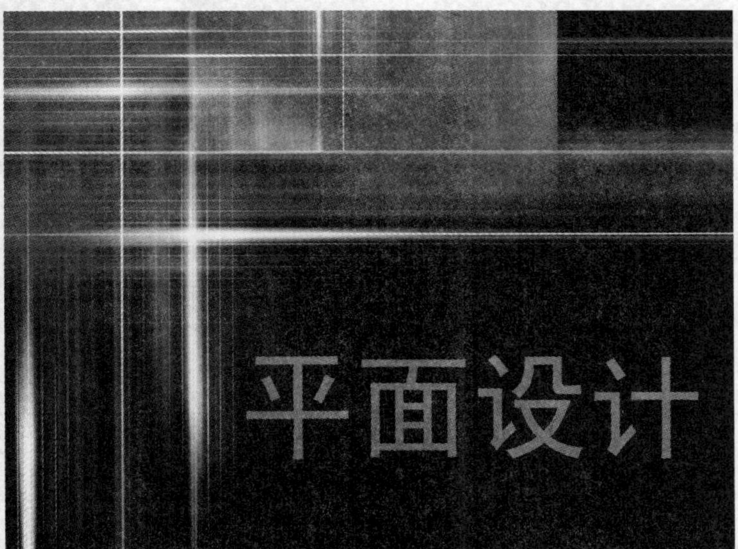

图 7-114　平面设计

第五节　路径、通道、蒙版

一、路径

Photoshop CS3 设置路径的目的是为了辅助绘制较为复杂的图像，以此弥补选区的不足。

（一）路径的基本元素

路径是用锚点连接起来的线段或曲线，分为直线路径与曲线路径。直线路径由锚点和路径线组成，曲线路径除了锚点和路径线外，还有一个可以调节曲线路径弧度的控制手柄，如图 7-115 所示。

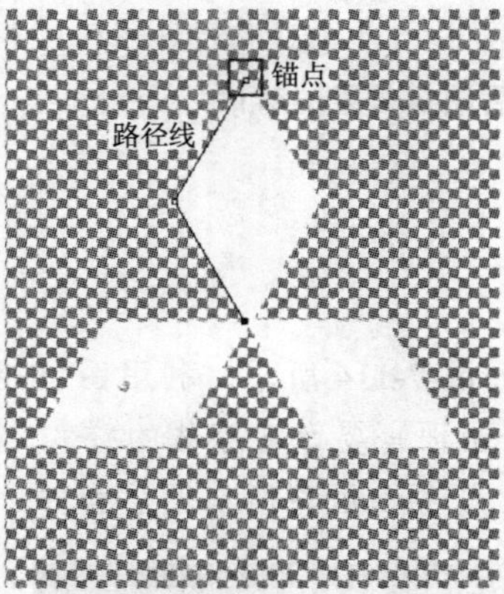

图 7-115　直线路径与曲线路径

（二）路径的绘制工具与工具属性栏

通过工具箱中的钢笔工具可以绘制出任意形状的路径，该工具对应的工具属性栏如图 7-116 所示。

图 7-116　钢笔工具组及其工具属性栏

（三）路径的控制面板

Photoshop CS3 设有路径控制面板，用于进行路径的操作与编辑，如图 7-117 所示。

（四）路径的基本操作

路径的新建、重命名、复制、删除，与图层的基本操作十分类似。

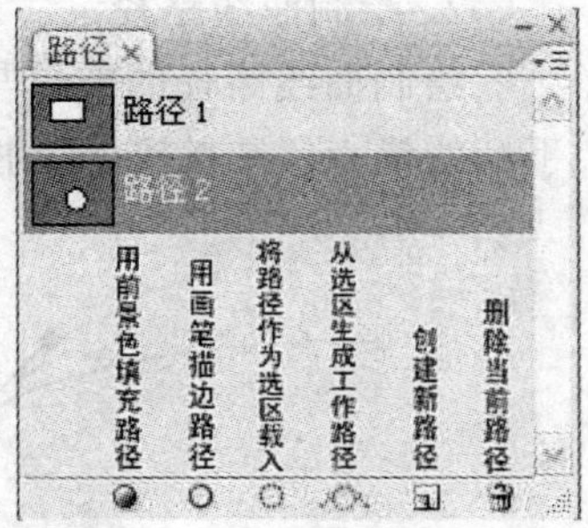

图 7-117 路径控制面板

1. 新建路径

单击路径控制面板底部的“创建新路径”按钮，即可新建一个空路径。此时在图像窗口中绘制的路径，就储存在此路径中了。

2. 重命名路径

在路径控制面板中双击需要重命名的路径名称，使其成为可编辑状态，输入新名称后在任意其他位置单击即可。

3. 复制路径

在路径控制面板中单击选择要复制的路径，并将此路径拖动到底部的“创建新路径”按钮上，松开鼠标即可复制生成新路径。

4. 删除路径

先在路径控制面板中选择需要删除的路径，再直接拖动到底部的“删除当前路径”按钮上即可。

5. 隐藏与显示路径

按住 Shift 键单击路径控制面板中的路径缩略图，可隐藏路径，再次单击即可重新显示路径。

（五）路径的绘制

1. 绘制直线路径

选择“钢笔工具”，在图像中单击可添加锚点，再拖动鼠标在不同的地方单击，可快速绘制出直线路径。绘制路径时，最终锚点与起始锚点相重叠之后，可成为一个封闭式路径，如图 7-118 所示。

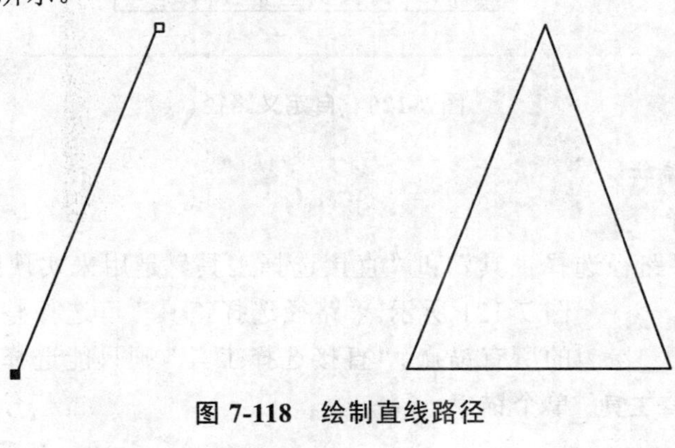

图 7-118 绘制直线路径

2. 绘制曲线路径

绘制曲线路径的方法与直线路径相同。只是在单击时，可拖动鼠标生成一个带控制手柄的锚点，陆续添加带控制手柄的锚点，生成的曲线路径如图 7-119 所示。

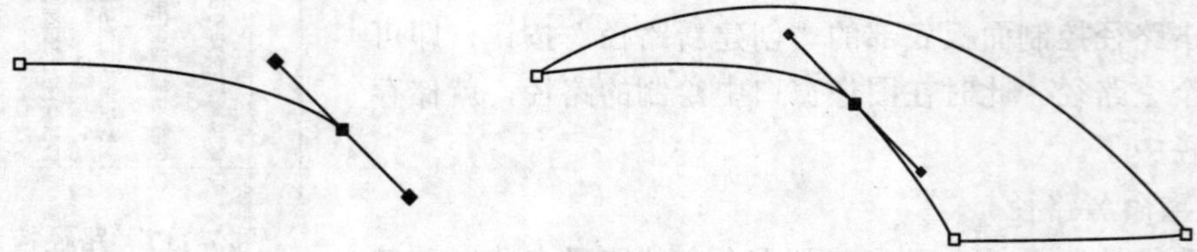

图 7-119　绘制曲线路径

3. 绘制自由路径

在钢笔工具组中选择“自由钢笔工具”，绘制自由路径的方法和使用“磁性套索工具”绘制自由选区是一样的。在绘制时可选择工具属性栏中的“磁性”复选框，路径线上会自动生成一系列具有磁性的锚点。

4. 绘制自定义路径

使用钢笔工具属性栏中的矩形、圆角矩形、椭圆、多边形、直线、自定义工具可绘制自定义路径，如图 7-120 所示。其绘制方法与选框工具绘制选区的方法一样。

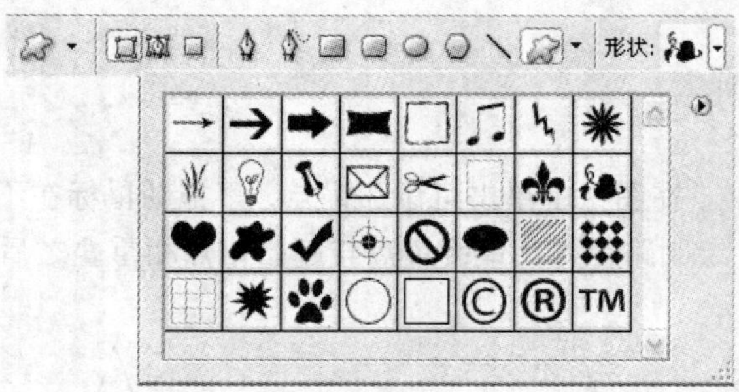

图 7-120　自定义路径

（六）路径的编辑

1. 路径的选择

工具箱中的“路径选择工具”和“直接选择工具”是用来实现路径的选择的，如图 7-121 所示。“路径选择工具”可选择整个路径与路径上的所有锚点。“直接选择工具”则只能选择单击处的路径或单个锚点。

图 7-121　路径选择工具

2. 路径锚点的调整

路径绘制完之后，若要增加或删除一些锚点，只需要选择钢笔工具组内的“添加锚点工具”与“删除锚点工具”。使用“添加锚点工具”在路径上单击可增加一个锚点。使用“删除锚点工具”在要删除的锚点上单击可删除这个锚点，如图 7-122 所示。

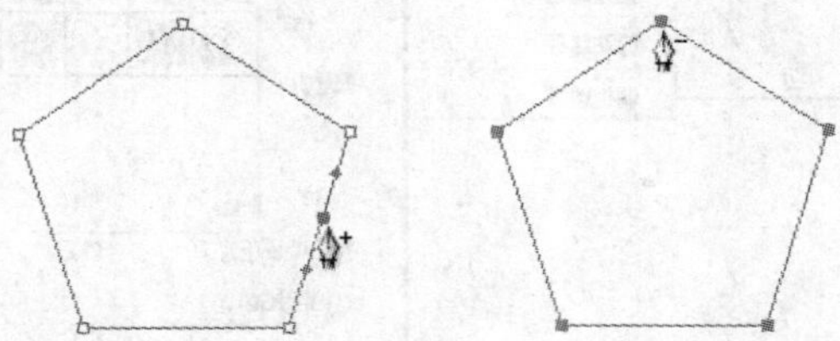

图 7-122 增加与删除锚点

使用钢笔工具组中的“转换点工具”，在锚点上单击，可以将尖锐的“角点”转换成带控制手柄的“平滑点”，或将“平滑点”转换成“角点”，如图 7-123 所示。

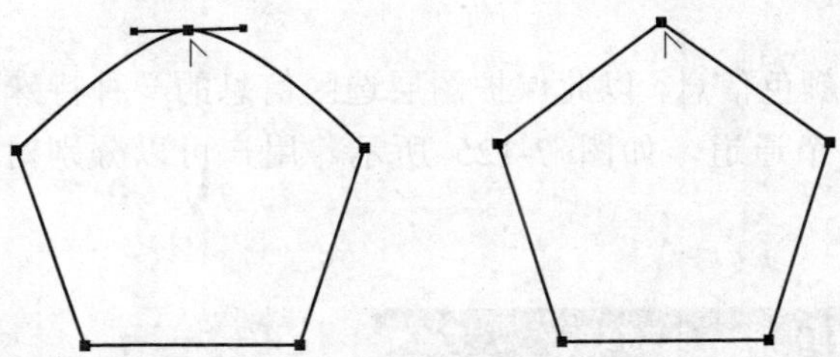

图 7-123 锚点的转换

3. 路径与选区的转换

路径绘制完成之后，单击路径控制面板底部的【将路径作为选区载入】按钮，路径将被转换成选区。若要将选区转换成路径，单击路径控制面板底部的【从选区生成工作路径】按钮即可。

（七）路径的应用

1. 路径的填充

路径的填充是用指定的颜色或图案填充路径所绘制的区域。绘制好路径之后，单击路径控制面板右上角的快捷菜单按钮，选择【填充路径】命令，打开【填充路径】对话框，即可选择颜色或图案对路径所绘制的区域进行填充，如图 7-124 所示。

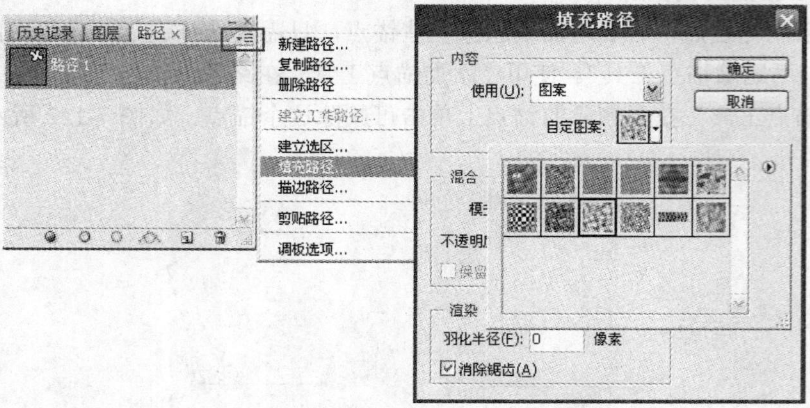

图 7-124 【填充路径】对话框

2. 路径的描边

路径的描边就是沿着路径的边缘绘制图像。绘制好路径之后，设置所需要的前景色与画笔，然后单击路径控制面板底部的【用画笔描边路径】按钮即可。

二、通道

通道是用于存放颜色信息，以此保护图层选区信息的一种特殊技术。每个 Photoshop 图像都具有一个或多个通道，如图 7-125 所示，用户可以分别对每个通道进行调整与编辑。

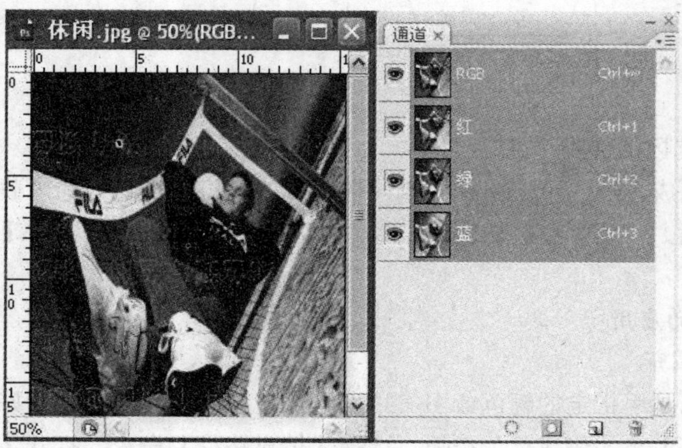

图 7-125 RGB 模式图像的色彩通道

（一）通道的类型

通道分为颜色通道、Alpha 通道和专色通道。颜色通道用于保存图像的颜色数据。Alpha 通道用于保存蒙版，一个选区范围被保存后会成为一个蒙版，被保存在一个新增的通道中。专色通道用于出专色版。而根据图像的颜色模式不同，系统所创建的通道也不同。

1. RGB 模式图像的颜色通道

RGB 模式的图像是由红、绿、蓝 3 个颜色通道组合而成的，分别用于保存图像的红色、绿色和蓝色信息。

2. CMYK 模式图像的颜色通道

CMYK 模式的图像是由青色、洋红、黄色、黑色 4 个颜色通道组成的，分别保存相应的颜色信息。

3. Lab 模式图像的颜色通道

Lab 模式的图像包含有明度通道、a 通道（由红色到绿色的光谱变化）和 b 通道（由蓝色到黄色的光谱变化）。

4. 灰度模式图像的颜色通道

灰度模式图像只有一个灰色通道，仅记录图像的明暗，没有颜色信息。

5. 位图模式图像的颜色通道

位图模式图像的颜色通道也只有一个，用以保存图像黑、白两色的信息。

（二）通道控制面板

PS CS3 设有通道控制面板，用于进行通道的使用与编辑，如图 7-126 所示。

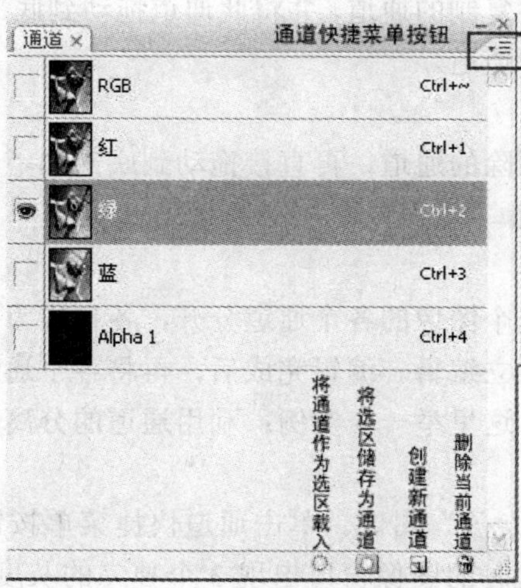

图 7-126 通道控制面板

（三）通道的基本操作

通过通道控制面板，用户可以进行通道的选择、创建、复制、删除、分离与合并。

1. 通道的选择

先要对通道进行选择，才可能有下一步的编辑处理。若要选择某通道进行编辑，在通道控制面板中单击该通道对应的缩略图即可。

2. 通道的创建

创建新通道有两种途径：单击通道控制面板底部的【创建新通道】按钮，即可新建一个 Alpha 通道。也可以单击通道快捷菜单按钮，在弹出的快捷菜单中选择【新建通道】命令。在【新建通道】对话框中设置通道的名称、色彩显示方式、颜色，即可新建一个 Alpha 通道，如图 7-127 所示。

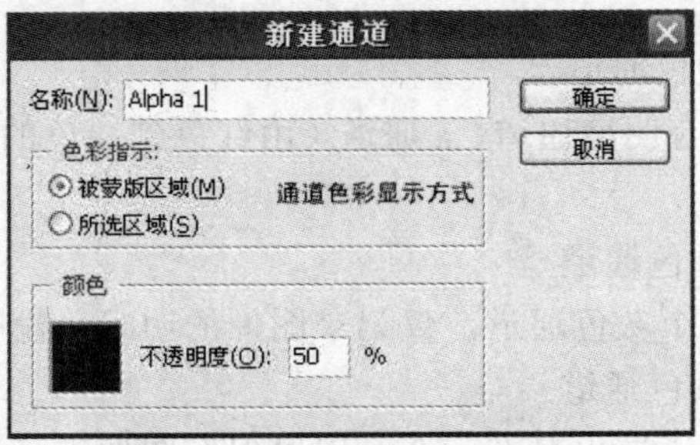

图 7-127 【新建通道】对话框

3. 通道的复制

在通道控制面板中单击选择要复制的通道，并将此通道拖动到底部的【创建新通道】按钮上，松开鼠标即可复制生成新通道。

4. 通道的删除

在通道控制面板中选择需要删除的通道，再直接拖动到底部的“删除当前通道”按钮上即可。

5. 通道的分离与合并

有时为了编辑图像，需要将一个图像的各个通道分开，各自成为一个独立的图像窗口，以便用户对单个的通道进行独立编辑。编辑完成后，再将各个通道合成为一个图像文件。这就是通道的分离与合并。这里举一个实例：利用通道的分离与合并命令给“小女孩”图像添加一层背景底纹。

步骤 1：打开“素材”>“小女孩”图像。单击通道快捷菜单按钮，在弹出的快捷菜单中选择“分离通道”命令。这时的图像窗口出现 3 个独立的灰度图像，如图 7-128 所示。

图 7-128 分离出 3 个灰度图像

步骤 2：将灰度图像“A_B”作为当前工作图像，选择【滤镜】>【扭曲】>【水波】命令。在【水波】对话框中按照需要调整参数值，然后单击【确定】按钮，此时“A_B”图像中的效果如图 7-129 所示。

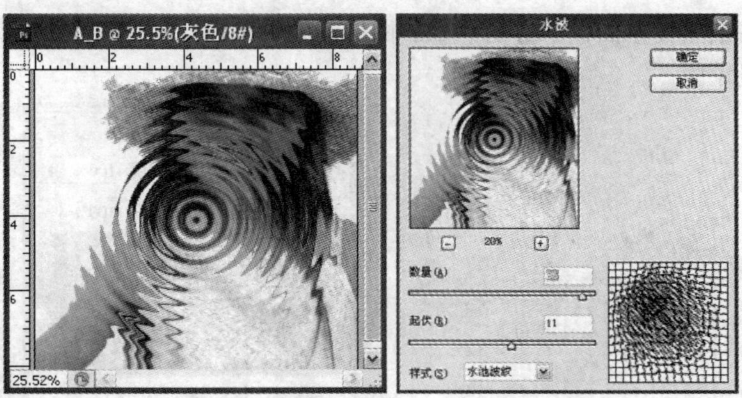

图 7-129 执行“水波”命令

步骤 3：选择【合并通道】命令，在弹出的【合并通道】对话框的【模式】下拉列表框中选择“RGB 颜色”，单击“确定”按钮，然后在弹出的【合并 RGB 通道】对话框中再单击“确定”按钮。这样就给“小女孩”图像添加了一层含蓄的水波底纹，如图 7-130 所示。

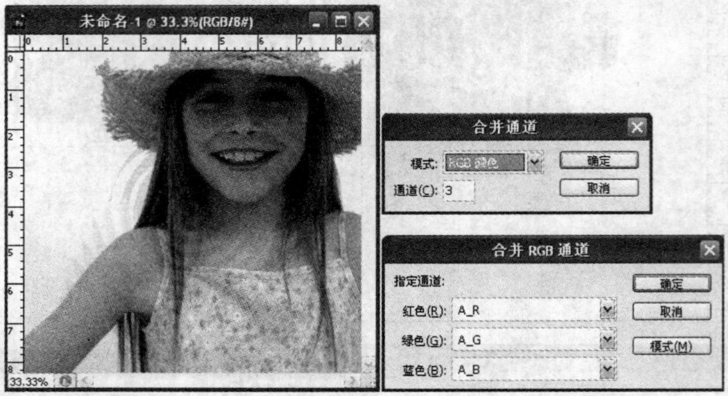

图 7-130　合并通道后的效果

三、蒙版

蒙版是一种特殊的选区，但目的并不是对选区进行操作，而是将选区屏蔽起来，保护其不被操作，而蒙版未蒙蔽的地方则可以进行编辑与处理。

建立蒙版一般有以下三种方法：

（1）单击工具箱中的【快速蒙版】按钮则可创建一个快速蒙版模式，如图 7-131 所示。快速蒙版是一种临时蒙版，快速蒙版模式可与标准模式（选区）之间随意切换。

（2）打开“图层”菜单中子菜单“图层蒙版”或“矢量蒙版”，可建立图层蒙版或矢量蒙版。

（3）单击图层控制面板下方的“添加图层蒙版”按钮，如图 7-132 所示，可建立图层蒙版或矢量蒙版。

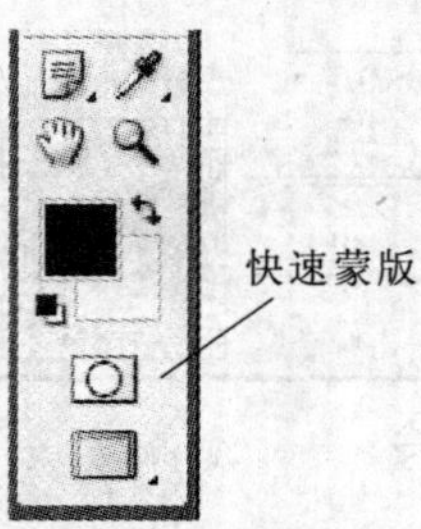

图 7-131　工具箱上的快速蒙版按钮

图 7-132　图层控制面板中的【添加图层蒙版】按钮

图层蒙版和矢量蒙版都是加在图层上的一个遮罩。两者作用相似，所不同的是当图层蒙版是位图图像时，蒙版由绘画或选择工具创建，与分辨率相关。而矢量蒙版则由矢量工具（钢笔或形状工具）创建，与分辨率无关。

下面举例说明怎样使用快速蒙版抠取图像。

步骤 1：打开“素材”>“小孩”图像，选取“磁性套索工具”，套选出小孩的大概轮廓，如图 7-133 所示。

图 7-133　小孩被纳入选区中

步骤 2：单击工具箱中“快速蒙版”按钮，进入“快速蒙版模式编辑”，此时选区外的区域被半透明的红色遮住，红色部分为被蒙版遮住的区域。工具箱中的“前景色”自动转为黑色，如图 7-134 所示。用黑色画笔可增加被蒙版区域，若将前景色改成白色，白色画笔可增加未被蒙版区域，以此精确描出小孩轮廓。为达到更好的效果，可放大图像和改变画笔直径大小来精确描绘，如图 7-135 所示。

步骤 3：单击工具箱中“快速蒙版”按钮，退出“快速蒙版模式编辑”，切换到“以标准模式编辑”。这时，小孩被精确抠入选区中，如图 7-136 所示。

步骤 4：然后再按 Ctrl+J 组合键，将选区内容复制到一个新图层，并将“背景”图层填充为绿色，效果如图 7-137 所示。

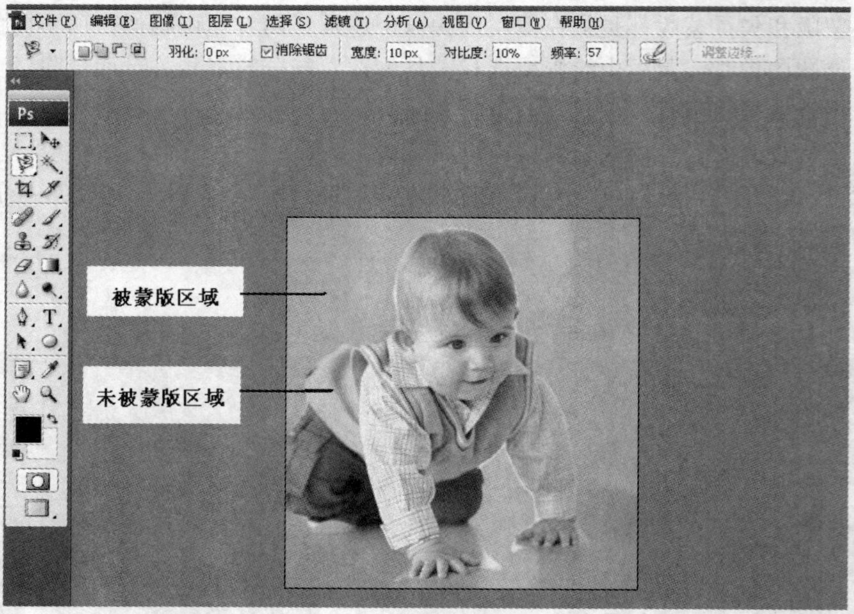

图 7-134　进入快速蒙版模式编辑

图 7-135　用黑、白画笔精确勾绘出小孩

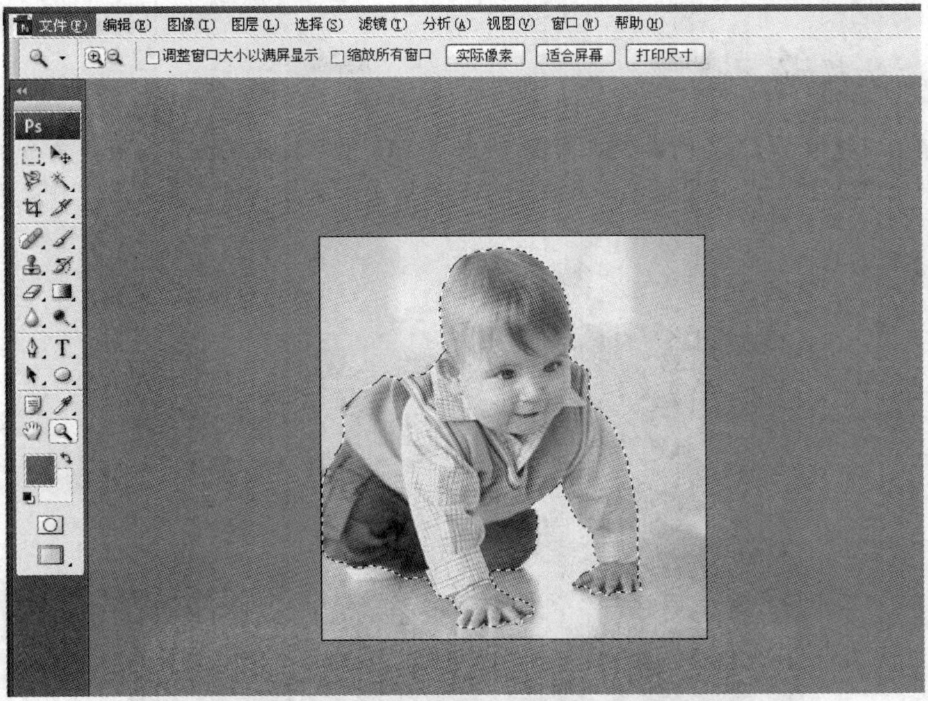

图 7-136　退出快速蒙版

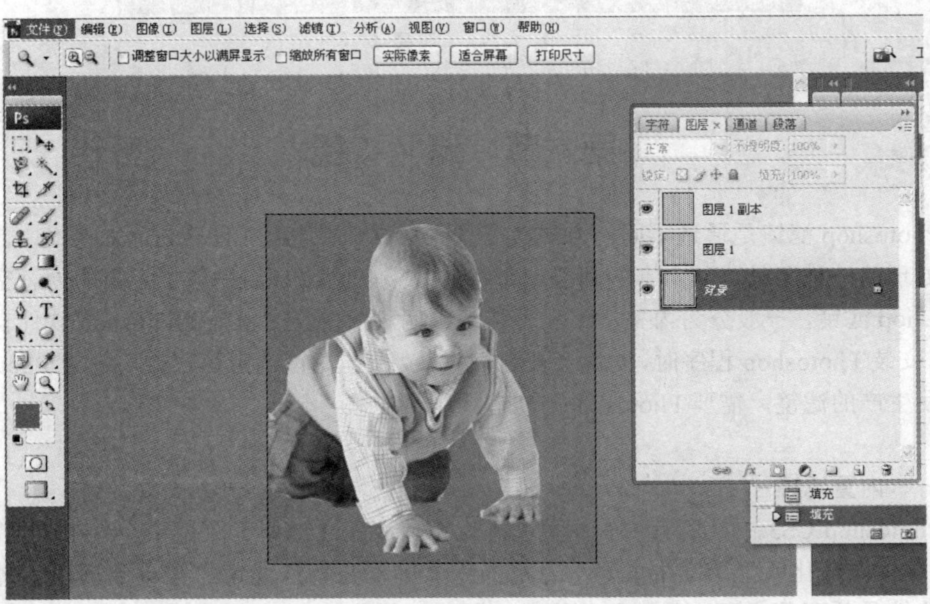

图 7-137　将选区复制到新图层，填充背景为绿色

上机练习

请打开【素材】>【风景 2】，如图 7-138 所示。利用通道的分离与合并命令给图片加一层背景底纹。然后用钢笔工具在图片底部绘制一条装饰纹，并选用一种颜色填充路径。

图 7-138 风景 2

第六节 滤 镜

Photoshop 滤镜是通过不同的方式改变像素数据，以达到对图像进行抽象化、艺术化特殊处理的一种工具，其丰富的功能、奇特的效果，给用户们提供了无限的创意空间。Photoshop 滤镜，一般分为内置滤镜和外挂滤镜两种，内置滤镜是 Photoshop 软件自带的滤镜。安装 Photoshop 程序时，滤镜会被自动安装。外挂滤镜是由第三方厂商为 Photoshop 所开发生产的滤镜，需要 Photoshop 用户另外安装。

一、内置滤镜

Photoshop CS3 中，所有内置滤镜基本上都放置在【滤镜】菜单中，其中“抽出”、“滤镜库”、“液化”、“图案生成器”、“消失点”等作为特殊滤镜，被单独列出。另外有一些滤镜是依照其主要功能分组列出的，如“风格化”、“画笔描边”、“模糊”、“扭曲”

等，如图 7-139 所示。

图 7-139 【滤镜】菜单

另外，在【图像】菜单的【调整】子菜单中还有一个“照片滤镜”。主要是模拟在照相机镜头前加上彩色滤色镜，可以正确处理照片的黑白平衡，改变图片的偏色。

（一）滤镜参数的调节

在使用滤镜命令时，通常会打开“滤镜库”或相应滤镜的对话框，在对话框中可根据要求，调节所设置的参数，并预览效果。下面以“艺术效果”滤镜组中的“木刻”滤镜为例进行介绍滤镜用法。

步骤 1：打开【素材】>【抱着猫的小女孩】，如图 7-140 所示。

步骤 2：选择【滤镜】>【艺术效果】>【木刻】命令，打开【木刻】对话框，对话框中提供了“色阶数”、“边缘简化度”和“边缘逼真度”3 个参数，直接在参数栏中输入数字或拖动参数控制滑块来设置参数，并且可以预览各参数变化时图像的效果。如图 7-141 所示。

图 7-140 抱着猫的小女孩

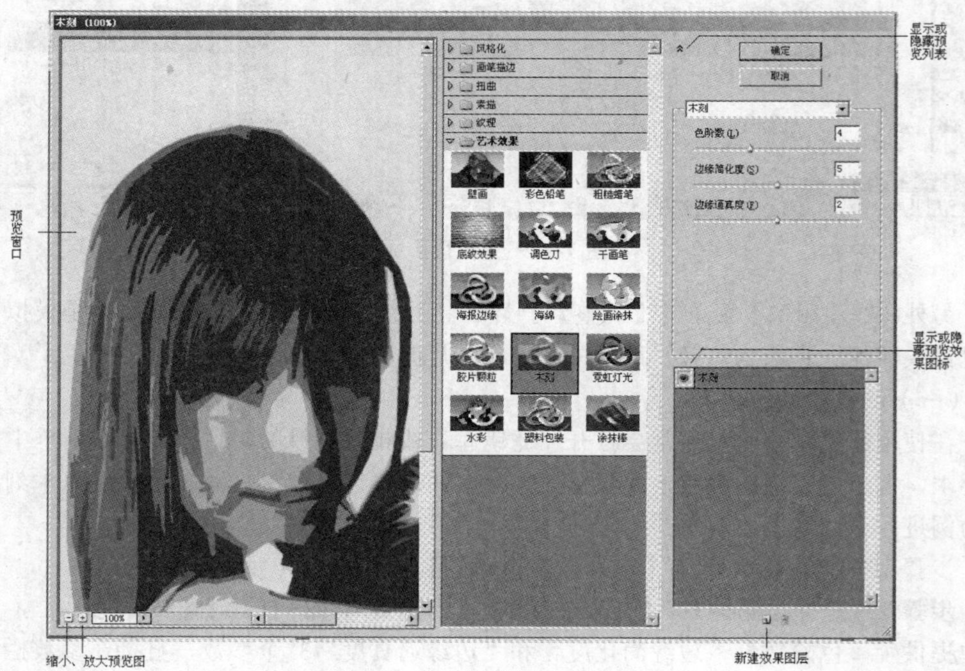

图 7-141 【木刻】对话框

步骤 3：单击【确定】按钮，即可获得如图 7-142 所示的木刻版画滤镜效果。

图 7-142　木刻版画滤镜效果图

其他滤镜的使用方法也是通过调整其对话框的参数数值来达到特殊的艺术效果。

（二）具有特殊功能的智能滤镜

在 Photoshop CS3【滤镜】菜单中，新增了先前其他 Photoshop 版本所没有的具有特殊功能的智能滤镜。与其他编辑处理不同的是，对智能对象进行滤镜处理后，该智能对象将会新增一个滤镜效果层。通过这些操作的组合，能够实现复杂操作的简便化，而且这些操作都具有一个最大的特性，那就是可逆性。智能滤镜像应用图层层效一样使用滤镜，随时可以调节应用于图片上的每一个滤镜的数值。以不破损方式编辑图像，而不会更改原始像素数据。以下列举一个案例来简要介绍智能滤镜的操作。

步骤 1：打开【素材】>【风景 3】图像，并复制图层，如图 7-143 所示。

步骤 2：在“背景副本”图标上单击鼠标右键，选择【转换为智能对象】或在【滤镜】菜单中单击【转换为智能滤镜】，“背景副本”图层的缩略图下面出现一个智能滤镜图层的小图标，如图 7-144 所示。

图 7-143 “风景 3”图像

图 7-144 出现智能滤镜图层的小图标

步骤 3：单击“滤镜效果蒙版缩览图”，可多应用几个滤镜效果进行比较，如：分别应用“墨水轮廓”、“木刻”、“调色刀”，那么在智能滤镜下面就相应地出现这些效果的调节层，可以单击这些滤镜效果前面的小眼睛图标，让滤镜效果隐藏或显示。也可以将滤镜效果用鼠标拖曳，更换它们的前后次序。例如，可将最上面一层的“调色刀”效果，拖到最下面，图片上的效果也会跟着变化，如图 7-145 所示。

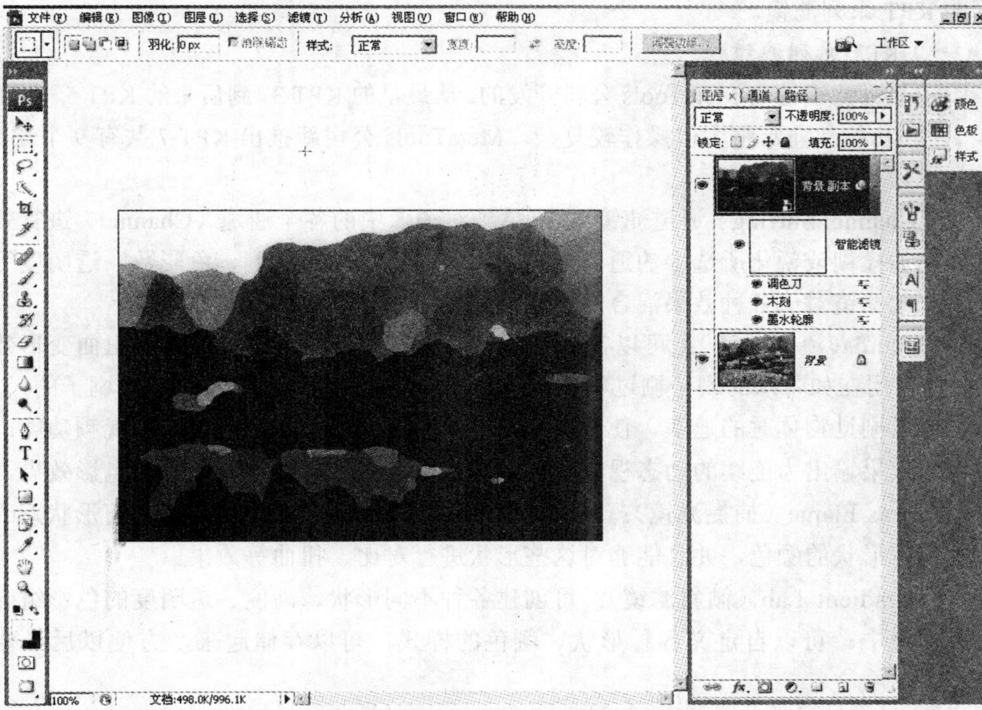

图 7-145 智能滤镜下的调节层

通过以上案例可知，使用智能滤镜时图像可以在不破损编辑的情况下，得到不同的滤镜效果，并且不会更改原始图像像素数据。

（三）其他常用特殊滤镜简介

在 Photoshop CS3 中，“抽出”滤镜可以把不需要的背景擦去，使之成为透明区，只剩下被抽出的物体，达到抠图的目的。“液化”滤镜可以对图像进行变形、扭曲。“图案生成器”滤镜可以把选中的图像作为样本纹理扩展填充到更大的区域，也可以根据纹理的类型创建无缝拼贴图案。Photoshop 从 CS2 升级到 CS3 时，对“消失点”滤镜进行了更加完善的改进，在“消失点”滤镜工具创建的图像选区内进行克隆、喷绘、粘贴图像等操作时，所做的操作会自动应用透视原理，按照透视的比例和角度自动计算，自动适应对图像的修改，大大节约了用户精确设计和修饰照片所需要的时间。

二、外挂滤镜

外挂滤镜的种类繁多，知名度较高的有 KPT、PhotoTools、Eye Candy、Xenofen、Ulead Effects 等，各自由不同的公司开发。各系列都有自己的特点。下面仅介绍目前最流行的 KPT 系列滤镜。

（一）KPT 系列滤镜

KPT 系列滤镜是由 MetaTools 公司开发的。从最早的 KPT 3，到后来的 KPT 5、KPT 6、KPT 7，其功能都非常强大但操作较复杂。MetaTools 公司新推出 KPT 7 共有 9 个滤镜，功能如下。

（1）Channel Surfing（通道滤镜）：可单独对图像中的各个通道（Channel）进行效果处理，比如模糊或锐化所选中的通道，也可以调整色彩的对比度、色彩数、透明度等各项属性。此滤镜对于各种效果混合的图像尤其有效。

（2）Fluid（流动滤镜）：可以在图像中加入模拟液体流动的效果，如扭曲变形效果等。可以运用在如带水的刷子刷过物体表面时产生的痕迹。同时，可以设置刷子的尺寸、厚度，以及刷过物体时的速率，使得产生的效果更加逼真。这一滤镜还有视频功能：它能将这一效果输出为连续的动态视频文件，使原本静止的图片变成直观的电影效果。

（3）Frax Flame（捕捉滤镜）：该滤镜能捕捉并修改图像中不规则的几何形状，改变选中的几何形状的颜色，并且能够对这些形状进行对比、扭曲等效果。

（4）Gradient Lab（倾斜滤镜）：可创建各种不同形状、高度、透明度的色彩组合并应用到图像中。可以自定义各种形状、颜色的样式，可以存储起来，方便以后必要时调用。

（5）Hyper tiling（瓷砖滤镜）：为了减少图像文件的体积，借鉴瓷砖贴墙的原理，产生类似瓷砖的效果。将相似或相同的图像元素，做成一个可供反复调用的对象。Hyper Tiling 滤镜便是这一原理的很好运用，利用它既可以减少文件大小，又能产生类似瓷砖宣传画一般气势宏伟的效果。

（6）Ink Dropper（墨滴滤镜）：能产生墨水滴入静止水中的效果。墨水滴入静水中，缓缓散开并产生一种自然的舒展美。此滤镜的效果比日常生活中见到的这一简单现象更富变化，并且更易控制。

（7）Lightning（闪电滤镜）：通过简单的设置，便可以在图像中创建出维妙维肖的闪电效果，甚至包括闪电中每一细节的颜色、路径、急转等属性，从而和源图像之间更协调。该滤镜可以套用系统提供的各种闪电效果。

（8）Pyramid Paint（相叠滤镜）：Pyramid 译为中文即是“叠罗汉”的意思，是将原图像转换成具有类似“叠罗汉”一样对称、整齐的效果。

（9）Scatter（质点滤镜））：它可以控制图像上的质点及添加质点位置、颜色、阴影等效果，可去除原图表面的污点，或在图像中创建各种微粒运动的效果，甚至可以通过该滤镜控制每一个质点的具体放置、颜色、阴影等，在细节方面进行多种调整。

（二）外挂滤镜的安装、使用

使用外挂滤镜前，必须先安装。安装方法是直接将该滤镜文件及其附属的一些文件拷贝到“Photoshop\PlugIns”下。再重新启动 Photoshop 即可在【滤镜】菜单中找到。但如果安装的滤镜过多，会影响 Photoshop 的执行效率，处理图像时速度会变得较慢。

另外，有一个较简单并且不占空间的滤镜安装方法：选择【编辑】>【预置】>【增效工具与暂存盘】，选中【附加的增效工具文件夹】，根据路径找到放置外挂滤镜的文件夹，然后单击【确定】按钮。随后关掉 Photoshop 再重新启动，即可在滤镜下方找到新安装的外挂滤镜。

下面以 KPT 7.0 滤镜为例，对其使用方法作简要介绍。

安装 KPT 7.0 后，重新启动 Photoshop，可以发现在【滤镜】菜单中多了一个 KPT effects 的子菜单，如图 7-146 所示。

图 7-146　KPT 滤镜

展开可以看到，KPT 7.0 滤镜组提供的 9 个功能强大的滤镜命令：KPT Channel Surfing（通道滤镜）、KPT Fluid（流动滤镜）、KPT Frax Flame Ⅱ（捕捉滤镜）、KPT Gradient Lab（倾斜滤镜）、KPT Hyper Tiling（瓷砖滤镜）、KPT Ink Dropper（墨滴滤镜）、KPT Lightning

（闪电滤镜）、KPT Pyramid Paint（相叠滤镜）、KPT Scatter（质点滤镜）。

各滤镜均有统一的界面，下面以 KPT Lightning（闪电滤镜）的界面为例，讲解 KPT 系列滤镜的特效。

步骤 1：打开【素材】>【热带风景】图像，如图 7-147 所示。

图 7-147 “热带风景”图像

步骤 2：选择【滤镜】>KPT effects>KPT Lightning 命令，启动 Lightning 滤镜，出现如图 7-148 所示界面。首先设置“Bolt Color”光晕的颜色为黄色，如图 7-149 所示，再移动滑块调整其他参数，满意后单击“√”按钮确认即可。

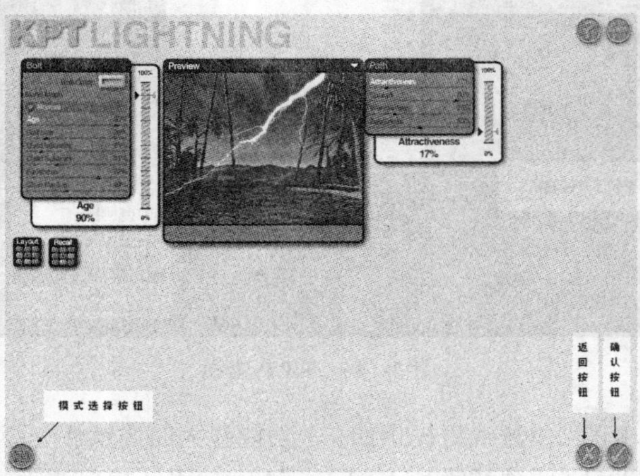

图 7-148 Lightning 滤镜参数设置

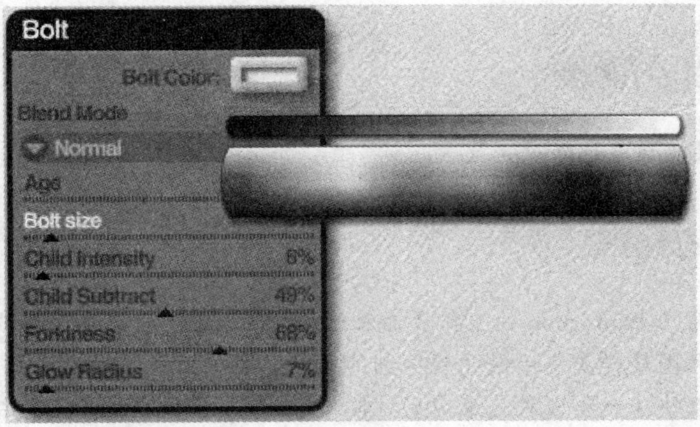

图 7-149 Bolt 对话框

若对当前闪电的造型不满意，还可以单击左下角的【模式选择】按钮，从各种闪电造型中选择，如图 7-150 所示。

图 7-150 各种闪电造型

上机练习

打开一幅风景图像，练习使用各种内置滤镜与外挂滤镜给图像添加不同的艺术效果。

本章核心概念

选区、图层、通道、路径、蒙版。

本章小结

1. 本章介绍了 Photoshop 的工作界面和选区，重点讲述了图像的编辑、修饰和绘制。

2. 对图层和图层样式应用做了较详细的说明，另对路径、通道和蒙版作了介绍。

3. 滤镜可以快速产生多种艺术效果，本章对内置滤镜和外挂滤镜的安装与使用进行了讲述。

思考题

1. 选区的作用是什么？
2. 图层的作用有哪些？
3. 什么是路径？通道？蒙版？有什么作用？
4. 滤镜是用来做什么的？

上机练习

由于本章篇幅较大，上机练习安排在各节之后，便于对应查找练习。

第八章

Flash CS3 动画基础

本章重点

1. 知道 Flash 动画的基本特点与 Flash 文档的相关操作。
2. 掌握图形的绘制、编辑和颜色填充。
3. 掌握 Flash 文本的相关操作。
4. 了解库和图层的使用。
5. 掌握引导动画、遮罩动画和有声动画的制作。

案例导入

Flash 的用途

现在网站中的动画、广告和小游戏等大部分都是使用 Flash 制作的，Flash 动画成为当今网络动画的主流，例如图 8-1 即为一款用 Flash 制作的找茬游戏。

图 8-1　利用 Flash 制作的找茬游戏

Flash 动画一般使用矢量图制作，放大不会失真，同时文件小巧利于网络传播，可以边下载边观看，并且用户可以通过单击、选择等动作决定动画的运行过程和结果，这也是传统动画所无法比拟的。另外，Flash 动画还可以用于制作 Flash MTV 及教学课件等。这一章我们将开始 Flash 动画之旅。

第一节　初识 Flash CS3

Flash 是美国 Macromedia 公司出品的专业矢量图形编辑和动画创作软件，主要用于网页设计和多媒体创作。它利用自带的矢量图绘制工具，并结合图片、声音以及视频等素材的应用，可以制作出精美、流畅的二维动画效果，通过为动画添加 ActionScript 动作脚本，还能使其实现特定的交互功能。此外，Flash 动画还具有以“流”的形式进行播放、以及文件较小等特点，因此 Flash 制作的作品非常适合网络发布和传播。近年来，随着软件功能的不断升级，Flash 被越来越多地应用到更多不同的领域中。2007 年，Adobe 公司在收购 Macromedia 公司之后，又在以前版本的基础上推出了功能更为强大、完善的 Adobe Flash CS3 Professional（即 Flash CS3，如图 8-2 所示），该版本一经推出，即被众多 Flash 专业制作人员和动画爱好者广泛使用。

图 8-2　Flash CS3 软件

一、Flash 动画的基本特点

现在 Flash 动画已经成为最流行的媒体传播载体，它的基本特点归纳如下：

◇ 适合网络传播。

◇ 交互性强。

◇ 应用领域广。

◇ 采用“流”媒体形式播放。

◇ 视觉效果优良。

但美中不足的是，在网络上观看 Flash 动画需要相关插件的支持。即只有当用户的浏览器装了插件时，才可正常播放 Flash 动画。

二、Flash 作品的应用领域

利用 Flash CS3 可制作出各种风格和种类的动画作品。若将其按作品目的和用途来划分，可将其归纳为：动画短片、网站片头、网页广告、动态网页、互动教学和交互游戏等领域。

三、认识 Flash CS3 的工作界面

Flash CS3 的工作界面如图 8-3 所示：①—标题栏；②—菜单栏；③—工具箱；④—【时间轴】面板；⑤—工作区（也称为“舞台”）；⑥—【属性】面板；⑦—面板组。

在启动 Flash CS3 后，将打开 Flash CS3 的基本工作界面。该界面主要由标题栏、菜单栏、【时间轴】面板、工具箱、工作区、【属性】面板、【颜色】面板和【库】面板等部分组成。

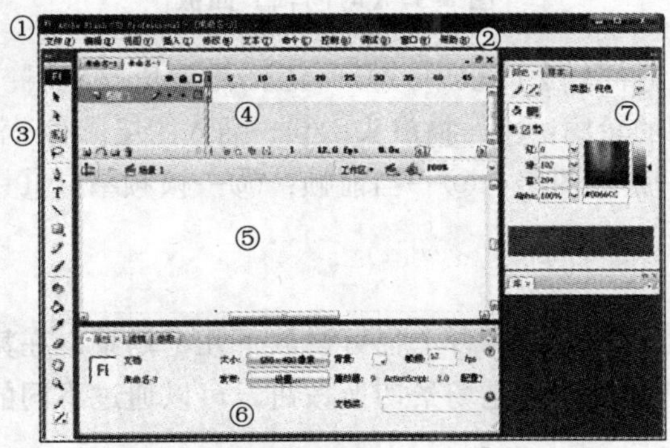

图 8-3 Flash CS3 的工作界面

其中一些组成和前面介绍的软件功能类似，这里对【时间轴】面板和【库】面板做简单介绍。

1. 菜单栏

Flash CS3 的菜单栏中包括【文件】、【编辑】、【视图】、【插入】、【修改】、【文本】、【命令】、【控制】、【调试】、【窗口】和【帮助】共 11 个下拉菜单。

2. 工具箱

工具箱中包含了多种常用的绘制图形的工具和辅助工具，它们的具体方法后面有介绍。需要说明的是，如图 8-4 所示，单击工具箱最顶端的小图标可将工具箱从短双条结构变成长单条结构，之后小图标会变成为形状。

图 8-4 【工具箱】面板

3.【时间轴】面板

该面板（见图 8-5）主要用于创建动画和控制动画的播放进程。在面板左侧为图层区，该区域用于控制和管理动画中的图层；右侧为帧控制区，由播放指针、帧、时间轴标尺、时间轴状态栏以及时间轴视图等部分组成，主要用于创建动画并对动画中的帧进行控制和管理。

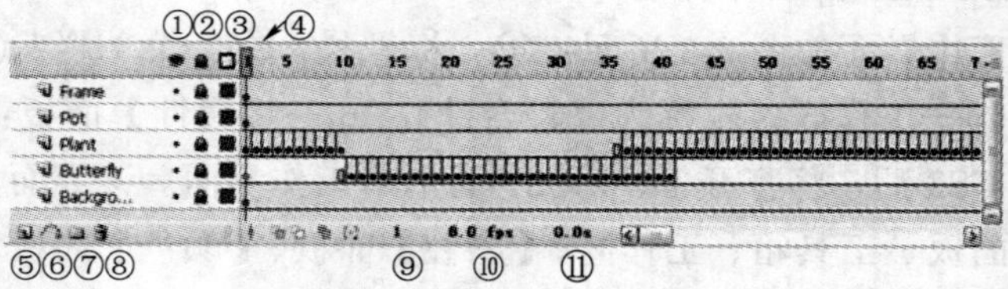

图 8-5 【时间轴】面板

在图 8-5 所示的【时间轴】面板中：①—显示/隐藏所有图层；②—锁定/解除所有图层；③—显示所有图层的轮廓；④—播放头；⑤—插入图层；⑥—添加运动引导层；⑦—插入图层文件夹；⑧—删除图层；⑨—当前帧；⑩—帧频率；⑪—播放头所在位置的运行时间。

4. 场景和舞台

就像戏剧可以有几幕一样，舞台上也可以放下几个场景。在舞台的右上部分，有两个小按钮，其中的第一个按钮就是场景切换按钮。可以通过不同的场景之间的交互性，来创作出非常复杂的作品。

舞台就是设计者进行动画创作的区域，设计者可以在其中直接绘制插图，也可以在舞台中导入需要的插图、媒体文件等。

5.【属性】面板

Flash CS3 的【属性】面板主要由【属性】、【滤镜】和【参数】3 个选项卡组成。

6.【库】面板

Flash CS3 中的【库】面板位于工作界面的右下方，主要用于存储和管理在 Flash CS3 中创建的各种元件以及导入的各种素材文件（如位图图形、声音文件和视频剪辑等）。Flash 还有其他的面板，如【颜色】面板，【对齐】面板等。

四、动画原理介绍

动画的原理很简单，它是由一系列单个画面以一定的速度显示的，每一幅画面就是一个帧，按一定的速率把一系列的帧快速显示出来生成运动的视觉效果。以前使用胶片的电影就是用这样的原理放映出来的。

Flash 动画的播放顺序是从第 1 帧开始的，如果没有其他动作影响，动画就会一直播放到最后一帧。值得注意的是，Flash 只支持单一的帧频，即在整个动画过程中只能采用一种帧速率。

Flash 动画的制作流程一般分为六个步骤。策划动画、收集素材、制作动画、调试动画、测试动画和发布动画。

五、Flash CS3 中图形的概念

在学习 Photoshop 时我们知道数字图像有两种格式：位图和矢量图形。

位图是由计算机根据图像中每一个点的信息生成的，这样的点称为像素。位图图形与分辨率有关，因为描述图像的数据是固定到特定尺寸的网格上的。图像的分辨率越高，图像就越清晰，但是图像文件就越大。调整位图图形的大小会使图像的边缘出现锯齿，因为网格内的像素重新进行了分布。位图的优点是色彩丰富、真实感高。但由于记录的是像素的相关信息，所以文件较大，且放大会失真。

矢量图是根据几何特性来绘制图形，矢量可以是点或线。矢量图形只能靠软件生成，计算机在存储和显示矢量图时只需记录图形的边线位置和边线之间的颜色这两种信息，所以矢量图形文件体积一般较小。优点是无论放大、缩小或旋转等图片均不会失真。缺点是难以表现色彩层次丰富的逼真图像效果。

Flash 是矢量图形处理软件，它本身的绘图工具绘制的都是矢量图形。如需位图只有通过导入素材的方式获取。

提示：在 Flash 动画中使用的图形多为矢量图形，这样可以有效地减少文件的大小并且保证图形在发生缩放变化时的画面质量。

如图 8-6，取图像中的脸部进行 4 倍放大，图 8-7 是放大的效果，脸部轮廓明显可以看出格子状的锯齿，说明这幅图像放大会失真。而选取图 8-8 中的眼睛部分进行 4 倍放大，图 8-9 中可以显示图形仍然很清晰，没有失真的现象。

图 8-6 正常大小的位图

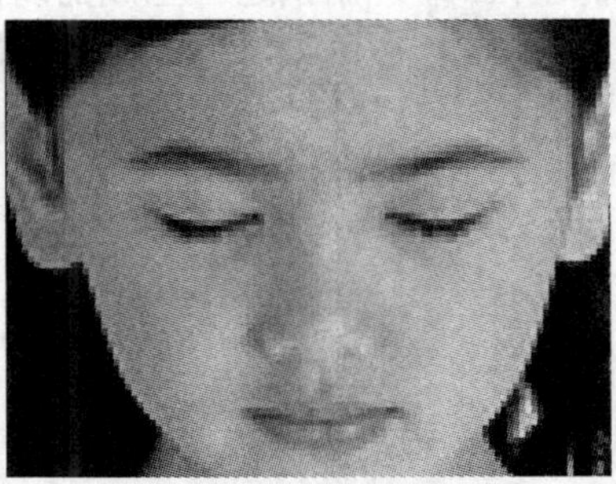

图 8-7 四倍放大的位图

图 8-8　正常大小的矢量图

图 8-9　四倍放大的矢量图

思考题与上机练习

1. Flash CS3 的工作界面由哪几部分组成？
2. 简述动画的原理。
3. 位图和矢量图的区别。

第二节　Flash 文档的相关操作

和其他软件类似，Flash 中动画文档的管理主要包括新建、打开、测试、保存和关闭等基本操作。

一、新建和保存文件

新建动画文档的方法主要有：常规新建和模板新建，如图 8-10 所示。在 Flash CS3 中，用户制作的 Flash 动画都保存在以“.fla”为后缀名的动画文档中（见图 8-11），一般也称为源文件。最终调试运行生成的动画的格式为“.swf”。

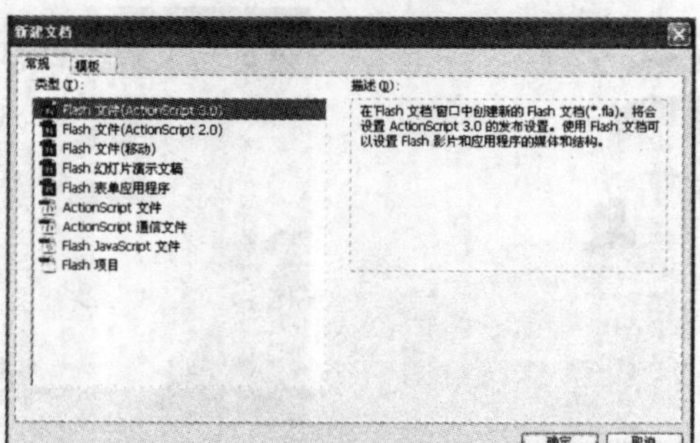

图 8-10　新建文档

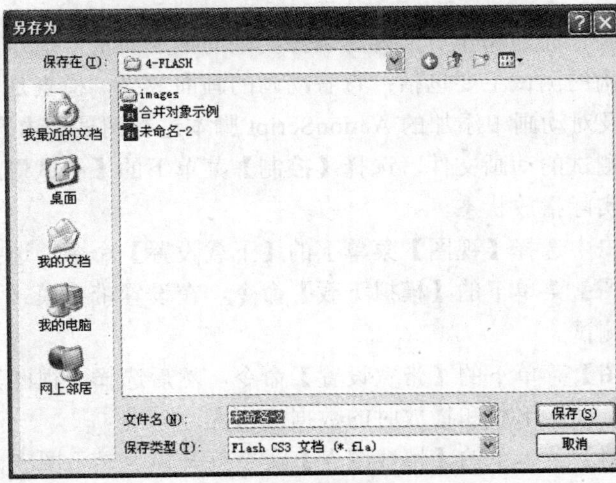

图 8-11 存储文档

二、设置动画的制作环境

动画制作环境指为动画制作提供特定条件的环境因素。因为动画的制作环境决定动画作品的动画尺寸、背景颜色、帧频以及显示比例等重要属性，还可设置标尺、网格、辅助线等。网格和辅助线只是在设计时帮助定位和对齐，在最后的影片中是不可见的。

动画环境设制界面如图 8-12 所示：①—参考线，分为水平参考线和垂直参考线，在标尺显示的情况下可以直接从标尺拉出需要的若干条参考线；②—网格，在工作区中的灰色格子为网格，网格的大小可以根据需要进行设置；③—工作区大小的显示比例；④—文档属性，可以设置文档的大小、背景色、帧频、发布设置等。选择【修改】菜单的【文档】命令，也可以打开【文档属性】对话框进行设置，如图 8-13 所示。

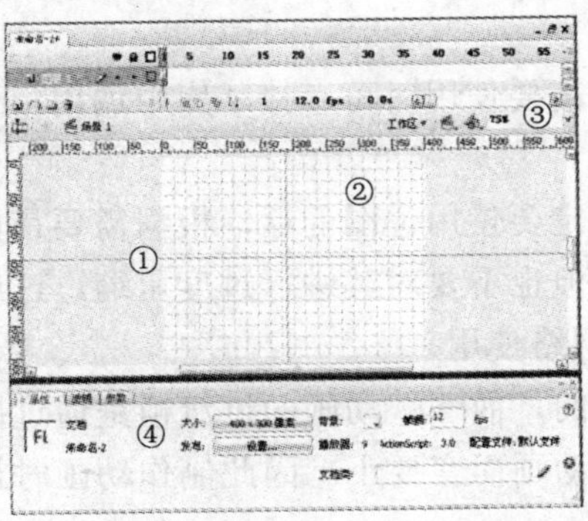

图 8-12 动画制作环境的设置

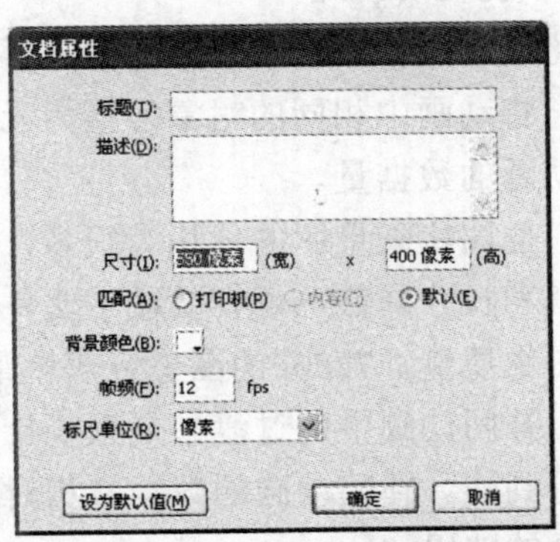

图 8-13 【文档属性】对话框

三、测试动画

在完成一个动画作品的制作后，为了确保动画的最终质量，通常需要对动画做一系列必要的测试。动画的测试主要包括：查看动画的画面效果，检查是否出现明显错误，模拟下载状态，以及对动画中添加的 ActionScript 脚本进行调试等内容。具体步骤如下：

（1）打开需要测试的动画文件，选择【控制】菜单下的【测试影片】命令，打开测试窗口查看动画的实际播放状态。

（2）在测试窗口中选择【视图】菜单下的【下载设置】命令，选择一种带宽类型。

（3）选择【视图】菜单下的【模拟下载】命令，在设置带宽模式下，对动画的实际下载情况进行模拟测试。

（4）选择【视图】菜单下的【带宽设置】命令，然后选择【视图】菜单下的【数据流图表】命令，查看动画下载和播放时的数据流情况。

（5）选择【视图】菜单下的【帧数图表】命令打开帧数显示图表，查看动画中各帧的数据使用情况。

在查看相关信息后，关闭测试窗口，若动画中应用了 ActionScript 脚本，可在菜单栏中选择【调试】菜单的【调试影片】命令，打开调试界面，对动画中 ActionScript 脚本的执行情况进行查看。

四、优化动画

网页中经常使用 Flash 动画来增加动感和吸引眼球。网络中的动画下载和播放的时间很大程度上取决于文件大小，文件越大，其下载和播放速度就越慢，容易产生停顿。因此，应该最大限度地减小动画文件，优化动画的方法有多种，主要包括优化动画文件、优化动画元素和优化文本等，下面将分别介绍。

（一）优化动画文件

优化动画文件主要从以下方面入手：

（1）将动画中相同的对象转换为元件，在需要使用时可直接从库中调用，可以很好地减少动画的数据量。

（2）位图比矢量图的体积大很多，如果一定要使用位图的话，根据需要最好将位图的分辨率和尺寸降低，可有效减小文件大小。但也不要对其进行过度压缩，过度的压缩将损害图像质量，72dpi 的图像分辨率最适合网络使用。

（3）补间动画中的过渡帧是系统计算得到的，而逐帧动画的过渡帧是通过用户添加对象而得到的。补间动画的数据量相对于逐帧动画而言要小。因此制作动画时最好减少逐帧动画的使用。

（4）删除库中多余的元件和位图。

（5）发布动画时，在确保动画发布质量的情况下，尽量降低位图和声音的发布质量。

（二）优化动画元素

优化动画元素涉及以下几方面：

（1）减少位图的使用。

（2）减少特殊形状线条的应用，如锯齿状线条、虚线和点线等。

（3）减小矢量图形的形状复杂程度，并尽量少用渐变，计算机处理这些操作的难度较大。

（4）导入声音文件时尽量使用 MP3 这种体积较小的声音格式。

（5）使用矢量线条替换矢量色块，前者的数据量小于后者很多。

（三）优化文本

优化文本主要包括以下两方面的工作：

（1）尽量不要将文本打散。

（2）减少字体的种类和样式。

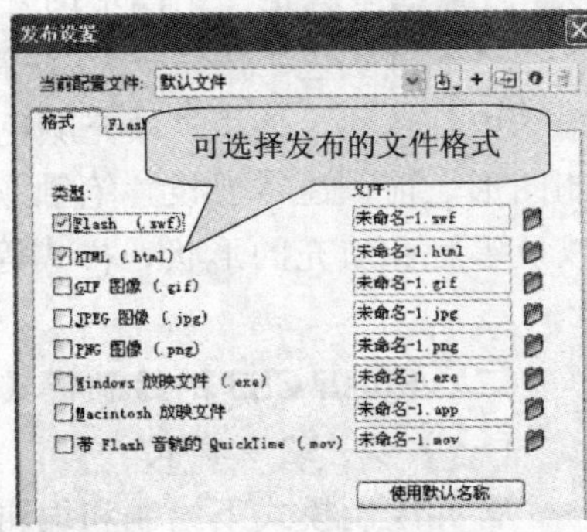

图 8-14 【发布设置】对话框

五、发布动画

在完成测试并根据测试结果适当对动画进行调整后，选择【文件】菜单的【发布设置】命令可根据实际情况设置发布参数，然后用【文件】菜单中的【发布】命令发布动画作品等即可。【发布设置】对话框如图 8-14 所示。

设置发布参数，可以对动画的发布格式和发布质量等进行设置，在 Flash CS3 中设置发布参数主要有 Flash 格式、HTML 格式、GIF 格式、JPEG 格式和 PNG 格式等几种。用户可根据需要做相应的选择。

思考题与上机练习

1. 掌握文档的新建、保存操作，并学会设置 Flash 的制作环境。
2. 在 Flash CS3 中如何测试动画？
3. 在 Flash CS3 中如何优化动画？
4. 在 Flash CS3 中如何发布动画？

第三节 图形的绘制和颜色填充

在 Flash 动画中，矢量图形是其必不可少的重要组成部分。Flash 中提供了一系列的矢量图形绘制工具。本节将对 Flash CS3 中的绘图模式和常用的绘图工具进行讲解，使读者熟练掌握这类工具的使用方法和技巧。

一、笔触和色块

在学习绘图工具之前，先了解两个概念。使用 Flash 的各种绘图工具绘制出来的图形分为两类：矢量线条和矢量色块。矢量线条就是一个图形的外部线条，它描绘形状的轮廓，使用“笔触颜色”按钮设置颜色；矢量色块就是一个图形的内部色块，使用“填充颜色”按钮设置颜色。在绘制图形之前，通常要设置笔触颜色和填充颜色（见图 8-15），以及笔触和填充的形状、样式等。

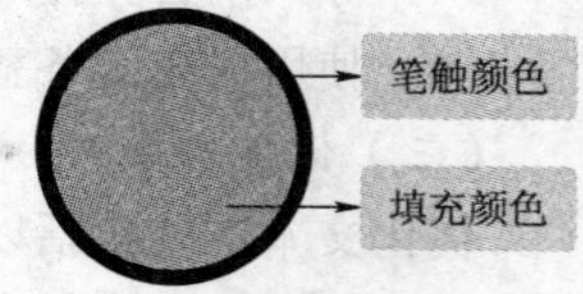

图 8-15 笔触颜色和填充颜色示意图

二、Flash CS3 的绘制模式

（一）合并绘制模式

合并绘制模式下绘制和编辑图形时，在同一图层中的各图形之间会互相影响，当其重叠时，位于上方的图形会将位于下方的图形覆盖，并对其形状造成影响。如绘制一个圆形并在其上方叠加一个正方形，然后将正方形移动到其他位置，则会发现圆形中被正方形覆盖的部分已被删除，如图 8-16 所示。

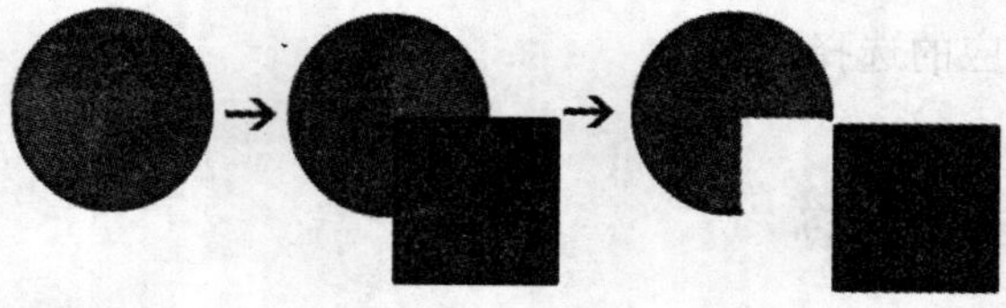

图 8-16 合并绘制模式效果图

（二）对象绘制模式

在对象绘制模式下绘制的图形都是独立的对象，因此图形在叠加时不会自动合并，在分离图形或重叠图形时，图形之间也不会互相影响，如图 8-17 所示。

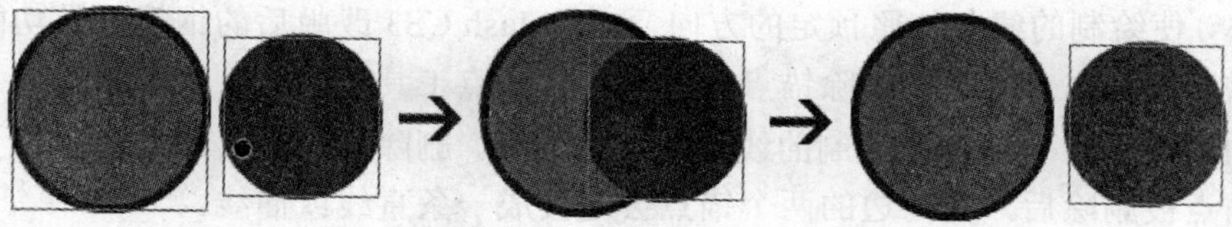

图 8-17　对象绘制模式效果图

在 Flash CS3 中将绘图工具切换到对象绘制模式的方法是：在工具箱中选中绘图工具如选择椭圆工具，在下方区域设置椭圆工具的笔触颜色和填充颜色，然后单击【对象绘制】按钮开启对象绘制模式（再次单击该按钮即可切换到合并绘制模式）。

三、绘图工具

Flash CS3 中的绘图工具主要有矩形工具、椭圆工具、基本矩形工具、基本椭圆工具、多角星形工具、线条工具、铅笔工具、钢笔工具、刷子工具和橡皮擦工具等。下面进行简单介绍。

有一点要注意：将鼠标移动到工具上方，单击它将选择该工具，如工具右下方有标记，则说明这是一组工具，其下还有子工具，选中该工具按住鼠标不放将弹出其子工具选项。

（一）线条工具

线条工具用于绘制不同角度的直线。在工具箱中选择“线条工具”后，鼠标光标会变为十字形状，按住鼠标左键并往任意方向拖动，到所需位置释放鼠标，即可绘制一条直线。在其【属性】面板中可对绘制出来的直线的粗细、样式和颜色等进行修改。

（二）铅笔工具

铅笔工具主要用于绘制任意形状的线条或不规则的线条轮廓。使用铅笔工具绘制线条时，按住 Shift 键，可以绘制出水平或垂直方向的线条。选择“铅笔工具”后在选项区域中将显示铅笔模式按钮，单击该按钮可设置 3 种不同的笔触模式：直线化、平滑和墨水。

◇“直线化”选项：绘制的线条呈规则的直线。

◇“平滑”选项：绘制的线条是流畅自然的状态，可绘制相对较柔和、细致的图形。

◇“墨水”选项：在该选项下绘制的曲线将完全反映鼠标光标绘制的路径，就像用笔划过的痕迹一样。

在绘制图形时，可根据图形自身的属性选择不同的绘制选项，如绘制小草时选择“平滑”选项，绘制房屋结构时选择“直线化”选项。

（三）钢笔工具组

钢笔工具常用于绘制比较复杂、精确的曲线，曲线上的点称为锚点，可以调节曲线的曲率，使绘制的线条按照预定的方向弯曲。Flash CS3 改版后的钢笔工具功能十分强大，新增了添加锚点工具、删除锚点工具和转换锚点工具。

添加锚点工具可以在绘制的线条上添加锚点。删除锚点工具可删除锚点。当其中一个锚点被删除后，其两边的两个锚点会连接成一条直线或曲线。

锚点有两类：平滑点和角点。这两种锚点的区别在于锚点连接处是否平滑。转换锚点工具可以很方便地在平滑点和角点之间转换。

如图 8-18 所示，利用钢笔工具绘制出心形所需要的四个锚点，这些锚点都是角点，为了显示出心形的弧线，可利用转换锚点工具将其中两个锚点转换为平滑点，拖动平滑点上的方向点和方向线调节曲线的曲率，即可绘制出如图 8-18 所示的心形。

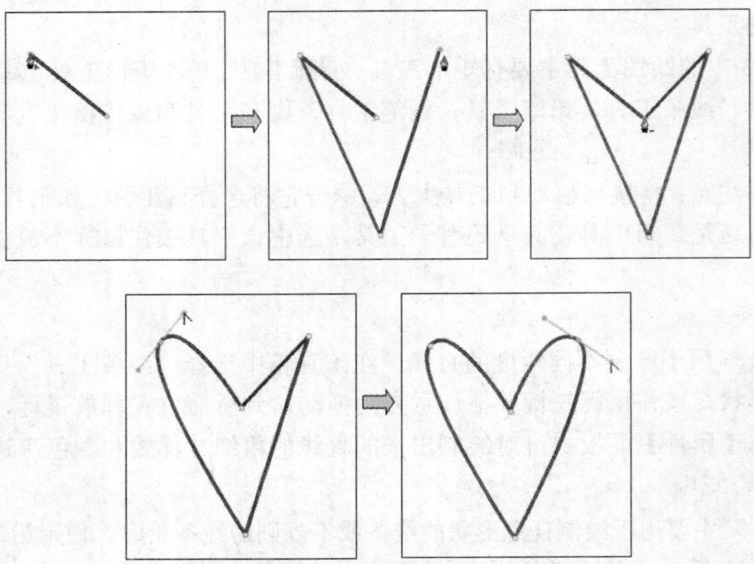

图 8-18　利用钢笔工具组绘制的心形

（四）矩形工具组

矩形工具组中包含矩形工具、椭圆工具、基本矩形工具、基本椭圆工具和多角星形工具。

1. 矩形工具：在舞台中按下鼠标左键并拖动即可开始绘制矩形。在绘制时如果按住 Shift 键，可以绘制出正方形。

2. 椭圆工具：在舞台中按下鼠标左键并拖动，即可绘制出椭圆。如果在绘制椭圆时，按住 Shift 键，可以绘制正圆。

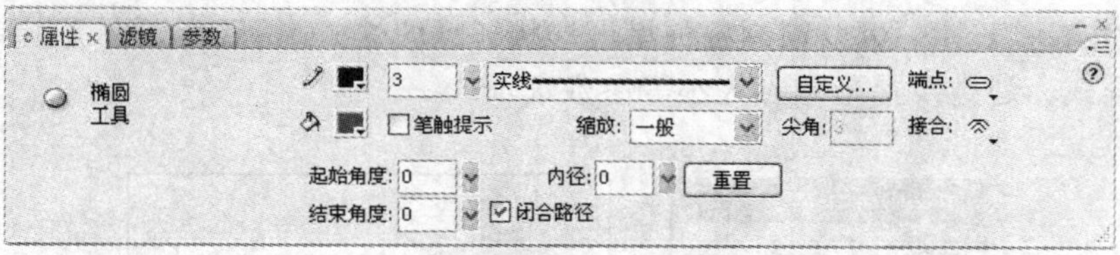

图 8-19　椭圆工具的【属性】面板

椭圆工具【属性】面板（见图 8-19）中的主要功能介绍如下。

◇“起始角度”文本框：在该文本框中输入不同的数字，可绘制不同缺口的椭圆。

◇“结束角度”文本框：在该文本框中输入不同的数字，可绘制相应大小的圆弧。

◇“内径”文本框：在该文本框中输入数值，绘制椭圆的中心将出现相应的空心圆。

3. 基本矩形工具可以绘制出圆角矩形。在其【属性】面板中同样可以对圆角矩形边框的粗细、线条样式和颜色等属性进行修改。如果将边角半径设置为负值，可绘制出边角内凹的特殊矩形。若将其面板中的加锁按钮切换为解锁按钮，可分别为圆角矩形的 4 个边角设置不同的半径数值，如图 8-20 所示。

图 8-20　基本矩形工具绘制出的图形

4. 基本椭圆工具是 Flash CS3 新增的绘图工具，主要用于绘制一些基于椭圆的特殊几何图形，如扇形或圆环等，如图 8-21 所示。它和基本矩形工具相似，使用它绘制的图形会出现两个控制点，一个在圆心，一个在外圆上，用选择工具单击外圆上的控制点，可调整圆的弧度。

在其【属性】面板的【起始角度】和【结束角度】文本框输入数值（范围介于 0～360），即可代表扇形的起始角度和结束角度数值。在【内径】文本框中输入内径数值即可形成相应的圆环。

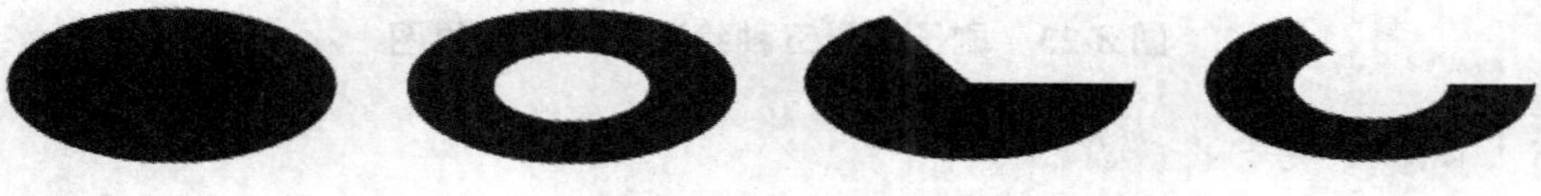

图 8-21　基本椭圆工具绘制出的图形

5. 多角星形工具可以绘制各种星形形状（见图 8-22），还可以在【工具设置】面板中设置样式、边数及星形顶点大小等参数选项。

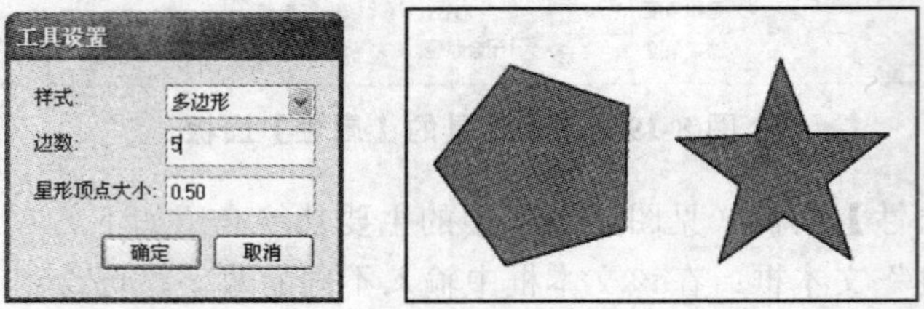

图 8-22　多角星形工具的属性设置和效果图

（五）刷子工具

刷子工具类似于平常使用的毛笔，主要用于绘制一些特定形状、大小及颜色的矢量色块。刷子工具的 5 种绘图模式具体功能及含义如下。

◇ 标准绘画：刷子工具绘制的色块直接覆盖其下方的矢量线条和矢量色块。

◇ 颜料填充：刷子工具绘制的色块只覆盖其下方的矢量色块而不覆盖矢量线条。

◇ 后面绘画：刷子工具绘制的色块会自动位于图形的下方，而不会覆盖原图形。

◇ 颜料选择：在此模式下，色块只能绘制到已经选取的矢量色块区域；若未选择任何区域，则不能绘制色块。

◇ 内部绘画：在此模式下，要求色块的绘制起点必须在矢量图内部，并且必须在封闭的区域里进行绘制。

各种绘图模式下刷子工具的绘图效果如图 8-23 所示。

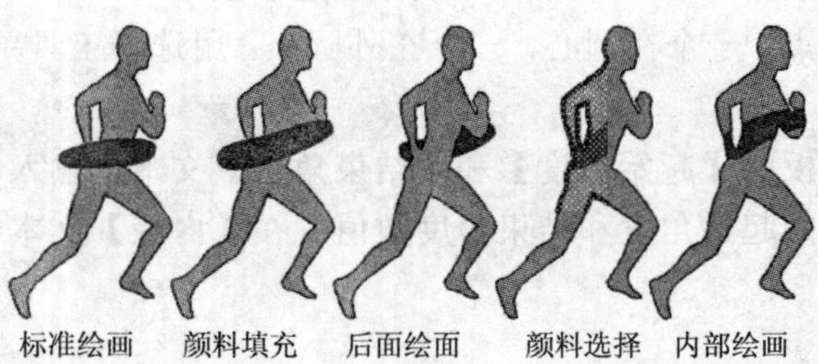

图 8-23　刷子工具五种绘图模式的效果图

（六）橡皮擦工具

橡皮擦工具主要用于对图形中绘制失误或不满意的部分进行擦除，以便重新绘制。下面介绍其 5 种擦除模式的具体功能及含义。

◇ 标准擦除：为默认模式，可同时擦除矢量色块和线条。

◇ 擦除填色：此模式下，只能擦除填充的矢量色块而不擦除矢量线条。

◇ 擦除线条：顾名思义，只擦除矢量线条而不擦除矢量色块。

◇ 擦除所选填充：只擦除图形中选中区域的矢量色块。

◇ 内部擦除：可擦除封闭图形区域内的色块，但擦除的起点必须在封闭图形内，否则不能进行擦除。

各种模式的擦除效果如图 8-24 所示。

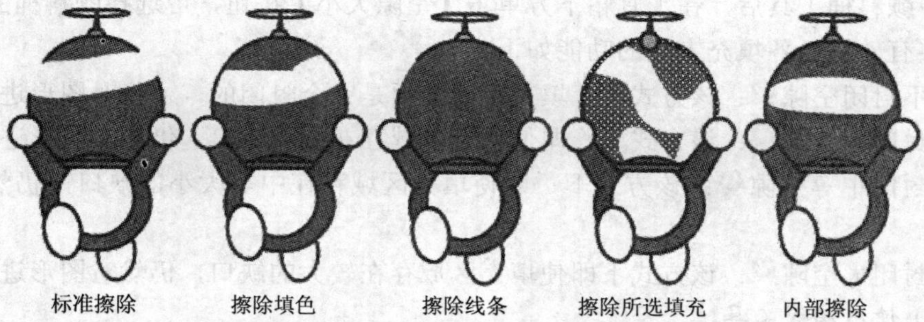

图 8-24　橡皮擦工具五种擦除模式的效果图

在橡皮擦工具下方区域中单击【开启水龙头】按钮，用户可通过单击图形中的矢量色块和矢量线条，对其进行快速擦除。如图 8-25 所示。当【开启水龙头】按钮放置在矢量色块中时，则擦除色块；放置在线条位置上时，则擦除线条。

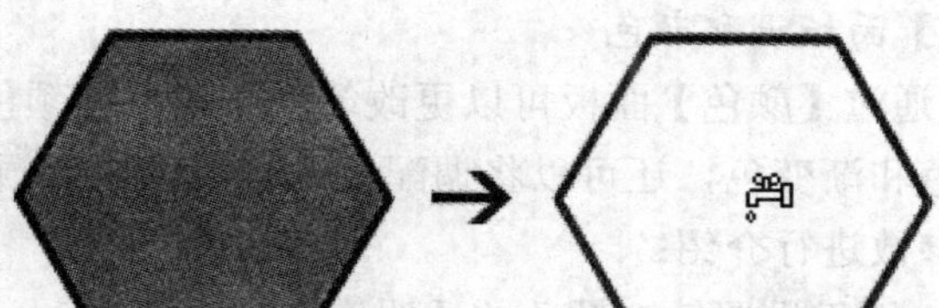

图 8-25　【开启水龙头】按钮的用法

注意：刷子大小会在更改舞台时保持比例不变，因此，当场景缩小时刷子会显得很大。

四、图形的颜色填充

Flash 中的颜色填充工具可以为绘制的矢量图形填充各种颜色，使图形更加绚丽多彩。

（一）使用墨水瓶工具

使用工具箱中的墨水瓶工具，可以更改一个或多个线条或形状轮廓的笔触颜色、宽度和样式等。对直线或形状轮廓只能应用纯色，而不能应用渐变色或位图。

（二）使用颜料桶工具

在 Flash CS3 中，使用颜料桶工具既可以填充空的区域，也可以更改已填充区域的颜色，并且还可以用纯色、渐变色以及位图进行填充。使用颜料桶工具也可以填充未完全封闭的区域，并且可以设置使用颜料桶工具时闭合形状轮廓。

选中颜料桶工具后，在工具箱下方单击【空隙大小】按钮，可选择颜料桶的填充方式，一共有 4 种，各填充方式的功能如下。

◇ 不封闭空隙：该方式下，填充区域必须是完全封闭的，才能对图形进行填充。

◇ 封闭小空隙：该方式下，即使填充区域存在小的缺口，仍然对图形进行填充。

◇ 封闭中等空隙：该方式下，即使填充区域存在中等大小的缺口，仍然对图形进行填充。

◇ 封闭大空隙：该方式下即使填充区域存在较大的缺口，仍然对图形进行填充。

（三）使用滴管工具

在 Flash CS3 中，除了通过【颜色】面板调配颜色外，还可以利用滴管工具对线条和矢量色块的颜色以及位图进行采样。如果选择的是笔触，该工具自动变成墨水瓶工具。如果单击已填充的区域，该工具自动变成颜料桶工具。单击其他笔触或已填充区域可以应用到其他图形。

对位图采样时需先将位图用 Ctrl+B 键图片打散后再用滴管工具提取。

（四）利用【颜色】面板调配颜色

在 Flash CS3 中，通过【颜色】面板可以更改笔触和填充的颜色，并在 RGB 和 HSB 模式下创建和编辑纯色和渐变色，还可以将调配出的颜色设置为颜色样本，以便随时进行调用。下面对相关参数进行介绍：

◇ Alpha 微调框：用于设置填充颜色的透明度。

◇ 类型：包括“无”、“纯色”、“线性”、“放射状”和“位图”5 种类型。其中线性渐变是沿着一根轴线改变颜色；放射状渐变从一个中心圆点向外改变颜色，可以调整渐变的方向、颜色、中心点位置，以及渐变的其他很多属性。

◇ 溢出：当【类型】中选择“线性”或“放射状”选项后会出现该项目。主要包括 3 个选项，用于控制超出线性渐变或放射状渐变限制进行应用的颜色。

（五）使用渐变变形工具调整填充效果

配合【颜色】面板（见图 8-26），将【类型】选择为“放射状”（即常说的“渐变色”）选项，在渐变色调节框中选择相应的颜色，这部分的用法和 Photoshop 中基本类似。

在为图形填充渐变色后，选择渐变变形工具后单击图形，可以对渐变色的填充属性进行调整（见图 8-27），以便获得更好的渐变填充效果。

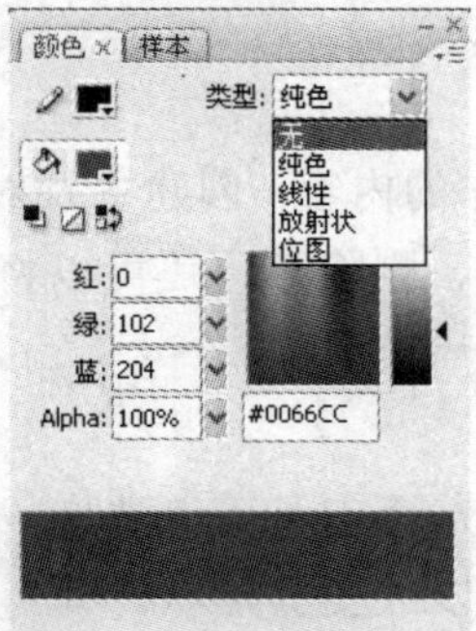

图 8-26 【颜色】面板

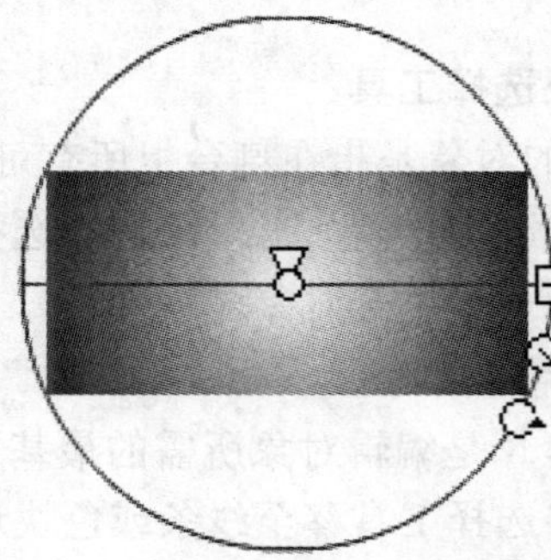

图 8-27　渐变变形工具的调节柄

总结：墨水瓶工具用来改变矢量线条的颜色；颜料桶工具用来改变矢量色块的颜色。

思考题与上机练习

1. 笔触和填充有何不同？
2. 合并绘图模式和对象绘图模式的区别是什么？
3.【开启水龙头】按钮的用途是什么？
4. 使用基本绘图工具，结合渐变填充的使用，创建如图 8-28 所示的三维图形。

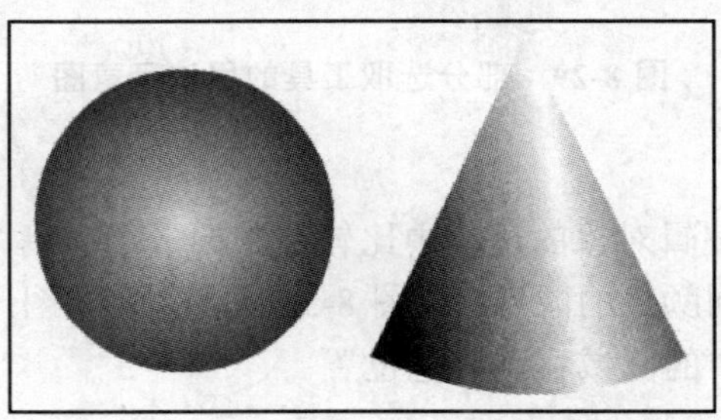

图 8-28　上机练习效果图

第四节　图形的编辑

在制作动画的过程中，除了绘制和填充动画所需的图形外，有时还需根据动画的需要，对图形进行必要的编辑。选择工具、部分选取工具、套索工具和任意变形工具都是

Flash CS3 中常用的图形编辑工具，利用这些工具，可以方便地对图形进行选择、移动、复制、旋转、缩放、翻转、倾斜、扭曲、封套以及删除等基本操作。

一、对象选择工具

Flash 中的对象是指在舞台上所有可以被选取和操作的内容。创建各种对象后，就可以进行编辑修改操作，如对对象进行选择、移动、复制、删除等，还可以将多个对象组合起来，作为一个组合对象进行操作。

（一）选择工具

选择工具 是编辑对象所需的最基本的工具，使用选择工具可以选取一个对象的整体或局部。将选择工具移至线条或色块边缘拖动，还可以改变其形状。

（二）部分选择工具

部分选取工具 主要用于选择线条、移动线条和编辑锚点以及锚点方向等，其方法和作用与选择工具基本相同。但它们的区别在于，当某一对象被部分选取工具选中后，它的图像轮廓线上将出现很多控制点（也即锚点），表示该对象已经被选中，拖动这些控制点可以改变对象形状，如图 8-29 所示。

图 8-29 部分选取工具的用法示意图

（三）套索工具

套索工具 也是在编辑对象的过程中比较常用的一个工具，主要用于选择图形中的不规则区域和相连的相同颜色的区域。如图 8-30 所示，在左图用套索工具选中皮卡丘的眼部进行拖动，可将选中的区域移到其他位置。

图 8-30 套索工具用法示意图

（四）任意变形工具

在工具箱中选择任意变形工具后，将光标移动到舞台时，光标变为形状，选中对象后，在对象的四周会出现 8 个控制点，在对象的中心会出现 1 个变形点，拖动变形点或控制点即可对对象进行任意变形。

二、排列、组合、分离对象

要将舞台中的对象精确地对齐，可以使用【对齐】面板（见图 8-31）中的各项功能进行排列对象操作；要将舞台中的多个对象组合在一起以便于整体操作，可以使用组合对象的方法；分离对象操作不仅可以将组合对象拆散为单个对象，也可以将对象打散成像素点以便编辑。

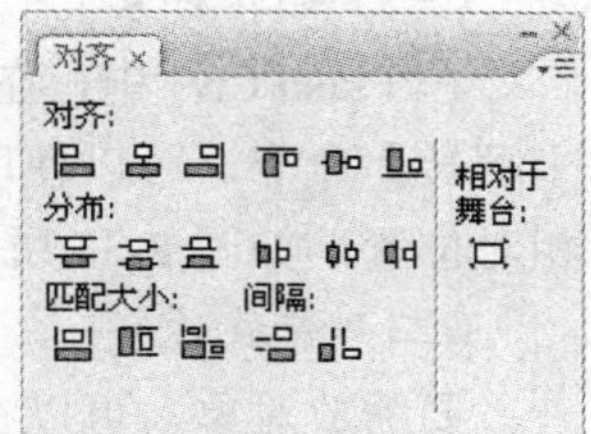

图 8-31 【对齐】面板

（一）排列对象

Flash CS3 中，要对多个对象进行对齐与分布操作，可使用【修改】>【对齐】菜单中的命令或在【对齐】面板中完成操作。

（二）组合对象

组合对象的方法是：先从舞台中选择需要组合的多个对象，可以是形状、组、元件或文本等各种类型的对象，然后选择【修改】>【组合】命令即可。组合后的对象可作为一个整体进行操作，如图 8-32 所示。

如果需要对组中的单个对象进行编辑，则应选择【修改】>【取消组合】命令取消组合的对象，或者在组合后的对象上双击，即可进入单个对象的编辑状态。

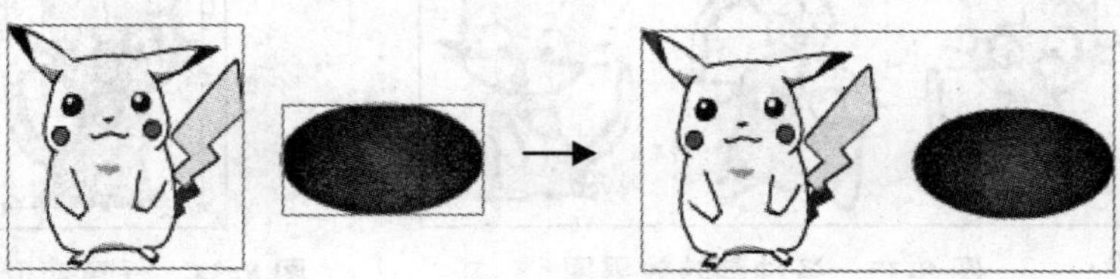

图 8-32 组合对象示意图

（三）分离对象

在 Flash CS3 中，使用【分离】命令可以将组合对象拆散为单个对象，也可以将文本、实例、位图及矢量图等元素打散成一个个的像素点，以便用户对其进行编辑。

分离对象的方法是：先从舞台中选择需要分离的对象，然后选择【修改】>【取消组合】命令或按 Ctrl+B 快捷键。如果需要将分离好的对象进一步打散成一个个的像素，可使用 Ctrl+B 快捷键进行二次分离。

三、变形对象

对对象进行变形操作是 Flash 中应用最为广泛的技巧之一，其作用是调整形状在舞台中的比例，或者协调形状与其他舞台元素的关系。Flash CS3 中的变形主要是靠任意变形工具或者菜单命令来完成的。

（一）翻转对象

在 Flash CS3 中，在选择了对象以后，选择【修改】>【变形】>【垂直翻转】或【水平翻转】命令，可以使所选定的对象进行垂直或水平翻转，而不改变该对象在舞台上的相对位置，如图 8-33 所示。

（二）缩放对象

要缩放对象，可以在工具箱中选择【缩放】按钮然后选中对象，也可以在选中舞台上的对象之后，选择【修改】>【变形】>【缩放】命令。当对象四周出现框选标志后，拖动某条边上的中点可将对象进行垂直或水平的缩放，拖动某个顶点，则可以使对象在垂直和水平方向上同时进行缩放。

（三）任意变形对象

在工具箱中选择任意变形工具后，选中对象，在对象的四周会出现 8 个控制点，在对象的中心会出现 1 个变形点，拖动变形点或控制点即可对对象进行任意变形，如图 8-34 所示。

图 8-33　各种翻转效果图

图 8-34　任意变形对象

（四）扭曲对象

要扭曲对象，可以在工具箱中选择任意变形工具，选中对象后单击工具箱中的【扭曲】按钮即可。要对选定对象进行扭曲变形，可以拖动边框上的角控制点或边控制点来移动该角或边；在拖动角手柄时，按住 Shift 键，可对对象进行锥化处理，如图 8-35 所示。

（五）封套对象

使用【封套】功能，可以对舞台中的图形对象及分离后的图像进行任意形状的修改。

选择任意变形工具后，选中舞台上的对象，然后在工具箱中单击【封套】按钮，可以看到在对象的四周出现了若干控制点和切线手柄，拖动这些控制点及切线手柄，即可对对象进行任意形状的修改，如图 8-36 所示。

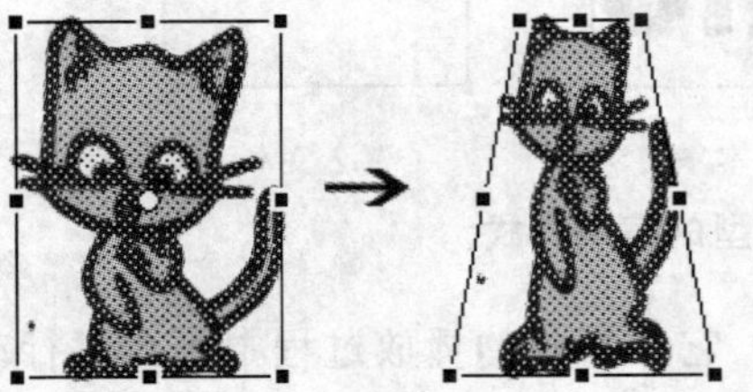

图 8-35　扭曲的效果图

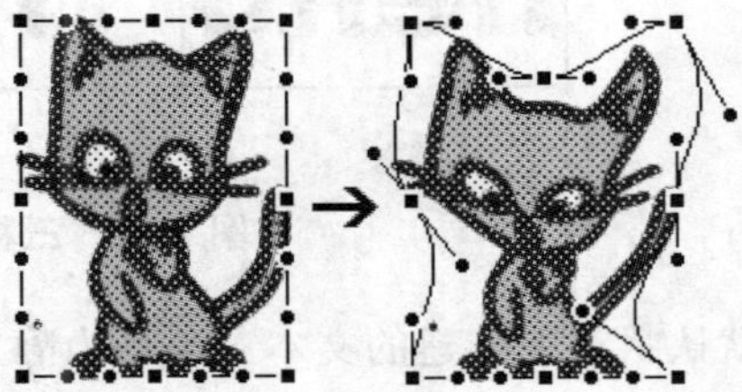

图 8-36　封套的效果图

除此之外，通过 Flash CS3 的“合并对象”功能，也可通过交集和打孔等操作，对对象绘制模式下绘制的对象进行特殊编辑。

矢量图形的概貌绘制完成后，可能还需要对一些细节的地方进行调整，此时可以用工具箱中的选择工具直接拖动图形边缘来调整，用部分选取工具移动路径上锚点的位置来改变图形形状，用钢笔工具添加和删除线条上的锚点，或调整曲线的曲率。

思考题与上机练习

1. 选择工具和部分选取工具的区别是什么？
2. 如何组合对象和分离对象？
3. 对象封套有何作用？

第五节　使用 Flash 文本

文本是 Flash 动画中重要的组成元素之一，它不仅可以帮助影片表述内容，也可以对影片起到一定的美化作用。Flash CS3 中主要通过文本工具 T 进行文本的创建，另外还提供了多种文本处理方法，例如将文本水平或垂直放置；设置字体、大小、样式、颜色和行距等属性；对文本进行旋转、倾斜或翻转等变形；链接文本；使文本具有动画效果等，用户使用这些文本处理方法可以创建出具有各种特效的文字。

一、Flash CS3 中的文本类型

在 Flash CS3 中，单击工具箱的文本工具 T 可以输入三种类型的文本，静态文本，

动态文本，输入文本，如图 8-37 所示。

图 8-37　三种文本类型的编辑样式

默认状态下创建的文本对象均为静态文本，它在影片的播放过程中不会进行动态改变，因此常被用作说明文字。

动态文本是指该文本对象中的内容可以动态改变，甚至可以随着影片的播放自动更新，例如用于比分或者计时器等方面的文字。

输入文本是指该文本对象在影片的播放过程中可以输入表单或调查表的文本等信息，用于在用户与动画之间产生交互。

二、设置文本属性

在工具箱中选择文本工具后，将显示文本工具【属性】面板（见图 8-38），使用该面板可以对文本的字体和段落属性进行设置。其中，文本的字体属性包括字体、字体大小、样式、颜色、字符间距、自动调整字距和字符位置等；段落属性包括对齐方式、边距、缩进和行距等。

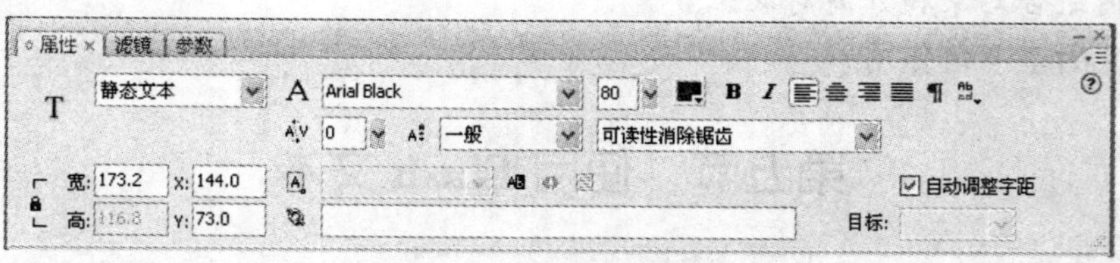

图 8-38　文本的【属性】面板

三、编辑文本

（一）转换文本类型

在默认情况下，使用文本工具创建的文本类型是静态文本。如果要改变已创建文本的类型，可以先选中文本，然后在文本【属性】面板中打开【文本类型】下拉列表框，选择要更改的选项命令即可。

（二）分离文本

在 Flash CS3 中，文本的分离方法和分离原理与之前介绍到的组合对象类似。选中文本后，选择【修改】>【分离】命令将文本分离 1 次可以使其中的文字成为单个的字符，分离 2 次可以使其成为填充图形，示例如图 8-39 所示。

图 8-39 文本的分离

（三）文本变形

在将文本分离为填充图形后，可以非常方便地改变文本的形状。要改变分离后文本的形状时，可以使用工具箱中的选择工具或部分选取工具对其进行各种变形操作，示例如图 8-40 所示。

图 8-40 文本的变形

（四）创建文字链接

在 Flash CS3 中，可以将静态文本和动态文本链接到 URL，从而在单击该文本的时候，可以跳转到其他文件、网页或电子邮件。比如，在文本【属性】面板的图标后面的文本框输入网址“http://www.163.com”，即可跳转到相应的网址。

四、为文本添加滤镜效果

滤镜是一种应用到对象上的图形效果。Flash CS3 允许对文本、影片剪辑或按钮添加滤镜效果。

下面以文本为例说明滤镜的使用。选中需要添加滤镜的文本，打开【滤镜】面板，单击添加按钮，在弹出的菜单中选择要添加的滤镜效果。一共有投影、模糊、发光、斜角、渐变发光、渐变斜角和调整颜色 7 种滤镜效果，如图 8-39 所示。下面讲解这几种效果的特点。

◇“投影”效果：可模拟对象向一个表面投影的效果，或者在背景中剪出一个形似对象的洞，来模拟对象的外观。

◇“模糊”效果：可以柔化对象的边缘和细节。将模糊应用于对象，可让它看起来像是位于其他对象的后面，或使对象看起来像是运动的。

图 8-41　7 种滤镜效果

◇“发光”效果：可以对对象的整个边缘应用颜色，对于制作霓虹灯文字非常有用。

◇“斜角”效果：应用斜角滤镜就是向对象应用加亮效果，使其看起来凸出于背景表面。可以创建内斜角、外斜角或者完全斜角。

◇“渐变发光”效果：可在发光表面产生带渐变颜色的发光效果。渐变发光要求选择一种颜色作为渐变开始的颜色，所选颜色的 Alpha 值为 0，且颜色位置无法移动，但可以改变其颜色。

◇“渐变斜角”效果：可产生一种凸起效果，使对象看起来好像从背景上凸起，且斜角表面有渐变颜色。渐变斜角要求渐变的中间有一个颜色，颜色的 Alpha 值为 0，此颜色位置无法移动，但可以改变颜色。

◇“调整颜色”效果：可调整所选影片剪辑元件、按钮元件或者文本对象的亮度、对比度、色相和饱和度。

另外，用户还可以在该列表中进行删除全部滤镜、启用全部滤镜和禁用全部滤镜操作。

思考题与上机练习

1. Flash CS3 中文本有哪些类型？
2. 利用文本工具和渐变填充实现如图 8-42 所示的效果。

图 8-42　上机练习效果图

3. Flash CS3 中有哪些滤镜效果？

第六节　元件、实例和库

元件是 Flash CS3 中一个重要的基本概念。可以将 Flash CS3 无法直接创建的图片、声音以及视频等内容应用到动画中，而对于动画中需要经常调用的图形和影片剪辑，则可以转换为元件多次调用，从而避免重复制作，提高动画制作的效率。【库】面板是放置和组织元件的地方，在编辑 Flash 文档时，常常需要在【库】面板中调用元件。实例是指元件在舞台上的应用，一个元件可以在工作区不同的地方、不同的帧、不同的图层上创建多个实例，用户可以单独修改每个实例的颜色、大小和功能而不会影响元件本身。

一、元件的概念、基本类型及异同

在一个动画中，有时需要多次使用到某个图形或影片剪辑。在这种情况下，可将这个图形或影片剪辑制作为元件，随后就可在动画中需要的位置多次使用这个元件，而不需要再次进行制作。同时，元件不会因多次使用而增加动画文件的大小。因为元件的存在，可以使制作者有效地利用已有的资源，避免重复制作和调试，从而大大提高动画制作的效率。

（一）元件的概念

元件是动画中可以反复调用的小元件，它可以是图形、按钮或影片剪辑。它可以独立于主动画进行播放。Flash 中的元件包括三种类型：图形元件、按钮元件和影片剪辑元件。下面分别进行讲解。

（二）元件的基本类型

1. 图形元件

主要用于创建动画中可反复使用的图形，图形元件中的内容可以是静态图片，也可以是由多个帧组成的动画。图形元件是制作动画的基本元素之一，但它不能添加声音控制和交互动作。图形元件的播放完全受制于场景时间轴。

2. 按钮元件

主要创建动画中的各类按钮，用于响应鼠标滑过、单击等操作。通过为按钮元件添加 ActionScript 脚本，可以使其具备特定的交互效果。

3. 影片剪辑元件

影片剪辑是包含在 Flash 影片中的影片片段，有自己的时间轴和属性，可独立于主动画进行播放，具有交互性，是用途最广、功能最多的元件。影片剪辑元件可以包含交互控制、声音以及其他影片剪辑的实例，也可以将其放置在按钮元件的时间轴中制件动画按钮。在 Flash CS3 中可对影片剪辑元件添加 ActionScript 脚本和滤镜效果，以获得更丰富的视觉效果。

影片剪辑可以被看作是主时间轴内嵌入的时间轴，它们可以包含交互式控件、声音甚至其他影片剪辑实例，影片剪辑实例也可放在按钮元件的时间轴中，以创建动画按钮，当播放主动画时，影片剪辑元件也进行不停的循环播放。

（三）三种元件的异同

1. 相同点

三种元件的相同点体现在都可以重复使用，且当需要对重复使用的实例进行修改时，只需编辑元件，而不必对所有实例进行一一修改，Flash 会根据修改的内容对所有实例进行更新。

2. 不同点

影片剪辑元件——可以理解为电影中的小电影，可以完全独立于主场景时间轴，并且可以重复播放。

按钮元件——实际上是一个只有 4 帧的影片剪辑，但它的时间轴不能播放，只是根据鼠标指针的动作做出简单的响应，并转到相应的帧。通过给舞台上的按钮实例添加 ActionScript 语句而实现 Flash 影片强大的交互性。

图形元件——是可以重复使用的静态图像，或连接到主影片时间轴上的可重复播放的动画片段。图形元件的时间轴与主动画的时间轴同步运行。

在制作不同动画时，应根据元件的功能选择使用不同的元件类型。

二、创建元件的方法

（一）创建图形元件

创建图形元件有两种方法：一是通过菜单命令直接创建新元件（如图 8-43 所示），二是将已有的对象转换为元件。

1. 创建新元件

选择【插入】→【新建元件】菜单命令，在打开的【创建新元件】对话框中输入元件的名称，选择元件类型，即可新建一个图形元件，如图 8-44 所示。

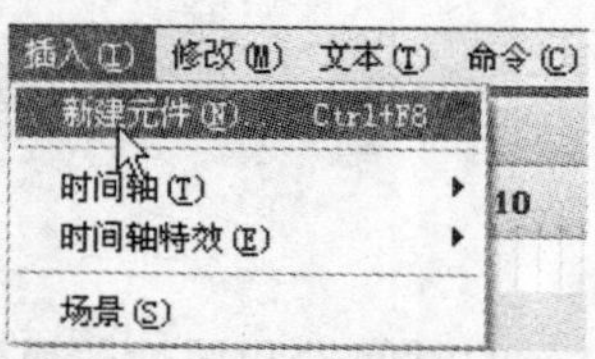

图 8-43 【插入】菜单

图 8-44 【创建新元件】对话框

2. 将对象转换成元件

右键单击舞台的对象，在弹出的快捷菜单中找到“转换为元件…”命令，在打开的【转换为元件】对话框中选择相应的类型并命名。

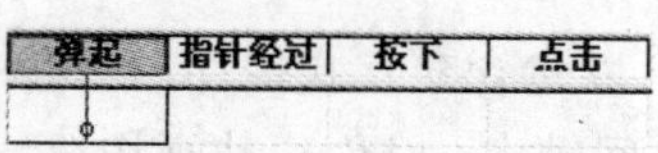

图 8-45 按钮元件的时间轴

（二）创建按钮元件

按钮元件包括“弹起”、“指针经过”、“按下”和“点击”4 帧（见图 8-45），每个帧代表不同的状态，各帧的含义如下。

◇ 弹起：在该帧中可创建在正常情况下按钮的状态。

◇ 指针经过：在该帧中可创建当鼠标指针移到按钮上时按钮的状态，在该帧中必须插入关键帧后才能创建。

◇ 按下：创建当按下鼠标左键时按钮的状态。如当按钮被按下时，形状比未被按下时小一些或者颜色变暗。也必须插入关键帧后才能创建该帧。

◇ 点击：定义将响应鼠标单击的区域，用来表示作用范围。可以不进行设置，也可绘制一个图形来表示范围。该区域在影片中是不可见的。

（三）创建影片剪辑元件

影片剪辑元件是组成动画的基础，为了避免重复创建影片剪辑，可以将其创建为影片剪辑元件。

三、实例的使用

实例是元件在舞台中的具体表现，创建实例的过程就是将元件从【库】面板中拖到舞台中。例如，在【库】面板中有一个影片剪辑元件，如果将这个影片剪辑元件拖到舞台中，那么舞台中的这个影片剪辑就不再是元件，而是该影片剪辑元件的一个实例。另外，用户还可以根据需要对创建的实例进行修改，从而得到依附于该元件的其他效果。

（一）创建实例

元件制作完成后，可以将其拖入到场景中的任意地方或其他元件中，移动元件的过程就是创建实例的过程。

将元件拖入到场景中时，在时间轴上一般只需要一个关键帧放置实例，但由多个帧组成的图形元件例外。如图 8-46 所示，图形元件自身的时间轴有 10 帧动画，如果希望这个元件的动画可以完整播放，那么将其拖入到场景中时，在场景时间轴上也必须让图形元件保持相同的帧数（如图 8-47 所示），否则会出现不能播放完全或重复播放的效果。

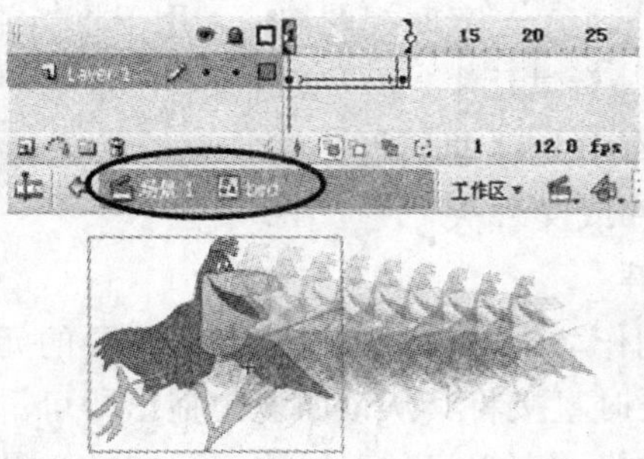

图 8-46 “场景 1”中的图形元件时间轴

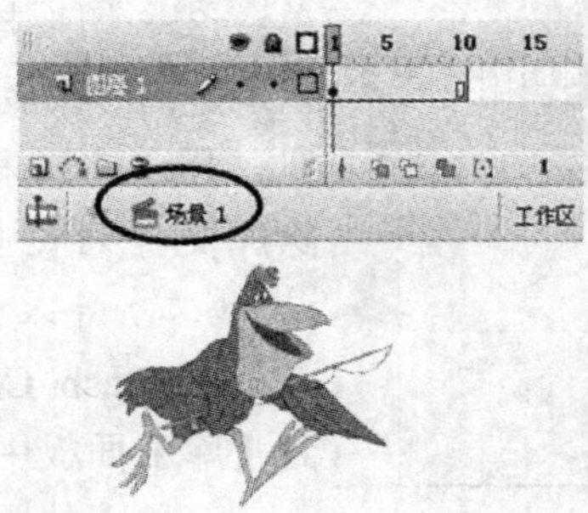

图 8-47 主场景时间轴

（二）改变实例类型

在 Flash CS3 中，实例的类型是可以相互转换的。例如，可以将一个图形实例重新定义为影片剪辑实例，或将一个影片剪辑实例重新定义为按钮实例，这意味着用户可以通过改变实例的类型来重新定义它在动画中的行为。

（三）分离实例

要断开实例与元件之间的链接，并把实例放入未组合图形和线条的集合中，可以在选中舞台实例后，选择【修改】>【分离】命令，把实例分离成图形元素，这样用户就可以使用编辑工具，根据需要修改了。

（四）查看实例类型和修改实例属性

在创建影片时，特别是在处理同一元件的多个实例时，识别舞台上特定的实例是很困难的。这时可以通过【属性】面板、【信息】面板或【影片浏览器】面板进行识别。

将元件拖入到场景中，选中该元件对应的实例，在【属性】面板和【滤镜】面板中修改实例的各种属性，如名称、颜色、混合选项和滤镜等。

四、库的使用

（一）【库】面板的组成及功能

库用于存储和管理在 Flash 中创建的各种元件和导入的文件，包括位图、声音和视频剪辑等。【库】面板中的列表主要用于显示库中所有项目的名称，项目名称旁边的图标表示该项目的文件类型。创建过的元件，需要应用到舞台时，在库中进行调用即可。

除此之外，在【库】面板中，用户可以使用【库】面板的菜单命令对库中的项目进行编辑、排序、重命名、删除，以及查看未使用的库项目等管理操作。还可以直接复制元件、删除元件和素材，对元件的属性进行更改等，并可利用文件夹对元件和素材进行更好的管理。

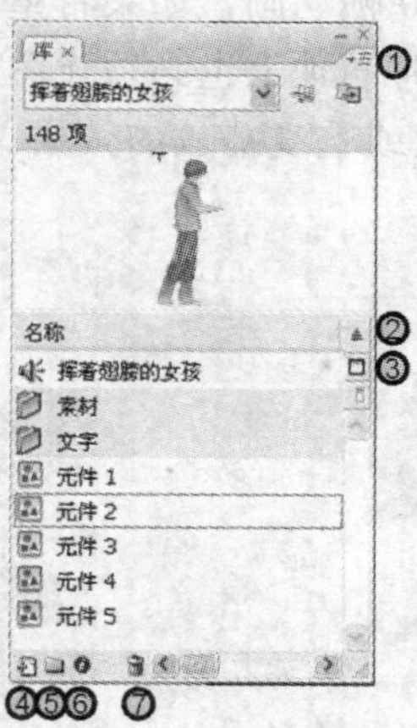

图 8-48 【库】面板

【库】面板如图 8-48 所示，各个按钮的含义为：①—选项菜单；②—切换排序顺序；③—宽库视图按钮，用于将当前的界面以最宽的方式显示；④—新建元件；⑤—新建文件夹；⑥—属性按钮，用于查看和修改库中文件的属性；⑦—删除按钮，用于删除库文件列表中的文件或文件夹。

（二）导入素材到库

在 Flash CS3 中制作动画时，可以先将动画需要的元素导入到【库】面板中，需要时直接将其从该面板中拖出即可。

可导入的图片素材格式有很多种，如 .jpg、.bmp、.gif，声音素材有 .mp3 等。选择【文件】>【导入】>【导入到库】命令可将选择的素材导入到库中。选择【文件】>【导入】>【导入到舞台】命令，导入的素材就既存储在库中，也出现在舞台上。

互联网上现在流行的视频格式主要有 .flv，导入视频的方法是：选择【文件】>【导入】>【导入视频】命令，再根据相应的提示操作即可完成导入。

（三）公用库的使用

公用库是 Flash CS3 自带的库，在公用库中主要有学习交互、按钮和类 3 种类型的元件。选择【窗口】>【公用库】命令即可打开。使用公用库资源，可以将一个 Flash 影片【库】面板中的元素共享，供其他 Flash 影片使用。这一功能在进行小组开发或制作大型 Flash 影片时是非常实用的。使用公用库可以合理地组织影片中的每个元素，减少影片的开发周期。

思考题与上机练习

1. 元件和实例的区别是什么？

2. Flash CS3 中有几种类型的元件？各有什么特点？

3. 创建一个按钮元件，如图 8-49 所示为其正常状态、指针经过状态、按下状态的效果图。

图 8-49　上机练习效果图

4. “库”有什么作用？

5. 如何导入素材？

第七节　帧、图层和基础动画

在 Flash CS3 中，帧和图层是用以编排动画的基本组成元素。帧是 Flash 动画的基本单位，Flash 通过连续播放帧并展现帧中的内容的方法来达到动画播放的效果。本节先介绍帧和图层的相关知识，以及帧和图层的基本操作方法，然后介绍 Flash 动画的特点和类型，并制作出 Flash 的基础动画。

一、帧

帧是 Flash 动画的最基本组成部分，Flash 动画正是由不同的帧组合而成的。时间轴是摆放和控制帧的地方，帧在时间轴上的排列顺序将决定动画的播放顺序。

（一）帧的基本类型

在 Flash CS3 中，用来控制动画播放的帧具有不同的类型，选择【插入】>【时间轴】命令，在打开的子菜单中列出了帧的 3 种基本类型：关键帧、空白关键帧和普通帧。不同类型的帧在动画中发挥的作用也不同。关键帧主要是定义动画中的关键动作，空白关键帧中没有内容，普通帧主要用于延续关键帧中的内容。

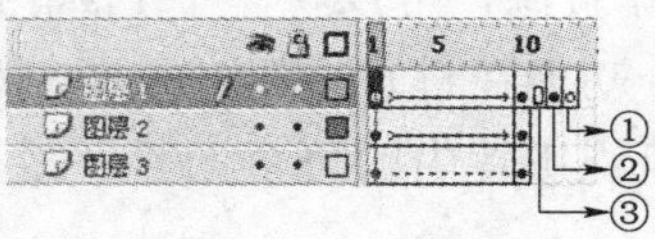

图 8-50 帧的三种类型

如图 8-50 所示，①—空白关键帧；②—关键帧；③—普通帧。

（二）帧的状态

帧在时间轴上具有多种表现形式，根据创建动画的不同，帧会呈现出不同的状态甚至是不同的颜色。一般有三种动画状态：运动补间动画、形状补间动画和动画未成功状态，如图 8-51 所示。

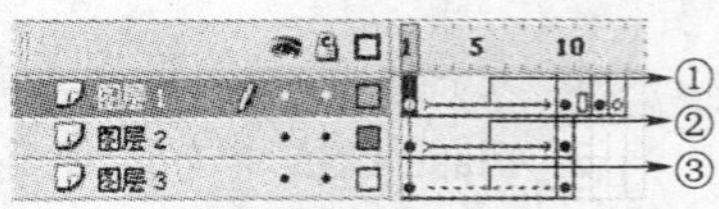

图 8-51 帧的三种状态

图 8-51 中，①—关键帧之间是浅绿色背景的黑色箭头，表示创建的动画为形状补间动画；②—关键帧之间是蓝色背景的黑色箭头，表示创建的动画为运动补间动画；③—关键帧之间是虚线连接的，表示动画没有创建成功。

（三）帧的相关操作

在制作动画时，可以根据需要对帧进行各种编辑操作，包括创建帧、选择帧、插入帧、插入关键帧、删除帧、清除帧、复制帧、移动帧、翻转帧等。具体操作时，先选中需要操作的帧，右击后从弹出的快捷菜单中可以选择相应的操作。

这里解释一下“翻转帧”的含义，即将原来的一组连续的帧的运动顺序颠倒，如这一组帧一共 10 帧，翻转后第 1 帧变成第 10 帧，第 2 帧变成第 9 帧，第 10 帧变成第 1 帧，如此类推。可实现倒播。例如，本来一段动画是人从高处往低处跳，翻转后变成从低往高跳的特技效果。翻转帧的制作方法是：选中要翻转的一组连续的帧，单击鼠标右键，在弹出的快捷菜单中选择“翻转帧”命令，即可将选择帧的播放顺序进行翻转。

（四）帧的查看

选中某帧可以查看这个帧的内容。

查看多个帧时，单击时间轴（见图 8-52）上的【绘图纸外观】按钮，单击此按钮在时间轴的上方出现一对方括号，可以显示出方括号包含的帧的内容，以轨迹的形式显示（见图 8-53）。或者单击【绘图纸外观轮廓】按钮，显示帧内容的轮廓。

在图 8-52 中，①—滚动到播放头，可以让时间轴回到播放头的所在位置；②—绘图纸外观；③—绘图纸外观轮廓；④—编辑多个帧；⑤—修改绘图纸标记；⑥—下拉菜单按钮。

（五）改变帧的显示方式

单击如图 8-53 中的下拉菜单按钮，可以从中选择命令改变帧的显示大小、位置等。

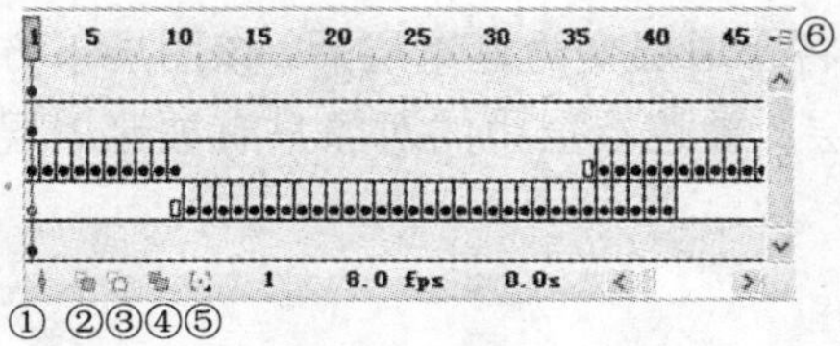

图 8-52 时间轴示图

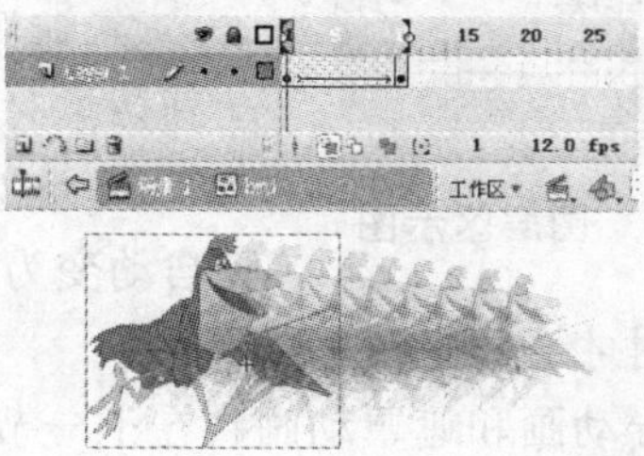

图 8-53 “绘图纸外观”按钮使用效果图

（六）创建帧标签

在帧的【属性】面板中可以为关键帧或空白关键帧命名，可以在“帧标签”（见图 8-54）的文本框中输入帧的名字，这样是为了标识出某些特殊的帧。在图 8-54 中，将第一帧的“帧标签”命名为“first”，则在时间轴上第一帧的黑圆点上方多了一个小红旗，帧名显示在小红旗后面。

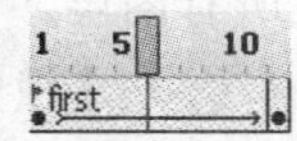

图 8-54 帧标签

二、图层

在 Flash CS3 中，图层是创建各种特殊效果最基本也是最重要的概念之一。使用图层可以将动画中的不同对象在工作区中分开，例如可以绘制、编辑、粘贴和重新定位一个图层上的元素而不会影响到其他图层,因此制作者不必担心在编辑过程中会对图像产生无法恢复的误操作。此外，使用特殊图层可以编辑特定的动画效果，譬如引导动画或遮罩动画等。

（一）图层概述

图层就像透明的薄片一样，层层叠加，如果一个图层上有一部分没有内容，那么就可以透过这部分看到下面的图层上的内容。通过图层可以方便地组织文档中的内容。而且，当在某一图层上绘制和编辑对象时，其他图层上的对象不会受到影响。在默认状态下，【图层】面板位于【时间轴】面板的左侧。

（二）图层的类型

在 Flash CS3 中，根据图层功能的不同可以将图层分为普通层、引导层、被引导层、遮罩层和被遮罩层 5 种，如图 8-55 所示。不同图层的含义如下。

◇ 普通层：就是无任何特殊效果的图层，只用于放置对象。

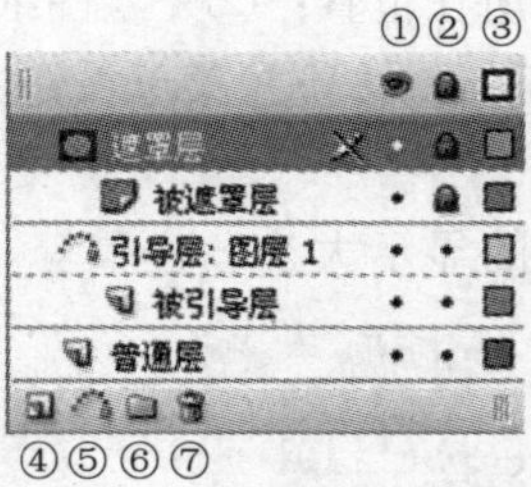

图 8-55　图层区示图

◇ 引导层：指在此图层中绘制的对象将作为被引导层中对象的移动轨迹。

◇ 被引导层：顾名思义就是被引导层引导的图层，在此图层的对象将沿着引导层中绘制的路径移动。

◇ 遮罩层：主要用于设定部分显示，创建遮罩层后，浏览动画效果时，被遮罩图层的对象中遮盖的部分将显示出来。

◇ 被遮罩层：将普通层变为遮罩层后，该图层下方的图层将自动变为被遮罩层。被遮罩层中的对象只有被遮罩层中的对象遮盖时才会显示出来。

引导动画和遮罩动画将在下一节介绍。

（三）图层区按钮的功能

如图 8-55 所示，图层中的按钮主要有以下几个。

①—【显示/隐藏所有图层】按钮，单击该按钮可以显示所有图层，再次单击可以隐藏所有图层。

②—【锁定/解除锁定所有图层】按钮，单击该按钮可以锁定所有图层，即该图层的内容不能被编辑，再次单击可以解除锁定图层。

③—【显示所有图层的轮廓】按钮，单击该按钮所有图层中的对象将以轮廓显示，再次单击可以取消轮廓显示。

④—【插入图层】按钮，单击该按钮可以新建一个图层。

⑤—【添加运动引导层】按钮，单击可新建一个引导层，用于新建引导动画。

⑥—【插入图层文件夹】按钮，单击可新建一个图层文件夹，用来分类管理图层。

⑦—【删除图层】按钮，选取图层后单击该按钮可删除被选图层。

（四）重命名图层和调整图层顺序

图层的基本操作有选择图层、复制图层、删除图层、重命名图层和调整图层顺序等。下面就对重命名图层和调整图层顺序进行介绍。

如果某个动画有许多图层，在编辑制作该动画时没有为图层命名，下一次对该动画进行操作时，就可能会花费很多时间去找某个对象图层。为了避免这种现象，在制作动画时需要为图层取一个有意义的名称。在 Flash CS3 中，重命名图层的方法主要有：双击图层直接命名；选中某图层后右击，在弹出的快捷菜单中选择“属性”命令，打开【图层属性】对话框进行命名。

在制作动画时，经常需要调整图层与图层之间的相对位置，以获得不同的动画效果。要改变某个图层在动画中所在位置，可以在【图层】面板中直接用鼠标拖动需要改变顺序的图层名称到适当的位置后释放鼠标即可。在拖动过程中会出现一条虚线，指明图层当前已被拖动到哪个位置。

三、Flash 动画

根据 Flash 动画的生成原理和制作方法，可以将 Flash 动画分为逐帧动画和补间动画。其中补间动画又分为形状补间动画和运动补间动画。

（一）逐帧动画

如图 8-56 所示，逐帧动画通常是由多个连续关键帧组成的，通过在各关键帧中分别绘制表现对象连续且流畅动作的图形，形成动画。各帧中的图形都相对独立，修改某一帧中的图形不会影响其他帧中的图形，并且制作者可通过加大各帧中图形之间的差异来控制动画动作变化的力度。因为该种动画每个关键帧中的图形均需要独立编辑，因此工作量大，且在播放动画时需要占用较多的内存。

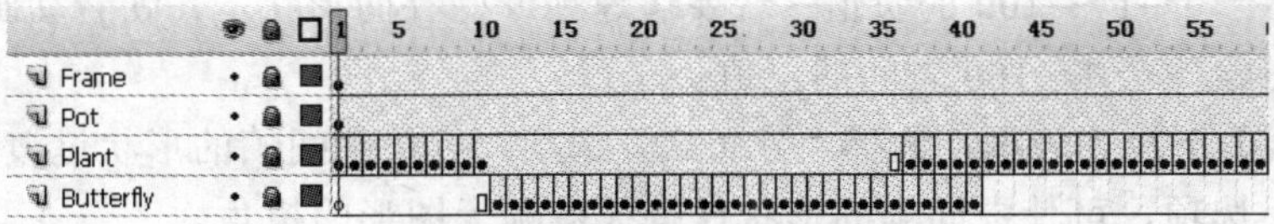

图 8-56　逐帧动画的时间轴

在 Flash 中制作逐帧动画有两种方法，一种是直接在 Flash 中编辑图形，另一种是通过导入序列素材来制作逐帧动画。使用第二种方法时建议选择.gif 格式的图形文件作为素材，是因为.gif 图形是透明的，导入到动画中可以直接调用，无须编辑。

（二）形状补间动画

形状补间动画是利用 Flash 计算两个关键帧中矢量图形的形状差别，并在其中自动添加变化过程的一种动画类型。通常用于表现图形对象形状之间的自然过渡。图形的变形不需要人工干预，只需确定变形前的画面和变形后的画面，中间的变化过程由 Flash 自动完成。可以制作出各类精美的形状变化效果。

由于涉及到图形的形状，故只有未被组合的矢量图形可以创建形状补间动画，对于文字、元件和组合图形，可以按 Ctrl+B 键将其打散之后再创建动画。

1. 形状补间动画的创建方法

（1）在作为动画起始帧的关键帧中，绘制用于创建形状补间动画的初始图形。

（2）在作为动画结束帧的位置插入空白关键帧，然后在该帧中绘制终止图形。

（3）选中起始关键帧，然后在【属性】面板中单击【补间】下拉列表框，选择“形状”选项创建补间动画。

此时，在两个关键帧之间出现 ——→ 标志，表示形状补间动画创建成功。

提示：在需要形变的两个关键帧中不能放入与创建形状补间动画无关的图形，否则会导致动画创建失败，或出现非预想的效果。

2. 形状补间动画【属性】面板的设置

形状补间动画的【属性】面板如图 8-55 所示，各参数作用如下。

图 8-57　形状补间动画【属性】面板

◇【缓动】数值框：拖动滑块可以调整形状动画的两个关键帧之间的变化速度，默认情况下变化速度是匀速的。若要慢慢地开始补间形状，并朝着动画的结束方向加速补间，则应该给一个−1～−100 的负值；若要快速地开始补间形状，并朝着动画结束的方向减速补间，可给一个 1～100 之间的正值。

◇【混合】下拉列表框：选择“分布式”选项，可使中间帧的形状过渡得更加随意；选择“角形”选项，可使中间帧的形状保持关键帧上图形的棱角。

（三）运动补间动画

运动补间动画是根据同一对象在两个关键帧中大小、位置、旋转、倾斜、透明度等属性的差别由 Flash 计算并自动生成的一种动画类型，通常用于表现同一图形对象的移动、放大、缩小以及旋转等变化。这种动画只适用于文字、位图和实例，被打散的对象不能产生运动补间渐变，除非将它们转换为元件或组合。

运动补间动画只对某个图层上单一的对象有效，如果想让一个动画中的多个对象一起运动，必须将它们放在不同的图层分别产生运动补间动画。

1. 运动补间动画的创建方法

创建运动补间动画的方法和创建形状补间动画的方法类似，不同的是第三步在【补间】下拉列表框中选择“动画”选项，此时在两个关键帧之间出现 ⟶ 的标志，则说明运动补间动画创建成功。

2. 运动补间动画【属性】面板的设置

运动补间动画的【属性】面板如图 8-58 所示，主要参数的作用如下。

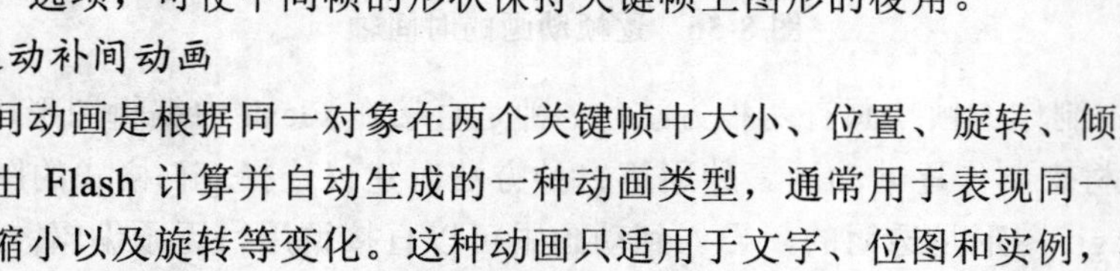

图 8-58　运动补间动画【属性】面板

◇【调整到路径】复选框：选中时可使对象沿设定的路径运动，并随着路径的改变而相应地改变角度。

◇【同步】复选框：选中时，可使动画在场景中首尾连续地循环播放。

◇【贴紧】复选框：选中时，可使对象沿路径运动时自动捕捉路径。

思考题与上机练习

综合实例——形状补间动画和运动补间动画的应用。

1. 在背景上通过形状补间动画勾画出一条逐渐伸延的线条，如图 8-59 所示。

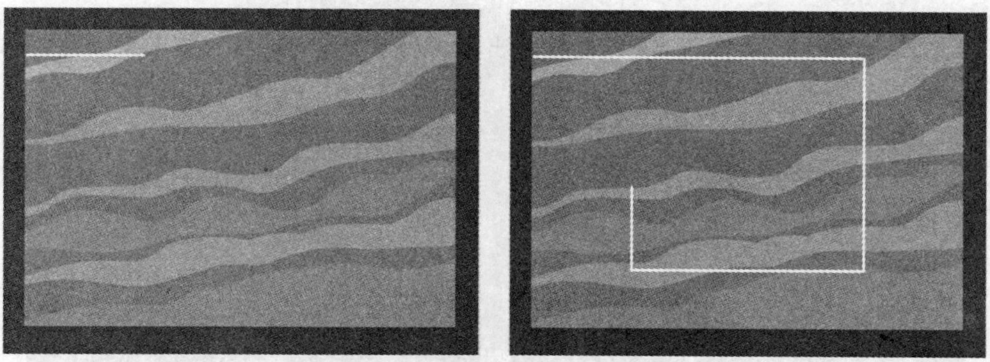

图 8-59　上机练习效果图 1

2. 在环绕的线条中间一幅图片渐渐变清晰，如图 8-60 所示。把该图片定义为图形元件，利用元件的【属性】面板中的 Alpha 值改变透明度。

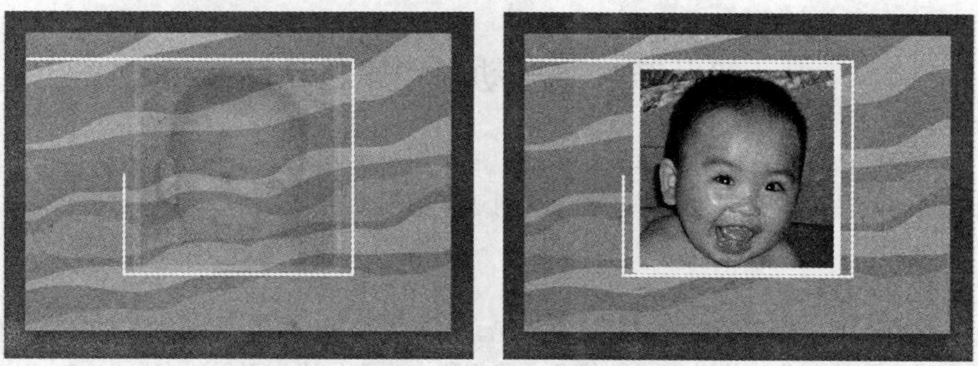

图 8-60　上机练习效果图 2

3. 上面的图片停留一下，旋转两周变小，停放在相应位置，如图 8-61 所示。

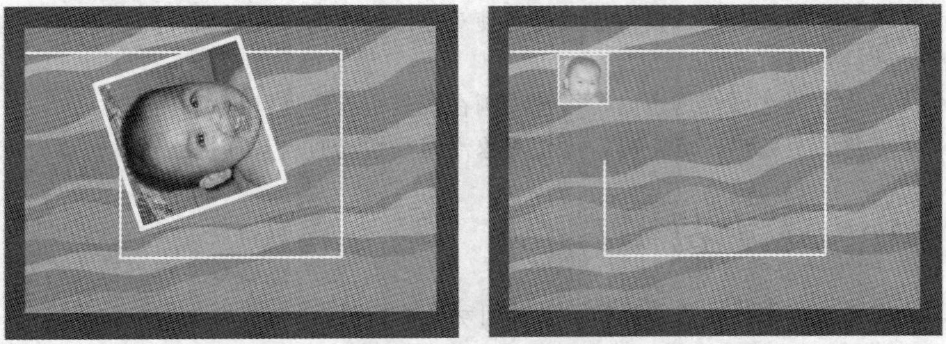

图 8-61 上机练习效果图 3

4. 第二幅图片效果类似，渐渐清晰地出现“我有我精彩”的文字效果，如图 8-62 所示。

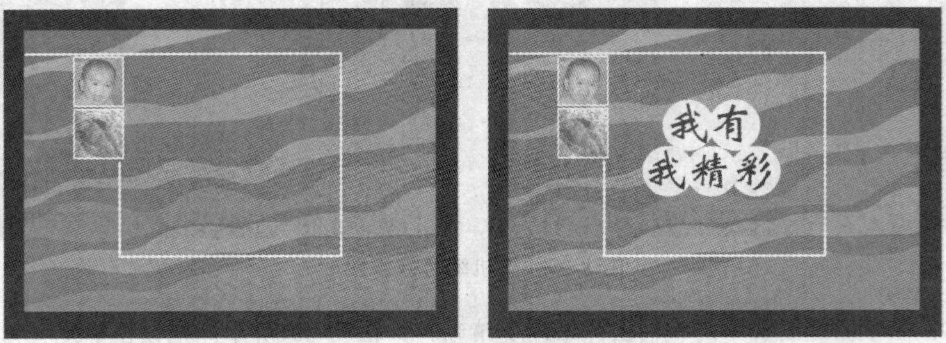

图 8-62 上机练习效果图 4

第八节 引导动画和遮罩动画

在 Flash CS3 中，除了创建逐帧动画、形状补间动画和运动补间动画等 3 种基本动画外，还可利用引导层创建引导动画，利用遮罩层创建遮罩动画。

一、引导动画

引导动画的创建主要通过引导层来实现。引导层是 Flash 中的一种特殊图层，在引导层中用户可绘制作为运动路径的线条，我们称之为引导线，引导线在发布 Flash 动画时不会显示。然后通过在引导层与普通图层建立链接关系，使普通图层中运动补间动画中的动画对象沿引导线运动，从而制作出沿指定路径运动的引导动画。引导动画可以实现如树叶飘落、小鸟飞翔、星体运动、激光写字等效果的动画制作。

引导动画由引导层和被引导层组成，引导层用于放置对象运动的路径（即引导线），被引导层用于放置运动的对象。制作引导动画的过程实际就是对引导层和被引导层的编辑过程。

（一）创建引导层

创建引导层的方法有很多种，最简单的方法是可以利用按钮在当前图层上方创建引导层。

（二）取消引导层

在 Flash CS3 中若要取消引导层，并将其重新转换为普通图层，主要方法是通过单击鼠标右键，在弹出的快捷菜单中再次选择“引导层”命令。

（三）引导动画示例

（1）在普通层中创建一个关键帧，从库中将图像元件“bee”拖放到舞台上。在同一图层的此关键帧之后插入另一关键帧，改变元件的的位置，在两个关键帧之间创建运动补间动画，如图 8-63 所示。

（2）单击按钮，在普通层上层新建一个引导层。

（3）在引导层第一帧中利用绘制线条的工具（如铅笔工具）绘制一条任意的连续的引导线。为了动画效果流畅，线条最好是平滑的，如图 8-63 右下图所示。

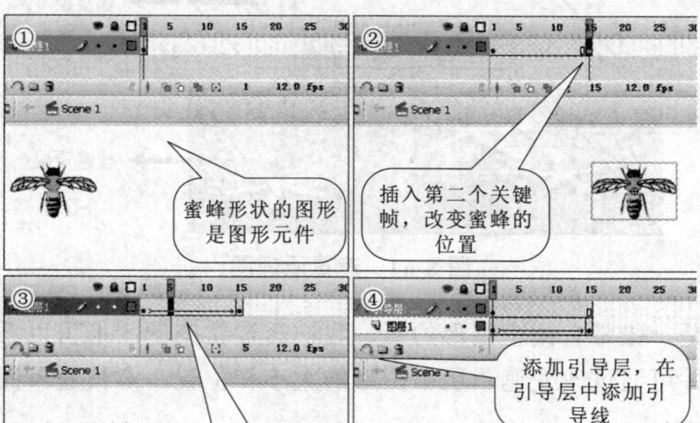

图 8-63　引导动画制作示意图

（4）在被引导层的第一个关键帧中将对象的中心控制点移动到引导线的起点。一般情况下，中心点移到引导线起点上时会自动被吸附。

（5）在被引导层的第二个关键帧中将对象移动到引导线的终点。

（6）将运动补间动画【属性】面板的【调整到路径】复选框选中。引导层动画制作完成。为使动画效果流畅，可将例子中的元件的方向进行调整。如蜜蜂开始时的头朝上，可用任意变形工具将它的头旋转到运动方向，如向右。

（7）按 Ctrl+Enter 组合键测试动画，动画实际播放时引导线是不可见的。

二、遮罩动画

遮罩动画是 Flash 中的一个很重要的动画类型，很多效果丰富的动画都是通过遮罩动画来完成的。在 Flash 的图层中有一个特殊类型——遮罩层，为了得到特殊的显示效果，可以在遮罩层上创建一个任意形状的"视窗"，遮罩层下方的对象可以通过该"视窗"显示出来，而"视窗"之外的对象将不会显示。

遮罩层的基本原理是：能够透过该图层中的对象看到"被遮罩层"中的对象及其属性（包括它们的变形效果，见图 8-64），但是遮罩层中的对象中的许多属性（如渐变色、透明度、颜色和线条样式等）却是被忽略的。比如，我们不能通过遮罩层的渐变色来实现被遮罩层的渐变色变化。

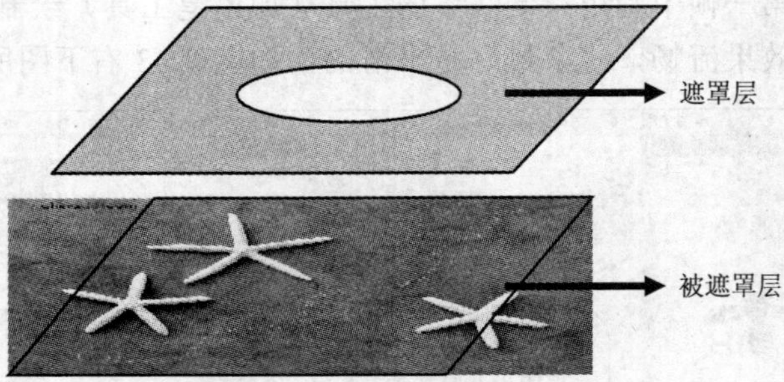

图 8-64 遮罩原理图

遮罩层就像是一张带有镂空图形的纸，我们透过镂空的图形可以看到它下面的被遮罩层中的内容。并可通过改变遮罩层中图形的大小和位置，对被遮罩图层中动画对象的显示范围进行控制。

（一）创建遮罩层

在 Flash CS3 中没有一个专门的按钮来创建遮罩层，遮罩层其实是由普通层转化的。只要在某个图层上右击，在弹出菜单中选择"遮罩层"，使该命令的左边出现一个小勾，该图层就会变成遮罩层，层图标就会从普通层图标变为遮罩层图标，系统会自动把遮罩层下面的一层转换为"被遮罩层"。

（二）取消遮罩层

在遮罩层上单击鼠标右击，在弹出的快捷菜单中再次选择“遮罩层”命令，即可将遮罩层重新转换为普通层。

（三）遮罩动画示例

（1）在“图层 1”上用文本工具输入“Flash”五个字母，调整到适当大小，如图 8-65 所示。并将“图层 1”改名为“text”。

（2）单击【插入图层】按钮添加新图层，将新图层名改为“mask”，在第一帧上画一个椭圆形，大小能覆盖字母“F”就可以了，可以是任意颜色。在第 15 帧插入关键帧，将椭圆形移到字母“h”上，在 mask 层的两个关键帧之间创建形状补间动画。

（3）在 mask 层单击鼠标右键，在弹出的快捷菜单中选择“遮罩层”命令。

（4）mask 图层变成遮罩层，即可完成遮罩动画效果。

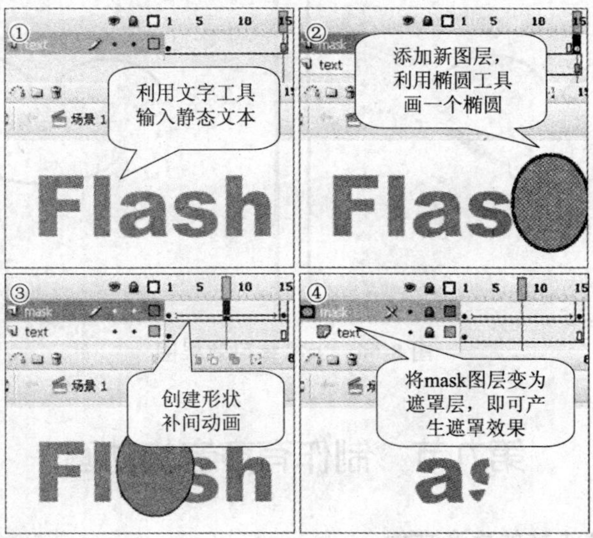

图 8-65 遮罩动画制作示意图

思考题与上机练习

1. 引导动画和遮罩动画综合实例——模拟用笔画出一个笑脸图案的效果，如图 8-66 所示。

提示：本例中既用到遮罩效果（笑脸图案一开始被遮起来，随着笔的移动渐渐出现），又使用到引导效果（笔按照引导线移动）。

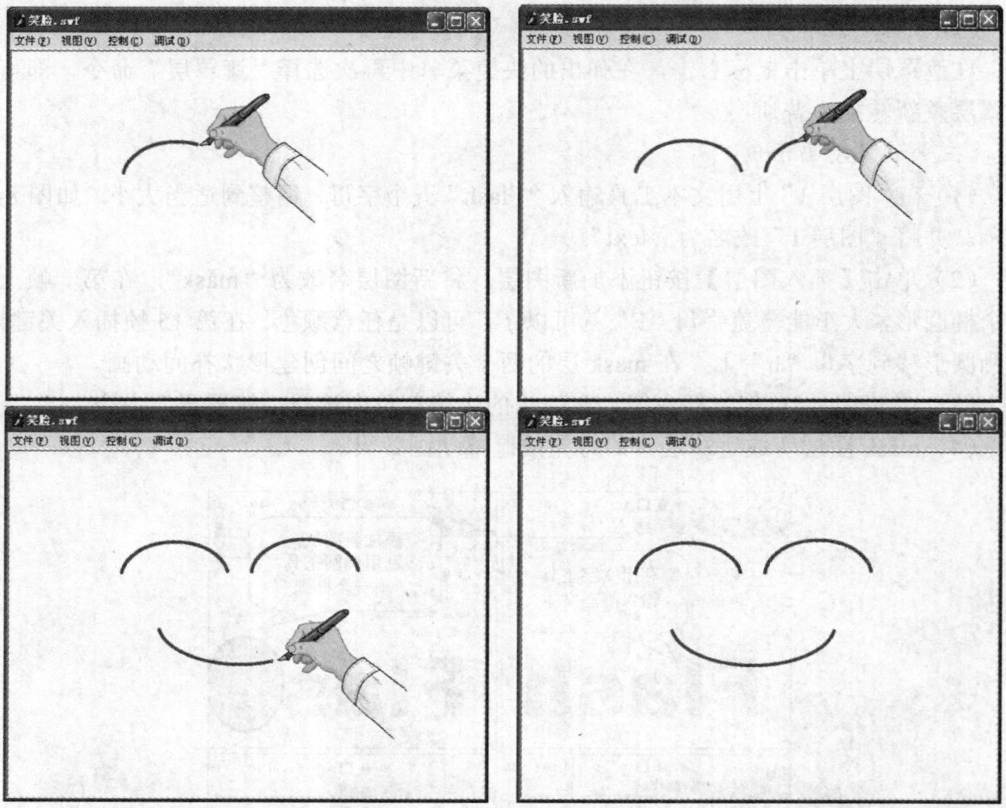

图 8-66　上机练习效果图

第九节　制作有声音的动画

一、Flash CS3 支持的声音文件

在制作动画时，常需要为动画添加声音，如为 MTV 和动态按钮添加音乐等。声音有传递信息的作用，可以使 Flash 作品更加完整。下面将介绍在 Flash 动画中添加声音的方法。

如果要把声音文件加入到 Flash 中，可以先将声音文件导入到当前 Flash 文档的库。Flash 可以导入的声音文件格式很多，一般情况下，在 Flash 中可以直接导入 .MP3 格式和 .WAV 格式的声音文件。

（一）MP3 格式

MP3 格式的声音文件小、传输方便、声质较好。虽然采用 MP3 格式压缩音乐时对文件有一定的损坏，但由于其编码技术成熟，音质还是可以和 CD 的效果相媲美的。

（二）WAV 格式

WAV 格式是电脑标准声音格式。WAV 格式的声音直接保存声音数据，没有对其进行压缩，因此音质非常好。Windows 系统音乐都使用 WAV 格式。

二、在动画中添加声音

一个完整的动画，不但要有丰富有趣的内容，还应有悦耳动听的声音，这样可以使画面更加真实，更容易展现出动画所要表达的内容。Flash 本身没有制作音频的功能，但可以在制作动画的过程中导入声音素材，或用其他音频编辑工具录制一段声音文件后将其加入到 Flash 作品中。

（一）为按钮添加声音

在 Flash 动画中，经常会用到按钮元件。可以通过为按钮的不同状态添加不同的声音，从而制作出生动的动画效果。为按钮添加声音的步骤如下：

（1）制作一个按钮元件，并进入元件编辑区。

（2）选择【文件】>【导入】>【导入到库】命令，打开【导入到库】对话框。在该对话框中选择需要的声音文件，单击【打开】按钮导入声音文件。

（3）在“指针经过”帧的【属性】面板的【声音】下拉列表框选择要导入的声音文件，在【效果】下拉列表框中选择“淡入”选项，在【同步】下拉列表框中选择“事件”选项，即可给“指针经过”帧添加声音文件。

（4）用同样的方法为“按下”帧添加声音文件。

（5）单击场景上方的

按钮返回到场景工作区。

（6）将按钮元件拖动到场景中，按 Ctrl+Enter 键测试动画，当鼠标指针经过、按下按钮时，都会听见相应的声音。

（二）为关键帧添加声音

为关键帧添加特殊的声音或背景音乐后，播放动画到该帧时就会开始播放声音或音乐，添加声音后的时间轴如图 8-67 所示。为关键帧添加声音的操作方法如下：

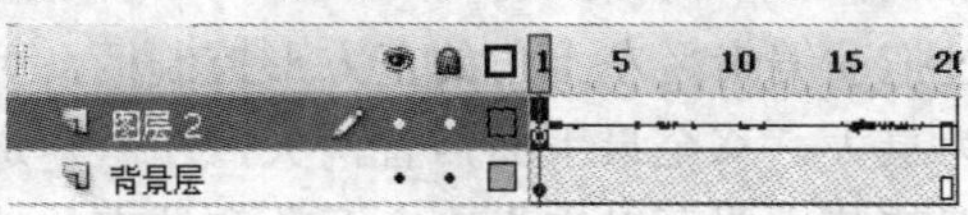

图 8-67　添加声音的时间轴

（1）新建一个图层作为音频层，并命名为“音乐”。

（2）选择【文件】>【导入】>【导入到库】命令，打开【导入到库】对话框，导入声音文件。

（3）在“音乐”图层的某一帧上插入关键帧，作为音频播放的开始帧。

（4）在“音乐”图层的【属性】面板的【声音】下拉列表框中选择需要的声音文件，【效果】和【同步】下拉列表框保持默认设置。

（5）按 Ctrl+Enter 键测试动画，当播放到添加了声音的关键帧时，都会听见相应的声音。

三、编辑添加的声音

在 Flash CS3 中，不但可使动画和一个音轨同步播放，也可使声音独立于时间轴连续播放。为了使音轨更加自然，还可以制作出声音淡入淡出的效果。所以，将声音导入到动画中后，为了使其符合创作需求，还可对其进行编辑。编辑声音主要有两种方式，一种是在【属性】面板中编辑声音，另一种是在【编辑封套】对话框中编辑声音。

（一）在【属性】面板中编辑声音

添加声音后，在声音图层的【属性】面板的【效果】下拉列表框中可设置声音效果，如图 8-68 所示。【同步】下拉列表框中包含 4 个选项，各选项含义如下。

◇ 开始：当声音正在播放时，可以有一个新的音频事件开始播放。

◇ 停止：停止播放指定的声音。

◇ 事件：使声音与事件的发生同步开始。当动画播放到声音的开始关键帧时，音频事件开始独立于时间轴播放，即使动画停止，声音也会继续播放，直到结束。

◇ 数据流：Flash 自动调整动画和音频，使它们同步。主要用于在互联网上播放流式音频。在输出动画时，流式音频混合在动画中一起输出。

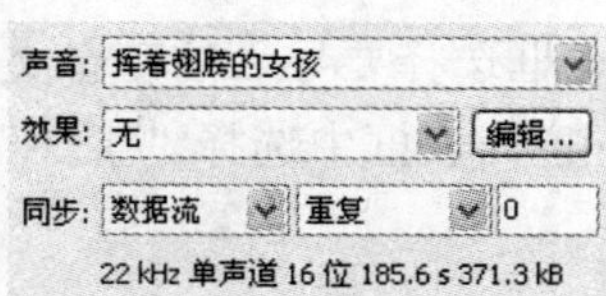

图 8-68　声音【属性】面板

（二）使用【编辑封套】对话框编辑声音

如果要对声音进行比较精细的编辑，可以在【编辑封套】对话框中设置动画的音频效果。在【属性】面板的【效果】下拉列表框中选择“自定义”选项或单击其后的【编辑】按钮，可以打开【编辑封套】对话框，如图 8-69 所示。

【编辑封套】对话框中各组成部分作用介绍如下。

①——控制柄：通过拖动编辑区左上角的正方形控制柄，可以调整声音的大小，将控制柄移至最上面音量为最大，移至最下面声音消失，左右声道可以独立调整。

②——起点游标：调整其位置可以定义声音开始和结束的地方。对应还有一个终点游标。

③——音量控制线：左右声道各有一条音量控制线，单击控制线可增加一个方形控制柄，最多可以添加 8 个，通过拖动控制线和控制柄可以调节各部分声音段的音量大小和声音播放的长短。

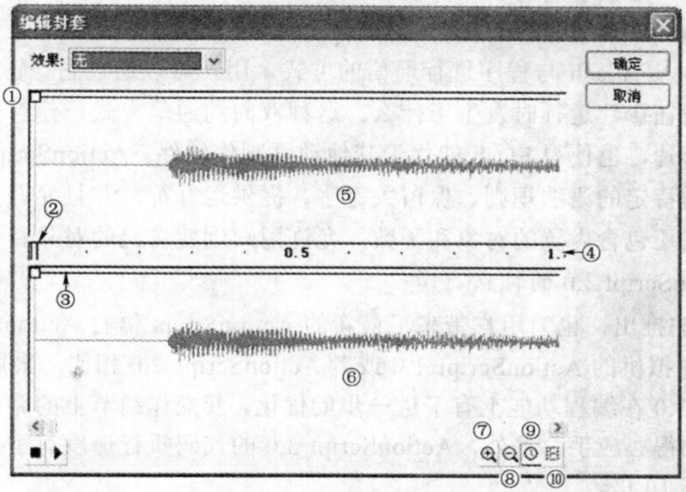

图 8-69 【编辑封套】对话框

④——音频时间轴：该时间轴主要用于显示声音的播放时间。

⑤、⑥——左右声道编辑区：该区主要用于显示左右声道中的音频波形及编辑状态。

⑦——放大按钮：单击该按钮可以使窗口中的声音波形在水平方向放大，从而对声音进行更细致的调整。

⑧——缩小按钮：单击该按钮可以使窗口中的声音波形在水平方向缩小，从而方便查看波形很长的声音文件。

⑨——秒按钮：可以使窗口中的水平轴以秒为单位显示。

⑩——帧按钮：可以使窗口中的水平轴以帧为单位显示。

思考题与上机练习

1. 如何为动画添加背景音乐？
2. 在 Flash CS3 中如何编辑导入的音乐？

第十节 使用 ActionScript 编辑动画

ActionScript 语言是 Flash 的动作脚本语言，也是 Flash 中的高级动画技巧，使用它可以制作各种交互式动画，也可以很轻松地做出绚丽的 Flash 特效。随着 Flash CS3 的推出，它同时也带来了全新的动作脚本语言——ActionScript 3.0。

一、ActionScript 简介

ActionScript 是 Flash 与程序进行通信的方式。用户可以通过它告诉 Flash 将要执行的任务，并询问在影片运行时发生了什么。这种双向的通信方式，使得用户可以创建具有交互功能的影片，也使得 Flash 能优于其他动画制作软件。ActionScript 与其他脚本语言一样，都遵循特定的语法规则、保留关键字、提供运算符，并且允许使用变量存储和获取信息，而且还包含内置的对象和函数，允许用户创建自己的对象和函数。

（一）ActionScript 3.0 的特点

Flash CS3 的推出，也为用户带来了最新的 ActionScript 语言 ActionScript 3.0，与之前采用 AVM1 虚拟机的 ActionScript 1.0 或者 ActionScript 2.0 相比，采用 AVM2 虚拟机的 ActionScript 3.0 在编程功能上有了进一步的优化，其操作细节上的完善使动画制作者的编程工作更加得心应手；另外，ActionScript 3.0 的代码执行速度有了显著提高，较之前版本几乎快了 10 倍。

（二）ActionScript 的语法

ActionScript 语法是 ActionScript 编程中最重要环节之一，它相对于其他的一些专业程序语言来说较为简单。ActionScript 动作脚本具有语法和标点规则，这些规则可以确定哪些字符和单词能够用来创建程序及编写它们的顺序。例如在 ActionScript 语法中，分号通常用于结束一个语句。

（三）ActionScript 的数据类型

数据类型用于描述变量或动作脚本元素可以存储的数据信息。在 Flash 中包括两种数据类型，即原始数据类型和引用数据类型。原始数据类型包括字符串、数字和布尔值，都有一个常数值，因此可以包含它们所代表的元素的实际值；引用数据类型是指影片剪辑和对象，值可能发生更改，因此它们包含对该元素实际值的引用。此外，在 Flash 中还包含有两种特殊的数据类型，即空值和未定义。

（四）ActionScript 的变量

变量是动作脚本中可以变化的量。通过在影片播放过程中更改变量的值，可以记录和保存用户的操作信息、记录影片播放时更改的值或评估某个条件是否成立等。在首次定义变量时最好对变量进行初始化操作，为其指定一个初始值。初始化变量有助于用户在播放影片时跟踪和比较变量值。通常，在使用变量之前，要先指定变量存储数据的数据类型，该类型值将对变量的值产生影响。

（五）ActionScript 的运算符

ActionScript 中的表达式都是通过运算符连接变量和数值的。运算符是在进行动作脚本编程过程中经常会用到的元素，使用它可以连接、比较、修改已经定义的数值。表 8-1 所示为 ActionScript 语法中的几种常用运算符。

表 8-1　　常用的运算符

比较运算符	==（等于）、>（大于）、>=（大于等于）、!=（不等于）
赋值运算符	=
逻辑运算符	&&（逻辑与）、!（逻辑非）、‖（逻辑或）
算术运算符	+（加法）、--（递减）、++（递增）、+=（加法赋值）、-=（减法赋值）
字符串运算符	+（连接）、〞（字符串分隔符）

二、ActionScript 脚本的输入

在 ActionScript 3.0 环境下，按钮或影片剪辑不再可以被直接添加代码，用户只能将代码输入在时间轴上，或者将代码输入在外部类文件中。

（一）在时间轴上输入代码

在 Flash CS3 中，用户可以在时间轴上的任何一帧中添加代码，包括主时间轴和影片剪辑的时间轴中的任何帧。输入时间轴的代码，在播放头进入该帧时将被执行。时间轴的【动作】面板如图 8-69 所示，①—【动作】工具箱；②—对象窗口；③—工具栏；④—动作编辑窗口。

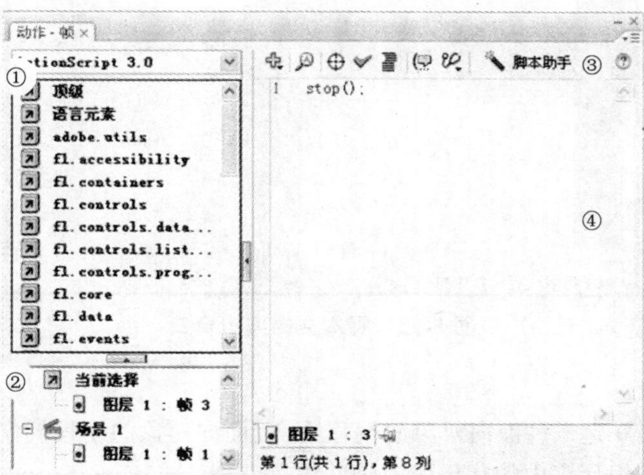

图 8-70　【动作】面板

（二）在外部 ActionScript 文件中添加代码

当用户需要组建较大的应用程序或者包括重要的代码时，就可以创建单独的外部 ActionScript 类文件（见图 8-71）并在其中组织代码，如图 8-72 所示。

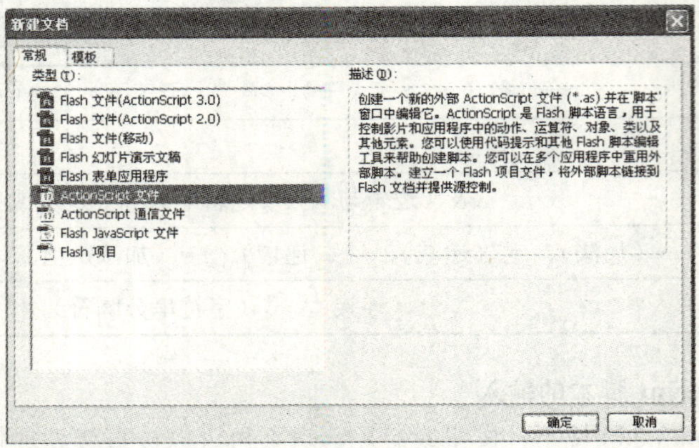

图 8-71　新建 ActionScript 文件

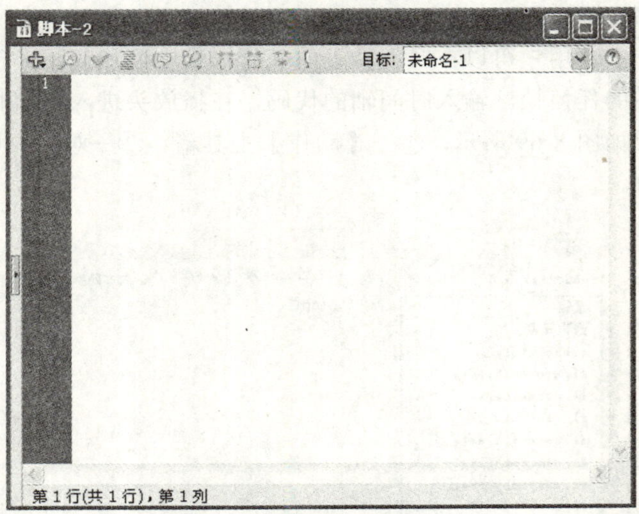

图 8-72　脚本文档编辑窗口

三、处理对象

ActionScript 3.0 是一种面向对象的编程语言，面向对象的编程仅仅是一种编程方法，它与使用对象来组织程序中的代码的方法并没有差别。

（一）属性

属性是对象的基本特性，如影片剪辑元件的位置、大小、透明度等。它表示某个对象中绑定在一起的若干数据块的一个。如 MovieClip 类具有 rotation（旋转）、x（x 轴坐标）、width（宽度）、alpha（透明度）等属性。以下的代码行中的“//”为注释符，其后的文字为注释语句，起到辅助说明的作用，语句运行时会自动将其忽略：

```
mc1.x=100;                //将名为 mc1 的影片剪辑移动到 100 个像素的 x
                            坐标处
mc2.scaleX=2.5;           //将名为 mc2 的影片剪辑的宽度变为原始宽度的
                            2.5 倍
```

（二）方法

方法是指可以由对象执行的操作。如果在 Flash 中使用时间轴上的几个关键帧和动画制作了一个影片剪辑元件，则可以播放或停止该影片剪辑，或者指示它将播放头移动到特定的帧，例如：

```
star.play（）；              //指示名为 star 的影片剪辑开始播放
star.gotoAndStop（1）；      //将名为 star 的影片剪辑的播放头移到第 1 帧并
                              停止播放
```

（三）事件

事件用于确定执行哪些指令以及何时执行。事实上，事件就是指所发生的、ActionScript 能够识别并可响应的事情。许多事件与用户交互动作有关，如用户单击按钮或按下键盘上的键等。

（四）创建对象实例

在 ActionScript 中使用对象之前，必须确保该对象的存在。创建对象的一个步骤就是声明变量，我们已经学会了其操作方法。但仅声明变量，只表示在电脑内创建了一个空位置，所以需要为变量赋一个实际的值，这样的整个过程就称为对象的“实例化”。除了在 ActionScript 中声明变量时赋值之外，用户也可以在【属性】面板中为对象指定对象实例名。

四、认识常用的语句

ActionScript 语句就是动作或者命令，动作可以相互独立地运行，也可以在一个动作内使用另一个动作，从而达到嵌套效果，使动作之间可以相互影响。条件判断语句及循环控制语句是制作 Flash 动画时较常用到的两种语句，使用它们可以控制动画的进行，从而达到与用户交互的效果。

（一）条件语句

条件语句用于决定在什么情况下执行命令，或者针对不同的条件执行具体操作。ActionScript 3.0 提供了 3 个基本条件语句。即 if...else 条件语句、if...else if 条件语句和 switch 语句。下面以 if...else 为例进行说明。

if...else 条件语句用于测试一个条件，如果该条件满足，则执行一个代码块，否则执行另一个代码块。如下面的例子：

```
if (x>20)
```

```
{   y=y + x;
}
else
{   y= y - x;
}
```

如果不想执行替代代码块，可以仅使用 if 语句，而不用 else 语句。

（二）循环语句

循环类动作主要控制一个动作重复执行的次数，或者在特定的条件成立时重复执行的动作。在 Flash CS3 中可以使用 while、do...while、for、for...in 和 for each...in 动作创建循环。下面以 for 为例进行说明。

for 循环用于循环访问某个变量以获得特定范围的值。必须在 for 语句中提供 3 个表达式：一个设置了初始值的变量，一个用于确定循环何时结束的条件语句，以及一个在每次循环中都更改变量值的表达式。如下面的例子：

```
var i: int;
    var total: int=0;      //在声明变量的同时为变量赋值
    for (i=0;i<5;i++)      //i 初值为 0，循环条件为 i<5，每循环一次 i 加 1
    {
    total=total+i;
    }
```

思考题与上机练习

1. 如何在时间轴中添加 ActionScript 语句？
2. 如何创建单独的 ActionScript 文件？

本章核心概念

元件、库、帧、图层、引导动画、遮罩动画。

本章小结

1. 本章介绍了 Flash 软件的基础知识，重点讲述了实用知识和技能。
2. 从实际操作的角度介绍了 Flash 动画制作的流程和技巧，并在各节配有练习。

3. 本章的概念和知识都是网页制作和网络广告中常用到的，是一定要熟练掌握的内容。

思考题

由于本章篇幅较大，思考题安排在本章各节之后，便于对应查找。

上机练习

由于本章篇幅较大，上机练习安排在本章各节之后，便于对应查找练习。

第九章

网页制作实例

本章重点

1. 掌握网站规划和设计的方法。
2. 掌握站点的规划与设计。
3. 能够按照第三节的操作步骤完成一个网页制作流程。

案例导入

综合实践

通过前面 8 章的学习，小王同学终于可以大展身手了，他想自己建设一个电子商务网站，以实现自己多年的创业梦想。但要做好一个网站，还必须学习网站整体策划方面的知识。这一章就是解决他的这个问题的。

第一节　网站策划

一、网站的策划

在建立网站之前，必须对网站进行一系列的分析和规划，然后根据分析的结果提出合理的建设方案，这就是网站的规划。

（一）网站规划和设计应遵循的原则

（1）最大限度地满足用户的需求。

（2）最有效地利用资源。

（3）使用方便，界面友好，运行高效。

（二）网站规划和设计的方法

（1）自顶向下：自顶向下就是从整个网站的首页开始设计，向下一层一层地展开。采用这种方法要求建站者对整个网站的内容比较了解，对网站的大体轮廓比较清晰。

（2）自底向上：先设计网站整体结构的各个子节点，再设计树干节点，最后完成根节点的设计。这种设计方法的优点是：网站的各个部分可以根据网站内容因地制宜地进行设计，而不必拘泥于条条框框，较有风格。

（3）不断增补的方法：这是一种需求驱动的设计方法，当需要某种信息服务时，就设计相应的信息服务页面。随着需求增加，不断增加页面，从而使整个网站不断充实和完善。这种方法的优点是减少规划分析时间、效率高。

需要指出的是，上述三种方法并不是独立的，往往相互穿插进行，比如，整个网站可采用自顶向下的设计方法，而网站的某一部分则可采用自底向上的设计方法。

二、网站策划书的编写

网站策划书应该尽可能地涵盖网站规划中的各个方面，写作要科学、认真、实事求是。下面以最常见的企业网站为例，介绍网站策划书的撰写要点：

（1）前期调研分析。

（2）网站的功能定位。

（3）网站技术解决方案。

（4）网站内容规划。

（5）网页设计。

（6）网站维护。

（7）网站测试。

（8）网站发布与推广。

（9）网站设计日程表。

（10）费用明细。

第二节　站点的规划和设计

开发网站首先要对站点进行规划和设计，规划的范围包括确定网站的服务职能、服务对象、所要表达的内容，还要考虑站点文件的结构等。在开始考虑创建 Web 站点之前，应该按照一系列的步骤进行规划，以便在以后的工作中节省时间。

（一）规划站点目标

确定站点的目标是创建 Web 站点的第一步。向自己和客户提出有关站点的问题：希望通过 Web 站点来实现什么目标？写下目标，以便在设计过程中时刻提醒自己。目标可使设计者集中注意力，针对具体的需求来设计和规划 Web 站点。

确定了 Web 站点的目标之后，需要确定希望哪些人访问站点。不同年龄、不同爱好的浏览者，对站点的要求是不同的。不同的浏览器、不同的分辨率、不同的网络速度等因素都会影响到使用该站点的用户。这就是需要确定目标用户的原因。

（二）组织站点结构

要有效地规划和组织站点，还须规划站点的基本结构和文件的位置。一般来说，使用文件夹可以清晰明了地表现文档的结构，所以应该用文件夹来合理构建文档结构。首先为站点建立一个根文件夹，在其中创建多个子文件夹，然后将文档分门别类地存储在相应的文件夹下，这样可以避免很多不必要的麻烦。设计合理的站点结构，能够提高工作效率，方便对站点进行管理。

文档中不仅有文字，还包含其他类型的对象，如图像、声音等，这些文档资源不能直接存储在 HTML 文档中，所以更需要注意它们的存储位置。例如，可以在 images 文件夹中放置网页中所用到的各种静态图像文件，在 swf 文件夹中放置动画图片，在 sound 文件夹中存放声音文件。

（三）合理使用文件名称

当网站的规模很大时，合理使用文件名就显得尤为必要，文件名必须容易理解和记忆，让人一见文件名就知道里面存放的内容。

在实际的网页设计过程中，应避免使用中文名，因为很多 Web 服务器使用的是英文操作系统，不能对中文文件名提供支持。如果不习惯使用英文，可用汉语拼音来代替。另外，很多 Web 服务器采用不同的操作系统，可能区分大小写。因此构建站点时，文件夹和文件名均用小写。

（四）规划站点的导航方案

站点导航方案是显示各个 Web 页面之间的相关方式的地图。准确地说，它显示用户单击链接以及与应用程序界面交互时如何在站点中浏览。设计导航方案时，应考虑以下几点：

(1)“您在此处”信息使访问者能够很容易了解他们在站点中的位置以及如何返回到首页。

(2) 搜索和索引使访问者可以很容易找到任何正在查找的信息。

(3) 反馈为访问者提供了在站点有问题时与网管员联系的方法，以及与站点相关人员联系的方法。

（五）本地站点结构与远端站点结构相对应

为了方便维护和管理，本地站点和远端 Web 站点应具有完全相同的结构。这样在本地站点完成对网页的设计、制作和编辑时，可以与远端站点一一对应，把本地站点上传到远端服务器时，能够保证完整地将站点上传，从而避免不必要的麻烦。

第三节　网站制作实例

实例一　制作“娱乐休闲”网站

一、实例说明

利用本书所学的知识，可以独立地制作出一个静态网站，也可以给动态网站制作完美、漂亮的皮肤。下面利用前面各章所学的知识，制作一个娱乐休闲和学习类网站，其效果图如图 9-1 所示。

图 9-1　娱乐休闲和学习网站页面的最终效果

二、制作分析

要制作这样的一个网站，需要先搭建好网站的平台，然后再对整个网页进行布局；在搜集和制作好需要的文字资料、图片和动画等素材后，将它们插入网页中；设计网页的样式并建立导航和链接，完成整个网站的制作。

三、操作过程

本实例的操作步骤为规划和创建站点、设置 CSS 样式、创建网页模版和根据模版制作首页和内部页等 4 个部分。

（一）规划和创建站点

为了更好地管理站点，首先需要创建一个文件夹用于保存网站的内容，然后再创建一个站点，具体操作如下。

步骤 1：启动 Dreamweaver CS3，选择【站点】>【新建】命令。

步骤 2：弹出【站点定义】对话框，在【您打算为您的站点起什么名字？】文本框中输入站点名称，如“mysite”，单击 下一步(N) > 按钮。

步骤 3：在弹出的界面中选中 ⊙ 否，我不想使用服务器技术。(O) 单选按钮，单击 下一步(N) > 按钮。

步骤 4：弹出选择存储位置界面，在【您将把文件存储在计算机上什么位置？】文本框中输入存储的位置，如“E：\mysite\”，如图 9-2 所示。

图 9-2 存储本地站点

步骤 5：单击 下一步(N) > 按钮，在弹出的对话框中【你如何链接到远程浏览器？】下拉列表框中选择“无”选项，单击 下一步(N) > 按钮。在弹出的对话框中直接单击 完成 按钮完成站点的创建，如图 9-3 所示。

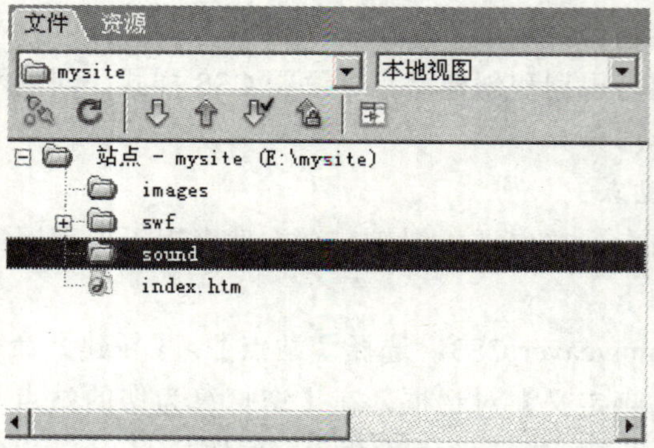

图 9-3　创建本地站点

（二）设置 CSS 样式

用户在创建网页文件时，为了使网页中的文本等对象更加美观，可为网站定义 CSS 样式，具体操作如下。

步骤 1：选择【窗口】>【CSS 样式】命令，弹出【CSS 样式】面板，在【CSS 样式】面板中单击【全部】按钮，弹出【新建 CSS 样式】对话框，如图 9-4 所示。

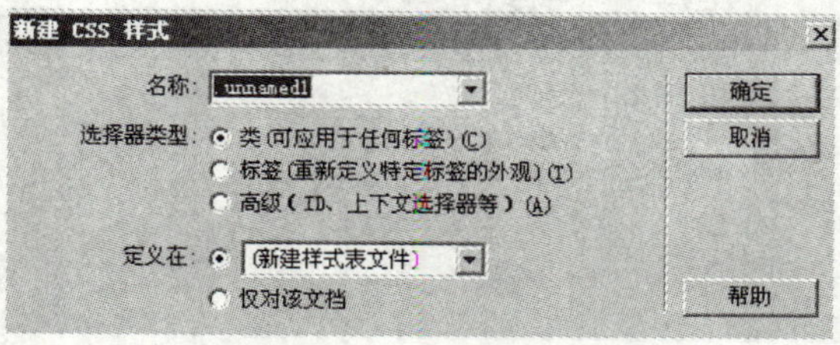

图 9-4　【新建 CSS 样式】对话框

步骤 2：在“选择器类型”栏中选中 类(可应用于任何标签)(C) 单选按钮，在【名称】文本框中输入 a1，在【定义在】下拉列表框中选择“(新建样式表文件)”选项，单击【确定】按钮完成 CSS 样式的创建，如图 9-5 所示。

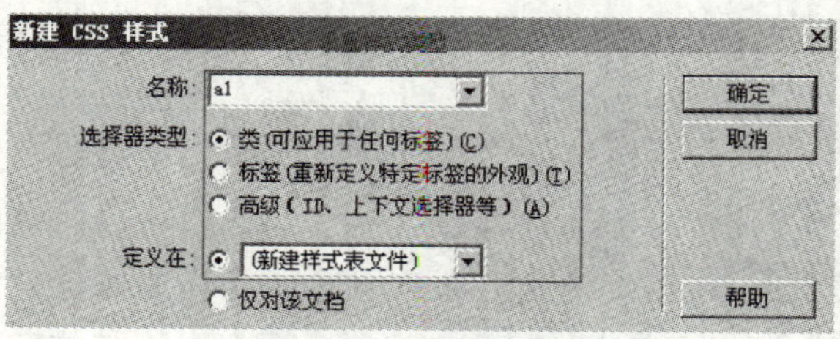

图 9-5　创建 CSS 样式

步骤 3：在弹出的【保存样式表文件为】对话框的【保存在】下拉列表框中选择保存样式的位置，在【文件名】文本框中输入“a1”，单击【保存】按钮，如图 9-6 所示。

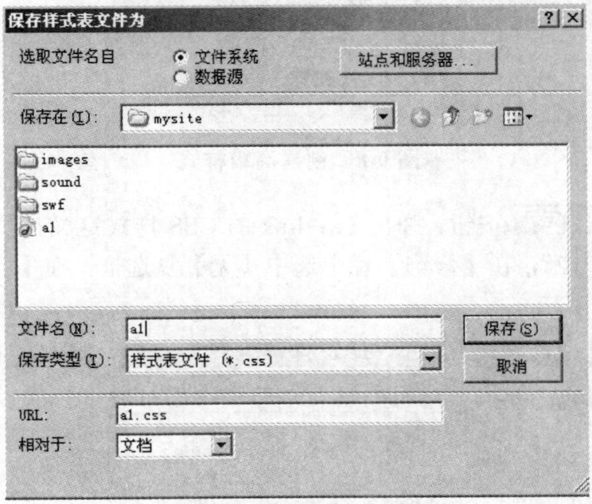

图 9-6　保存样式表文件

步骤 4：在弹出的对话框的【大小】下拉列表框中选择“12”，在【颜色】文本框中输入#3399FF，在【修饰】栏中选中 无(N) 复选框，如图 9-7 所示。

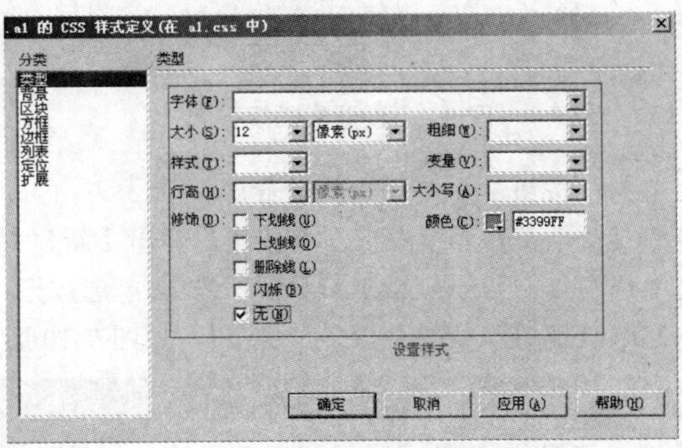

图 9-7　设置样式规则 1

步骤 5：单击 确定 按钮，完成类 CSS 样式的定义。

步骤 6：再次在【CSS 样式】面板中单击 按钮，弹出【新建 CSS 样式】对话框，在【选择器类型】栏中选中 高级(ID、上下文选择器等)(A) 单选按钮，在【选择器】下拉列表框中选择“a：link”选项，在【定义在】栏中选择“a1.css”选项，如图 9-8 所示。

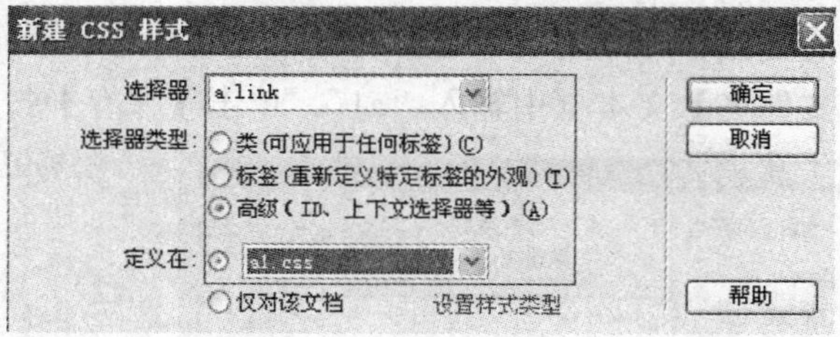

图 9-8　创建高级样式

步骤 7：单击【确定】按钮，弹出【a：link 的 CSS 样式定义在】对话框，在【大小】下拉列表框中选择“12”，在【修饰】栏中选中【无】复选框，在【颜色】文本框中输入 #FFFFFF，如图 9-9 所示。

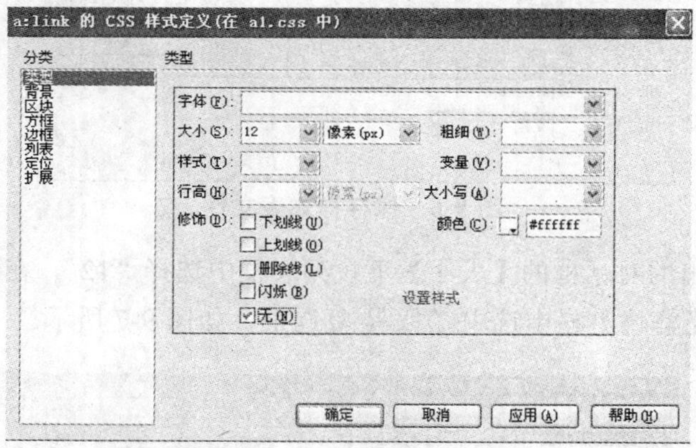

图 9-9　设置样式规则 2

步骤 8：单击【确定】按钮，完成样式的设置。

步骤 9：再次在【CSS 样式】面板中单击按钮，弹出【新建 CSS 样式】对话框，在【选择器类型】栏中选中【高级（ID、上下文选择器等）(A)】单选按钮，在【选择器】下拉列表框中选择“a：visited”选项，单击【确定】按钮，如图 9-10 所示。

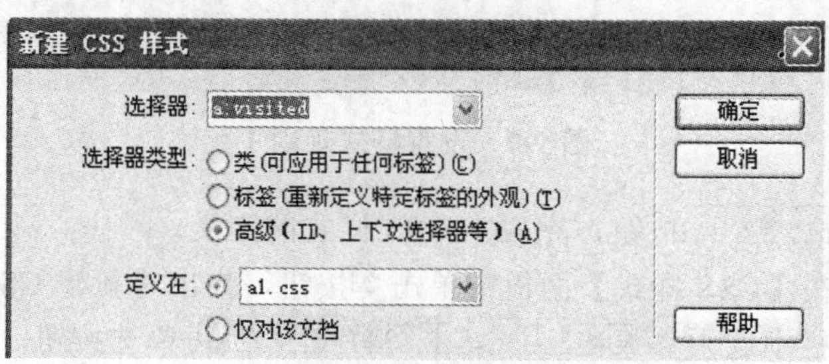

图 9-10　创建高级样式 2

步骤 10：在弹出【a：visited 的 CSS 样式定义】对话框，在【大小】下拉列表框中选择“12”，在【修饰】栏中选中【无】复选框，在【颜色】文本框中输入#3300FF，如图 9-11 所示。

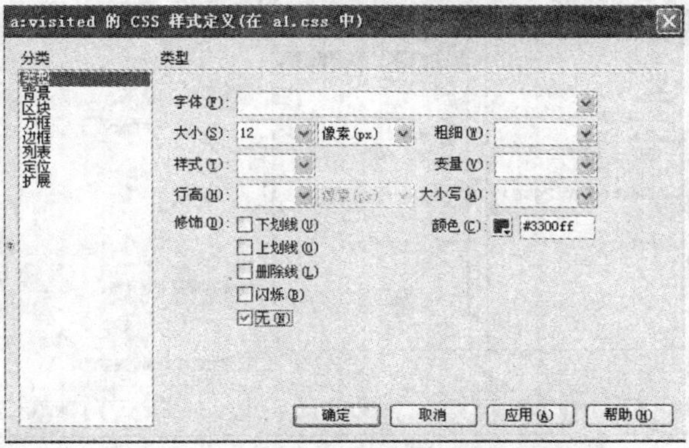

图 9-11　设置样式规则 3

步骤 11：用同样的方法，建立 a：hover 和 a：active 的 CSS 样式定义，如图 9-12 所示。

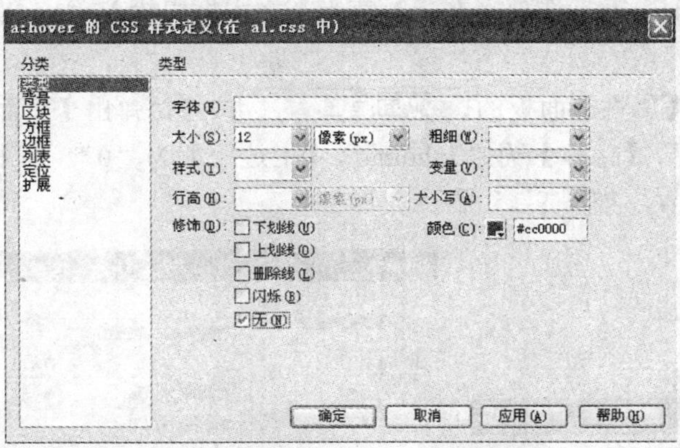

图 9-12　设置 a.hover 样式规则

（三）创建网页模板

因为同一个网站中的页面风格和样式大同小异，在制作网站时，可先将网站中每个页面都出现的内容制作出来，如网页图标和导航部分等，然后将该页面制作成模板，再根据模板制作其他的页面。

下面将制作网页的模板部分，具体步骤如下：

步骤 1：选择【文件】>【新建】命令，在弹出的【新建文档】对话框的左侧选择【基本页】选项卡，在“基本页”列表框中选择“HTML 模板”选项，单击 创建(R) 按钮新建一个空白模板，如图 9-13 所示。

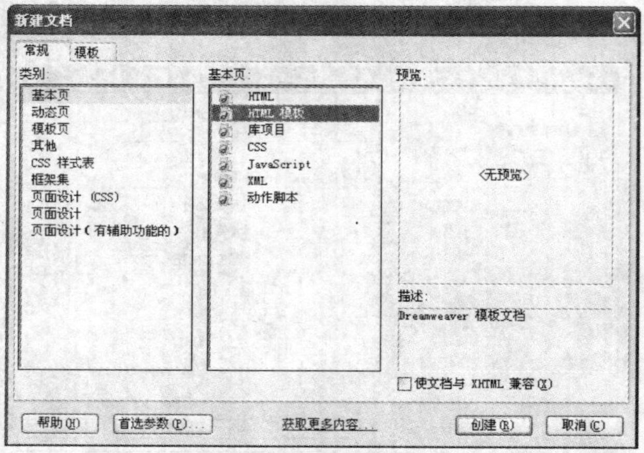

图 9-13　新建模板

步骤 2：选择【文件】>【保存】命令，在弹出的【另存模板】对话框的【站点】下拉列表框中选择“mysite”选项，在【另存为】文本框中输入“mb1”，如图 9-14 所示，单击 保存 按钮。

步骤 3：单击【属性】面板的 页面属性... 按钮，弹出【页面属性】对话框，设置【大小】为“12”，【字体】为“Tahoma”，【上边距】为“0”，单击 确定 按钮，完成页面属性的设置，如图 9-15 所示。

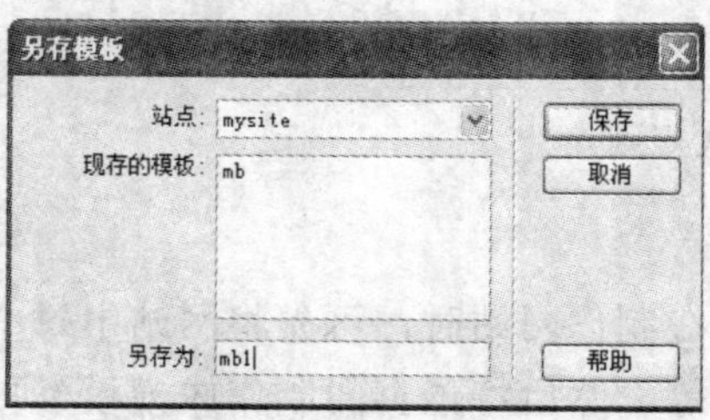

图 9-14　【另存模板】对话框

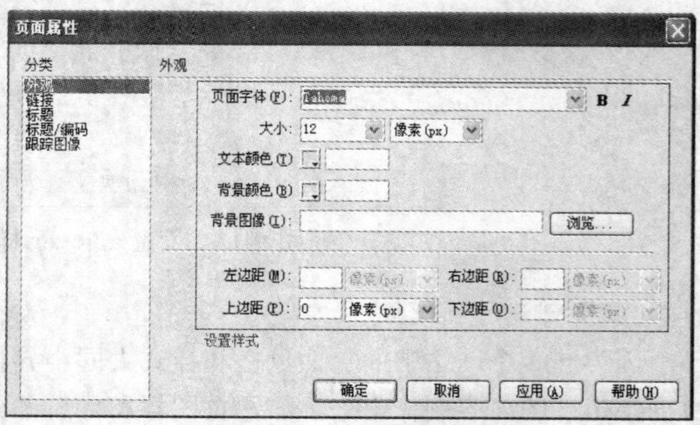

图 9-15　设置页面属性

步骤 4：选择【插入记录】>【表格】命令，在弹出的“表格”对话框中设置【行数】为“5”，【列数】为“1”，【表格宽度】为“800 像素”，单击 确定 按钮，如图 9-16 所示。

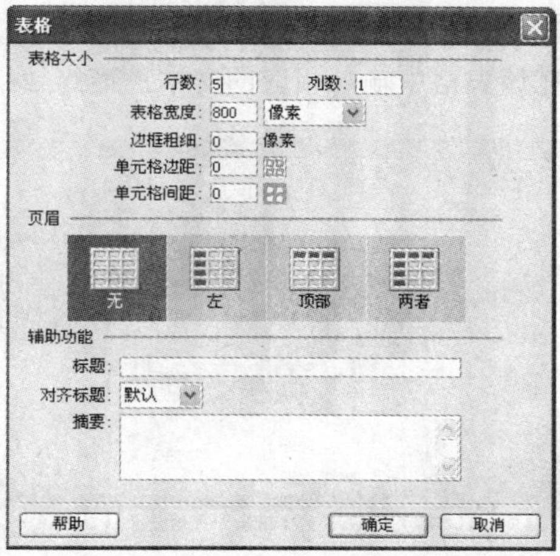

图 9-16　插入表格

步骤 5：选择插入的表格，在【属性】面板的【对齐】下拉列表框中选择“居中对齐”选项，使表格居中对齐。

步骤 6：将鼠标指针定位到插入表格的第 1 行，在【属性】面板中的【背景】后的空格栏中插入图像文件 bu2_2.gif（存放在 image 文件夹中），如图 9-17 所示。

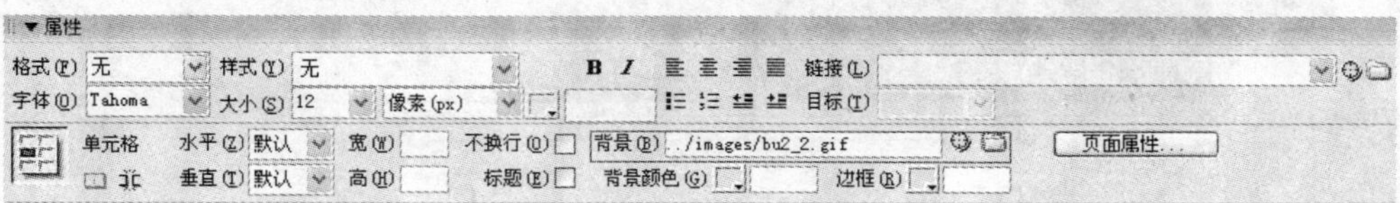

图 9-17　插入背景图像

步骤 7：将鼠标指针定位到第 2 行，选择【插入记录】>【图像】命令，在弹出的【选择图像源文件】对话框中用鼠标双击图像 green.jpg，并调整图像尺寸，如图 9-18 所示。

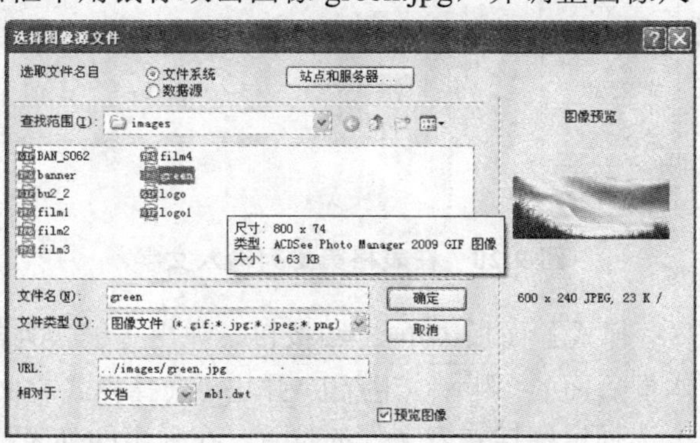

图 9-18　选择插入的源图像

步骤 8：单击 确定 按钮，将鼠标指针定位到第 3 行，在【属性】面板的【高】文本框中输入“19”，并在该表格中输入相应的文本，最终效果如图 9-19 所示。

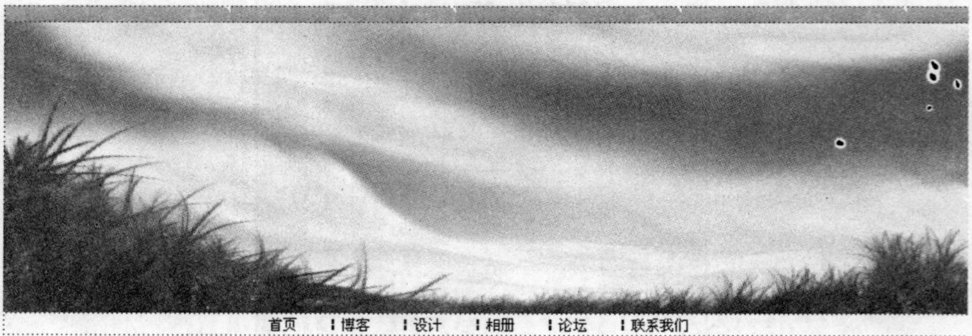

图 9-19 插入的图像和文字

步骤 9：将鼠标指针定位到第 4 行，插入一个 1 行 2 列的表格，表格宽度为“100%”，设置第 1 列宽度为 200 像素，高度为 300 像素，并在第 1 列中输入文字，如图 9-20 所示。

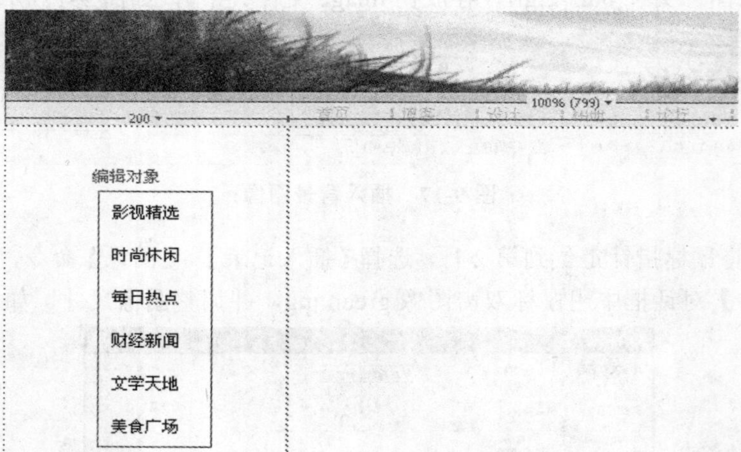

图 9-20 在表格第 1 列输入文字

步骤 10：在【CSS 样式】面板中单击按钮，弹出【链接外部样式表】对话框，单击【文件/URL】文本框后面的 浏览... 按钮，弹出【选择样式表文件】对话框。在【查找范围】下拉列表框中选择保存样式表文件的位置，在弹出的列表框中选择“a1.css”选项，如图 9-21 所示。

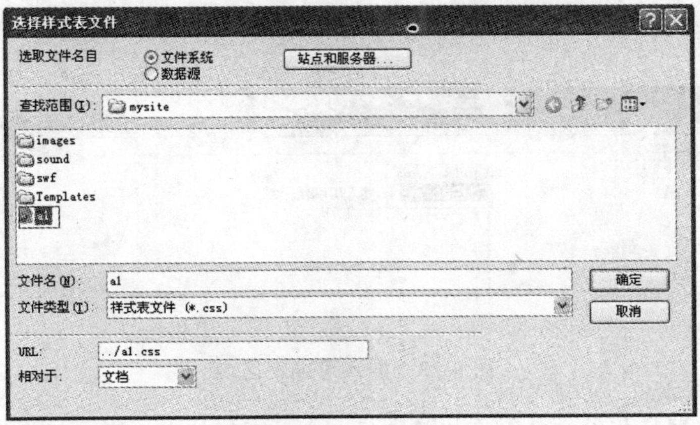

图 9-21　选择外部样式表文件

步骤 11：返回到【链接外部样式表】对话框中，单击 确定 按钮完成 CSS 样式的链接。

步骤 12：选择第 1 列中的所有文字，单击鼠标右键，在弹出的快捷菜单中选择【CSS 样式】>【a1.css】选项，应用样式，如图 9-22 所示。

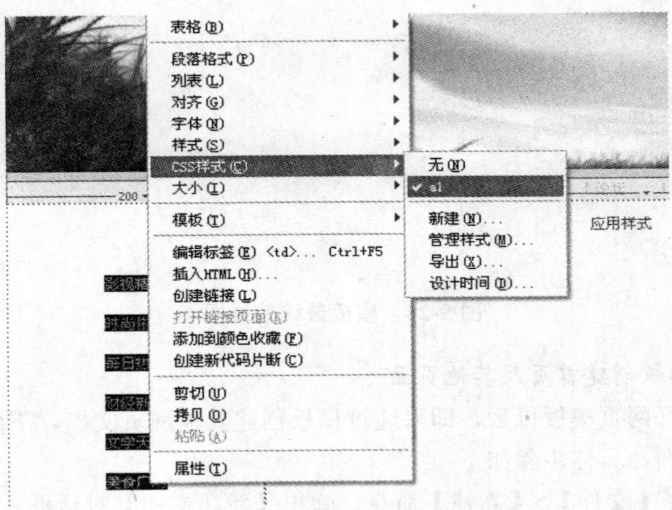

图 9-22　应用外部样式

步骤 13：将鼠标指针定位到第 2 列，在插入栏中选择【常用】选项卡，单击【模板】按扭后的▾按钮，在弹出的菜单中选择【可编辑区域】命令，弹出【新建可编辑区域】对话框，单击 确定 按钮插入可编辑区域，如图 9-23 所示。

图 9-23 插入可编辑区域

步骤 14：将鼠标指针定位到表格第 5 行，输入版权信息，按 Ctrl+S 键保存文档，最终效果图如图 9-24 所示。

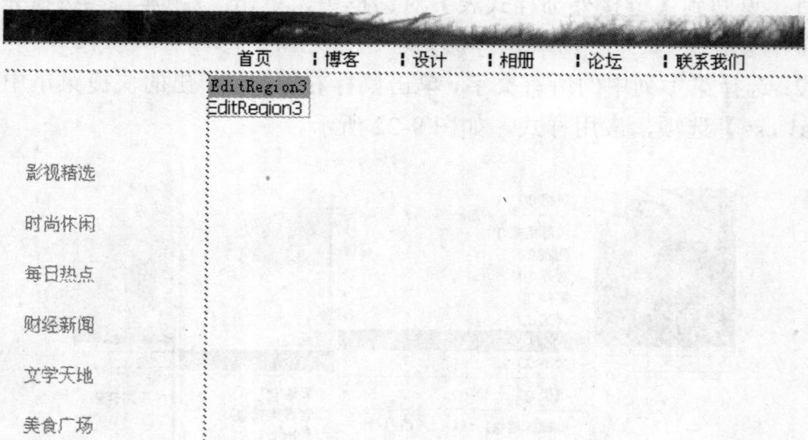

图 9-24 模板最终效果图

（四）根据模板创建首页及其他页面

当用户创建好网页模板以后，即可通过模板创建其他网页文档。下面通过模板文档创建影视欣赏页面，具体步骤如下：

步骤 1：选择【文件】>【新建】命令，弹出【新建文档】对话框。

步骤 2：在对话框中左侧列表框中选择【站点“mysite”】选项，在对话框中部列表框中选择【mbl】选项，如图 9-25 所示。

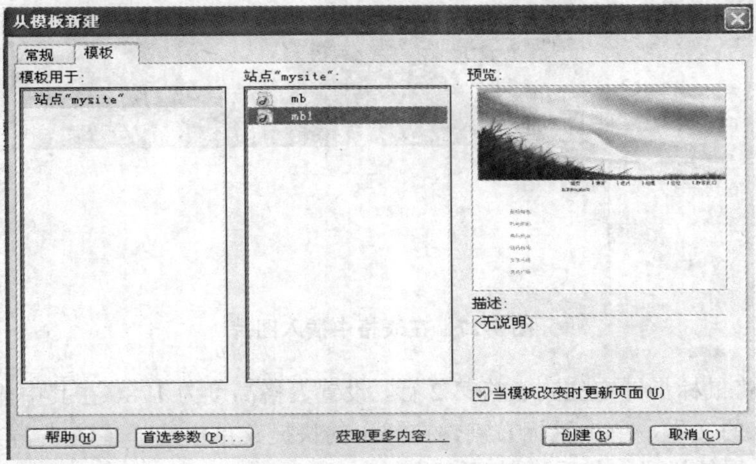

图 9-25　根据模板制作新网页

步骤 3：单击 创建(R) 按钮，通过模板创建的新网页将出现在窗口中，网页文档中模板部分除可编辑区域外是不可编辑的，将鼠标指针定位到模板中的可编辑区域中，删除可编辑区域中的文本，选择【插入】>【表格】命令，在弹出的对话框中设置插入表格的属性，如图 9-26 所示。

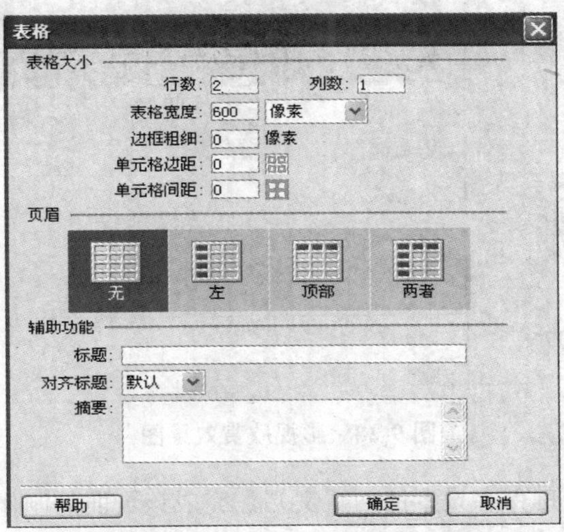

图 9-26　在可编辑区域中插入表格

步骤 4：将插入的表格居中对齐，再将鼠标指针定位到第 1 行，插入相应的图片。如图 9-27 所示。

图 9-27　在表格中插入图片

步骤 5：将鼠标指针定位到表格第 2 行，设置表格高度为 178，在其中输入相应的文本，选择输入的文本，单击鼠标右键，在弹出的快捷菜单中选择【CSS 样式】>【a1】命令，应用设置的样式，如图 9-28 所示。

图 9-28　影视欣赏效果图

步骤 6：按 Ctrl+S 键保存设置的网页文档，完成该页面的制作。

实例二　制作网站“中外建筑风格赏析”

本例使用框架结构布局页面，然后在框架中插入相应资料和素材，并为框架添加链接，最终效果如图 9-29 所示。

图 9-29 “中外建筑风格赏析”最终效果

具体操作过程如下：

步骤 1：启动 Dreamweaver CS3，单击菜单【文件】>【新建】按钮，弹出“新建文档”对话框。

步骤 2：选择对话框左侧“框架集”选项，在中间【框架集】列表框中选择【上方固定，左侧嵌套】选项，如图 9-30 所示。

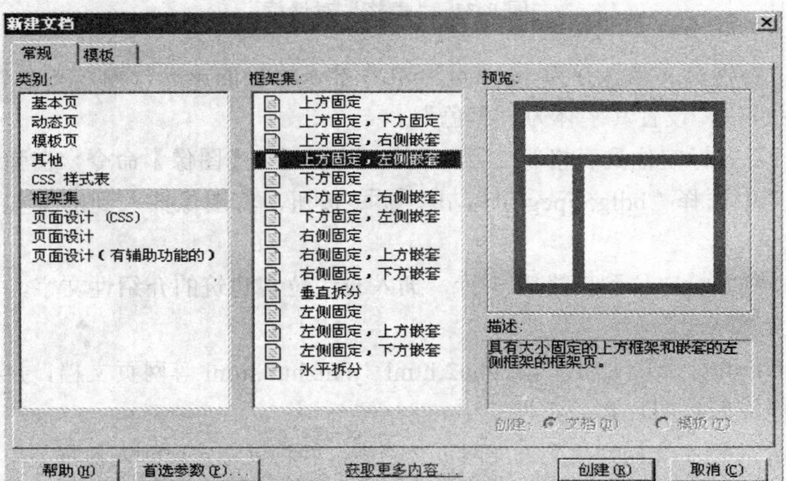

图 9-30 “新建文档”对话框

步骤 3：单击 创建(R) 按钮，完成框架网页的创建。

步骤 4：选择【文件】>【新建】命令，在弹出的“新建文档”对话框中新建一个空白网页文档。

步骤 5：选择【插入记录】>【表格】命令，弹出“表格”对话框，在“行数”文本框中输入 3，在“列数”文本框中输入 1，设置其他表格的属性为 0，单击 确定 按钮，如图 9-31 所示。

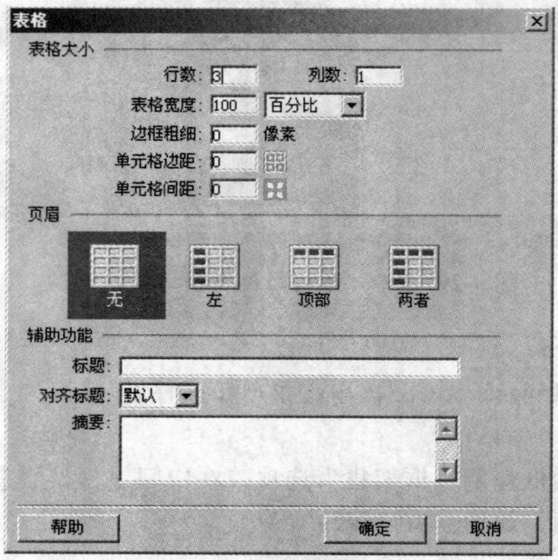

图 9-31 “表格”对话框

步骤 6：将网页文档保存为 jianzhu.html,在插入表格的第一行输入文本“《世界遗产名录》布达拉宫”，设置其字体为“黑色”。

步骤 7：将鼠标定位到表格第 2 行，选择【插入】>【图像】命令，在弹出的“选择图像源文件”中选择“bdlg5.jpeg”，单击 确定 按钮，将图像插入到网页文档中，并设置居中对齐。

步骤 8：将鼠标定位到表格第 3 行，插入布达拉宫建筑的介绍性文字，该页面的效果图如图 9-32 所示。

步骤 9：用相同的方法创建 jianzhu2.html、jianzhu3.html 等网页文档，并在网页文档中插入相应的标题、图片和介绍性文字。

步骤 10：将网页文档切换到框架网页文档中，并将鼠标定位到左侧框架中，按 Ctrl+J 键，在弹出的对话框中设置“页面字体”为“宋体”，“大小”为 12，“文本颜色”为“白色”，“背景颜色”为“浅蓝色”，边框为 0，单击 确定 按钮，如图 9-33 所示。

图 9-32　插入表格，并输入文字和图像

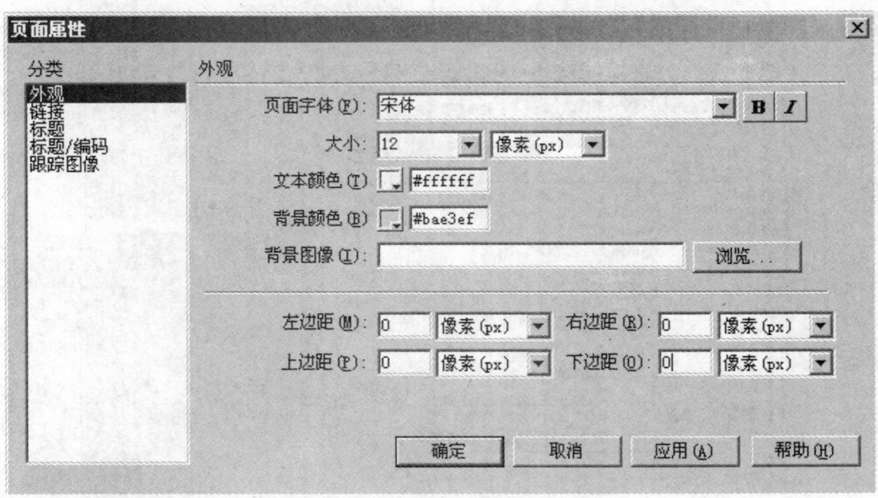

图 9-33　设置页面属性

步骤 11：选择【插入记录】>【表格】命令，在弹出的“表格”对话框中插入一个1 行 1 列、“表格宽度”为 100%、“单元格间距”为 2 的表格，如图 9-34 所示。

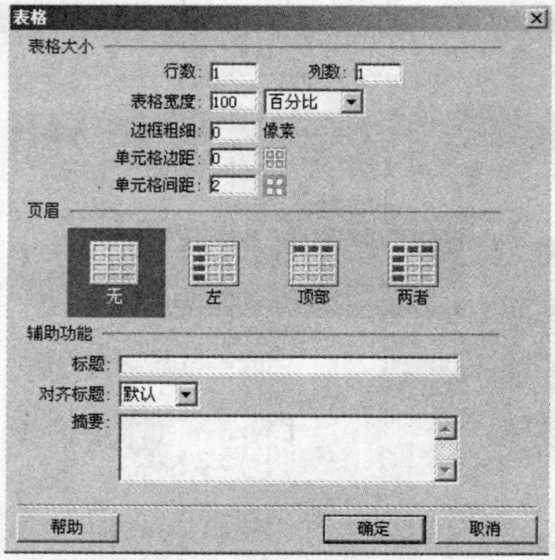

图 9-34　设置插入表格属性

步骤 12：在表格中依次输入“中国民族建筑风格”、“北京奥运场馆”、“欧洲建筑风格及流派”、“世界十大高楼”等文字。

步骤 13：将鼠标光标定位到顶部框架中，点击【插入记录】>【图像】，弹出“选择图像源文件”对话框，选中“main_05.jpeg”文件，如图 9-35 所示。

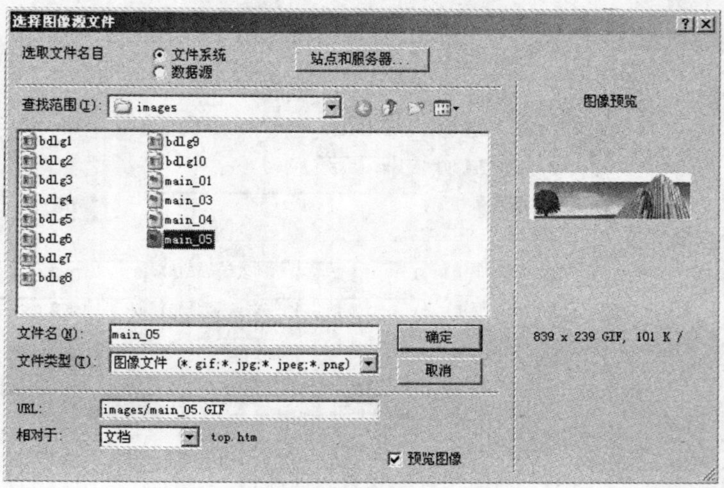

图 9-35　选择插入顶部框架的图像文件

步骤 14：单击 确定 按钮，将图像插入框架中，并用鼠标调整框架的宽度，如图 9-36 所示。

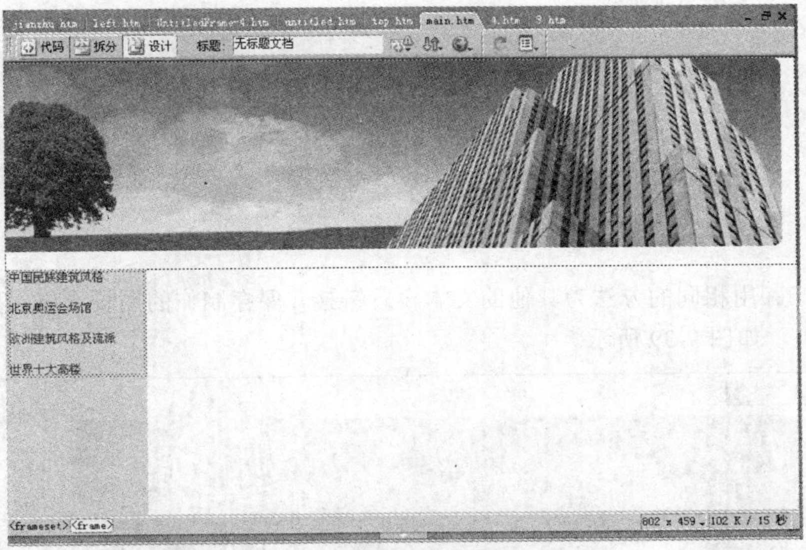

图 9-36　调整顶部和左侧框架的宽度

步骤 15：选择文本“中国民族建筑风格”，单击“属性”面板“链接”文本框后面的按钮，在弹出的“选择文件”对话框中选择“jianzhu.html”文件，如图 9-37 所示。

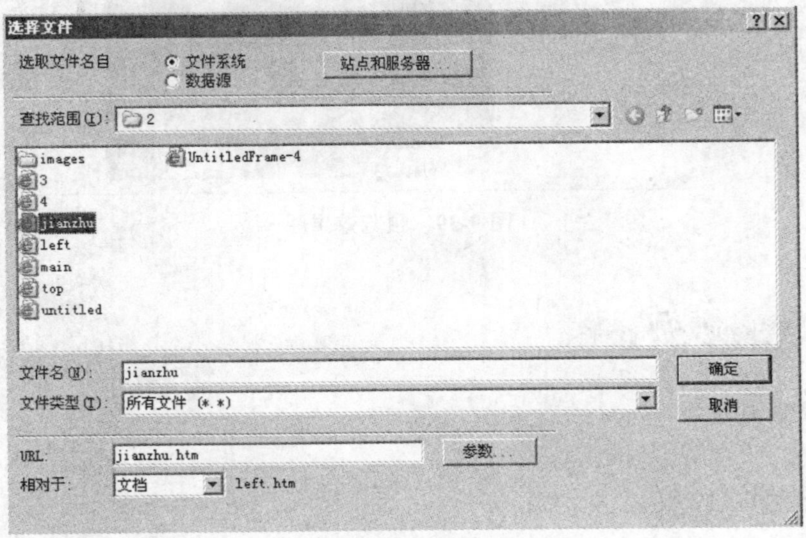

图 9-37　选择链接网页文件

步骤 16：单击 确定 按钮，链接网页，返回到工作界面中，在“属性”面板的“目标”下拉列表框中选择 mainFrame 选项，如图 9-38 所示。

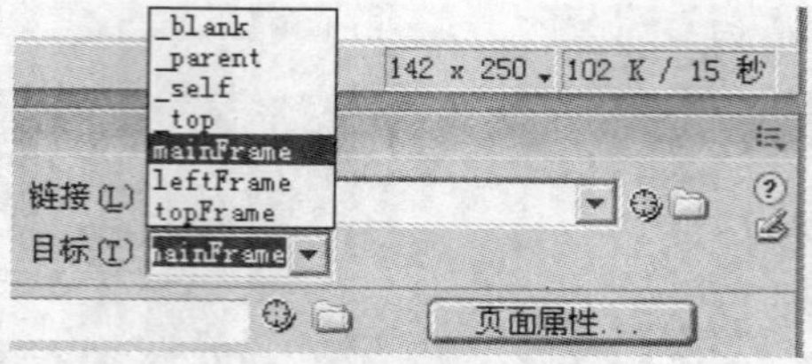

图 9-38 设置链接目标

步骤 17：用相同的方法为其他的文本设置链接，保存制作的网页文档，按 F12 键浏览网页效果，如图 9-39 所示。

图 9-39 预览效果图

本章核心概念

网站策划书。

本章小结

1. 本章介绍了网站策划和网站策划书的编写要求，没有深入讲述策划书如何写，留给教师教学余地。

2. 站点的规划与设计也只是介绍了一些注意事项，这样教师有更多的发挥空间。

3. 在网站制作实例中，给出了网站主页的一般搭建过程，非常基础，供学生自学之用。由于每所学校或专业对此部分的内容要求不一样，因此，很难定出一个标准，任课教师可根据自己的学校要求来构建网页制作的综合实例要求。

思考题

1. 网站策划书的作用是什么？可上网或去图书馆查阅相关资料。
2. 站点的规划与设计要注意什么？

上机练习

1. 使用模板创建网站中的页面后，怎样设置网站中的导航链接？
2. 学习上面的实例后，自己收集素材，制作一个礼品供应和销售方面的网站。

参考文献

[1] 杨杰. Dreamweaver CS3 网页制作 [M]. 北京：电子工业出版社，2010.

[2] 龙马工作室 教传艳. DreamweaverCS4、FlashCS4 与 Fireworks CS4 网页制作三剑客 [M]. 北京：电子工业出版社，2009.

[3] 温国峰，孙膺，郝军启等. 网页设计三剑客（CS3 中文版）[M]. 北京：清华大学出版社，2008.

[4] 李雪. Dreamweaver + Flash + Photoshop 网页制作实用教程 [M]. 北京：清华大学出版社，2008.

[5] 孙素华. Dreamweaver CS3/Flash CS3/Fireworks CS3 网页设计从入门到精通 [M]. 北京：中国青年出版社，2008.

[6] 施博资讯. Dreamweaver CS3 网页设计教程与上机指导 [M]. 北京：清华大学出版社，2008.

[7] 李跃贞，常春英. Dreamweaver 8/Fireworks 8/Flash 8 网页制作 [M]. 北京：航空工业出版社，2007.

[8] http://www.enet.com.cn/eschool/includes/zhuanti/zt/wangye/22.shtml.

[9] http://bbs.heimayi.org/simple/?t956.html.